重庆工商大学食品科学与工程专业国家卓越农林人才项目资助

# 畜禽肉制品加工工艺与技术

常海军　周文斌　著

哈尔滨工程大学出版社
Harbin Engineering University Press

## 内容简介

本书全面系统地介绍了畜禽的种类及品种,畜禽的屠宰与分割分级,畜禽肉的组成及特性,畜禽肌肉宰后变化,畜禽肉的食用品质,畜禽肉的加工特性及利用,畜禽肉贮藏保鲜与管理,肉品加工辅料与添加剂,常见畜禽肉制品加工的基本原理、工艺流程和操作要点,畜禽副产品综合利用等内容。本书具有较强的实用性,知识内容紧密结合生产实践,贴近现代科学技术前沿。

本书既可作为畜牧、食品专业本科生教材,也可作为高职高专食品加工、农产品加工等专业教材,并可供从事肉制品加工的工程技术人员、科技人员和管理人员作为参考或技术培训用书,以及可为广大肉类食品消费者提供技术指导,供其参考阅读。

**图书在版编目(CIP)数据**

畜禽肉制品加工工艺与技术/常海军,周文斌著. —哈尔滨:哈尔滨工程大学出版社,2018.8
ISBN 978 – 7 – 5661 – 2061 – 8

Ⅰ.①畜… Ⅱ.①常… ②周… Ⅲ.①畜禽 – 肉制品 – 食品加工 Ⅳ.①TS972.111

中国版本图书馆 CIP 数据核字(2018)第 162114 号

选题策划　雷　霞
责任编辑　雷　霞
封面设计　李海波

---

出版发行　哈尔滨工程大学出版社
社　　址　哈尔滨市南岗区南通大街 145 号
邮政编码　150001
发行电话　0451 – 82519328
传　　真　0451 – 82519699
经　　销　新华书店
印　　刷　北京中石油彩色印刷有限责任公司
开　　本　787mm×1 092mm　1/16
印　　张　16.5
字　　数　400 千字
版　　次　2018 年 8 月第 1 版
印　　次　2018 年 8 月第 1 次印刷
定　　价　49.80 元

http://www.hrbeupress.com
E-mail:heupress@ hrbeu.edu.cn

# 前　言

近年来,随着经济的发展和人民生活水平的提高,我国消费者的膳食结构发生了很大的变化,畜禽肉制品在人们日常膳食中的比例不断提高,正朝着高效、安全、优质的方向发展。我国肉制品市场的巨大潜力为肉制品产业提供了广阔的发展空间。加入 WTO 后,我国的肉制品行业开放较早,市场化程度较高,为肉制品产业的发展上升提供了有力的条件。

中国是肉类生产和消费大国,肉制品加工业也是我国的优势产业之一。随着肉类产业的发展,肉类新技术和新产品不断涌现,肉类加工的科技含量也不断提高。肉制品加工高新技术,如计算机辅助加工过程的自动控制技术、现代发酵技术、超高压技术、超声波技术、热处理技术、辐射技术和贮藏技术等的广泛应用,使肉制品加工技术取得了很大的发展,新型肉制品加工设备和包装材料也得到了很大改进。传统肉制品在品质形成机理、工艺改进和现代化生产方面取得了长足进步,在低温肉制品品质控制、冷却猪肉生产、牛羊禽肉的规模化生产和产品研制等领域都有明显的进步。

但目前我国屠宰及肉类加工业中深加工产品占比依然较小,80% 以上肉类以生鲜肉的形式走进千家万户,产品附加值较低。随着消费者需求的转变及屠宰加工行业的整合,拥有资金实力和技术优势的行业领先企业不断加大肉类产品深加工力度,产品附加值大幅提高,企业抵抗市场风险的能力有效增强。我国的肉制品具有成本价格上的优势,只要加强和规范肉制品的质量管理及品质保障,同时改善加工技术,提高产品附加值,大力研发更具市场需求的肉制品,综合利用副产原料,通过加工形成企业综合效益,我国的肉制品行业必将跨入国际先进行列。

目前,我国肉制品工业面临着新的机遇和挑战,应加快肉制品工业的发展步伐,推广国际先进水平的生产装备和工艺技术,从整体上提升肉类生产水平。鉴于国内外畜禽肉制品加工的理论水平和技术手段正不断更新,本书作者在注重知识覆盖面广、基础理论性强和加工技术适用性普遍的要求下编写了本书。

全书共有十八章,内容涉及畜禽的种类及品种,畜禽的屠宰与分割分级,畜禽肉的组成及特性,畜禽肌肉宰后变化,畜禽肉的食用品质,畜禽肉的加工特性及利用,畜禽肉贮藏保鲜与管理,肉品加工辅料与添加剂,常见畜禽肉制品加工的基本原理、工艺流程和操作要点,畜禽副产品综合利用等。本书具有较强的实用性,知识内容紧密结合生产实践,贴近现代科学技术前沿。

本书在编写过程中得到了编写人员所在院校的关心和支持,参考了大量国内外同人的著作和文献,哈尔滨工程大学出版社的编辑在本书的编写、出版过程中也给予了极大的帮助,在此一并表示衷心的感谢。

本书的出版得到重庆工商大学食品科学与工程专业国家卓越农林人才项目和重庆工商大学环境与资源学院科研平台开放基金(CQCM – 2016 – 08)的资助,在此表示衷心的感谢。由于著者的经验和知识有限,尽管在撰写和统稿过程中尽了很大努力,但书中难免有不足之处,恳请读者批评指正。

著　者
2018 年 4 月
于重庆工商大学

# 目　　录

第一章　概论 ……………………………………………………………………… 1

第一节　肉制品概述 ……………………………………………………………… 1

第二节　我国肉制品加工发展概况 ……………………………………………… 4

第三节　我国肉工业的发展趋势 ………………………………………………… 6

第二章　畜禽的种类及品种 ……………………………………………………… 9

第一节　猪 ………………………………………………………………………… 9

第二节　牛 ………………………………………………………………………… 11

第三节　羊 ………………………………………………………………………… 14

第四节　兔 ………………………………………………………………………… 16

第五节　禽 ………………………………………………………………………… 16

第三章　畜禽的屠宰与分割分级 ………………………………………………… 21

第一节　屠宰场地设计与要求 …………………………………………………… 21

第二节　畜禽屠宰 ………………………………………………………………… 23

第三节　畜禽胴体的分割利用 …………………………………………………… 32

第四节　畜禽胴体分级与品质检验 ……………………………………………… 40

第四章　畜禽肉的组成及特性 …………………………………………………… 56

第一节　畜禽原料肉的组织结构 ………………………………………………… 56

第二节　肉的化学组成及性质 …………………………………………………… 61

第三节　肉的物理特性 …………………………………………………………… 72

第五章　畜禽肌肉宰后变化 ……………………………………………………… 74

第一节　宰后变化 ………………………………………………………………… 74

第二节　肉的变质及检验 ………………………………………………………… 80

第六章　畜禽肉的食用品质 ……………………………………………………… 84

第一节　肉的颜色 ………………………………………………………………… 84

第二节　肉的嫩度 ………………………………………………………………… 92

第三节　肉的风味 ………………………………………………………………… 98

第四节　肉的保水性 ……………………………………………………………… 103

第五节　肉的多汁性 ……………………………………………………………… 107

第七章　畜禽肉的加工特性及利用 ……………………………………………… 110

第一节　畜禽原料肉的加工特性 ………………………………………………… 110

第二节　畜禽原料肉的利用 ……………………………………………………… 112

第八章　畜禽肉贮藏保鲜与管理 ………………………………………………… 115

第一节　冷却贮藏 ………………………………………………………………… 115

第二节　冷冻贮藏 ………………………………………………………………… 118

第三节　其他贮藏方法 …………………………………………………………… 124

第九章　肉品加工辅料与添加剂 ………………………………………………… 131

第一节　香辛料 …………………………………………………………………… 131

　　第二节　调味料·······································································136
　　第三节　添加剂·······································································140
　　第四节　包装材料···································································146

第十章　腌腊肉制品加工技术·······················································149
　　第一节　腌腊肉制品概述·························································149
　　第二节　腌腊肉制品加工原理··················································150
　　第三节　常见腌腊肉制品的加工···············································155

第十一章　干肉制品加工技术·······················································165
　　第一节　肉制品干制的原理和方法············································165
　　第二节　肉干加工·································································168
　　第三节　肉脯加工·································································171
　　第四节　肉松加工·································································173

第十二章　火腿肉制品加工技术·····················································176
　　第一节　中式火腿·································································176
　　第二节　西式火腿·································································183

第十三章　肠类肉制品加工技术·····················································192
　　第一节　中式香肠·································································192
　　第二节　西式灌肠·································································195
　　第三节　发酵肠类制品···························································202

第十四章　酱卤肉制品加工技术·····················································209
　　第一节　酱卤肉制品概述·························································209
　　第二节　酱卤肉制品加工技术··················································209
　　第三节　典型酱卤肉制品的加工···············································215

第十五章　熏烧烤肉制品加工技术··················································221
　　第一节　熏烧烤肉制品特点及熏烧烤方式·····································221
　　第二节　典型熏烧烤制品的加工···············································222

第十六章　油炸肉制品加工技术·····················································227
　　第一节　油炸肉制品的特点及油炸方式········································227
　　第二节　典型油炸制品的加工··················································228

第十七章　调理肉制品加工技术·····················································231
　　第一节　调理肉制品分类及特点···············································231
　　第二节　典型调理肉制品的加工···············································231

第十八章　畜禽副产品综合利用·····················································236
　　第一节　畜禽血液的综合利用··················································236
　　第二节　畜禽骨的综合利用·····················································242
　　第三节　畜禽肠的综合利用·····················································248
　　第四节　畜禽肝的综合利用·····················································251
　　第五节　畜皮的综合利用························································253

参考文献·················································································256

# 第一章　概　　论

## 第一节　肉制品概述

肉类含有丰富的蛋白质、脂肪、维生素和矿物质,是人体重要的食物源和营养源。肉类食品是居民菜篮子中的当家品种和餐饮业的主要原料,也是休闲食品的主要品种之一。随着科学的进步和生活质量的提高,消费者对肉制品的要求也越来越高,已不满足于吃饱,而要求吃好,迫切需要营养均衡、风味独特的肉制品。

### 一、肉制品加工的基本概念

广义地讲,凡作为人类食物的动物体组织均可称为"肉"。然而,现代人类消费的肉主要来自家畜、家禽和水产动物,如猪、牛、羊、鸡、鸭、鹅和鱼虾等。狭义地讲,肉指动物的肌肉组织和脂肪组织及附着于其中的结缔组织、微量的神经和血管。因为肌肉组织是肉的主体,它的特性代表了肉的主要食用品质和加工性能,因而肉品研究的主要对象是肌肉组织。以下是肉制品加工中常见的基本概念。

胴体:是指畜禽屠宰放血后,去除头、蹄、尾、皮(毛)、内脏后剩余的部分,俗称白条肉。形态学上,胴体包括肌肉组织、脂肪组织、骨骼组织和结缔组织四大组织。

红肉:含有较多肌红蛋白,呈现红色的肉类,如猪、牛、羊等畜肉。

白肉:肌红蛋白含量较少的肉类,如禽肉和兔肉。

瘦肉:指剥去脂肪的肌肉,通常指肌肉组织中的骨骼肌,俗称"精肉"。

肥肉:是指脂肪组织中的皮下脂肪,俗称"肥膘"。

板油:猪腹腔内和肾脏周围的脂肪(牛、羊是指肾腰部脂肪)。

下水:是指屠宰动物的胃、肠、心、肝等脏器,是屠宰过程中产生的副产品。

禽肉:鸡、鸭、鹅等禽类的肉。

野味:野生动物的肉。

热鲜肉:刚宰后不久体温尚未完全散失的肉。

冷却肉:经过一段时间的冷处理,使肉保持低温而不冻结($-1 \sim 4\ ℃$)的肉。

冷冻肉:经低温冻结后的肉(中心温度$\leqslant -18\ ℃$)的肉。

分割肉:按不同部位分割包装的肉的通称。

剔骨肉:是经剔骨处理的肉的通称。

肉制品:以肉或可食内脏为原料加工制造的产品。

### 二、肉制品的分类

据文献记载,肉制品最早起源于公元前15世纪的古代巴比伦和中国,至今已有3 000多年的历史。不同国家和地区的地理环境、气候条件、物产、经济、民族、宗教、饮食习惯和嗜好等因素千差万别,导致肉制品的种类五花八门。在我国,仅名、特、优肉制品就有500多种,而且新产品还在不断涌现;在德国,香肠类产品有 1 550 多种;在瑞士,有的肉类企业可以生产 500 多种色拉米香肠。

尽管国际上没有统一的分类标准,但还是可以根据肉类制品的产品特征和加工工艺,将肉制品分为 10 大类,如表 1-1 所示。

表 1-1 中国肉制品分类

| 序号 | 类 别 | 产 品 |
|------|------|------|
| 1 | 香肠制品 | 中式香肠、发酵香肠、熏煮香肠、生鲜肠 |
| 2 | 火腿制品 | 干腌火腿、熏煮火腿、压缩火腿 |
| 3 | 腌腊制品 | 腊肉、咸肉、风干肉 |
| 4 | 酱卤制品 | 白煮肉、酱卤肉、糟肉 |
| 5 | 熏烧烤制品 | 熏烤肉、烧烤肉 |
| 6 | 干制品 | 肉松、肉干、肉脯 |
| 7 | 油炸制品 | 挂糊炸肉、清炸肉 |
| 8 | 调理肉制品 | 生鲜、冷冻 |
| 9 | 罐藏制品 | 硬罐头、软罐头 |
| 10 | 其他制品 | 肉糕、肉冻、火腿肠 |

### 三、肉制品类型的定义和鉴别特征

肉制品根据历史渊源可分为中式肉制品和西式肉制品;根据热加工温度可分为高温肉制品和低温肉制品。中式肉制品包括腌腊制品、酱卤制品、熏烧烤制品、干制品、其他肉制品等五大类。西式肉制品是指由国外传入的工艺加工生产的肉制品,主要包括培根、香肠制品和火腿制品三大类。高温肉制品是指经 100 ℃ 以上高温加工的肉制品,低温肉制品是指在 75 ℃ 左右温度条件下加工的肉制品。

1. 香肠制品

香肠是指切碎或斩碎的肉与辅料混合,并灌入肠衣内加工制成的肉制品。其主要包括中式香肠、发酵香肠、熏煮香肠和生鲜肠等。

中式香肠是按照我国传统的工艺加工制成的香肠制品。其主要以猪肉为原料,切碎或绞碎成丁,添加食盐、硝酸钠等辅料腌制后,充填入可食性肠衣中,经晾晒、风干或烘烤等工艺制成。

发酵香肠是以猪、牛肉为主要原料,绞碎或粗斩成颗粒,并添加食盐、发酵剂等辅助材料,充填入肠衣中,经发酵、干燥、成熟等工艺制成的具有稳定的微生物特性和典型的发酵香味的肉制品。典型产品如色拉米肠。

熏煮香肠是以肉为原料,经腌制、绞碎、斩拌处理后,灌入肠衣内,再经蒸煮、烟熏等工艺制成的肉制品。

生鲜肠是未腌制的原料肉,经绞碎并添加辅料混匀后灌入肠衣内而制成的生肉制品。生鲜肠未经熟制,多在冷却条件下贮存,食用前需熟制处理。

2.火腿制品

火腿是指用大块肉为原料加工而成的肉制品。其包括下述几类产品。

干腌火腿是以猪后腿为原料,经腌制、干燥和成熟发酵等工艺加工而成的生腿制品。著名的产品有金华火腿、宣威火腿、如皋火腿、帕尔马火腿、伊比利亚火腿、美国的乡村火腿等。

熏煮火腿是大块肉经盐水注射腌制、嫩化滚揉、充填入模具或肠衣中,再经熟制、烟熏等工艺制成的熟肉制品。

压缩火腿是用小块肉为原料,并加入茨肉,经滚揉腌制、充填入肠衣或模具中经熟制、烟熏等工艺制成的熟肉制品。

3.腌腊制品

腌腊制品是肉经腌制、酱渍、晾晒或烘烤等工艺制成的生肉制品,食用前需经熟制加工。腌腊制品包括咸肉、腊肉、酱封肉和风干肉等。

咸肉是预处理的原料肉经腌制加工而成的肉制品,如咸猪肉和盐水鸭。

腊肉是原料肉经腌制、烘烤或晾晒干燥成熟而成的肉制品,如腊猪肉。

酱封肉是用甜酱或酱油腌制后加工而成的肉制品,如酱封猪肉。

风干肉是原料肉经预处理后,晾挂干燥而成的肉制品,如风鹅和风鸡。

4.酱卤制品

酱卤制品是指原料肉加调味料和香辛料,水煮而成的熟肉类制品,主要产品包括白煮肉、酱卤肉、糟肉。

白煮肉是预处理的原料肉在水(盐水)中煮制而成的肉制品,一般在食用时调味,如白斩鸡。

酱卤肉是原料肉预处理后,添加香辛料和调味料煮制而成的肉制品,如烧鸡和酱汁肉。

糟肉类是煮制后的肉,用酒糟等煨制而成的肉制品,如糟鸡和糟鱼。

5.熏烧烤制品

熏烧烤制品是指经腌制或熟制后的肉,以熏烟、高温气体或固体、明火等为介质热加工制成的一类熟肉制品,包括熏烤类和烧烤类产品。

熏烤类是产品熟制后经烟熏工艺加工而成的肉制品,如熏鸡和熏口条。

烧烤类是指原料预处理后,经高温气体或固体、明火等煨烤而成的肉制品,如烤鸭、烤乳猪、烤鸡。

6.干制品

干制品是指瘦肉经熟制、干燥工艺或调味后直接干燥热加工而制成的熟肉制品,主要产品包括肉干、肉松和肉脯类。

肉干是原料肉调味煮制后脱水干燥而成的块(条)状干肉制品。

肉松是原料肉调味煮制后,经炒松干燥制成的絮状或团粒状产品。

肉脯是原料肉预处理后,烘干烤制而成的薄片状干肉制品。

7.油炸制品

油炸制品是指调味或挂糊后的肉(生品、熟制品)经高温油炸(或浇淋)而制成的熟肉制品。根据制品油炸时的状态分为挂糊炸肉、清炸肉制品两类。典型产品有炸肉丸、炸鸡腿、麦乐鸡。

8. 调理肉制品

调理肉制品是以畜禽肉为主要原料加工配制而成的经简便处理即可食用的肉制品。调理肉制品按其加工方式和运销贮存特性,分为低温调理类和常温调理类。低温调理类又包括冻藏和冷藏。

9. 罐藏制品

罐藏制品包括硬罐头和软罐头两类。软罐头加工原理及工艺方法类似硬罐头,但用的是软质包装材料,故得此名。

10. 其他制品

其他制品包括肉糕类产品和肉冻类产品。

肉糕类产品是以肉为主要原料,添加辅料和配料(大多添加各种蔬菜)后加工制成的肉制品,如肝泥糕、舌肉糕。

肉冻类产品是以肉为主要原料,以食用明胶为黏结剂加工制成的凝冻状的肉制品,如肉皮冻、水晶肠。

# 第二节　我国肉制品加工发展概况

## 一、我国肉制品加工和消费的发展概况

人类利用肉食始于远古时期,在约50万年前的旧石器时代,原始人过着采集和渔猎生活,生食其肉,茹毛饮血,然后逐渐认识到肉食被火烧烤过之后,会化腥臊为美味且少生疾病,从而完成了人类文明史上的一次飞跃,即由生食转变为熟食。另外,人们知道了肉可以风干贮存,以备不时之需,这种由生食到熟食和剩肉自然风干,就是最原始的食品加工。

在中国,食文化得到了较长时期的多元化的发展,饮食烹调历史悠久、器具多样、方法各异。早在3 000多年前就盛行陶器蒸煮和保存肉食品,且有晒干、盐腌等加工方法,甲骨文有烤雁鹅、烤排骨的记载。《周易》载有腊肉、肉干、肉脯加工与食用的史实。《庄子·养身之道》用"彼节者有间,而刀刃者无厚,以无厚入有间,恢恢乎其于游刃,必有余地矣"生动地描述了当时的屠宰技术。北魏贾思勰的《齐民要术》的第七、八、九卷,详细论述了肉食原料、加工和储藏方法,搜集了众多美食配方。《齐民要求》开创了食品加工技术研究的先河,堪称是一部世界上保存下来的最早的食品制作全书。

宋、辽、金、元时代,因为各民族的大融合,南北方肉品加工技术得到交融,有力地推动了肉品加工技术的发展,尤其在调味技术和制作方法上都总结了不少经验,如烧烤技术、腌腊工艺等。到明、清两代,肉食加工和烹调技术都已相当发达,形成了各具地方特色的风味肉制品,有各种腊肉、干肠、火腿、肉脯、肉松、板鸭、烧鸡及酱卤等制品,许多名特产品如金华火腿、北京烤鸭,驰名中外,经久不衰。民国时期,上海、天津、青岛、哈尔滨等大城市引进了西方肉品加工技术,建有一些中小型的屠宰厂和肉类加工厂,开始使用绞肉机、烟熏炉、灌肠机等;同时,从国外引进食品加工技术,生产一些调味料,如味精、咖喱、黄油、香精,以及人工合成色素,并将其逐步用于肉制品生产中。

新中国成立后,我国肉类工业得到迅速发展,尤其是改革开放以后。我国肉类产量在20世纪90年代初超过美国,从此成为世界第一产肉大国,其中猪肉产量占世界肉类产量的

半壁江山。同时,肉品加工业得到迅猛发展,如今我国市场上肉制品品种丰富,产品琳琅满目,一些品牌家喻户晓,肉品加工业已成为食品工业的支柱产业之一。

中国是世界肉类生产第一大国,肉类总产量占全球肉类总产量的28.21%。中国的主产肉类是猪肉,猪肉、羊肉、禽蛋分别占世界的47%、26%和45%,皆居世界第一位;禽肉占17%,居第二位;牛肉占9.1%,居第三位。2015年中国肉制品加工业规模以上企业实现销售收入4 311.73亿元,同比增长2.05%;行业资产规模同比增长0.42%;行业利润总额同比减少0.26%。2015年我国肉类总产量已经超过8 700万吨,占全世界肉类总产量的29%,人均消费63 kg。根据预测,到2020年,我国预计可生产9 000万吨肉类产品,市场需求则达到1亿吨,将有1 000万吨的市场空缺需要通过进口产品来解决。

近几年,肉类加工经历了从冷冻肉到热鲜肉再到冷却肉的发展轨迹。速冻方便肉类食品发展迅速,成为许多肉类食品厂新的经济增长点;传统肉制品逐步走向现代化,传统的作坊制作向现代化工厂挺进;西式肉制品的发展势头强劲;利用肉制品腌制、干燥和杀菌防腐处理等高新技术,开发出了低温肉制品和保健肉制品。但目前我国肉制品加工业仍处于初级阶段,深加工产品的比重仅为肉类总产量的4%,远低于国外的40%,发展空间很大。中国肉类加工行业在供应更加便捷、安全、卫生、多样的肉制品方面获得了长足发展,冷鲜肉、低温肉制品等产品所占市场份额稳步增加。不仅如此,涵盖养殖、饲料、屠宰、加工、包装、物流的完整产业体系已然成型,产业化、国际化步伐加快。

未来市场对精深加工的肉制品、冷却肉、小包装肉类的需求将有较大的增长。随着中国经济的快速发展和人民生活水平的提高,肉类需求上升仍有空间,预计到2020年,人均消费将突破70 kg。此外,肉制品、肠、熟肉的消费只占到肉类总消费量的5%~6%,而发达国家肉类加工率达到60%~70%。这一方面反映出我国肉类加工业与发达国家的差距很大,另一方面也反映出我国肉类加工业的发展空间大。从长远看,这既是挑战,又是机遇。

## 二、我国肉类工业存在的问题

我国是世界上最大的肉类生产国,但肉制品的生产加工能力与发达国家相比有很大的差距。当前肉类工业发展存在的问题主要表现在以下几个方面。

1. 原料肉供给量不稳定

目前,我国粮食安全特别是饲料资源将继续对畜牧业发展产生重大影响,蛋白质饲料原料供应不足仍将是制约畜牧业发展的关键因素之一。养殖业的规模化、工业化程度不够,难以适应新时期肉类食品生产对原料均衡稳定供应的要求。

2. 产品结构不合理

中国肉制品加工比例依然偏低,肉类加工业的集中度不够,流通环节的开放度不够,整个产业链的产业化水平不高,制约了中国肉类产业的进一步发展。产品科技含量比较低,新产品开发能力较弱。高温肉制品多,低温肉制品少;初级加工多,深加工少;老产品多,新产品少。这也充分反映了我国肉类技术方面还比较低,无法满足肉类生产高速发展和人们的消费需求。

3. 落后产能较多,肉类食品安全存在隐患

目前,肉类加工的产业集中度和技术装备水平较低,80%以上的企业还处于小规模、作坊式、手工或半机械加工的落后状态,具备必要的产品检测能力、能够采用现代技术装备、建

立完善食品安全管理体系的企业数量较少,肉制品安全存在着诸多隐患,肉类食品安全事件屡有发生,与人民群众日益提高的食品安全要求不相适应,亟待加快产业结构调整,淘汰落后产能,通过发展规模化、现代化、标准化的生产方式,提高全行业的质量安全管理水平。

4.粗放型加工影响环境卫生

由于大多数肉类工业企业规模较小,技术水平和投资能力有限,节能减排措施难以落实,大量的畜禽皮、毛、骨、血等资源综合利用水平不高,资源、能源消耗和污染排放较大,不能适应可持续发展的要求,亟须通过开发和推广资源综合利用技术和清洁生产技术,加快转向资源节约型、环境友好型的发展方式。

5.肉类产业法律法规不健全

整个肉类的产业链条上,从原料肉开始,质量问题就受到种种制约。如在生产过程中兽医卫生法规不够完善,执法受到药物残留检测手段等因素的制约;兽医检验人员隶属企业,造成执法困难;畜禽饲料生产管理不严,造成肉类产品中的有害物质残留过量等。

6.基础研究投入不足

对提升品质的基础研究投入不足,质量标准体系尚不完善,关键装备制度化水平依然较低,产业集中度不高,有影响力的品牌企业数量不多,大多数企业生产规模偏小,管理水平参差不齐。

# 第三节　我国肉工业的发展趋势

随着经济社会的发展,人们的消费观念逐步发生变化,更加讲究食品的安全、卫生、营养及风味,消费需求从价格便宜的低档产品开始转向品牌产品的消费。品牌意味着高信誉、高质量,是企业重要的无形资产,也是消费者甄别产品好坏的关键因素。"绿色安全食品""放心肉""无公害猪肉"等一系列安全、健康、口感好的品牌肉类产品已逐渐成为消费者的首选。

## 一、加强我国传统肉制品工业化、现代化技术的研究

中国传统肉制品是指3 000多年来人们为保存食品、改善风味、增加品种等目的而研制的肉制品。中式肉制品因色泽、香气、风味、造型等独具特色而著称于世,是中国几千年制作经验与智慧的结晶。随着国内经济形势的好转,各地肉制品加工企业从国外引进大量肉制品加工设备,在设备引进的同时也带来了西式肉制品的加工技术、工艺流程和现代化的包装,为改变几千年来的传统风味肉制品作坊式生产、产品出品率低、质量差、产量小、无法参与市场竞争的局面奠定了基础。民族肉制品只有通过本民族和本国科技工作者的不懈努力,完成科学化、现代化和工程化,才能适应社会的发展,满足人们的需求。也就是说,中国传统肉制品必须实现现代化,与世界先进技术装备接轨,使其能规模化、工业化生产,并采用科学的保鲜技术和包装材料,才能同西式肉制品一起在国际市场上并驾齐驱。

## 二、顺应市场需求,调整肉类消费结构

随着城镇化步伐的加快和居民收入水平的提高,市场的消费需求结构发生了很大的变化。从大类品种上看,对牛羊肉的消费明显增加;从细分品种上看,对于方便快捷的小包装

冷鲜分割肉、即食肉制品、休闲肉制品、调理肉制品和地方特色肉制品的消费需求不断上升；从产业品质上看，对优质、安全、健康、营养的肉类食品需求越来越旺盛。如何使肉类产业结构适应城乡居民消费需求结构的变化，是我们面临的又一大挑战，亟须加快结构调整和转型升级，力求实现市场供需结构的稳定平衡。

### 三、重视低温肉制品的研究与生产

肉制品根据生产加工温度的不同，可分为高温肉制品和低温肉制品。高温肉制品一般是经高温高压加工的肉制品，加热杀菌温度一般在 115 ℃以上。如耐高温收缩薄膜包装灌制的火腿肠，这类高温肉制品蛋白质过度变性，部分营养流失，纤维弹性变差，失去特有风味，但保质期长。低温肉制品是在常压下通过蒸、煮、熏、烤等加工过程，通过杀菌处理加工而成的。它保持了肉类原有的鲜嫩、可口和弹性，肉质结实风味极佳，且最大限度保持了原有的营养，但保质期较短。

低温肉制品的加工工艺最大限度地保持了肉蛋白质的特性，与多种调料和辅料相结合，产生多种受人喜爱的风味，顺应各种饮食习惯人群的需要。近几年，我国肉类消费发生了明显的结构性变化，呈现了从冷冻肉到热鲜肉，再从热鲜肉到冷却肉的发展趋势。形成了"热鲜肉广天下，冷冻肉争天下，冷却肉甲天下"的局面。因消费市场的变化，也带动了我国肉类加工业的顺势变化。由此可见，低温肉是国内外肉制品工业未来发展的必然趋势。

### 四、功能性肉制品开发

随着社会经济的发展和生活水平的提高，人们越来越关注饮食与健康的关系。越来越多的消费者开始追求各种功能性的肉制品。"三低一高"（低脂肪、低盐、低糖、高蛋白）的肉制品的开发已引起社会各界的重视。如何充分利用现有资源，开发具有低热量、低硝酸盐、低钠，以及能提高免疫力、调节机体功能、延缓衰老、增强体质和抵抗力等的功能性肉制品将会具有广阔的前景，是我国新型肉制品开发面临的新课题。目前，肉制品中前景较好的功能性产品主要包括：低脂肉制品、低硝酸盐肉制品、低钠肉制品、高膳食纤维肉制品、发酵肉制品，以及其他类型的功能性肉制品。

### 五、重组肉制品的研究发展

由于肉制品的高价格和人们对肉蛋白质的需要，人们希望能够利用动物体的一切可利用的资源，例如将碎肉、肉粒通过谷氨酰胺转氨酶黏合起来甚至与其他食品黏合。利用淀粉增强凝胶的强度，改善组织机构，等等。利用此项技术，不仅节约原料成本，同时也提高了肉制品的附加值和加工率，这也将会是肉制品行业的发展趋势。

### 六、特殊地域肉制品的开发

地方特色传统肉制品由于其加工所用的动物的生长环境和独特的畜牧方式，致使其肉制品风味独特、香气浓郁、味道鲜美，而且色泽好。在生活水平普遍提高的今天，人们的饮食要求不再是解决温饱，而是享受美食。无疑利用这些独特地理环境的动物所开发的肉制品能够满足消费者的需求，也将成为未来的发展趋势。

### 七、肉品安全卫生应纳入法制管理轨道

食品安全作为全社会关注的焦点,是结构调整的症结,关系国家经济和企业发展的命运。要着力共建全链条的食品安全环境,狠抓关键节点的突破,使独立责任和托管责任落到实处。肉类食品安全卫生是我国肉类产业发展的重大战略。近几年来,国家发布的食品卫生法、环境保护法、产品质量法、动物防疫法等法律法规,已将肉类产品的安全卫生问题纳入法制管理轨道。在 21 世纪,国家进一步修改和制定一系列屠宰、检验、产品质量规程与产品质量标准,国内出口企业将大力推行 ISO 9000 系列质量管理保证体系,积极推广国际HACCP( Hazard Analysis Critical Control Points System) 卫生管理规程,建立健全肉类产品质量科学检测手段,将食品安全卫生提到利民工程的战略高度。

我国肉类加工企业正处在转型升级的关键时期,在生产工艺、技术装备、产品结构、生产规模、产品质量等方面,都将发生新的变化,生产及产品开发将更加注重绿色、健康、安全理念。从肉类产业现阶段的情况看,我们既要确保肉类食品的数量安全,又要确保肉类食品的质量安全,还要使产品结构能够适应消费需求的变化;不仅要提高企业的经济效益,而且要提高社会效益和生态效益,促进肉类食品企业加快经济发展方式的转变。应加快肉类食品工业的发展步伐,推广国际先进水平的生产装备和工艺技术,从整体上提升肉类生产水平。

# 第二章 畜禽的种类及品种

可供人类食肉的畜禽种类主要有猪、牛、羊、鸡、鸭、鹅,另外还有兔、驴、骆驼、鹌鹑、火鸡、鸵鸟、肉鸽等。

## 第一节 猪

猪属于杂食类哺乳动物,是我国最主要的肉用牲畜。我国是全世界生猪饲养量最大的国家,存栏 4 亿头以上,几乎占全世界生猪存栏数的一半。猪肉产量占世界的 45% 左右。猪肉是我国肉食品的主要来源,占我国肉类总产量的 90%。

### 一、猪的经济类型

根据生产性能,猪可以划分为脂肪型、腌肉型(瘦肉型)和兼用型(鲜肉型)三个经济类型。猪的不同经济类型在体质外形、生活习性、对环境条件的要求、生产性能、肉脂品质等各个方面都有不同的特点。

1. 脂肪型

脂肪型猪脂肪占胴体比例的 55% ~60%,瘦肉占 30% 左右。脂肪型猪具有早期沉积脂肪的能力,第 6~7 肋膘厚在 6 cm 以上。广西陆川猪、老式巴克夏猪为典型代表,其外形呈方砖形,体长与胸围相等或体长比胸围长 2~5 cm。

2. 腌肉型(瘦肉型)

腌肉型猪与脂肪型相反,瘦肉占胴体比例的 55% ~60%,脂肪占 30% 左右。第 6~7 肋骨间肥膘厚在 3 cm 以下。传统上我国主要将其用于腌肉和火腿的加工,我国金华两头乌猪、国外大约克夏猪、长白猪、汉普夏猪等均属这一类型。其外形呈长线条的流线型,前躯轻,后躯重,头颈小,背腰特长,胸肋丰满,背线与腹线平直;体长比胸围长 15~20 cm,生长发育快,但对饲料条件要求高,特别要求高蛋白饲料。

3. 兼用型(鲜肉型)

该类型主要供鲜肉用,其肉脂品质优良,产肉和产脂性能均较强,胴体中肥、瘦肉各占一半左右。各种生产性能介于前述两类型之间,体形中等,胴体 6~7 肋骨间肥膘厚 3~5 cm。我国地方猪种大多属这一类型。国外猪种如中约克夏猪为典型代表。

### 二、猪的品种

根据品种的形成,我国猪的品种可以划分为地方良种、改良品种和引入品种三个类型。

1. 地方良种

我国地方良种一般都具有较好的脂肪沉积能力、繁殖性能好和适应性强的特点,但体重较小、瘦肉率较低、前躯重和腹部大是其明显缺陷。

(1)东北民猪 属于肉脂兼用型猪,主要分布在黑、吉、辽各地,河北、内蒙古也有。分大、中、小三种类型，又分别称为大民猪、二民猪和荷包猪。主要优点是耐粗饲、耐寒，繁殖力强。体形外貌：中等大小，面直长，耳大下垂，背腰较平，四肢粗壮，后躯斜窄，全身被毛为黑色。产肉性能：大民猪成年公猪200 kg，母猪148 kg，屠宰率75.6%，胴体瘦肉率48.5%。

（2）陆川猪　产自广西陆川等县及广东高州、湛江等地，除耳、背、臀和尾为黑色外，其余部位为白色。该品种体躯矮短肥胖，屠宰适期为8月龄，体重70 kg左右，屠宰率68%。成年公猪体重87 kg，成年母猪体重79 kg。

（3）荣昌猪　原产于四川荣昌与重庆一带，全身白色，体形中等，较高营养水平下180日龄体重可达90 kg，屠宰率70%左右，瘦肉率48%左右。

（4）内江猪　属于肉脂兼用型猪，主要分布在内江市东兴区一带，又称"东乡猪"。体形外貌：内江猪被毛全黑，鬃毛粗长；头大、嘴短，额面横纹深陷，额皮正中隆起形成肉块（俗称"盖碗"），耳中等大、下垂；体格大，体质较疏松；体躯宽、深，背腰微凹，腹大、不拖地；臀部宽，稍后倾；四肢较粗壮；乳头6～7对；皮厚，成年种猪体侧和后腿皮肤有皱褶（俗称"瓦沟""套裤"）。产肉性能：屠宰率68.18%，胴体瘦肉率47.19%。

（5）金华两头乌猪　产自浙江义乌、东阳和金华三个县，除头颈和臀尾为黑色外，其他部分均为白色，故有两头乌之称。8～9月龄肉猪体重63～76 kg，屠宰率72%。成年公猪体重约140 kg，成年母猪体重约110 kg。

（6）太湖猪　主产区为嘉定、金山、松江等县。被毛全黑，也有四蹄或尾尖白色者。该猪体形较大，6～10月龄肉猪体重65～90 kg，屠宰率67%左右。成年公猪体重约140 kg，成年母猪体重约114 kg。

（7）八眉猪　又名泾川猪或西猪，是西北地区古老猪种，原产于甘肃省的平凉和庆阳等地，现主要分布在陕西、宁夏、青海等地。主要优点是耐粗饲、适应性强、产仔较多、遗传性稳定、花板油多。全身被毛黑色，耳大下垂，额有纵行倒"八"字皱纹，属肉脂兼用型，8月龄体重75 kg左右。八眉猪肉质好，色红，呈大理石状，含水率低，系水力良好。

2. 改良品种

改良品种是利用引入品种和地方良种杂交培育而成的品种。

（1）哈尔滨白猪　是引进巴克夏猪、约克夏猪与东北民猪杂交培育而成的，属于肉脂兼用型，主要分布在哈尔滨市及其周围各县，现广泛分布于黑龙江省内。哈尔滨白猪及其杂种猪占黑龙江省猪总头数的一半以上。全身被毛纯白，两耳直立，背腰平直，腹部下垂，腿臀丰满，生后8月龄体重约120 kg，屠宰率72%。成年公猪体重约222 kg，成年母猪体重约176 kg。

（2）汉中白猪　分布于陕西的汉中，系用巴克夏猪与地方猪杂交培育而成的肉脂兼用型猪，被毛全白，成年公猪体重约214 kg，成年母猪体重约167 kg，屠宰率71%～73%，肉质细嫩。

3. 引入品种

（1）巴克夏猪　原产于英国中南部的巴克县，系用中国华南猪、泰国猪与当地猪杂交育成的脂肪型猪，对世界各国脂肪型猪的发展起了积极作用。20世纪60年代由于市场变化，巴克夏猪已由典型的脂肪型猪向着肉用型方向发展。"六端白全身黑"（即鼻、尾、四肢六端为白色）为本种的毛色特征。体格中等，头短，耳立向前。8月龄肉猪体重约90 kg，屠宰率80%左右，臀腿占胴体的30%左右，胴体瘦肉率约55%。成年公猪体重230～280 kg，成年母猪体重200～250 kg。

（2）长白猪 原产于丹麦，对世界肉猪业的"白色化"革命性变化起了重大作用，是世界著名瘦肉型猪种。主要优点：产仔数多，生长发育快，省饲料，胴体瘦肉率高。该猪毛色全白，体躯呈流线型，胸腰椎数 22 个者约占 80%。头轻后重，后躯特别丰满；头小鼻梁长，两耳大；成年公猪体重 300～350 kg，成年母猪体重 250～300 kg。

（3）约克夏 原产于英国的约克县，经不同选育，形成大、中、小三型。后因小型不适合生产需要已被淘汰。大、中两型在经济类型、外形、生产性能等方面有本质差别。

中约克夏（中白猪）：体躯呈砖形，全身毛白，胸深背臀丰满，生后 215 d 平均体重为 90 kg。一般于 80～85 kg 时屠宰，屠宰率高，肥瘦肉比例相当，肉质优良，为鲜肉用的优良品种。成年公猪体重 230～280 kg，成年母体猪重 200～250 kg。

大约克夏：又称大白猪，全身毛白，背腰长，臀宽长，后躯发育良好，腹线平直。生长发育快，6 月龄平均体重 90 kg。成年公猪体重 300～370 kg，成年母猪体重 250～330 kg。

# 第二节　牛

我国的地方牛是以役用为主的兼用牛，包括黄牛、牦牛和水牛。但随着国外肉、乳用牛的引进，现在我国牛的经济类型分别向肉用和乳用方向发展，形成了乳用品种和肉用品种。

## 一、兼用牛

1. 黄牛

在我国，黄牛是指牦牛和水牛以外的所有家牛，包括蒙古牛、华北牛、华南牛三个类型。蒙古牛是指内蒙古高原的牛；华北牛按地区分为东北、山东、河南、关中许多类型；华南牛主要是两广牛。

我国黄牛的经济用途，除牧区的蒙古牛和云南原邓川牛是乳役兼用外，其他地区黄牛多供役用，不挤奶，老残牛屠宰作肉用。我国黄牛的产肉性能以五大良种黄牛品种（秦川牛、南阳牛、鲁西牛、晋南牛、延边牛）为最高。特别是秦川牛，在中等营养水平条件下，其某些屠宰指标如屠宰率、净肉率已接近或超过国外著名的肉牛品种。

（1）秦川牛 因产于陕西省关中地区的"八百里秦川"而得名，不少地区引入作为改良种牛，属于大型役肉兼用品种。秦川牛体格高大，骨髓健壮，肌肉丰满，体质强健。毛色有紫红、红、黄三种，紫红色和红色占 89%。成年公牛体重 594 kg，成年母牛体重 380 kg，其肉质细致，柔软多汁，大理石纹明显。

（2）南阳牛 产于河南省南阳地区，属大型役肉兼用品种。南阳牛体格高大，骨髓结实，肌肉发达，背腰宽广，皮薄毛细。毛色有黄、红、草白三种，深浅不等的黄色占 81%。

（3）鲁西牛 主产于山东省西南部菏泽、济宁，属役肉兼用品种。鲁西牛有肩峰，被毛从浅黄色到棕红色均有，其中黄色占 70% 以上。鲁西牛产肉性能优良，屠宰率 58%，净肉率 51%，骨肉比 1:6.9，眼肌面积 94 cm²。成年公牛体重 640 kg，成年母牛体重 365 kg。

（4）晋南牛 产于山西南部汾河下游的晋南盆地，包括运城和临汾地区，毛色以枣红为主，属大型役肉兼用品种。成年公牛体重 607 kg，成年母牛体重 340 kg。成年牛屠宰率平均为 52%，净肉率 43%。

（5）延边牛 主产于吉林省延边朝鲜族自治州，分布于东北三省，属寒温带山区的役肉兼用品种。毛色多呈浓淡不同的黄色。成年公牛体重 466 kg,成年母牛体重 365 kg。18 月龄育成公牛经 180 d 肥育,胴体重 266 kg,屠宰率 58%,净肉率 47%,眼肌面积 76 cm²。

(6)蒙古牛　原产于蒙古高原地区,我国的蒙古牛主要分布于内蒙古高原。毛色多为黑色或黄(红)色,次为狸色、烟熏色。成年公牛体重 300~400 kg,母牛 270~370 kg。中等营养水平的阉牛平均体重(377±44)kg,屠宰率 53%±28%,净肉率 45%±2.9%,骨肉比 1:(5.2±0.5),眼肌面积(56±7.9)cm²,肌肉中粗脂肪含量高达 43%,表明蒙古牛沉积脂肪的能力较强。

2. 牦牛

牦牛(Bosgrunniens 或 Yak)起源于我国,因叫声似猪,故又称猪声牛,是我国海拔 3 000~5 000 m 高山草原上的一种特有家畜,是世界屋脊上的一个稀有牛种。

牦牛是我国西南、西北地区饲养历史悠久的乳、肉、毛、皮及役兼用牛。牦牛与当地黄牛进行种间杂交的一代杂种牛称为犏牛。以黄牛为父本者称为真犏牛(或黄犏牛),以牦牛为父本者称为假犏牛(或牦犏牛)。第 1~3 代雄犏牛因睾丸组织不能产生正常活力的精子而无生育能力。中国是世界上拥有牦牛最多的国家。在我国,牦牛主要分布在以青藏高原为中心的青海、四川、甘肃、新疆、云南等省、自治区的高山地区。我国现有 11 个优良牦牛类群,其中四川麦洼牦牛为偏乳用型牦牛,产乳性能较好。

牦牛的外貌与普通牛有较大差异。牦牛全身被毛粗长,其体侧被毛长达 20~28 cm,毛丛中生绒毛。毛色较杂,以黑色、褐色居多,其次为黑白花、灰色及白色。牦牛体质强壮,有角或无角,尾短,但尾毛密长,形如马尾。乳房不够发达,乳静脉不明显,乳头细而短,四个乳区发育不匀称,前伸后展极差。一般成年公牦牛体重 300~450 kg,母牦牛体重 200~300 kg。

牦牛泌乳期为 4~5 个月,全期产乳量平均为 450~600 kg,在较好的饲养条件下,可达 800~1 000 kg,干物质 17.31%~18.40%,比其他牛种高。乳脂率 6.5%~7.5%,高者可达 10%,比黑白花牛高出 1 倍以上。乳脂肪球大,适于加工奶油。乳蛋白的含量也很丰富,达 5.00%~5.32%。

牦牛的肉用性能也较好,以九龙牦牛为例,成年阉牦牛体重 471 kg,屠宰率 55%,净肉率 46%,骨肉比 1:5.5,眼肌面积 89 cm²。因处高海拔缺氧地带,故牦牛肉呈深鲜红色,蛋白质含量高达 22%,脂肪含量低于 5%。

3. 水牛

我国地方良种水牛主要有上海水牛、江苏海子水牛、湖北汉江水牛、湖南滨湖水牛、江西鄱阳湖水牛、安徽东流水牛和四川涪陵水牛等。

大部分水牛全身为深灰色或浅灰色,随年龄增长,毛色逐渐由浅灰变为深灰或暗灰色(俗称"石板青"或"瓦灰")。少部分水牛毛为白色。

中国水牛成熟较晚,6 岁以上体尺与体重的生长才能完成。大型公、母牛体重一般在 600 kg 以上,小型公、母牛体重在 500 kg 以下。与世界上同类型相比,中国水牛属中等体形。中国水牛在营养水平较低的牧饲条件下,增重效果仍很好。湖北用 2 岁龄公牛阉割后进行肥育,屠宰率 49%,净肉率 37%,脂肪率 5.4%,骨肉比 1:3.8,肌肉颜色为暗红色,脂肪为白色,肌纤维较黄牛略粗。我国水牛的产乳性能比黄牛高,泌乳期 8~10 个月,产乳量 500~1 000 kg,高产牛达 1 000~1 500 kg,乳脂率 7.4%~11.6%,乳蛋白 4.5%~5.9%,干物质21.8%。乳汁浓厚,脂肪球大。故有的地区水牛乳价格比黑白花牛乳高1倍以上。

4.培育兼用牛

我国以前并无专用牛品种,大约在19世纪70年代,我国才开始培育乳用牛和乳肉兼用牛。

(1)西门塔尔牛 产于瑞士西部及法国、德国和奥地利等国的阿尔卑斯山区,是乳、肉、役兼用的大型品种。该牛毛色为黄白花或淡红白花,头、胸、腹下、四肢及尾帚多为白色,皮肤为粉红色;头较长,面宽;角较细而向外上方弯曲,尖端稍上;颈长中等;体躯长,呈圆筒状,肌肉丰满;前躯较后躯发育好,胸深,尻宽平,四肢结实,大腿肌肉发达。成年公牛体重为1 000~1 100 kg,母牛为700~750 kg。西门塔尔牛易肥育,在放牧肥育或舍饲肥育时平均日增重为800~1000 g,1.5岁时体重达440~480 kg。公牛肥育后屠宰率可达65%左右,在半肥育状态下的母牛屠宰率为53%~55%。肉品质好,胴体脂肪含量少,高等级切块肉所占比例高。

(2)三河牛 是我国最早开始培育的优良的乳肉兼用品种,因产于内蒙古呼伦贝尔市大兴安岭西麓的额尔古纳右旗三河地区而得名。三河牛毛色为红(黄)白花,成年公牛体重为850~1 000 kg,母牛为450~550 kg。2~3岁的育成公牛屠宰率可达50%以上,净肉率44%~48%。三河牛年产乳量一般平均为2 000 kg,单产最高可达7 000~8 000 kg。乳脂率平均在4%以上。泌乳期一般为300 d左右。

(3)草原红牛 主产于内蒙古、吉林、河北等地,是由乳肉兼用短角牛与蒙古牛杂交培育而成,其被毛为紫红色或红色。草原红牛体格较小,成年母牛体重453 kg,成年公牛体重760 kg。草原红阉牛产肉性能见表2-1。

表2-1 草原红阉牛产肉性能

| 月龄 | 肥育方式 | 宰前体重/kg | 胴体重/kg | 屠宰率/% | 净肉重/kg | 净肉率/% |
|---|---|---|---|---|---|---|
| 9 | 肥育饲养 | 218.6 | 114.5 | 52.5 | 92.8 | 42.6 |
| 18 | 放牧 | 320.6 | 163.0 | 50.8 | 131.3 | 41.0 |
| 18 | 短期肥育 | 378.5 | 220.6 | 58.2 | 187.2 | 49.5 |
| 30 | 放牧 | 327.4 | 192.1 | 51.6 | 156.6 | 42.0 |
| 42 | 放牧 | 457.2 | 240.4 | 52.6 | 211.1 | 46.2 |

(4)新疆褐牛 主产于新疆天山北麓,分布于全疆的天山南北,是由瑞士褐公牛和有该牛血液的阿拉塔乌公牛及少量苏联的科斯特罗姆牛杂交培育而成。毛色呈深浅不一的褐色。产肉性能见表2-2。

表2-2 新疆褐牛产肉性能

| 性别 | 年龄 | 宰前体重/kg | 胴体重/kg | 屠宰率/% | 净肉重/kg | 净肉率/% | 骨重/kg | 骨肉比 | 眼肌面积/cm² |
|---|---|---|---|---|---|---|---|---|---|
| 阉 | 1.5岁 | 235.4 | 111.5 | 47.4 | 85.3 | 36.3 | 24.6 | 1:3.5 | 47.1 |
| 公 | 2.5岁 | 323.5 | 163.4 | 50.5 | 124.3 | 38.4 | 35.7 | 1:3.5 | 73.4 |
| | 成年 | 433.2 | 230.0 | 53.1 | 170.4 | 39.3 | 51.3 | 1:3.3 | 76.6 |
| 母 | 成年 | 456.9 | 456.9 | 52.1 | 180.2 | 39.4 | 52.4 | 1:3.4 | 89.7 |

乳用及乳肉兼用牛品种还有英国的娟姗牛(乳用)、短角牛(兼用)、瑞士褐牛(兼用)等;中国草原红牛、新疆褐牛等是我国培育的乳肉兼用型品种。

## 二、肉用牛

### 1.海福特牛

海福特牛(Hereford)产于英格兰,是英国最古老的早熟中型肉牛品种之一。海福特牛体躯宽大,前胸发达,全身肌肉丰满,头短,额宽,颈短粗,颈垂及前后区发达,背腰平直而宽,肋骨张开,四肢端正而短,躯干呈圆筒形,具有典型的肉用牛的长方体形。毛色主要为浓淡不同的红色,并具有"六白"的品种特征。该品种牛体格较小,骨骼纤细,具有典型的肉用体形。在东北地区成年公牛体重为908 kg,成年母牛体重为520 kg,屠宰率可达67%,净肉率60%。脂肪主要沉积于内脏,皮下结缔组织和肌肉间脂肪较少,肉质柔嫩多汁。

### 2.夏洛来牛

夏洛来牛产于法国中西部到东南部的夏洛来省和涅夫勒地区,是举世闻名的大型肉牛品种。夏洛来牛最显著的特点是被毛为白色或乳白色,皮肤常有色斑;全身肌肉特别发达;骨骼结实,四肢强壮;头小而宽,角圆而较长,并向前方伸展,角质蜡黄,颈粗短,胸宽深,肋骨方圆,背宽肉厚,体躯呈圆筒状,肌肉丰满,后臀肌肉很发达,并向后和侧面突出。成年公牛体重为1 100～1 200 kg,母牛为700～800 kg。在良好饲养管理条件下,6月龄公犊牛平均日增重为1 300 g,母犊牛为1 060 g,8月龄相应为1 170 g和940 g。3岁阉牛宰前活重830 kg,屠宰率为67.1%,胴体重557 kg。净肉占胴体重的80%～85%。肉质好,瘦肉多,含脂肪少。

### 3.和牛

和牛(Wagyu)产于日本,成年公牛体重800 kg,母牛重500 kg。和牛以其优良的肉质闻名于世,尤其肌间脂肪(大理石花纹)非常丰富,犹如雪花镶嵌其中,"雪花牛肉"由此而来。

# 第三节　羊

## 一、世界羊的品种及特性

### 1.波尔山羊

波尔山羊原产于南非,是世界上著名的大型肉用山羊品种,具有生长发育快、适应性强、体形大、产肉多、繁殖力强等特点。波尔山羊初生重3～5 kg,270日龄公羊重69 kg,母羊重51 kg。成年公羊重95～110 kg,母羊重90～100 kg,平均屠宰率48.3%。母羊母性强、产奶量大、产羔多,一般2年可产3胎,一胎多羔。

### 2.汉普夏羊

汉普夏羊产于英格兰南部。体大胸深,背宽平直,被毛白色。公羊体重平均为135 kg,母羊平均为70 kg。产肉性能:4月龄的羔羊在好的饲养条件下,胴体可达20 kg,羔羊日增重400 g。产羔率115%～130%,母羊泌乳量好。

### 3.无角陶赛特羊

无角陶赛特羊原产于大洋洲的澳大利亚和新西兰。该品种是以雷兰羊和有角陶赛特羊为母本,考力代羊为父本进行杂交,杂交羊再与有角陶赛特公羊回交,然后选择所生的无角后代培育而成。该品种羊具有早熟、生长发育快、全年发情、耐热及适应干燥气候等特点。公、母羊均无角,体质结实,头短而宽,颈粗短,体躯长,胸宽深,背腰平直,体躯呈圆桶形,四肢粗短,后躯发育良好,全身被毛白色。该品种羊胴体和产肉性能良好,4月羔羊胴体20～24 kg,屠宰率50%。产羔率为130%～180%。

## 二、我国羊品种及其特性

1. 阿勒泰羊

阿勒泰羊产于新疆,属肉脂兼用粗毛羊品种。尾椎周围脂肪大量沉积而形成"臀脂",毛色以棕色为主。羔羊具有良好的早熟性,生长发育快,产肉脂能力强,适于进行肥羔生产。

2. 新疆山羊

新疆山羊主产于新疆各地,具有适应性强、肉用性能好等优点。初生重2.8～3.2 kg;周岁公羊重30.4 kg,母羊25.7 kg;成年公羊重59.5 kg,母羊32.4 kg。平均屠宰率41.3%,净肉率28.9%,产羔率106.5%～138.6%。

3. 马头山羊

马头山羊主产于湘鄂西部山区,具有体形大、肥育效果好、屠宰率高、肉质好等特点,适于向肥羔羊方向发展。初生重2～2.1 kg;周岁公羊体重24.9 kg,母羊23.2 kg;成年公羊重43.8kg,母羊33.7 kg。屠宰率62.6%,净肉率44.5%,产羔率191.9%～200.3%。

4. 太行山羊

太行山羊产于太行山东西两侧的晋、冀、豫三省接壤地区。毛色主要为黑色,少数为褐、青、灰、白色。太行山羊肉质细嫩,膻味较小,脂肪分布均匀。

5. 新疆细毛羊

新疆细毛羊原产于新疆,是我国育成的毛肉兼用型。体质结实有力,颈粗短,胸部发达,背腰平直,四肢较短,皮薄紧凑,全身被毛白色,细密均匀,公羊一般有螺旋形大角,母羊无角。公羊体重80 kg左右,母羊体重55 kg左右,肉质肥瘦适中、细嫩有香味。母羊平均屠宰率为56.3%。

6. 乌珠穆沁羊

乌珠穆沁羊产于内蒙古的乌珠穆沁草原,属肉脂兼用短脂尾粗毛羊。毛色以黑头羊居多。乌珠穆沁羊成熟早,产肉率高,肉质细嫩。

7. 陕西白山羊

陕西白山羊产于陕西省南部地区,是早熟易肥、产肉性能好的山羊品种。被毛以白色为主,少数为黑、褐或杂色。羊肉细嫩,脂肪色白坚实,膻味较轻。

8. 蒙古肥尾羊

蒙古肥尾羊产于内蒙古高原,是我国绵羊分布最广、数量最多的一种。头部及四肢多呈黑色,故也称"黑头羊"。尾部有大量脂肪沉积,头大眼突,颈部下曲,平均体重40～50 kg,肉质优良。

## 第四节　兔

兔有肉用、皮用、皮肉兼用和毛用之分。全世界有兔品种60余种,其中大多为20世纪育成品种。我国现有家兔约20种,目前饲养较普遍的肉用及兼用兔品种有以下几种。

### 一、中国家兔

中国家兔又名菜兔、小白兔,是我国农村饲养较多的肉用兔,系皮肉兼用品种,毛色以纯白为主,也有黑色、灰色、棕色。体形较小,成年兔体重1.5~2.5 kg,肉质细嫩鲜美。

### 二、喜马拉雅兔

喜马拉雅兔又称五黑兔,毛色纯白,唯鼻端、两耳、尾及四肢呈黑褐色,故而得名。原产于喜马拉雅山脉南北地区,是优良的肉用兔,体形中等,成年兔体重4~5 kg。

### 三、青紫蓝兔

青紫蓝兔又称山羊青兔,是优良的皮肉兼用种。由于具有与南美洲所产的一种珍贵皮毛兽"青紫蓝绒鼠"相似的皮毛,故名"青紫蓝兔"。该兔由法国喜马拉雅兔与其他兔杂交培育而成,有标准型和大型两个品系。标准型公兔体重2.5~3.0 kg,母兔体重3.0~3.5 kg;大型公兔体重4.5 kg,母兔体重5.0 kg。

### 四、大白兔

大白兔是日本用中国兔选育而成的皮肉兼用型兔品种,毛色纯白,成年兔体重4~6 kg,最高达8 kg。

### 五、巨型兔

巨型兔是自德国引进的皮肉兼用良种,毛色白中间黑(两耳、嘴、眼圈、尾部及背脊部呈黑色)。成年兔体重6~8 kg,是我国现有饲养品种中最理想的兔种之一。

## 第五节　禽

家禽除常见的鸡、鸭、鹅等外,还包括火鸡、鸽、鹌鹑、珠鸡和雉鸡等。

### 一、鸡

我国鸡的种类如按经济用途分,大多属兼用型,有一部分是肉用,少数偏于蛋用。但这与国外标准品种有明显经济用途界限的分类是有差异的。我国地方品种鸡在19世纪中叶,产蛋力和产肉力都曾居世界领先水平,如英国从江苏、上海引入的狼山鸡和九斤鸡,随之又从英国引到美国,经繁育后,两国都承认为标准品种,并列入两国标准品种志内。

1. 肉用鸡

(1)惠阳胡须鸡　又名三黄胡须鸡,原产于广东惠阳地区,属中型肉用品种,具早熟易肥、胸肌发达的特点,与杏化鸡、清远麻鸡并列为广东省三大名鸡,在港澳市场久负盛名。因颌下有张开的髯羽,状似胡须而得名。该鸡具毛黄、喙黄、脚黄的特征。5 月龄公鸡体重为 1.8 kg,半净膛屠宰率 87.5%,全净膛屠宰率 78.7%。

(2)清远麻鸡 原产于广东省清远县,母鸡背侧羽毛有细小黑色斑点,故称麻鸡,以体形小、皮下和肌肉间脂肪发达、皮薄骨软而著称,素为我国活鸡出口的小型肉用名产鸡之一。成年公鸡体重为 2.18 kg,成年母鸡体重为 1.75 kg。6 月龄仔母鸡体重为 1.3 kg,其半净膛屠宰率 85%,全净膛屠宰率 76%,阉公鸡半净膛屠宰率 84%,全净膛屠宰率 77%。年产蛋 70~80 个。

(3)杏花鸡 因主产地为广东省封开县,新中国成立后易名杏花乡而得名。当地又称"米仔鸡",具有早熟、易肥、皮下和肌肉间脂肪分布均匀、骨细皮薄、肌纤维细嫩等特点,宜作白切鸡。杏花鸡属小型肉用优良鸡种,是我国活鸡出口经济价值较高的名产鸡之一,具有黄喙、黄羽、黄脚(三黄)的品种特征。112 日龄鸡产肉性能:公母鸡体重分别为 1.3 kg 和 1.1 kg,半净膛屠宰率为 75% 和 76%。

(4)新狼山鸡 是新中国成立以后第一个育成的兼用鸡种,是利用黑色狼山鸡和澳洲鸡杂交培育而成,全身羽毛黑色。成年公鸡体重为 3.24 kg,成年母鸡为 2.28 kg,年产蛋 180~200 个。

(5)新浦东鸡 是上海以浦东鸡为基础于 1981 年培育成的肉用型鸡品种,毛色黄色,体形更接近肉用型,成年公鸡体重 4.0 kg,成年母鸡体重 3.26 kg,10 周龄半净膛屠宰率 85% 以上,年产蛋 152 个。

(6)科尼什鸡 原产于英国康瓦耳地区,是典型的肉用鸡品种,共有三个变种。我国引入的为深花(常称为"红色")和白色两种。另外还有一种为红羽白边科尼什鸡。该鸡标准体重公鸡为 4.5~5.0 kg,母鸡为 3.5~4.0 kg。年产蛋 120 个左右。

另外,我国的丝羽乌骨鸡(Silkes),因其体躯披有白色的丝状羽,皮肤、肌肉及骨膜皆为乌(黑)色而得名。其主产区为江西和福建,是"乌鸡白凤丸"的主要原料。成年公鸡体重 1.8~1.3 kg,半净膛屠宰率为 88%,全净膛屠宰率为 67%;成年母鸡体重为 0.97~1.60 kg,半净膛屠宰率 84%,全净膛屠宰率 69%。

国内著名的肉用鸡品种还有江苏的溧阳鸡、云南的武定鸡、湖南的桃源鸡、广西的霞烟鸡、福建的河田鸡等。

2. 兼用鸡

(1)仙居鸡 又称梅林鸡,是浙江省优良的小型蛋用地方鸡种。其主产区在浙江省仙居县及邻近县,全身羽毛紧密贴体,外形结构紧凑,具有蛋用鸡的体形和神经类型的特点。雏鸡绒羽黄色,但有深浅不同,间有浅褐色。在一般饲养管理条件下年产蛋量为 160~180 个,高者可达 200 个以上。平均蛋重为 42 g 左右。壳色以浅褐色为主,蛋形指数为 1.36。蛋中蛋白占 55.11%,蛋黄占 33.7%,蛋壳占 11.19%。

(2)耳黄鸡 又称白银耳鸡,以其全身披黄色羽毛、耳叶白色而得名,是我国稀有的白耳鸡种。其主产地为江西省。耳黄鸡体形矮小,体重较轻,属蛋用型鸡种体形。产地群众以"三黄一白"为选择外貌的标准,即黄嘴、黄羽、黄脚呈"三黄",白耳呈"一白"。公、母鸡的皮肤和胫部呈黄色,无胶羽。初生雏绒羽以黄色为主。耳黄鸡开产日龄平均为 151.75 d,平均年产蛋 180 个。平均蛋重为 54.23 g。蛋壳深褐色。蛋壳厚达 0.34~0.38 mm,蛋形指数为 1.35~1.38,哈氏单位为 88.31。

(3)狼山鸡 以体形硕大、羽毛纯黑、冬季产蛋多、蛋大而著称于世,按体形可分为重型与轻型两种,重型鸡公鸡体重为 4.0 ~ 4.5 kg,母鸡为 3.0 ~ 3.5 kg;轻型公鸡体重为 3.0 ~ 3.6 kg,母鸡为 2.0 kg 左右。按羽毛颜色可分为纯黑、黄色和白色三种,其中黑鸡最多。狼山鸡的最高年产蛋量为 186.66 个,最高个体为 282 个。目前平均蛋重达到 58.7 g,新鸡开产蛋平均重 50.23 g。

（4）大骨鸡　又名庄河鸡,主产于辽宁省庄河市,属兼用型鸡种,体躯硕大,公鸡羽毛棕红色,母鸡多呈麻黄色,单冠。蛋大是大骨鸡的突出优点,蛋重平均为 62 ~ 64 g,有的蛋重达 70 g 以上。年平均产蛋量为 180 个左右,在较好的饲养条件下,可达 180 个以上。蛋壳深褐色,壳厚而坚实,破损率低。蛋形指数为 1.35。

（5）浦东鸡　多为黄羽、黄脚,故又称之为"东九斤黄"。由于产地在黄浦江以东的广大地区,故名浦东鸡。该鸡体形较大,呈三角形,偏重产肉,为国内大型鸡种之一。公鸡羽色有黄胸黄背、红胸红背和黑胸红背三种。母鸡全身黄色,有深浅之分。浦东鸡平均开产日龄为 208 d,最早为 150 d,最迟为 294 d。年产蛋量平均为 130 个,最高为 216 个,最低为 86 个。平均蛋重为 57.9 g,蛋壳为浅褐色。

（6）寿光鸡　原产于山东省寿光市稻田乡一带,属肉蛋兼用的优良地方鸡种,体形硕大,蛋大,成年鸡全身羽毛黑色。大型母鸡平均年产蛋量为 117.5 个,中型的年产蛋量为 122.6 个,最高可达 213 个。母鸡的蛋重范围为 65 ~ 75 g,中型的平均蛋重为 60 g,蛋壳褐色,蛋壳厚度为 0.36 mm。蛋形指数为 1.32。

（7）九斤鸡　是世界著名的肉鸡品种之一,产于我国,对国外鸡种的改良有很大的贡献。九斤鸡现共有九个变种。羽毛和皮肤黄色,成熟晚,8 ~ 9 个月开产,年产蛋量 80 ~ 100 枚,蛋重约 55 g,蛋壳黄褐色,肉质嫩滑。成年公鸡体重 4.9 kg,母鸡 3.7 kg。

## 二、鸭

我国的鸭品种按经济用途可分为蛋用型、兼用型和肉用型三个类型;按羽色分有麻雀羽、白羽、黑羽等类型。

蛋用型和兼用型品种几乎全部是麻鸭及其品变种,是我国养鸭业使用最广泛的鸭种。我国麻鸭品种属于蛋用型品种的主要有绍兴鸭、金定鸭、攸县鸭等。属于兼用型品种的主要有建昌鸭、高邮鸭、巢湖鸭。昆山鸭和沔阳鸭是培育品种。属于麻鸭的品变种有连城白鸭、莆田黑鸭（福建）和白嗉鸭（黑龙江）,其中前两个品种属蛋用型,后者属兼用型。兼用型鸭年产蛋量为 140 ~ 200 个不等,其中高邮鸭在放牧条件下年产蛋 150 ~ 160 个,饲养条件优厚时可产蛋 200 个以上。

### 1. 北京鸭

北京鸭（Beijing ducks）是现代肉鸭生产的主导品种,具有生长快、繁殖率高、适应性强和肉质好等优点,在国内外享有盛誉。目前几乎遍及世界各地,各国肉鸭生产几乎全都采用北京鸭及其品系杂交鸭。北京雏鸭绒羽金黄色,称为"鸭黄"。随日龄增加颜色逐渐变浅,至 4 周龄前后变成白色。150 日龄鸭的体重,公鸭为 3.5 kg,母鸭为 3.4 kg,其屠宰性能见表 2 - 3。

表 2 - 3  北京鸭屠宰性能

| 屠宰率 | 性别 | 半净膛/% | 全净膛/% | 胸腿肌占净膛比/% |
|---|---|---|---|---|
| 填鸭 | 公 | 80.6 | 73.8 | 18.0 |
| | 母 | 81.0 | 74.1 | 18.5 |
| 自由采食鸭 | 公 | 83.6 | 77.9 | 21.3 |
| | 母 | 82.2 | 76.5 | 22.2 |

北京鸭有较好的肥肝性能,是国外生产肥肝的主要鸭种。用 80～90 日龄北京鸭或北京鸭与瘤头鸭的杂交鸭,填饲 2～3 周,每只可生产肥肝 300～400 g,而且填肥鸭的增重快,可达到肝、肉双收的目的。

2.高邮鸭

高邮鸭又称台鸭、绵鸭,是我国麻鸭中的大型品种,原产于江苏省高邮市,具有较理想的肉蛋兼用体形。

产蛋性能:当地有"春不离百,秋不离六"的说法,即春季产蛋量约 100 个,秋季产蛋量大约 60 个,正常年份产蛋量 140～160 个。蛋重约为 75.9 g,78 g 以上的占 37.4%,70 g 以下的占 15.3%。蛋壳有白、青两种,以白壳蛋为主。两种蛋形指数均为 1.43。高邮鸭产双黄蛋较多,双黄蛋比例约占总蛋数的 3‰。

3.建昌鸭

建昌鸭主产于四川凉山彝族自治州,公鸭绿头、红胸、银肚、青嘴公,母鸭以浅褐麻雀色居多,占 65%～70%。建昌鸭 500 日龄平均产蛋量为 144 个,蛋重为 72.9 g。青壳蛋占 60%～70%,蛋形指数为 1.37。

4.金定鸭

我国已将金定鸭选育成高产蛋鸭良种,年产蛋 280 个,蛋重 70 g。

### 三、鹅

我国鹅的品种按其来源可分为中国鹅(按国外标准品种命名)和伊犁鹅。中国鹅起源于鸿雁,是我国鹅的主要品种,被引至许多国家并用以改良其他品种;伊犁鹅是我国来源于灰雁的唯一品种,是新疆伊犁哈萨克自治州少数民族直接驯养当地野雁而成的品种。

1.狮头鹅

狮头鹅(Lionhead geese)是我国最大型的鹅种,因成年鹅的头形如狮头而得名,原产于我国广东省平县。狮头鹅头部前额肉瘤发达,羽毛为棕褐色,成年公鹅体重 8.85 kg,母鹅为 7.86 kg,70～90 日龄上市未经肥育仔鹅,公、母鹅体重分别为 6.18 kg 和 5.50 kg,半净膛屠宰率分别为 81.9% 和 84.2%,全净膛屠宰率为 71.9% 和 72.4%。

2.太湖鹅

太湖鹅(Taihu geese)原产于长江三角洲的太湖地区,是中国鹅中数量最多的一个小型高产品种,是生产肉用仔鹅较为理想的母本材料。仔鹅肉质好,加工成苏州"糟鹅"、南京"盐水鹅"均很受欢迎。太湖鹅全身羽毛洁白,其产肉性能见表 2 - 4。年产蛋 80 个左右。

表2-4　太湖鹅产肉性能

| 种类 | 体重/kg | 半净膛屠宰率/% | 全净膛屠宰率/% |
|---|---|---|---|
| 70日龄仔鹅 | 2.50 | 78.6 | 64.0 |
| 成年公鹅 | 4.33 | 84.9 | 75.6 |
| 成年母鹅 | 3.23 | 79.2 | 68.8 |

3.象山鹅

象山鹅产于浙江象山县。毛纯白色,肉质鲜嫩,含脂均匀。

## 四、鹌鹑

鹌鹑简称鹑,是现代新兴的特种经济禽类。在国外,养鹑数仅次于鸡的饲养数,故有"第二养禽业"之称。世界上比较著名的品种有东北黄鹑、英国白鹑、黑白杂色无尾鹑、北美洲鲍布门鹌鹑、美国加利福尼亚鹌鹑、菲律宾鹌鹑(小型)、澳大利亚鹑(大型)等品种。麻栗色是鹌鹑的基本毛色。此外,尚有白羽、黑羽、银黄羽、红羽等羽色。我国引入的鹌鹑有肉用型和蛋用型两种。成年蛋用型鹌鹑体重120~160 g,肉用型鹌鹑220~270 g,母鹑体重大于公鹑。

## 五、火鸡

火鸡(Turkey)又名吐绶鸡、七面鸡,成年公火鸡体重14~25 kg,母火鸡6~12 kg,全程饲养52~58周。火鸡屠宰率很高,全净膛屠宰率达85%~90%,胸、腿肉占活重的40%~50%。火鸡肉蛋白质含量比鸡、牛肉高20%。除皮肤含脂肪较多外,其他部位脂肪含量都在10%左右。

# 第三章　畜禽的屠宰与分割分级

## 第一节　屠宰场地设计与要求

屠宰企业要认真履行社会责任和义务,加强自律,诚信经营,向社会公开承诺,确保肉品屠宰加工质量。

### 一、厂址选择要求

(1)屠宰厂(场)选址应远离住宅、学校、医院、水源及其他公共场所,还应位于居民区的下风向、河流的下游。

(2)交通必须方便,要相对靠近公路、铁路或码头,但不能设在交通主干道上。

(3)应有良好的自然光照和通风条件,建筑物应选择合理的方向,以朝南或朝东南为佳。

(4)地势应高出历史最高洪水水位5 m,具有一定的坡度,以便车辆运输和污水排泄。

(5)应避免附近厂矿或本厂(场)生产的有毒有害气体和灰尘污染肉品。

(6)有较充足的供水和完善的排污系统。生产用水必须采取清洁卫生的水源,最好用自来水,无自来水的地方可用井水。若采用江河水,必须加净化过滤设备,并经当地食品卫生监督机构审批。污水不能直接用于生产。

(7)污水、废水不能直接排入江河或农田,也不准直接排入城市下水道,须经净化处理和消毒,确认无害后,方准排放。

(8)对畜禽的粪尿进行无害化处理,防止屠宰畜禽粪尿和胃肠内容物成为疾病传染源。

(9)厂(场)内通道和地面应铺设沥青或水泥,厂(场)周围应建2 m高的围墙,防止牲畜进出,避免疫病传播。

(10)尊重民族习惯。猪屠宰厂(场)和牛羊屠宰厂(场)应分场设立。

(11)环境要绿化和美化。

### 二、建筑设施要求

屠宰场的建筑设施,应具备饲养圈、病畜隔离间、急宰车间、无害化处理车间、候宰室、屠宰加工车间、胴体整修晾挂间、副产品整理间等,并辅以供水系统和血水处理系统。稍具规模的屠宰厂(场),还应备有兽医肉检室、化验室、肉品及副产品加工车间、冷藏库、无害化处理间等。总之,屠宰加工企业的总体设计必须符合卫生要求和科学管理的原则。各个车间和建筑物的配置,既要互相连贯,又要合理布局。做到病、健隔离,病、健分宰。

1.饲养圈

为了防止疫病扩散与传播,该圈应与生产区相隔离,并保持一定距离。其容量一般为日屠宰量的2~3倍。通常,应实施计划收购、均衡调宰,尽量做到日宰日清。

2.病畜隔离圈

该圈是供收养有病牲畜,尤其是有可疑传染病牲畜的场所。病畜隔离圈的卫生要求:

（1）应与屠宰场内其他部分严格隔离，但是要与饲养车间和急宰车间保持联系。

（2）圈舍内应有粪尿积存设施，或能够将粪尿排入沼气池处理。

（3）实行专人饲养、专人管理，经常检查，以防疫病传播。

（4）地面和墙壁应用不透水的材料砌成，便于清洗消毒。

（5）进出口处应设与门同宽、长度大于载重汽车车轮周长的消毒池，内盛有效消毒液。

（6）不准在圈内加工和处理任何病死畜。

**3. 急宰间**

急宰车间是用来屠宰病畜的场所。急宰间宜设在隔离间附近，且应设有更衣室、淋浴室。急宰间如与不可食用肉处理间合建在一起，中间应设隔墙。

**4. 不可食用肉处理间**

这是指经急宰车间宰后需要快速处理的有病胴体的车间。当兽医卫生检验人员确认属于可利用肉后，可根据不同病源分别做出处理。

**5. 待宰间**

待宰间是供牲畜屠宰前停留休息的场所。其地点应与屠宰加工车间相邻，且应有宰前淋浴设备和饮水设备。待宰间朝向应使夏季通风良好，冬季日照充足，且应设有防雨的屋顶，寒冷地区应有防寒设施。

**6. 屠宰加工车间**

屠宰加工车间应包括车间内赶猪道、致昏放血间、烫毛脱毛剥皮间、胴体加工间、副产品加工间、兽医工作室等。屠宰加工车间内致昏、烫毛、脱毛、剥皮、副产品中的肠胃加工、剥皮猪的头蹄加工工序属于非清洁区，而胴体加工、心肝肺加工工序及暂存发货间属于清洁区，在布置车间建筑平面时，应使两区划分明确，不得交叉。冷却间、胴体发货间、副产品发货间应与屠宰加工车间相连接。发货间应通风良好，并宜采取冷却措施。

屠宰加工车间以单层建筑为宜，单层车间宜采用较大的跨度，净高不宜低于 5 m。

车间内设有电麻机，电压不得高于 110 V，猪或牛被击晕后，一般采用倒挂垂直或水平放血方法。放血轨道、积血槽应有足够的长度。烫毛生产线的烫池部位宜设天窗，且宜在烫毛生产线与剥皮生产线之间设置隔墙。

旋毛虫检验室应设置在靠近屠宰生产线的采样处。室内应光线充足，通风良好，其面积应符合卫生检验的需要。

副产品加工间及副产品发货间使用的台、池应采用不渗水材料制作，且表面应光滑，易清洗消毒。副产品中带毛的头、蹄、尾加工间浸烫池处宜开天窗。

应有修整工序和有关设施，包括胴体修整、内脏修整和皮张修整三部分。修整有湿修整和干修整两种工序。修整出来的肉块及废弃物应有容器盛装。

**7. 分割车间**

一级分割车间应包括原料（胴体）冷却间、分割剥骨间、分割副产品暂存间、包装间、包装材料间、磨刀清洗间及空调设备间等。

二级分割车间应包括原料（胴体）预冷间、分割剥骨间、产品冷却间、包装间、包装材料间、磨刀清洗间及空调设备间等。

原料预冷间、原料冷却间、产品冷却间至少应各设两间。原料预冷间设计温度应取 0～4 ℃；原料冷却间与产品冷却间设计温度应取 0 ℃；采用快速冷却（胴体）方法时，应设置快速冷却间及冷却物平衡间。快速冷却间设计温度按产品要求确定,平衡间设计温度宜取 0~4 ℃。分割剔骨间的室温:胴体冷却后进入分割剔骨间时,室温应取 10~12 ℃;胴体预冷后进入分割车间时,室温宜取 15 ℃。包装间的室温不应高于 10 ℃。分割剔骨间、包装间宜设吊顶,室内净高不宜低于 3 m。

8. 冷藏库

有一定规模的屠宰厂(场)应备有冷藏库。库内温度应低于 −18 ℃。

# 第二节 畜禽屠宰

## 一、宰前检验与管理

畜禽的宰前检验与管理是保证肉品卫生质量的重要环节之一。它在贯彻执行病、健隔离,病、健分宰,防止肉品污染,提高肉品卫生质量方面,起着重要的把关作用。通过宰前临床检查,可以初步确定待宰畜禽的健康状况,发现许多在宰后难以发现的传染病,如破伤风、狂犬病、李氏杆菌病、脑炎、胃肠炎、棘球蚴病、口蹄疫,以及某些中毒性疾病,从而做到及早发现,及时处理,减少损失,还可以防止牲畜疫病的传播。合理的宰前管理,不仅能保障畜禽健康,降低病死率,而且也是获得优质肉品的重要措施。

1. 检验步骤和方法

(1)检验步骤和程序

当屠宰畜禽由产地运到屠宰加工企业后,在未卸下车、船之前,兽医检验人员向押运员索阅当地兽医部门签发的检疫证明书,核对牲畜的种类和头数,了解产地有无疫情和途中病死情况。经过初步视检和调查了解,认为基本合格时,允许卸下赶入预检圈。病畜禽或疑似病畜禽赶入隔离圈,按《肉品卫生检验试行规程》中有关规定处理。

(2)检验方法

一般采用群体检查和个体检查相结合的办法。其具体做法可归纳为动、静、食的观察三个环节,以及看、听、摸、检四个要领。首先从大群中挑出有病或不正常的畜禽,然后逐头检查,必要时应用病原学诊断和免疫学诊断的方法。一般对猪、羊、禽等的宰前检验都应以群体检查为主,辅以个体检查;对牛、马等大家畜的宰前检验以个体检查为主,辅以群体检查。

2. 病畜处理

宰前检验发现病畜时,根据疾病的性质、病势的轻重及有无隔离条件等做如下处理:

(1)禁宰 经检查确诊为炭疽、鼻疽、牛瘟等恶性传染病的牲畜,采取不放血法扑杀。肉尸不得食用,只能工业用或销毁。其同群全部牲畜,立即进行测温。体温正常者在指定地点急宰,并进行检验;体温不正常者予以隔离观察,确诊为非恶性传染病的方可屠宰。

(2)急宰 确认患有无碍肉食卫生的一般疾病而有死亡危险的病畜,应立即屠宰。

(3)缓宰 经检查确认为一般性传染病,且有治愈希望者,或患有疑似传染病而未确诊的牲畜应予以缓宰。

3. 宰前管理

(1)宰前休息 宰前休息有利于放血,缓解应激反应,减少动物体内瘀血现象,提高肉的商品价值。

（2）宰前禁食、供水　待宰畜禽在宰前 12 ~ 24 h 断食。断食时间必须适当,一般牛、羊宰前断食 24 h,猪 12 h,家禽 18 ~ 24 h。断食时,应供给足量的饮水,使机体进行正常的生理机能活动。但在宰前 2 ~ 4 h 应停止给水,以防止屠宰畜禽倒挂放血时胃内容物从食管流出污染胴体。

（3）宰前淋浴　用 20 ℃温水喷淋畜体 2 ~ 3 min,以清洗体表污物。淋浴可降低体温,抑制兴奋,促使外周毛细血管收缩,提高放血质量。

## 二、屠宰工艺

屠宰畜禽的方法很多,当选择屠宰方法时,首先需考虑方法简单,且对操作者没有危险,同时必须以符合兽医卫生要求和能取得有完全营养价值及良好的肉与肉制品为原则。

我国正规的屠宰场,都采用流水作业,用传送带和吊轨移动畜体或胴体。这样不但能减轻劳动强度,提高工作效率,而且可以减少污染机会,保证肉的新鲜和质量。

### 1. 家畜的屠宰

家畜屠宰工艺流程:

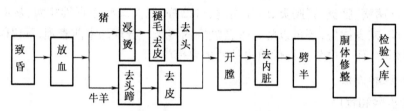

猪、牛、羊的屠宰加工示意图见图 3 - 1、图 3 - 2、图 3 - 3。

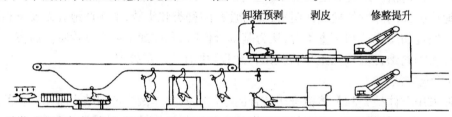

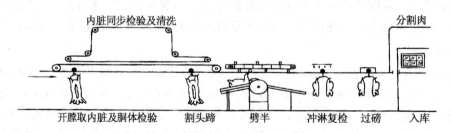

图 3 - 1　生猪屠宰加工工艺示意图

（1）致昏

应用物理的(如机械的、电击的、枪击的)、化学的(吸入 $CO_2$ )方法,使家畜在宰杀前短时间内处于昏迷状态,谓之致昏,也叫击晕。击晕能避免屠畜宰杀时嚎叫、挣扎而消耗过多的糖原,使宰后肉尸保持较低的 pH 值,增强肉的贮藏性。

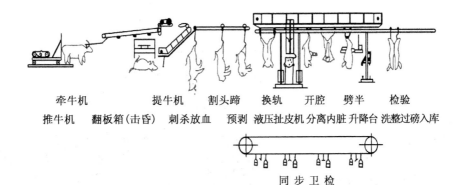

图 3-2　牛的屠宰加工示意图

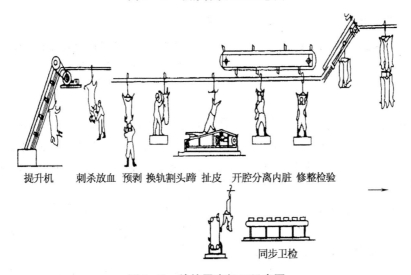

图 3-3　羊的屠宰加工示意图

①电击晕　电击晕在生产上称作"麻电"，是使电流通过屠畜，以麻痹中枢神经而晕倒。此法还能刺激心脏活动，便于放血。我国使用的麻电器有手握式(图 3-4)和自动触电式两种(图 3-5)。麻电时，将猪赶至狭窄通道，打开铁门一头一头按次序由上滑下，头部触及自动开闭的夹形麻电器上，倒后滑落在运输带上。

我国多采用低电压(表 3-1)，而国外多采用高电压。低电流短时间可避免应激反应。

表 3-1　畜禽屠宰时的电击晕条件

| 畜种 | 电压/V | 电流强度/A | 麻电时间/s |
| --- | --- | --- | --- |
| 猪 | 70~100 | 0.5~1.0 | 1~4 |
| 牛 | 75~120 | 1.0~1.5 | 5~8 |
| 羊 | 90 | 0.2 | 3~4 |
| 兔 | 75 | 0.75 | 2~4 |
| 家禽 | 65~85 | 0.1~0.2 | 3~4 |

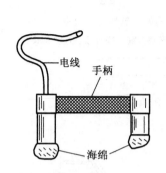

图3-4 手握式麻电器示意图

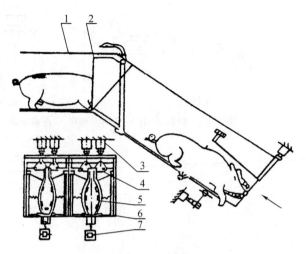

图3-5 猪自动麻电装置示意图

1—机架;2—铁门;3—磁力牵引器;4—挡板;
5—触电板;6—底板;7—自动插销

②$CO_2$麻醉法 丹麦、德国、美国、加拿大等国应用该法。室内气体组成:$CO_2$ 65% ~ 75%,空气 25% ~ 35%。将猪赶入麻醉室 15 s 后,意识即完全消失。该法使猪在安静状态下进入昏迷,因此肌糖原消耗少,最终 pH 值低,肌肉处于弛缓状态,避免肌肉出血。

(2)刺杀放血

家畜致昏后应立即放血,以 9 ~ 12 s 为最佳,最好不超过 30 s,以免引起肌肉出血。将后腿拴挂在滑轮的套脚或铁链上,经滑车吊至悬空轨道,运到放血处进行刺杀放血。家畜的放血方法有刺颈放血法、切颈放血法和刺心放血法等。

①刺颈放血法 此法普遍应用于猪的刺杀放血。工业生产采用吊起垂直放血,手工屠宰多为卧式水平放血。刺杀放血时,刺杀人员用左手抓住猪左前蹄,右手持刀,将刀尖对准应刺入的部位。握刀必须正直,大拇指压在刀背上,不得偏斜,刀尖向上,刀刃与猪体颈部垂直呈 15° ~ 20°的角度,倾斜进刀(即从颈部第一对肋骨水平线下 3.5 ~ 4.5 cm 处,与颈部正中线偏左 2 cm 处的交叉点进刀)。刺入后刀尖略向右斜,然后再向下方拖刀,将颈部的动、静脉切断。刀刺入深度按猪的品种、肥瘦情况而定,一般在 15 cm 左右。刀不要刺得太深,以免刺入胸腔和心脏,造成瘀血。

②切颈放血法 此法应用于牛、羊屠宰,是清真屠宰普遍采用的方法。利用大砍刀在靠近颈前部横刀切断三管(食管、气管和血管),俗称大抹脖。其缺点是食管和气管内容物或黏液易流出,污染肉质和血液。

③刺心放血法 为了获得优质血液,通常会利用一种特制的空心刀刺入心脏直接放血。空心刀如图 3-6。

图3-6 空心刀

放血时先将消毒的盛血容器、空心刀等准备好,切开颈中部皮肤,将空心刀从第一对肋骨中间,沿气管右侧刺入右心房,使全身的回流血沿胶管流入容器内。

无论采取何种放血方式,刺杀放血采血,操作中必须做到持刀要稳,刺杀部位要准。注意安全,防止被家畜踢伤。一般情况下,刺杀后的生猪全身血液在倒悬状态下 6 ~ 10 min 内基本流尽,牛 6 ~ 8 min,羊 5 ~ 6 min。平卧式放血需延长 2 ~ 3 min。刺杀放血只能放出全身总血量的 50% ~ 60%,还有 40% 左右的血液仍然残留在组织中,其中以内脏器官残留较多,肌肉中残留较少,每千克肌肉残留 2 ~ 9 mL,肉色较淡。放血充分与否直接影响肉品质量和贮藏性。

（3）浸烫、燎毛或剥皮

家畜放血后解体前,猪需烫毛、燎毛,牛、羊需进行剥皮,猪也可以剥皮。

①猪的烫毛和燎毛　放血后的猪经 6 min 沥血,由悬空轨道上卸入烫毛池进行浸烫,使毛根及周围毛囊的蛋白质受热变性收缩,毛根和毛囊易于分离。同时表皮也出现分离达到脱毛的目的。猪体在烫毛池内大约 5 min。池内最初水温 70 ℃ 为宜,随后保持在 60 ~ 66 ℃。如想获得猪鬃,可在烫毛前将猪鬃拔掉。生拔的鬃弹性强,质量好。

燎毛又称刮毛,分机械刮毛和手工刮毛。刮毛机国内有三滚筒式刮毛机、拉式刮毛机和螺旋式刮毛机三种。我国大中型肉联厂多用滚筒式刮毛机。刮毛过程中刮毛机中的软硬刮片与猪体相互摩擦,将毛刮去。同时向猪体喷淋 35 ℃ 的温水。刮毛 30 ~ 60 s 即可。然后再由人工将未刮净的部位如耳根、大腿内侧的毛刮去。

刮毛后进行体表检验,合格的屠体进行燎毛、清洗,脱毛检验,从而完成非清洁区的操作。用烤炉或用火喷射燎毛时,温度达 1 000 ℃ 以上,时间 10 ~ 15 s,可起到高温灭菌的作用。

②剥皮　牛、羊屠宰后需剥皮。近年来发展猪皮制革,猪也进行剥皮,剥皮方法分手工剥皮和机械剥皮两种。现代加工企业多倾向于吊挂剥皮。

a. 牛的剥皮　牛的手工剥皮是先剥四肢皮、头皮、腹皮,最后剥背皮。剥前肢、后肢时,先在蹄壳上端内侧横切,再从肘部和膝部中间竖切,用刀将皮挑至脚趾处并在腕关节和指关节处割去前后蹄,然后在两前肢和两后肢切开剥离。剥腹部皮时,从腹部中白线中间将皮切开,再将左右两侧腹部皮剥离。剥头皮时,用刀先将唇皮剥开,再挑至胸口处,逐步剥离眼角耳根,将头皮剥成平面后,在枕寰关节处将头割去。剥背皮时,先将尾根皮剥开,割去尾根,然后沿肛门至腰椎方向将背皮剥离。卧式剥皮时,先剥一侧,然后翻转再剥另一侧,如为半吊式剥皮,先仰卧剥四肢、腹皮,再剥后背部皮,然后吊起剥前背部皮。

b. 牛的机械剥皮　先手工剥头皮,并割去头,剥四肢皮并割去蹄,剥腹皮,然后将剥离的前肢固定在铁柱上,后肢悬在悬空轨道上,再将颈、前肢已剥离皮的游离端连在滑车的排沟上,开动滑车将未剥离的背部皮分离。

c. 羊的剥皮　为了更好地利用其做裘皮,在剥皮时应完整地剥下来。方法分人工剥和机械剥,除不剥头皮和蹄皮以外,大体上与牛的剥皮法相似。先将头、脚割下,将腹皮沿正中线剥开及沿四肢内侧将四肢皮剥开,然后用手工或机械将背部皮从尾根部向前扯开与肉尸分离。一般屠宰场采取水平剥离,将羊体横放固定在台上,使腹部朝上,大型肉联厂采取垂直剥离。

d. 猪的剥皮　因猪的皮下脂肪层厚,剥皮较为困难,通常由熟练工人手动剥皮,剥皮顺序是头、四肢、腹、背依次进行。国外多采用机械剥皮。在机械剥皮前,先进行烫毛、刮毛。为保护利用价值高的背部皮,用筐型容器使猪在烫毛池中固定,使背部和侧面的皮下不浸入热水中,其他部分被浸烫后,再进行机械刮毛,然后由剥皮机剥掉背部皮。美国不进行浸烫刮毛,而直接进行剥皮,这样剥皮比刮毛更经济,可减少能源的消耗。

③割颈肉　割颈肉根据 GB 99591—2001 平头规格处理。

（4）开膛解体

①剖腹取内脏　刮毛或剥皮后应立即开膛取出内脏,最迟不超过 30 min,否则对脏器和肌肉均有不良影响,如降低肠和胰的质量等。

猪的开膛,沿腹部正中白线切开皮肤,接着用特制的滑刀划开腹膜,使肠胃等自动滑出体外,便于检验,然后沿肛门周围用刀将直肠与肛门连接部剥离开,再将直肠掏出打结或用橡皮筋套住直肠头,以免流出粪便污染胴体。用刀将肠系膜割断,随后取出胃、肠和脾。然后用刀划破横膈膜,并事先沿肋软骨与胸骨连接处切开胸腔并剥离气管、食管,再将心、肺取出。取出的内脏分别挂在排钩上或传送盘上以被检验。

牛的剖腹应在高台作业,手工作业时应先将屠体后驱吊起 1 m,然后剖腹取内脏。牛的内脏器官大,应将各个器官分割开。分割时应注意结扎好,避免划破肠管和胆囊。

②劈半　开膛后,将胴体劈成两半（猪、羊）或四半（牛）称为劈半。劈半前,先将背部皮肤用刀从上到下割开。然后用电锯沿脊柱正中将胴体劈为两半。目前常用的是往复式劈半电锯,使用此电锯前仍需描脊。操作时需要两人协作,一人掌握,站在屠体腹面,一人扳锯头,站在屠体背面。由掌握者启动电锯,把锯头搭到屠体耻骨中间,扳锯头者右手握住锯头,左手掌握屠体,控制电锯沿描脊线从上而下,锯到颈部寰椎为止。不能推前拉后或两边摆动,以达到两边均匀、脊骨对开、整齐美观的要求。

（5）胴体的修整

猪的胴体修整包括去前后爪、奶头、膈、槽头肉、颈部血肉、伤斑、带血黏膜、脓包、烂肉和残毛污垢等。牛、羊的胴体修整包括割除尾、肾脏周围脂肪、伤斑、颈部血肉等。修整好的胴体要达到无血、无粪、无毛、无污物。

（6）检验、盖印、称重、出厂

屠宰后要进行宰后兽医检验。合格者,盖以"兽医验讫"的印章,然后经过自动吊秤称重,入库冷藏或出厂。

2. 家禽的屠宰

家禽屠宰工艺流程:

电击昏→放血→烫毛→脱毛→去绒毛→清洗→去头脚→净膛→待检验入库。

（1）电昏　电压 35～50 V,电流 0.5 A 以下,时间（禽只通过电昏槽时间）:鸡为 8 s 以下,鸭为 10 s 左右。电昏时间要适当,电昏后马上将禽只从挂钩上取下,以在 60 s 内能自动苏醒为宜。过大的电压、电流会引起锁骨断裂,心脏停止跳动,放血不良,翅膀血管充血。

（2）宰杀放血　美国农业部建议电昏与宰杀作业之间的时间间隔,夏天为 12～15 s,冬天则需增加到 18s。宰杀可以采用人工作业或机械作业,通常有三种方式:口腔放血、切颈放血（用刀切断气管、食管、血管）及动脉放血。禽只在放血完毕进入烫毛槽之前,其呼吸作用应完全停止,以避免烫毛槽内之污水吸进禽体肺脏而污染屠体。

放血时间,鸡一般为 90～120 s,鸭 120～150 s。但冬天的放血时间比夏天长 5～10 s。一般血液占活禽体重的 8%,放血时约有 6% 的血液流出体外。

（3）烫毛　水温和时间依禽体大小、性别、质量、生长期及不同加工用途而改变。

①高温烫毛:71～82 ℃,30～60 s。高温热水处理便于拔毛,降低禽体表面微生物数量,

屠体呈黄色,较诱人,便于零销。但由于表层所受到的热伤害,反而使贮藏期比低温处理短。同时,温度高易引起胸部肌肉纤维收缩使肉质变老,而且易导致皮下脂肪与水分流失,故尽可能不采用高温处理。

②中温烫毛:58～65 ℃,30～75 s。国内烫鸡通常采用65 ℃,35 s,烫鸭采用60～62 ℃,120～150 s。中温处理羽毛较易去除,外表稍黏、潮湿,颜色均匀、光亮,适合冷冻处理,适合裹浆、裹面油炸。但由于角质脱落,失去保护层,在贮藏期间微生物易生长。

③低温烫毛:50～54 ℃,90～120 s。这种处理方法羽毛不易去除,必须增加人工去毛,而且部分部位如脖子、翅膀需再予较高温的热水(62～65 ℃)处理。此种处理禽体外表完整,适合各种包装,而且适合冷冻处理。

(4)脱毛　机械拔毛必须调整好橡胶指束与屠体之间的距离。另外应掌握好处理时间。禽畜禁食超过8 h,脱毛就会较困难,公禽尤为严重。若禽畜宰前经过激烈的挣扎或奔跑,则羽毛根的皮层会将羽毛固定得更紧。此外,禽畜宰后30 min 再浸烫或浸烫后4 h 再脱毛,都将影响脱毛的速度。

(5)去绒毛　绒毛去除方法有三种:钳毛、松香拔毛、火焰喷射机烧毛。松香拔毛,若操作不当,使松香在禽体天然孔或凹陷深处未被除掉,食用时可引起中毒。

(6)清洗、去头、切脚　屠体脱毛后,在去内脏之前须充分清洗。经清洗后屠体应有95%的完全清洗率。一般采用加压冷水(或加氯水)冲洗后去头(取决于产品要求)和切脚。

(7)取内脏　取内脏前须再挂钩。活禽从挂钩到切除爪为止称为屠宰去毛作业,必须与取内脏区完全隔开。此处原挂钩链转回活禽作业区,而将禽只重新悬挂在另一条清洁的挂钩系统上。

(8)检验、修整、包装　掏出内脏后,经检验、修整、包装后入库贮藏。库温-24 ℃情况下,经12～24 h 使肉温达到-12 ℃,即可贮藏。

3. 家兔的屠宰

家兔屠宰工艺流程:

宰杀放血→剥皮→开膛→取内脏→修整→包装→待冷藏。

(1)宰杀放血　家兔的宰杀放血有三种方法。

①切颈放血法　将兔吊起,操作人员以左手握住两耳,右手持刀在紧靠下颌处的咽喉部位切断三管(血管、气管、食管),放血2～3 min。此法放血充分,效率高,应用较为普遍。为了防止垂死挣扎以免血液污染毛皮,可事先击晕(电击晕时电压为60～70 V,电流强度为0.75 A)。少量手工屠宰时,可用木棒或刀背敲击头后部即可。

②棒击放血法　用木棒猛击兔的头后部,造成其脑血管破裂,经5～7 min 后血液自鼻腔流出而致死。缺点是放血不完全。

③灌醋法　用稀释的醋酸或食醋,自口腔灌服数汤匙,使腹腔内血管急剧扩张,全身大部分血液均积聚于内脏,造成心脏衰竭或麻痹,呼吸困难,于数分钟内口吐白沫而死。这种方法因操作不便及不放血等缺点,生产上一般不应用。

(2)剥皮　放血后即行剥皮,先用刀在两后肢的跗关节的下缘,将皮肤做环状切开,再用刀尖自右后肢切口处内侧经肛门的下缘向左后肢的内侧将皮挑开。然后用手握住两后肢被剥离的皮,用力向下扯成筒形,当扯到前肢腕关节处,做环状切开并切断前脚,剥离头皮,随即将全皮脱下。剥下的皮毛朝里,用弓形铁条或木架伸入内部,将皮撑开,放在阴凉通风处干燥,此法为筒状剥皮。另有板状式剥皮,是在腹部正中白线处切开,然后将四肢及背部皮剥离成为皮板状。剥皮时注意不要割破皮张或使兔毛沾污肉体,皮张上不应残留脂肪和肌肉,以免影响皮张的保存和加工。

(3)开膛取内脏 剥完皮后立即进行开膛,用刀在腹部正中切开腹膜,将肛门处直肠剥离,然后将内脏用手扯出,放在指定地点或容器内以备检验。同时在第一颈椎处将头割下。开膛时,避免破坏胃肠和膀胱,以免粪便污染肉体。

(4)修整 兔肉尸修整与家畜肉尸修整不同,不能用水冲洗,因水洗后不易晾干,影响干膜的形成,而不耐保存。因此修整时,只能用清洁的白布擦拭血污,并去掉沾污的兔毛。另外用刀割去残留的食管、气管、生殖器及伤痕、瘀斑等。

(5)包装、冷藏 修整后,经过冷却(0~5 ℃,2 h),使肉尸表面形成一层干膜,然后进行整形并用塑料袋包装并装箱。小箱每箱 20 kg,大箱 30 kg,送入冷库。在 -20 ℃条件下,小箱冻 36 h,大箱冻 50 h,即可外运或冷藏。

### 三、宰后检验

宰后检验的目的是发现各种妨碍人类健康或已丧失营养价值的胴体、脏器及组织,并做出正确的判定和处理。宰后检验是肉品卫生检验最重要的环节,是宰前检验的继续和补充。因为宰前检验只能剔除症状明显的病畜和可疑病畜,处于潜伏期或症状不明显的病畜则难以发现,只有留待宰后对胴体、脏器做直接的病理学观察和必要的实验室化验,进行综合分析判断才能检出。

1. 检验方法

宰后检验的方法以感官检查和剖检为主,必要时辅之以实验室化验。

(1)视检 即观察肉尸的皮肤、肌肉、胸腹膜等组织,以及各种脏器的色泽、形态、大小、组织状态等是否正常。这种观察可为进一步剖检提供线索。如结膜、皮肤和脂肪发黄,表明可能有黄疸,应仔细检查肝脏和造血器官,甚至剖检关节的滑液囊及韧带等组织,如喉颈部肿胀,应考虑检出炭疽和巴氏杆菌病;某些疾病(如猪瘟、猪丹毒、猪肺疫、痘症)可通过皮肤的变化发现。

(2)剖检 借助检验器械,剖开以观察肉尸、组织、器官的隐蔽部分或深层组织的变化。这对淋巴结、肌肉、脂肪、脏器和所有病变组织的检查,以及疾病的发现和诊断是非常重要的。

(3)触检 借助于检验器械触压或用手触摸,判断组织、器官的弹性和软硬度,以便发现软组织深部的结节病灶。

(4)嗅检 对于不显特征变化的各种局外气味和病理性气味,均可用嗅觉判断出来。如屠畜生前患尿毒症,肉尸必带有尿味;芳香类药物中毒或芳香类药物治疗后不久屠宰的畜肉,则带有特殊的药味。

在宰后检验中,检验人员在剖检组织脏器的病损部位时,还要采取措施防止病料污染产品、地面、设备、器具及卫检人员的手。卫检人员应备两套检验刀具,以便遇到病料污染时,可用另一套消过毒的刀具替换,被污染的刀具在清除病变组织后,应立即置于消毒液中消毒。

2. 程序与要点

在屠宰加工的流水作业中,宰后检验的各项内容作为若干环节安插在加工过程中。一般分为头部、内脏及肉尸三个基本检验环节。屠宰猪时,须增设皮肤与旋毛虫检验两个环节。

（1）头部检验　牛头的检查,首先观察唇、齿龈及舌面,注意有无水泡、溃疡或烂斑(检查牛瘟、口蹄疫等);触摸舌体,观察上下颌的状态(检查放线菌);剖开咽喉内侧淋巴结和扁桃体(检查结核、炭疽)及舌肌和内外咬肌(检查囊尾蚴)。对于羊头,一般不剖检淋巴结,主要检查皮肤、唇及口腔黏膜,注意有无痘疮或溃疡等病变。猪头的检查分两步进行:第一步在放血之后浸烫之前进行,剖检两侧颌下淋巴结。其主要目的是检查猪的局限性咽炭疽。第二步与肉尸检验一道进行。先剖检两侧外咬肌(检查囊尾蚴),然后检查咽喉黏膜、会厌软骨和扁桃体,必要时剖检颌下副淋巴结(检查炭疽)。同时观察鼻盘、唇和齿龈的状态(检查口蹄疫、水泡病)。

（2）皮肤检验　皮肤检验对于检出猪瘟、猪丹毒等有意义。家禽主要检验皮肤病变。

（3）内脏检验　非离体检验目前主要用于猪。按照脏器在畜体内的自然位置,由后向前分别进行。离体检验可根据脏器摘出的顺序,一般由胃肠开始,依次检查脾、肺、心、肝、肾、乳房、子宫或睾丸。

（4）肉尸检验　首先判定其放血程度,这是评价肉品卫生质量的重要标志之一。放血不良的特征是:肌肉颜色发暗,皮下静脉充血。在判定肉尸放血程度的同时,尚须仔细检查皮肤、皮下组织、肌肉、脂肪、胸腹膜、骨骼,注意有无出血、皮下和肌肉水肿、肿瘤、外伤、肌肉色泽异常、四肢病变等症状,并剖开两侧咬肌,检查有无囊尾蚴。猪要剖检浅腹股沟淋巴结,必要时剖检深颈淋巴结。牛、羊要剖检股前淋巴结、肩胛前淋巴结,必要时还要剖检腰下淋巴结。

（5）旋毛虫检验　检验内脏时,割取左右膈脚肌两块,每块约 10 g,按胴体编号,进行旋毛虫检验。

胴体经上述初步检验后,还须经过一道复检(即终点检验)。这项工作通常与胴体的打等级、盖检印结合起来进行。当出现单凭感官检查不能做出确诊时,应进行细菌学、病理组织学等检验。

3. 检后处理

肉尸和脏器经兽医检验后,常有4种不同的处理情况:一是品质良好,可不受限制直接食用;二是患有一般传染病、轻症寄生虫病和病理损伤的肉尸和脏器,根据病损性质和程度,经过各种无害化处理后,使传染性、毒性消失或使寄生虫全部死亡者,可以有条件地食用;三是患有严重传染病、寄生虫病、中毒和严重病理损伤的肉尸和脏器,不能在无害化处理后食用者,应炼制工业油或骨肉粉;四是患有炭疽病、鼻疽、牛瘟等《肉品卫生检验规程》所列的烈性传染病的肉尸和脏器,必须用焚烧、深埋、湿化(通过湿化机)等方法予以销毁。绝不能用土灶炼制代替湿化处理。具体的处理方法有以下几种:

（1）冷冻处理　猪和牛在规定检验部位上的 40 cm$^2$ 面积内发现囊尾蚴和钙化的虫体在3 个以下者(包括3 个),羊肌肉发现9 个以上(包括9 个)虫体而肌肉无任何病变者,冷冻处理后出厂。旋毛虫在 -17 ℃以下时 2 d 死亡;绦虫类在 -18 ℃时 3 d 死亡;囊尾蚴在 -12 ℃时即可完全死亡。

（2）产酸处理　在一定温度下,使糖原分解,产生大量乳酸,从而达到杀灭某些病体的目的。这种方法常用来处理体温正常的口蹄疫患畜及其体温升高的同群畜的肉尸。具体做法是:将肉尸剔骨,在 0~6 ℃温度放置 48 h,或在 6~10 ℃温度放置 36 h,或在 10~12 ℃温度放置 24 h 即可。由于口蹄疫病毒在骨髓中能存活较长时间,加之产酸时乳酸在骨髓中集聚不明显,所以用产酸法做处理的肉尸必须剔骨,而骨必须经高温处理后方可出厂。

（3）高温处理  对有条件利用肉均可采用高温处理。其方式有以下两种：

①高压蒸煮  将肉切成重约 2 kg、厚约 8 cm 的肉块，在 $1.32 \times 10^5$ Pa 压力下蒸煮1.5～2.0 h。

②常压烧煮  将肉切成上述同样大小的肉块，在普通铁锅内煮沸2.0～2.5 h，要求肉块深部的温度达到80 ℃以上。

（4）盐腌处理  此法常用于轻症囊尾蚴病肉的无害化处理，其时间不小于21 d，食盐用量不少于肉重的12%。当肉中食盐含量达到5.5%～7.5%时，囊尾蚴即行死亡。处理布氏杆菌病患畜肉尸时，腌制需经60 d，其毛皮也应同样处理。由于盐溶液很难渗入脂肪，故腌制时需剔除皮下脂肪以炼制食用油。

（5）炼制食用油  凡患有重症旋毛虫病、囊尾蚴病和病情虽重但脂肪尚可食用的一般传染病（如猪瘟、猪丹毒、猪肺疫），以及黄疸的屠畜肉尸和内脏，其脂肪组织均可炼制食用油。炼制时要求温度在100 ℃以上，时间20 min。

# 第二节  畜禽胴体的分割利用

分割肉加工是指将屠宰后经过兽医卫生检验合格的胴体按不同部位肉的组织结构，切割成不同大小和不同质量规格要求的肉块，经修整、冷却、包装和冻结等工序加工的过程。胴体不同部位的肉质量等级不一样，其食用价值不同，加工方法的适应性有差异。因此，对肉体进行适当的分割，便于评定其价格，分部位销售和利用，提高其经济价值和使用价值。

## 一、猪胴体的分割

1. 我国猪胴体的分割

（1）我国猪肉分割方法  通常将半胴体分为肩、背、腹、臀、腿五大部分（图3-7）。

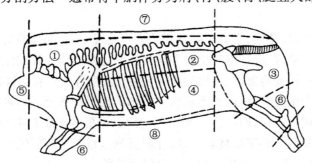

**图3-7  猪肉按部位切割分级**

①肩臂肉；②背腰肉；③臀腿肉；④肋腹肉；⑤颈肉；⑥肘子肉；⑦肥膘；⑧奶脯

①肩颈部  肩颈部俗称前槽、夹心、前臂肩，前端从第1颈椎，后端从第4～5胸椎或第5～6根肋骨间，与背线呈直角切断。下端如做火腿则从腕关节截断，如做其他制品则从肘关节切断，并剔除椎骨、肩胛骨、臂骨、胸骨和肋骨。

②臀腿部  臀腿部俗称后腿、后丘、后臂肩，是从最后腰椎与荐椎结合部和背线呈直角垂直切断，下端则根据不同用途进行分割：如做分割肉、鲜肉出售，从膝关节截断，剔除腰椎、荐椎骨、股骨、去尾；如做火腿则保留小腿后蹄。

③背腰部  背腰部俗称外脊、大排、硬肋、横排，是前面去掉肩颈部、后面去掉臀腿部，余

下的中断肉体从脊椎骨下 4~6 cm 处平行切开,上部即为背腰部。

④肋腹部　肋腹部俗称软肋、五花,与背腰部分离,切去奶脯即可。

⑤前臂和小腿部:前臂和小腿部俗称肘子、蹄髈,前臂上从肘关节、下从腕关节切断,小腿上从膝关节下从跗关节切断。

⑥颈部　从第 1~2 颈椎处,或 3~4 颈椎处切断。

(2)分割肉的冷却　将修整好的分割肉送入冷却间内进行冷却。冷却间内的温度为 -3~-2 ℃。在 24 h 内,肉温降至 0~4 ℃。

2.德国猪肉分割法(图 3-8)

操作略。

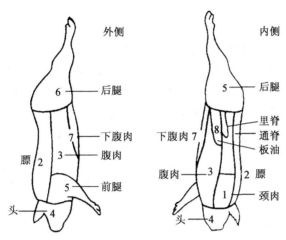

图 3-8　德国猪肉分割法

3.美国猪肉分割法

美国将猪胴体划分为颊肉、前腿肉、肩部肉、肋排、通脊、肋腹和后腿肉(图 3-9),操作略。

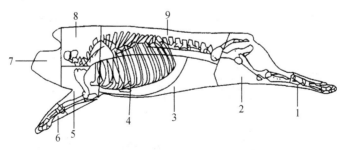

图 3-9　美国猪胴体部位分割图

1—后蹄肉;2—腿部肉;3—肋腹肉;4—肋排肉;5—肩肉;6—前蹄肉;7—颊部肉;8—肩胛肉;9—通脊肉

## 二、牛胴体的分割

1.我国牛肉分割方法

将标准的牛胴体二分体大体上分成臀腿肉、腹部肉、腰部肉、胸部肉、肋部肉、肩颈肉、前腿肉、后腿肉共 8 个部分(图 3-10),再进一步分成牛柳、西冷、眼肉、上脑、胸肉、腱子肉、腰肉、臀肉、膝圆、大米龙、小米龙、腹肉12块不同的零售肉块(图3－11)。

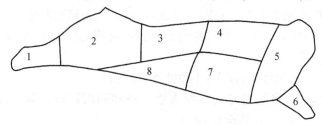

**图3－10　我国牛胴体部位分割图**

1—后腿肉;2—臀腿肉;3—腰部肉;4—肋部肉;5—肩颈肉;6—前腿肉;7—胸部肉;8—腹部肉

①牛柳　也叫里脊,即腰大肌。分割时先剥去肾脂肪,沿耻骨前下方将里脊剔出。然后由里脊头向里脊尾逐个剥离腰横突,取下完整的里脊。

②西冷　也叫外脊,主要是背最长肌。分割时首先沿最后腰椎切下,然后沿眼肌腹壁侧(离眼肌5～8 cm)切下。再在第12～13胸肋处切断胸椎,逐个剥离胸、腰椎。

③眼肉　主要包括背阔肌、肋最长肌、肋间肌等。其一端与外脊相连,另一端在第5～6胸椎处,分割时先剥离胸椎,抽出筋腱,在眼肌腹侧距离为8～10 cm处切下。

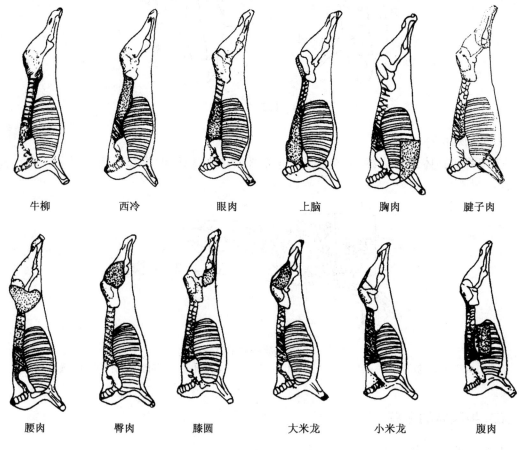

牛柳　　西冷　　眼肉　　上脑　　胸肉　　腱子肉

腰肉　　臀肉　　膝圆　　大米龙　　小米龙　　腹肉

**图3－11　我国牛肉分割图**

④上脑　主要包括背最长肌、斜方肌等。其一端与眼肉相连,另一端在最后颈椎处。分

割时剥离胸椎,去除筋腱,在眼肌腹侧距离为6~8 cm处切下。

⑤胸肉　主要包括胸升肌和胸横肌等。在剑状软骨处,随胸肉的自然走向剥离,修去部分脂肪即成一块完整的胸肉。

⑥腱子肉　分为前、后两部分,主要是前肢肉和后肢肉。前牛腱从尺骨端下刀,剥离骨头取下。后牛腱从胫骨上端下刀,剥离骨头取下。

⑦腰肉　主要包括臀中肌、臀深肌、股阔筋膜张肌。在臀肉、大米龙、小米龙、膝圆取出后,剩下的一块肉便是腰肉。

⑧臀肉　主要包括半膜肌、内收肌、股薄肌等。分割时把大米龙、小米龙剥离后便可见到一块肉,沿其边缘分割即可得到臀肉;也可沿着被切的盆骨外缘,再沿本肉块边缘分割。

⑨膝圆　主要是臀股四头肌。当大米龙、小米龙、臀肉取下后,能见到一块长圆形肉块,沿此肉块周边(自然走向)分割,很容易得到一块完整的膝圆肉。

⑩大米龙　主要是臀股二头肌。与小米龙紧相连,故剥离小米龙后大米龙就完全暴露,顺着该肉块自然走向剥离,便可得到一块完整的四方形肉块,即为大米龙。

⑪小米龙　主要是半腱肌,位于臀邻。当牛后腱子取下后,小米龙肉块处于最明显的位置。分割时可按小米龙肉块的自然走向剥离。

⑫腹肉　主要包括肋间内肌、肋间外肌等,也即肋排,分无骨肋排和带骨肋排。一般包括4~7根肋骨。

2. 美国牛胴体的分割方法

美国牛胴体的批发分割方法是将胴体分成以下几个部分:前腿肉、肩部肉、前胸肉、胸肋、肩肋肉、前腰肉、腹肋肉、后腰、后腿肉(图3-12)。其零售切割方式是在批发部位的基础上进行再分割而得到零售分割肉块。

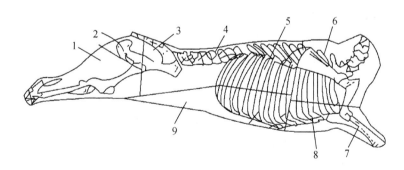

**图3-12　美国牛胴体部位分割图**

1—后腿肉;2—臀部肉;3—后腰肉;4—前腰肉;5—肋部肉;6—颈肩肉;7—前腿肉;8—胸部肉;9—腹部肉

3. 日本牛胴体的分割方法

日本牛胴体共分为以下几个部分:颈部、腕部、肩部牛排、肋排、背脊牛排、腹肋部、肩胸部、腰大肌、大腿里、大腿外。

## 二、羊胴体的分割

1. 我国羊胴体分割方法

我国于2007年发布了中华人民共和国行业农业标准《羊肉分割技术规范》(NY/T

1564—2007),明确了羊肉分割的部位名称及技术要求,具体分割图见图3-13。羊肉分割主要分为带骨羊肉分割和去骨羊肉分割两部分内容,这里主要对25块带骨羊肉的分割做说明。

(1)带骨羊肉分割

①躯干 主要包括前1/4胴体、羊肋脊排及腰肉部分,由半胴体分割而成。分割时经第6腰椎到髂骨尖处直切至腹肋肉的腹侧部,切除带臀腿。

②带臀腿 主要包括粗米龙、臀肉、膝圆、臀腰肉、后腱子肉、髂骨、荐椎、尾椎、坐骨、股骨和胫骨等,由半胴体分割而成,分割时自半胴体的第6腰椎经髂骨尖处直切至腹肋肉的腹侧部,除去躯干。

③带臀去腱腿 主要包括粗米龙、臀肉、膝圆、臀腰肉、髂骨、荐椎、尾椎、坐骨和股骨等,由带臀腿自膝关节处切除腱子肉及胫骨而得。

④带臀腿 主要包括粗米龙、臀肉、膝圆、后腱子肉、坐骨和股骨等,由带臀腿在距离髋关节大约12 mm处呈直角切去带骨臀腰肉而得。

⑤去臀去腱腿 主要包括粗米龙、臀肉、膝圆、坐骨和股骨等,由去臀腿于膝关节处切除后腱子肉和胫骨而得。

⑥带骨臀腰肉 主要包括臀腰肉、髂骨、荐椎等,由带臀腿于距髋关节大约12 mm处以直角切去臀腿而得。

⑦去髋带臀腿 由带臀腿除去髋骨制作而得。

⑧去髋去腱带股腿 由去髋带臀腿在膝关节处切除腱子肉及胫骨而成。

⑨鞍肉 主要包括部分肋骨、胸椎、腰椎及有关肌肉等,由整个胴体于第4、第5、第6或第7肋骨处背侧切至胸腹侧部,切去前1/4胴体,于第6腰椎处经髂骨尖从背侧切至腹脂肪的腹侧部而得。

⑩带骨羊腰脊(双、单) 主要包括腰椎及腰脊肉。在腰荐结合处背侧切除带臀腿,在第1腰椎和第13胸椎之间背侧切除胴体前半部分,除去腰腹肉。

⑪羊T骨排(双、单) 由带骨羊腰脊(双/单)沿腰椎结合处直切而成。

⑫腰肉 主要包括部分肋骨、胸椎、腰椎及有关肌肉等,由半胴体于第4、第5、第6或第7肋骨处切去前1/4胴体,于腰荐结合处切至腹肋肉,去后腿而得。

⑬羊肋脊排 主要包括部分肋骨、胸椎、腰椎及有关肌肉等,由腰肉经第4、第5、第6或第7肋骨与第13肋骨与第一腰椎之间的背腰最长肌(眼肌),垂直于腰椎方向切割,除去后端的腰脊肉和腰椎。

⑭法式羊肋脊排 主要包括部分肋骨、胸椎及有关肌肉等,由羊肋脊排修整而成。分割时保留或除去盖肌,除去棘突和椎骨,在距眼肌大约10 cm处平行于椎骨缘切开肋骨,或距眼肌5 cm处(法式)修整肋骨。

⑮单骨羊排/法式单骨羊排 主要包括单根肋骨、胸椎及背最长肌,由羊肋脊排分割而成。分割时沿两根肋骨之间,垂直于胸椎方向切割(单骨羊排),在距眼肌大约10 cm处修

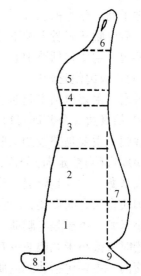

图3-13 羊肉分割图
1—前1/4胴体;2—羊肋脊排;3—腰肉;
4—臀腰肉;5—带臀腿;6—后腿腱;
7—胸腹脯;8—羊颈;9—羊前腱

整肋骨(法式)。

⑯前1/4胴体　主要包括颈肉、前腿和部分胸椎、肋骨脊背最长肌等,由半胴体在分割前后,第4或第5或第6肋骨处以垂直于脊椎方向切割得到的带前腿的部分。

⑰方切肩肉　主要包括部分肩胛肉、肋骨、肱骨、颈椎、胸椎及有关肌肉,由前1/4胴体切去颈肉、胸肉和前腱子肉而得。分割时沿前1/4胴体第3、第4颈椎之间的背侧线切去颈肉,然后自第1肋骨与胸骨结合处切割至第4、第5或第6肋骨处,除去胸肉和前腱子肉。

⑱肩肉　主要包括肩胛肉、肋骨、肱骨、颈椎、胸椎、部分桡尺骨及有关肌肉。由前1/4胴体切去颈肉、部分桡尺骨及部分腱子肉而得。分割时沿前1/4胴体第3或第4颈椎之间的背侧线切去颈肉,腹侧切割线沿第2和第3肋骨与胸骨结合处直切至第3、第4或第5肋骨,保留部分桡尺骨和腱子肉。

⑲肩脊排/法式脊排　主要包括部分肋骨、椎骨及有关肌肉,由方切肩肉(4～6肋)除去肩胛肉,保留下面附着的肌肉带制作而成,在距眼肌大约10 cm处平行于椎骨缘切开肋骨修整,即得法式脊排。

⑳牡蛎肉　主要包括肩胛骨、肱骨和桡尺骨及有关的肌肉。由前1/4胴体的前臂骨与躯干骨之间的自然缝切开,保留底切(肩胛下肌)附着而得。

㉑颈肉　俗称血脖,位于颈椎周围,主要由颈部肩带肌、颈部脊椎柱和颈腹侧肌所组成,包括第1颈椎与第3颈椎之间的部分。颈肉由胴体经第3和第4颈椎之间切割,将颈部肉与胴体分离而得。

㉒前腱子肉/后腱子肉　前腱子肉主要包括尺骨、桡骨、腕骨和肱骨的远侧部及有关的肌肉,位于肘关节和腕关节之间。分割时沿胸骨与盖板远端的肱骨切除线自前1/4胴体切下前腱子肉。

后腱子肉由胫骨、跗骨和跟骨及有关的肌肉组成,位于膝关节和跗关节之间。分割时自胫骨与股骨关节之间的膝关节切割,切下后腱子肉。

㉓法式羊前腱/羊后腱　分别由前腱子肉/后腱子肉分割而成,分割时分别沿桡骨/胫骨末端3～5 cm处进行修整,露出桡骨/胫骨。

㉔胸腹腩　俗称五花肉,主要包括部分肋骨、胸骨和腹外斜肌、升胸肌等,位于腰肉的下方。分割时自半胴体第1肋骨与胸骨结合处直切至膈在第11肋骨上的转折处,再经腹肋肉切至腹股沟浅淋巴结。

㉕法式肋排　主要包括部分肋骨、升胸肌等,由胸腹腩第2肋骨与胸骨结合处直切至第10肋骨,除去腹肋肉并进行修整而成。

2. 美国羊胴体分割方法

美国羊胴体可被分割成腿部肉、腹部肉、腰部肉、胸部肉、肋排肉、颈部肉、前腿肉、肩部肉。在部位肉的基础上再进一步分割成零售肉块。羊胴体的分割图见图3－14。

### 三、禽肉的分割与利用

1. 鸡胴体分割方法

我国于2010年颁布的中华人民共和国国家标准《鸡胴体分割》(GB/T 248864—2010)对肉鸡加工企业鸡胴体分割产品进行了规定,胴体分为翅肉类、胸肉类和腿肉类。

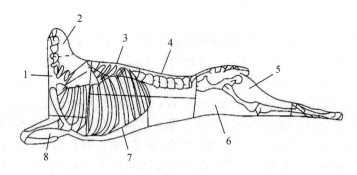

**图3-14 美国羊胴体的部位分割图**
1—肩部肉;2—颈部肉;3—肋排肉;4—腰部肉;5—腿部肉;6—腹部肉;7—胸部肉;8—前腿肉

（1）翅肉类

①整翅　切开肱骨与喙状骨连接处,切断筋腱,不得划破关节面和伤到里脊。

②翅根（第一节翅）　沿肘关节处切断,由肩关节至肘关节段。

③翅中（第二节翅）　切断肘关节,由肘关节至腕关节段。

④翅尖（第三节翅）　切断腕关节,由腕关节至翅尖端。

⑤上半翅（V形翅）　由肩关节至腕关节段,即第一节和第二节翅。

⑥下半翅　由肘关节至翅尖段,即第二节和第三节翅。

（2）胸肉类

①带皮大胸肉　沿胸骨两侧划开,切断肩关节,将翅根连胸肉向尾部撕下,剪去翅,修净多余的脂肪、肌膜,使胸皮肉相称、无瘀血、无熟烫。

②去皮大胸肉　将带皮大胸肉的皮除去。

③小胸肉（胸里脊）　在鸡锁骨和喙状骨之间取下胸里脊,要求条形完整、无破损、无污染。

④带里脊大胸肉　包括去皮大胸肉和小胸肉。

（3）腿肉类

①全腿　沿腹股沟将皮划开,将大腿向背侧方向掰开,切断髋关节和部分肌腱,在跗关节处切去鸡爪,使腿形完整、边缘整齐、腿皮覆盖良好。

②大腿　将全腿沿膝关节切断,为髋关节和膝关节之间的部分。

③小腿　将全腿沿膝关节切断,为膝关节至跗关节间的部分。

④去骨带皮鸡腿　沿胫骨到股骨内侧划开,切断膝关节,剔除股骨、胫骨和腓骨,修割多余的皮、软骨、肌腱。

⑤去骨去皮鸡腿　将去骨带皮鸡腿上的皮去掉。

2.鸭胴体分割方法

我国于2009年颁布的中华人民共和国行业农业标准《鸭肉等级规格》（NY/T 1760—2009）对主要鸭分割产品及分割方法进行了规定。

（1）带皮鸭胸肉　从翅根与大胸的连接处下刀,将大胸切下,并对大胸内的血筋、多余的脂肪、筋膜及皮外进行修剪,得到完整的带皮鸭胸肉。

（2）鸭小胸　将小胸与锁骨分离,紧贴龙骨两侧下划至软骨处,使小胸与胸骨分离,撕下完整小胸。

（3）鸭腿　在腰眼肉处下刀，向里圆滑切至髋关节，顺势用刀尖将关节韧带割断，同时用力将腿向下撕至鸭尾部，切断与鸭尾相连的皮，修剪掉瘀血、多余的皮及脂肪，得到形状规则的鸭腿肉。

（4）鸭全翅　将大胸从翅胸上切下后，再将肩肉切下，即可得到剩余的鸭全翅。

（5）鸭二节翅　沿翅中与翅根的关节处将鸭全翅切断后得到的翅尖和翅中部分。

（6）鸭翅根　沿翅中与翅根的关节处将鸭全翅切断，除去二节翅后的剩余部分。

（7）鸭脖　在鸭脖与鸭架连接处下刀，将鸭脖切下，除去脖皮和脖油。

（8）鸭头　从第一颈椎处下刀，割下鸭头，并除去气管、口腔瘀血等。

（9）鸭掌　从踝骨缝处下刀，将鸭掌割下，并对脚垫进行修剪。

（10）鸭舌　在紧靠鸭头的咽喉外开一小口，割断食管和气管，然后掰开鸭嘴，将鸭舌拔出，并修剪掉气管头和舌皮，舌根软骨保留完整。

## 四、分割肉的包装

目前市场上销售的肉类主要为热鲜肉、冷却肉和冷冻肉三种。

热鲜肉是指畜禽屠宰加工后，经兽医卫生检验符合市场鲜销而未经冷冻的肉，这类肉未经排酸成熟，不卫生，风味口感未达到最佳，一般不经包装便可销售，也有的用真空包装。

冷却分割肉的消费在国际上较为普遍，随着我国人民生活水平的提高，近几年冷却分割小包装肉的消费需求不断上升。冷却分割肉生产是将经分割加工后的分割肉送入冷却间进行冷却，冷却间内装有干式冷风机和可移动的货架。冷却间温度一般要求控制在 0～4 ℃，也可调整为 0～2 ℃。经过 20 h 左右冷却，肉体温度冷却至 4 ℃左右，经过充分排酸成熟，肉质嫩化，风味口感好，即可进行包装。包装采用透明的塑料薄膜。经包装后的分割肉放入专用的托盘内由专用车辆运至设有冷藏陈列货柜的食品超市销售。

冷冻分割肉的生产是将经过冷却的分割肉按照规格进行整形包装后装入纸箱或专用的金属冻盘内送入冻结间进行冻结。分割肉的冻结间大都采用格架式蒸发器加鼓风装置，也有在强烈吹风冻结间内装有移动货架或吊龙进行冻结的，或者选用卧式平板冻结器进行冻结。冻结间的温度要求在 –15 ℃。采用纸箱包装的分割肉冻结时间较长，一般为 72 h。冻结肉汁液流失，肉质有所降低，适用于需要长期贮存和出口、远销的分割肉。

肉在常温下的货架期只有半天，冷藏鲜肉为 2～3 d，充气包装的生鲜肉 14 d，真空包装的生鲜肉约 10 d，真空包装的加工肉约 40 d，冷冻肉则在 4 个月以上。目前，分割肉越来越受消费者的喜爱，因此分割肉的包装也越来越受重视。

1. 分割鲜肉的包装

分割鲜肉的包装要求透明度较高，便于消费者看清肉体的本色。其透氧率较高，以保持肌红蛋白的鲜红颜色；透水率（水蒸气透过率）要低，防止生肉表面的水分散失，造成色素的浓缩，肉色发暗，肌肉发干收缩；薄膜的柔韧性好，无毒性，并具有足够的耐寒性。但为控制微生物的繁殖也可以用阻隔性高（透气率低）的包装材料。

一般真空包装复合材料为 EVA（乙烯－醋酸乙烯共聚物）/聚偏二氯乙烯/EVA、尼龙/低密度聚乙烯和尼龙/surlgn（离子型树脂）。

充气包装是让混合气体充入透气率低的包装材料中，以达到维持肉色鲜红、控制微生物生长的目的。混合气体比例以 20% 的二氧化碳和 80% 的氧气效果最佳，可使鲜肉货架期达14 d。另一种充气包装是将鲜肉用透气性好但透水率低的 HDPE（高密度聚乙烯）/EVA 包装后,放在密闭的箱子里,再充入混合气体,以达到延长鲜肉货架期、保持鲜肉良好颜色的目的。

**2.冷冻分割肉的包装**

冷冻分割肉的包装采用可封性复合材料(至少含有一层以上的铝箔基材)。代表性的复合材料有:PET(聚酯薄膜)/PE(聚乙烯)/AL(铝箔)/PE,MT(玻璃纸)/PE/AL/PE。冷冻的肉类坚硬,包装材料中间夹层使用聚乙烯能够改善复合材料的耐破强度。冷冻肉类采用充气包装比用真空包装方法更好,因为真空包装更容易造成冷冻干燥肉类被压碎。冷冻干燥的牛肉,采用二氧化碳充气包装,比充氮包装更能保持其鲜红的颜色。目前,国内大多数厂家考虑经济问题而更多地采用塑料薄膜。

# 第三节　畜禽胴体分级与品质检验

由于受畜禽的品种、年龄、肥度,以及同一个体不同部位等因素的影响,肉的品质差异很大,而不同质量的肉其加工用途、实用价值和商品价值不同。因此,畜禽肉在批发零售时,通常根据其质量差异,划分不同等级,按等级定价。畜禽胴体分级的方法和标准,每个国家和各个地区都不尽相同,一般都依据肌肉发育程度、皮下脂肪分布状况、胴体质量及其他肉质情况来评定。不同畜禽,其等级评定依据也不同。

## 一、畜禽肉胴体分级

肉畜的胴体分级越来越重要。胴体的等级直接反映的是肉畜的产肉性能及肉的品质情况,无论对于生产还是消费都具有很好的规范和导向作用,使之有章可循、有据可依,统一生产秩序和消费市场,有利于形成优质优价的市场规律,有助于产品向高质量的方向发展。

**1.牛胴体的分级标准**

**(1)我国牛胴体分级**

我国肉牛业是一个新兴产业,以前没有自己统一的牛肉等级标准。随着牛肉生产的迅速发展,制定出既符合我国国情又能与国际接轨的牛肉等级标准已成为现实生产中的迫切要求。国家"九五"攻关课题将其作为其中一个重要的专题,由南京农业大学、中国农科院畜牧所和中国农业大学承担,并得到了全国此领域内众多专家、有关科研院所、大专院校及企业的支持与协助。通过对800多头牛的试验和近万头牛的资料统计,并参考了发达国家有关标准制定出了我国第一个畜禽产品质量标准《牛肉质量分级》(NY/T 676—2003)和整套分级技术,既可以与国际接轨,又符合我国国情,对客观、公正、有效地实行牛肉分级,引导优质优价的良性循环,促进我国肉牛业的发展具有重要意义。牛肉等级评定包括胴体质量等级评定和产量等级评定,标准中的主要指标(如大理石花纹、生理成熟度、眼肌面积等)均制有图版、工具及录像片等辅助材料,可操作性强,适于推广应用。

①有关术语的定义

a.优质牛肉　肥育牛按规范工艺屠宰、加工,品质达到本标准中优二级以上(包括优二级)的牛肉叫作优质牛肉。

b.成熟　指牛被宰杀后,其胴体或分割肉在-1.5℃以上(通常在1~4℃)无污染的环境内放置一段时间,使肉的pH值上升,酸度下降,嫩度和风味得到改善的过程(俗称排酸)。

c. 生理成熟度　反映牛的年龄。评定时根据胴体脊椎骨(主要是最末三根胸椎)脊突末端软骨的骨化程度来判断,骨化程度越高,牛的年龄越大。除骨质化判定外亦可依照门齿来判断年龄。

d. 大理石花纹　反映背最长肌中肌内脂肪的含量和分布的指标,通过背最长肌横切面中白色脂肪颗粒的数量和分布来评价。

②指标及评定方法

胴体冷却后,在充足的光线下,在 12 ~ 13 胸肋间眼肌切面处对下列指标进行评定。

a. 大理石纹　对照大理石花纹图片确定眼肌横切面处的大理石纹等级。共有 4 个标准图片,分为极丰富(1 级)、丰富(2 级)、少量(3 级)和几乎没有(4 级)。在两级之间设半级,如介于 2 级和 3 级之间则为 2.5 级。经修订后,设有 7 个等级(图 3 - 15):大理石花纹极丰富为 1 级、丰富为 2 级、微丰富为 3 级、中等为 4 级、少量为 5 级、微量为 6 级、几乎没有为 7 级。

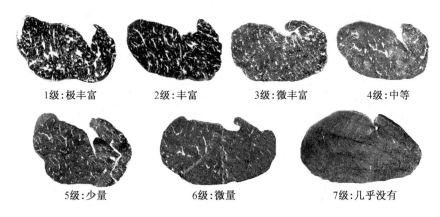

1 级:极丰富　　2 级:丰富　　3 级:微丰富　　4 级:中等

5 级:少量　　6 级:微量　　7 级:几乎没有

**图 3 - 15　修订后的大理石花纹等级图**

b. 生理成熟度　以门齿变化和脊椎骨(主要是最后三根胸椎)棘突末端软骨的骨质化程度为依据来判断生理成熟度(图 3 - 16)。生理成熟度分为 A、B、C、D、E 5 级,详见表3 - 2,同时结合肋骨的形状、眼肌的颜色和质地对生理成熟度做微调。

**表 3 - 2　不同生理成熟度的骨化程度表**

| 脊椎部位 | 成熟度 | | | | |
|---|---|---|---|---|---|
| | A | B | C | D | E |
| | 24 月龄以下 | 24 ~ 36 月龄 | 36 ~ 48 月龄 | 48 ~ 72 月龄 | 72 月龄以上 |
| 荐椎 | 未愈合 | 开始愈合 | 愈合但有轮廓 | 完全愈合 | 完全愈合 |
| 腰椎 | 未骨化 | 一点骨化 | 部分骨化 | 近完全骨化 | 完全骨化 |
| 胸椎 | 未骨化 | 未骨化 | 一点骨化 | 大部分骨化 | 完全骨化 |

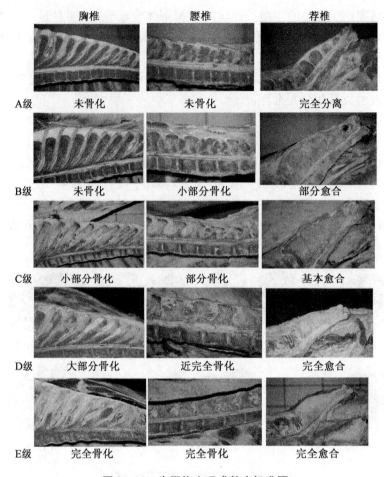

图 3-16 牛胴体生理成熟度标准图

c.颜色 对照肉色等级图片判断眼肌切面处颜色的等级。分为 8 级：1A 级、1B 级、2 级、3 级、4 级、5 级、6 级、7 级。1A 级最浅，7 级最深，其中 3 级和 4 级为最佳肉色。

d.脂肪色 对照脂肪色等级图片判断眼肌横截面处背膘脂肪颜色的等级。脂肪色分为 8 个等级，其中 1，2 两级的脂肪色最好。

e.眼肌面积 在 12～13 胸肋间的眼肌切面处用方格网直接测出眼肌的面积。具体方法见图 3-17。

f.背膘厚度的测定 在 12～13 胸肋间的眼肌切面处，从靠近脊柱一侧算起，在眼肌长度的 3/4 处垂直于外表面测量背膘的厚度。具体测定方法见图 3-18。

③胴体的等级标准确定

a.质量级 主要由大理石纹和生理成熟度决定，并参考肉的颜色进行微调。原则上是大理石纹愈丰富、生理成熟度愈低，即年龄愈小、级别愈高；否则反之。本标准牛胴体质量等级与大理石纹和生理成熟度关系见表 3-3。

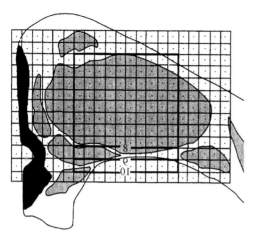

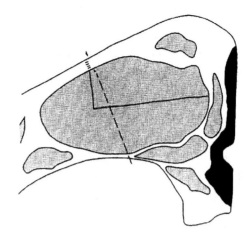

图 3－17　眼肌面积测定方法示意图　　　　图 3－18 背膘厚度测定方法示意图

其具体评定方法是先根据大理石纹和生理成熟度确定等级,然后对照颜色进行调整。当等级由大理石纹和生理成熟度两个指标确定后,若肉的颜色过深或过浅,则要对原来的等级酌情进行调整,一般来说要在原来等级的基础上降一级。

b.产量级　初步选定由胴体重、眼肌面积和背膘厚度测算出肉率,出肉率越高,等级越高。眼肌面积与出肉率成正比,眼肌面积越大,出肉率越高;而背膘厚度与出肉率成反比。

表 3－3　我国牛胴体质量、等级与大理石纹、生理成熟度的关系

| 大理石花纹等级 | A(不超过24月龄) 无或出现第一对永久门齿 | B(24~36月龄) 出现第二对永久门齿 | C(36~48月龄) 出现第三对永久门齿 | D(48~72月龄) 出现第四对永久门齿 | E(72月龄以上) 永久门齿磨损较重 |
|---|---|---|---|---|---|
| 1级(极丰富) | 特　级 | | | | |
| 2级(极丰富) | | | | | |
| 3级(微丰富) | | 优 一 级 | | | |
| 4级(中等) | | | | | |
| 5级(少量) | | | 优 二 级 | | |
| 6级(微量) | | | 普　　　通　　　级 | | |
| 7级(几乎没有) | | | | | |

(2)美国牛胴体的分级标准

美国牛肉分级标准历史悠久,历经多次修订,体系比较完善,在国际上影响也较大。美国肉牛业的发达除了得益于育种和饲养技术的提高外,牛肉分级制也起到至关重要的作用。美国对牛肉采用产量级(Yield grade)和质量级(Quality grade)两种分级体系,既可单独对牛肉定级,也可同时使用,即一个胴体既有产量级别,又有质量级别,主要取决于客户对牛肉的需求。

①质量级

阉牛、小母牛、母牛可分为8个级别;而母牛除了特等以外,其他等级都适用;小公牛的

质量级只有特等、优选、精选、标准和可用5个级别。

美国依据牛肉的大理石纹和生理成熟度（年龄）将牛肉分为特优（Prime）、优选（Choice）、精选（Select）、标准（Standard）、商用（Commercial）、可用（Utility）、切碎（Cutter）和制罐（Canner）8个级别。生理成熟度以年龄决定，年龄越小，肉质越嫩，级别越高。生理成熟度共分为A、B、C、D和E等5个级别。A级为9～30月龄，B级为30～42月龄，C级为42～72月龄，D级为72～96月龄，96月龄以上为E级。而年龄则以胴体骨骼和软骨的大小、形状，骨质化程度，眼肌的颜色和质地为依据来判定，其中，最末三根胸椎的软骨骨化程度为最重要的指标。年龄小的动物在脊柱的脊突末端都有一块软骨，随着年龄的增大，这块软骨逐渐骨质化而消失。这个过程一般从胴体后端开始，最终在前端结束，这个规律为判定胴体年龄提供了较可靠的依据。加上对骨骼形状、肌肉颜色的观察，即可判定出胴体的生理成熟度。

大理石纹是决定牛肉品质的主要因素，它与嫩度、多汁性和适口性有密切的关系，同时它又是最容易客观评定的指标，因而品质的评定就以大理石纹为代表。大理石纹的测定部位为12与13肋骨间的眼肌横切面，以标准为依据，分为丰富、适量、适中、少、较少、微量和几乎没有这7个级别。当生理成熟度和大理石纹决定以后就可判定其等级了。年龄越小，大理石纹越丰富，级别越高；反之则越低。它们的详细关系见表3-4。

**表3-4　美国牛胴体大理石纹、生理成熟度与质量等级之间的关系**

| 大理石纹 | 生理成熟度 | | | | |
|---|---|---|---|---|---|
| | A | B | C | D | E |
| 很丰富 | | | | | |
| 丰富 | 特 | 等 | | 商售 | |
| 较丰富 | | | | | |
| 多量 | | | | | |
| 中等 | 优 | 选 | | | |
| 少量 | | | | | |
| 微量 | 精选 | | | 可用 | |
| 稀量 | 标 | 准 | | | 切碎 |
| 几乎没有 | | | | | |

②产量级

产量级以胴体出肉率为依据，胴体出肉率为修整后去骨零售肉量与胴体的比例，可依据以下公式计算：

出肉率 = 51.34 − 5.784 × 脂肪厚度（cm）− 0.462 × KHP（%）（肾、盆腔和心脏占胴体重的百分数）+ 0.74 × 眼肌面积（cm²）− 0.009 3 × 热胴体重（kg）

产量级 = 2.50 + 2.50 × 脂肪厚度（cm）+ 0.2 × KPH（%）− 0.32 × 眼肌面积（cm²）+ 0.0038 × 热胴体重（kg）

出肉率与产量级之间的关系见表3-5。

据公式得出产量级数值，以其整数部分作为产量级的等级数。例如，3.9的产量级是3。

表 3 - 5　美国牛胴体出肉率与产量级之间的关系

| 产量级（YG） | 出肉率/% | 产量级（YG） | 出肉率/% |
|---|---|---|---|
| 1 | 52.3 以上 | 4 | 45.4 ~ 47.4 |
| 2 | 50 ~ 52.3 | 5 | 45.4 以下 |
| 3 | 47.7 ~ 50 | | |

（3）日本牛胴体分级标准

日本也有比较详细而完善的牛胴体分级标准，也同样包括质量级和产量级两方面，最后将两者结合起来得出最终等级。

①质量级

质量级包括大理石纹、肉的色泽、肉的质地和脂肪色泽 4 个指标。每个指标均分为 5级。大理石纹从 1 级到 5 级越丰富越好；肉的色泽从 1 级到 5 级由劣到好；肉的质地由致密度和纹理两个因素决定，从 1 级到 5 级由劣到好；脂肪的色泽越白越好。4 个指标经评定后定级，最终的质量等级要按照 4 个指标中最低的一个确定。

②产量级

产量级也是以出肉率为衡量标准，可按以下公式计算：

$$产量百分数（\%）= 67.37 + 0.13 × 眼肌面积（cm^2）+ 0.667 × 肋部肉厚（cm）$$
$$- 0.025 × 左半冷胴体重（kg）- 0.896 × 皮下脂肪厚度（cm）$$

根据产量百分数将胴体产量分为三级：A 级在 72% 以上，B 级在 69% ~ 72%，C 级在69% 以下。结合胴体质量级和产量级，最终牛胴体的等级标准见表 3 - 6。

表 3 - 6　日本牛胴体最终等级的确定

| 产量评分 | 肉质的评分 | | | | |
|---|---|---|---|---|---|
| | 5 | 4 | 3 | 2 | 1 |
| A | A5 | A4 | A3 | A2 | A1 |
| B | B5 | B4 | B3 | B2 | B1 |
| C | C5 | C4 | C3 | C2 | C1 |

2.猪胴体的分级标准

（1）我国猪胴体分级

①猪胴体规格等级要求

目前我国对猪肉的分级是按整个胴体肌肉的发达程度及脂肪的厚薄进行的。依据2009 年制定的《猪肉等级规格》（NY 1759—2009），按照背膘厚度和胴体重或瘦肉率和胴体重两套评定体系进行评判。肥膘厚度以猪肉第六、第七肋骨中间平行至第六胸椎棘突前下方脂肪层的厚度为依据。将胴体规格等级从高到低分为 A、B、C 三个级别。胴体重分为带皮和不带皮两种。猪胴体规格等级图见图 3 - 19。

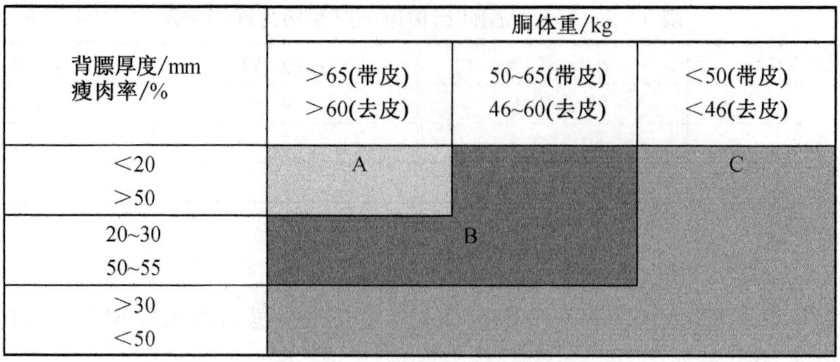

| 背膘厚度/mm 瘦肉率/% | 胴体重/kg | | |
|---|---|---|---|
| | >65(带皮) >60(去皮) | 50~65(带皮) 46~60(去皮) | <50(带皮) <46(去皮) |
| <20 >50 | A | | C |
| 20~30 50~55 | | B | |
| >30 <50 | | | |

**图3-19　猪胴体规格等级图**

②胴体质量等级要求

根据胴体外观、肉色、肌肉质地、脂肪色将胴体质量等级从优到劣分为Ⅰ、Ⅱ、Ⅲ三个级别,具体要求应符合表3-7的规定。若其中有一项指标不符合要求,就应将其评为下一级别。

**表3-7　胴体质量等级要求**

| 指标 | Ⅰ级 | Ⅱ级 | Ⅲ级 |
|---|---|---|---|
| 胴体外观 | 整体形态美观、匀称,肌肉丰满,脂肪覆盖情况好。每片猪肉允许表皮修割面积不超过1/4,内伤修剖面积不超过150 cm² | 整体形态较美观、较匀称,肌肉较丰满,脂肪覆盖情况较好。每片猪肉允许表皮修割面积不超过1/3,内伤修割面积不超过200 cm² | 整体形态、匀称性一般,肌肉不丰满,脂肪覆盖一般。每片猪肉允许表皮修割面积不超过1/3,内伤修割面积不超过250 cm² |
| 肉色 | 鲜红色,光泽好 | 深红色,光泽一般 | 暗红色,光泽较差 |
| 肌肉质地 | 坚实,纹理致密 | 较为坚实,纹理致密度一般 | 坚实度较差,纹理致密度较差 |
| 脂肪色 | 白色,光泽好 | 较白略带黄色,光泽一般 | 淡黄色,光泽较差 |

(2)加拿大猪胴体分级标准

从1968年开始,加拿大对出售到中等以上规模的屠宰厂的猪都已进行了胴体分级。并用胴体的背膘厚度和胴体重两个指标定出胴体指数值,以此确定活猪的价格。这种胴体分级制度和相应的收购政策激励了瘦肉型猪的生产,使加拿大猪的胴体瘦肉率得到明显提高。下面以加拿大安大略省为代表做介绍。

①指数表

商品猪的胴体平均指数值在指数表中定为100%。农民得到的每头猪的价格都是根据某一特定的指数表格中的对应指数值计算出来的。每头猪屠宰后都要测定胴体质量、背膘和腰肌厚度等数据以求得它的质量等级,根据胴体的质量及背膘厚度查出胴体的指数值。然后根据指数值来计算出某头猪的实际价格。胴体的指数值是根据加拿大农业食品部定期进行的胴体分割研究数据制定的。

②胴体评定及定价

通过测定胴体重和背膘厚可以在表3-8中找到指数值。如猪胴体重为80~90 kg,背膘厚度为40~44 mm,则以100%付价,即付以平均价。同样的胴体重,背膘厚度低于19 mm

则以高出平均值14%的价格收购。胴体重低于64.9 kg,则按10%付价,等于拒绝收购。从这个指数表来看,它鼓励生产具有70~95 kg胴体重,背膘在40 mm以下的商品猪,在这个范围内,胴体重越大,背膘越薄,价格越高。

表3-8　加拿大安大略省胴体分级指数表

| 背膘厚/mm | 胴体重/kg | | | | | | | | |
|---|---|---|---|---|---|---|---|---|---|
| | 1 | 2 | 3 | 4 | 5 | 6 | 7 | 8 | 9 |
| | 40.0~64.9 | 65.0~69.9 | 70.0~74.9 | 75.0~79.9 | 80.0~84.9 | 85.0~89.9 | 90.0~94.9 | 95.0~99.9 | ≥100 |
| <19 | 10 | 50 | 100 | 110 | 114 | 114 | 114 | 104 | 70 |
| 20~40 | 10 | 50 | 96 | 107 | 112 | 113 | 112 | 101 | 70 |
| 25~29 | 10 | 50 | 92 | 106 | 111 | 112 | 111 | 97 | 70 |
| 30~34 | 10 | 50 | 88 | 103 | 108 | 110 | 108 | 93 | 70 |
| 35~39 | 10 | 50 | 85 | 99 | 104 | 104 | 101 | 87 | 70 |
| 40~44 | 10 | 50 | 83 | 90 | 100 | 100 | 97 | 85 | 70 |
| >45 | 10 | 50 | 82 | 88 | 94 | 94 | 94 | 82 | 70 |

养猪生产者可以根据屠宰厂的胴体分级资料总结计算出适合自己的指数表,由此来指导养猪生产,获取最高报酬。

(3)日本猪胴体分级标准

日本猪胴体等级分为带皮和剥皮半胴体两种等级。主要以半胴体重、第9~13胸椎处最薄的皮下脂肪厚度、外观和肉质3个方面作为判定要素。其中主要包括胴体的匀称性、长度是否适当、肌肉附着情况、有无损伤、肉质及坚实性、肉的色泽、脂肪色泽及质地、脂肪的沉着等指标。

根据上述指标,日本将猪半胴体分为极好、好、中等、差4个等级。

(4)美国猪胴体分级标准

美国猪胴体先按照性别特征分为阉公猪、小母猪、母猪、小公猪、公猪,共5类。其中只有阉公猪、小母猪和母猪进行分级,对公猪胴体不进行分级。美国猪胴体等级分为质量级和产量级。

就质量级而言,四个优质切块(后腿肉、背腰肉、野餐肩肉和肩胛肉)的质量性状都合格的胴体才可参加评级(U.S.1~4级);四个优质切块的质量性状不合格的胴体只能定为U.S.实用级。可参加评级的胴体要求:①只能含有微量结膜;②背膘质地微硬;③肌肉质地微硬;④肉色介于浅红色和褐色之间。同时,腹肉的厚度(最薄的地方)应不低于1.5 cm。

产量级根据最后一肋骨的背膘厚度和肌肉发育情况来确定。

$$产量级 = 4 \times 背膘厚度 - 1 \times 肌肉发育程度$$

其中肌肉发育程度以3=肌肉丰满,2=肌肉发育中等,1=肌肉较差表示。产量级分为U.S.1、U.S.2、U.S.3和U.S.4四级。

(5)欧盟猪胴体分级标准

欧盟的猪胴体分级标准,其主要依据是胴体瘦肉率和胴体重。欧盟依照瘦肉率不同分为 S、E、U、R、O、P 6 个等级,见表 3 - 9。

表 3 - 9　欧盟猪胴体分级等级标准

| 胴体等级 | 胴体瘦肉率/% |
|---|---|
| S | >60 |
| E | 55.0 ~ 59.9 |
| U | 50.0 ~ 54.9 |
| R | 45.0 ~ 49.9 |
| O | 40.0 ~ 44.9 |
| P | < 40.0 |

欧盟组织各成员国根据各国情况使用不同分级仪器和不同估测瘦肉率方法,但不管用何种方式测量,必须满足估测胴体瘦肉率和实测瘦肉率之间的相关系数 $R$ 不小于 0.8,残差 RSD 不大于 2.5%,样本使用量不少于 120 头,且样本需具代表性。

3. 羊胴体的分级标准

(1)我国羊胴体分级

我国羊胴体分级标准参照《羊胴体等级规格评定规范》(NY/T 2781—2015)进行,该标准规定了羊胴体等级规格的术语、定义、等级规格和评定方法,适用于羊胴体等级规定的评定。标准中引用的定义如下:

羊羔胴体:屠宰 12 月龄以内,完全是乳齿的羊获得的羊胴体。

大羊胴体:屠宰 12 月龄以上,并已更换一对以上乳齿的羊获得的羊胴体。

肋脂厚度:羊胴体 12 与 13 肋骨间截面,距离脊柱中心 11 cm 处肋骨上脂肪的厚度。

大理石纹:背最长肌中肌内脂肪的含量和分布状态。

①羊胴体等级评定

羊胴体等级评定主要包括羔羊胴体等级、大羊胴体等级,根据肋脂厚度、胴体质量指标评定,从高到低分为特等级、优等级、良好级和普通级 4 个级别,评定标准分别见表 3 - 10 和表 3 - 11。羊胴体等级以肌肉颜色和大理石纹为辅助分级指标,将特等级、优等级、良好级和普通级羊胴体分为 16 个规格,评定标准见表 3 - 12。

表 3 - 10　羔羊胴体分级标准

| 级别 | 羔羊胴体分级 | |
|---|---|---|
| | 肋脂厚度($H$) | 胴体质量($W$) |
| 特等级 | 8 mm≤$H$≤20 mm | 绵羊 $W$≥18 kg |
| | | 山羊 $W$≥15 kg |
| 优等级 | 8 mm≤$H$≤20 mm | 绵羊 15 kg≤$W$<18 kg |
| | | 山羊 12 kg≤$W$<15 kg |

表 3 – 10（续）

| 级别 | 羔羊胴体分级 | |
|------|------|------|
| | 肋脂厚度（H） | 胴体质量（W） |
| 良好级 | 8 mm ≤ H ≤ 20 mm | 绵羊 W < 15 kg |
| | | 山羊 W < 12 kg |
| | 5 mm ≤ H < 8 mm | 绵羊 W ≥ 15 kg |
| | | 山羊 W ≥ 12 kg |
| 普通级 | H < 8 mm | 绵羊 W < 15 kg |
| | | 山羊 W < 12 kg |
| | H > 20 mm | 绵羊 W ≥ 15 kg |
| | | 山羊 W ≥ 12 kg |

表 3 – 11　大羊胴体分级标准

| 级别 | 大羊胴体分级 | |
|------|------|------|
| | 肋脂厚度（H） | 胴体质量（W） |
| 特等级 | 8 mm ≤ H ≤ 20 mm | 绵羊 W ≥ 25 kg |
| | | 山羊 W ≥ 20 kg |
| 优等级 | 8 mm ≤ H ≤ 20 mm | 绵羊 19 kg ≤ W < 25 kg |
| | | 山羊 14 kg ≤ W < 20 kg |
| 良好级 | 8 mm ≤ H ≤ 20 mm | 绵羊 W < 19 kg |
| | | 山羊 W < 14 kg |
| | 5 mm ≤ H < 8 mm | 绵羊 W ≥ 19 kg |
| | | 山羊 W ≥ 14 kg |
| 普通级 | H < 8 mm | 绵羊 W < 19 kg |
| | | 山羊 W < 14 kg |
| | H > 20 mm | 绵羊 W ≥ 19 kg |
| | | 山羊 W ≥ 14 kg |

表 3 – 12　羊胴体等级规格

| | 规格 | | | |
|------|------|------|------|------|
| 特等级 | AA | AB | BA | BB |
| 优等级 | AA | AB | BA | BB |
| 良好级 | AA | AB | BA | BB |
| 普通级 | AA | AB | BA | BB |

注:第一个字母表示肌肉颜色级别;第二个字母表示大理石花纹级别,如特等级 AA 表示色泽为 A 级、大理石纹为 A 级的特等级羊肉。

②评定方法

生理成熟度:根据恒切齿数目、前小腿关节和肋骨形态确定。按照生理成熟度,羊胴体分为羔羊胴体和大羊胴体。羔羊胴体,无恒切齿,前小腿有折裂关节,折裂关节湿润,颜色鲜红,肋骨略圆;大羊胴体,有恒切齿,前小腿至少有一个控制关节,肋骨宽、平。

胴体质量:用称量器具称羊胴体的质量(kg)。

肋脂厚度:用测量工具测量羊胴体 12 至 13 肋骨间截面,距离脊柱中心 11 cm 处肋骨上脂肪的厚度(mm)。

肌肉颜色:胴体分割 0.5 h 后,在 660 lx 白炽灯照明的条件下,按标准图谱判断背最长肌 12 至 13 肋骨间眼肌横切面的颜色等级。共分为 6 个等级,其中 3 级、4 级划为 A 级,其余级别划为 B 级。

大理石纹:按标准图谱判断背最长肌 12 至 13 肋骨间眼肌横切面的大理石纹等级。大理石花纹等级共分为 6 个等级,其中 1 级(极丰富)、2 级(丰富)、3 级(较丰富)划为 A 级,4 级(中等)、5 级(少量)、6 级(几乎没有)划为 B 级。

(2)国外羊胴体分级

国外对羊肉质量评价标准,不同的国家和地区标准差异较大。澳大利亚主要根据羊的年龄划分了羊的类别,并以胴体质量确定等级;作为世界羊肉生产大国的新西兰,其羊肉分级标准主要根据胴体重和脂肪含量进行分级,划分得非常细致;美国对羊肉的分级标准,则划分了羊肉的类别,并确定了质量等级和产量等级。

4.兔、禽肉胴体的分级标准

(1)兔肉的分级

我国家兔肉的分级,除根据肥度外,还根据质量进行分级,通常将兔肉分成两级。

一等兔肉:肌肉发育良好,脊椎骨尖不突出,肩部和臀部有条形脂肪,肾脏周围可有少量脂肪或无脂肪,每只净重不低于 1 kg。

二等兔肉:肌肉发育中等,脊椎骨尖稍突出,每只净重不低于 0.5 kg。

(2)禽肉的分级

我国目前只针对鸡和鸭胴体及其分割产品进行了分级规定,颁布了《鸡肉质量分级》(NY/T 631—2002)和《鸭肉等级规格》(NY/T 1760—2009)行业标准,鹅胴体及其分割产品尚未制定相关标准。

①鸭肉

鸭肉胴体分级按胴体完整程度、胴体胸部形态、胴体肤色、胴体皮下脂肪分布状态、羽毛残留状态,将鸭胴体质量等级从优到劣分为一等、二等、三等 3 个级别,具体要求如下:

一等肉:肌肉发育良好,胸骨尖不显著,除腿和翅外,皮下脂肪布满全体。

二等肉:肌肉发育中等,胸骨尖稍显,除腿、翅和胸部外,皮下脂肪布满全体。

三等肉:肌肉不甚发达,胸骨尖露出,尾部的皮下脂肪不显著。

②鸡肉

鸡肉胴体分级按胴体完整程度、胴体胸部形态、胴体肤色、胴体皮下脂肪分布状态、羽毛残留状态,将鸡胴体质量等级从优到劣分为一等、二等、三等 3 个级别,具体要求如下:

一等肉:肌肉发育良好,胸骨不显著,皮下脂肪布满尾部和背部,胸部和两侧有条形脂肪。

二等肉:肌肉发育完整,胸骨尖稍显,尾部及其他部位断续分布有如翅上中段的条形皮下脂肪。

三等肉:肌肉不甚发达,胸骨尖显露,仅尾部有如翅上中段的条形皮下脂肪。

(3)光禽

光禽(禽的胴体)要求皮肤清洁,无羽毛及血管毛,无擦伤、破皮、污点及瘀血。其规格等级常常把肥度和质量结合起来进行划分。

按质量分级,在我国各地规格不尽相同。但一般情况下光鸡1.1 kg以上为一级,0.6~1.1 kg为二级,低于0.6 kg的为三级;光鸭1.5 kg以上为一级,1~1.5 kg为二级。

## 二、肉新鲜度检验

肉新鲜度的检查,一般是以感官、物理、化学和微生物等四个方面确定其适合指标进行鉴定的。肉的腐败变质是一个渐进过程,变化十分复杂,同时受多种因素影响,故只有采取包括感官检查和实验室检查在内的综合方法,才能比较客观地对其变质的性质或卫生状态做出正确的判断。

1. 感官检查

肉在腐败变质时,由于组织成分的分解,首先使肉品的感官性状发生令人难以接受的改变,如强烈的臭味、异常的色泽、黏液的形成、组织结构的分解等,因此,借助人的嗅觉、视觉、触觉、味觉来鉴定肉的卫生质量,简便易行,具有一定的实用意义。各类鲜肉应符合感官指标,见表3-13至表3-15。

表3-13 鲜猪肉感官指标(GB 2706—94)

| 指标 | 鲜猪肉 | 冻猪肉 | 变质肉(不能食用) |
|---|---|---|---|
| 色泽 | 肌肉有光泽,红色均匀,脂肪乳白色 | 肌肉有光泽,红色或稍暗,脂肪白色 | 肌肉无光泽,脂肪灰绿色 |
| 组织状态 | 纤维清晰,有坚韧性,指压后凹陷立即恢复 | 肉质紧密,有坚韧性,解冻后指压后凹陷恢复较慢 | 纤维疏松,指压后凹陷不能完全恢复,留有明显痕迹 |
| 气味 | 具有鲜猪肉固有的气味,无异味 | 解冻后具有鲜猪肉固有的气味,无异味 | 有臭味 |
| 黏度 | 外表湿润,不黏手 | 外表湿润,切面有渗出液,不黏手 | 外表极度干燥或黏手,新切面发黏 |
| 煮沸后肉汤 | 澄清透明,脂肪团聚于表面 | 澄清透明或稍有混浊脂肪团聚于表面 | 混浊,有黄色絮状物,脂肪极少浮于表面,有臭味 |

表3-14 鲜牛、羊、兔肉感官指标(GB 2708—94)

| 指标 | 鲜牛肉、羊肉、兔肉 | 冻牛肉、羊肉、兔肉 | 变质肉(不能食用) |
|---|---|---|---|
| 色泽 | 肌肉有光泽,红色均匀,脂肪洁白或淡黄色 | 肌肉有光泽,红色或稍暗,脂肪洁白或淡黄色 | 肌肉色暗,无光泽,脂肪绿黄色 |
| 黏度 | 外表微干或湿润,不黏手,切面湿润 | 外表微干或有风干膜或外表湿润不黏手,切面湿润不黏手 | 外表极度干燥或黏手,新切面发黏 |

表 3 – 14(续)

| 指标 | 鲜牛肉、羊肉、兔肉 | 冻牛肉、羊肉、兔肉 | 变质肉(不能食用) |
|------|------|------|------|
| 弹性 | 指压后凹陷立即恢复 | 解冻后,指压后凹陷恢复较慢 | 指压后凹陷不能完全恢复,留有明显痕迹 |
| 煮沸后肉汤 | 澄清透明,脂肪团聚于表面,具特有香味 | 澄清透明或稍有混浊脂肪团聚于表面,具有特有香气 | 混浊,有黄色或白色絮状物,脂肪极少浮于表面,有臭味 |
| 组织状态 | 纤维清晰,有坚韧性 | 肉质紧密,坚实 | 肌肉组织松弛 |

表 3 – 15　鲜鸡肉感官指标(GB 2724—81)

| 指标 | 新鲜肉(一级鲜度) | 次鲜肉(二级鲜度) | 变质肉 |
|------|------|------|------|
| 眼球 | 眼球饱满 | 眼球皱缩凹陷,晶体少混浊 | 眼球干缩凹陷,晶体混浊 |
| 色泽 | 皮肤有光泽,因品种不同而呈淡黄、淡红、灰白或灰黑等色,肌肉切面发光 | 皮肤色泽较暗,肌肉切面有光泽 | 体表无光泽,头颈部常带暗褐色,肌肉松软,呈暗红、淡绿或灰色 |
| 黏度 | 外表微干或湿润,不黏手 | 外表干燥或黏手,新切面湿润 | 外表干燥或黏手,新切面发黏 |
| 弹性 | 指压后凹陷立即恢复 | 指压后凹陷恢复慢,且不能完全恢复 | 指压后凹陷不能恢复,留有明显的痕迹 |
| 气味 | 具有鲜鸡肉正常气味 | 无其他异味,唯腹腔内有轻度不快味 | 体表与腹腔内均有不快味或臭味 |
| 煮沸后肉汤 | 澄清透明,脂肪团聚于表面,具特有香味 | 稍有混浊,脂肪呈小滴浮于表面,香味差或无鲜味 | 混浊,有白色或黄色絮状物,脂肪极少浮于表面,有腥臭味 |

**2. 实验室检查**

肉新鲜度的感官检查虽然简便,但是该方法有一定局限性。如人的眼睛只能分辨 0.1 mm 以上的物体;嗅觉也有一定限度,有毒气体二氧化硫的浓度达到 $(1 \sim 5) \times 10^{-6}$ 时才可嗅到,浓度至 $(10 \sim 20) \times 10^{-6}$ 时才会咳嗽、流泪。且实际情况复杂多样,由于某些附加因素,外表可能为某种现象掩盖难以得出正确结论。因此,在许多情况下,除了进行感官检查外,尚须进行实验室检查,并且尽可能注意二者之间的相互联系和相互补充。

肉类腐败变质的分解产物极其复杂。由于腐败变质阶段、食肉自身性状和环境因素的不同,分解产物的种类和数量也不相同。肉类新鲜度的快速检验方法是国内外普遍关注的课题。实验室检查主要包括理化检验和细菌学检验。

(1)理化检验

①挥发性盐基氮(TVBN)的测定　蛋白质分解产生的碱性含氮物质如氨、胺类等,在碱性环境中易挥发,故称为挥发性盐基氮。挥发性盐基氮在肉的变质过程中,能有规律地反映肉品质量鲜度变化,新鲜肉、冷鲜肉与变质肉之间差异非常明显,并与感官变化一致,是评定肉品质量鲜度变化的客观指标。因此,测定肉品中的挥发性盐基氮,将有助于确定肉品的

质量。

定量检验是利用弱碱氧化镁,使碱性含氮物质游离而被蒸馏出来。用2%硼酸(含指示剂)吸收,用标准酸溶液滴定,计算出含量;或者利用弱碱饱和碳酸钾溶液,使碱性含氮物质游离扩散,被2%硼酸(含指示剂)吸收后再用标准酸溶液滴定,计算出含量。各类肉挥发性盐基氮卫生标准,见表3–16。

表3–16 各类肉挥发性盐基氮卫生标准(GB 706—94,GB 2708—94)

| 种类 | 指标/(mg/100g) |
|------|------|
| 猪肉 | ≤20 |
| 牛肉、羊肉 | ≤20 |

②氢离子浓度(pH 值)测定 肉腐败变质时,由于肉中蛋白质在细菌及酶的作用下,被分解为氨和胺类化合物等碱性物质,使肉趋于碱性,其 pH 值比新鲜肉高,因此肉中 pH 值的升高幅度,在一定范围内可以反映出肉的新鲜程度,但不能作为判定肉新鲜度的绝对指标和最终指标。因为其他因素如动物生前过度疲劳或采样部位不同均能影响肉中 pH 值的变化。所以 pH 值只能作为肉质量鉴定的一项参考指标。目前测定肉中 pH 值的方法有比色法和电位法。判定标准如下:

a. 新鲜肉:pH5.8 ~ 6.2。

b. 次鲜肉:pH6.3 ~ 6.6。

c. 变质肉:pH6.7 以上。

③粗氨测定 氨随着鲜肉放置时间的延长而增加。肉变质腐败所产生的游离氨、结合氨均能与纳斯勒氏(Nesslers)试剂在碱性环境下作用,生成橙红色或黄色(氨含量低时)化合物,其颜色的深浅和沉淀物的多少能反映出肉中氨的含量,见表3–17。

④硫化氢试验 肉在腐败时,有时伴随着酸臭性发酵产生硫化氢,后者作用于醋酸铅(特别在碱性溶液中)即产生黑色的硫化铅。如不变色,表示肉新鲜。由于硫化氢的定性反应尚不敏感,故该指标仅作为肉鲜度综合评定的辅助指标。

表3–17 纳氏(Nesslers)试剂法判定氨含量及肉的鲜度

| 纳斯勒氏试剂滴度 | 肉浸出液的变化 | 肉中氨与胺化物的含量/% | 评定符号 | 肉新鲜度评价 |
|------|------|------|------|------|
| 10 | 透明,淡黄色 | <16 | – | 新鲜肉 |
| 10 | 透明,淡黄色 | 16 ~ 20 | ± | 次鲜肉 |
| 10 | 淡黄色,浑浊,有少量悬浮物 | 21 ~ 30 | + | 次鲜肉。肉处于变质初期,如无感官变化,须迅速利用 |
| 6 ~ 8 | 明显的黄色,混浊 | 31 ~ 45 | + + | 有条件利用的肉须经处理后食用 |
| 1 ~ 5 | 大量黄色或橙黄色沉淀 | >45 | + + + | 变质肉,不得食用 |

⑤肉酸度氧化力系数的测定 肉的酸度和氧化力比值称为"肉酸度氧化力系数"。健

康畜肉在宰后24 h,由于成熟作用,肉中积聚大量的乳酸,所以酸度显著升高,而氧化力降低。病畜肉由于组织内糖原不足,乳酸形成相应减少,故在宰后24 h其酸度增高很少,氧化力降低也少。因而冷藏后健畜肉的酸度氧化力系数比病畜肉高。而且肉腐败时,其反应趋于碱性,所以酸度降低。同时由于细菌数增多,生物氧化力大大提高,其酸度氧化力系数则显著降低。

一般认为健畜热鲜肉酸度氧化力系数应为0.15~0.20,病畜的成熟肉为0.2~0.4,健畜的成熟鲜肉为0.4~0.6,次鲜肉为0.2~0.4,变质肉为0.05~0.2。

⑥球蛋白沉淀试验(硫酸铜沉淀法) 利用蛋白质在碱性溶液中能和重金属离子结合,形成不溶性盐类沉淀的性质,选用10%硫酸铜做试剂,使$Cu^{2+}$和被检液中呈溶解状态的球蛋白结合,形成稳定的蛋白质盐。

判定标准(以猪肉为例)如下:

a. 新鲜肉:呈淡蓝色,完全透明,以"-"表示。

b. 次鲜肉:轻度混浊,有时有少量絮状物,以"+"表示。

c. 变质肉:溶液浑浊并有白色沉淀,以"++"表示。

(2)细菌学检验

肉的腐败是由于细菌大量繁殖,导致蛋白质等成分分解的结果,故检验肉的细菌污染情况,不仅是判断其新鲜度的依据,也是反映肉在产、运、销过程中的卫生状况,为及时采取有效措施提供依据。

①触片镜检

采样应从胴体的不同部位采取立方形的肉块,每份检样肉约重250 g:两腿内侧肌肉或背最长肌;肩胛部的深层和表层肌肉;注意兼取病变或感官部位可疑和正常部位的肉样。检样采取后放入无菌容器内,贴上标签,立即送检。

方法:以无菌手续分别从肉样的表层、中层和下层的新切面上直接触片。亦可从该处剪取蚕豆大的肉块在载玻片上制备触片。每层触片三张,触片后自然干燥、火焰固定、革兰氏染色、镜检。每张触片检视五个以上视野,分别记录每个视野中所见到的球菌和杆菌数,然后分别累计,并求其平均数。

判定标准如下:

a. 新鲜肉 触片上几乎不留肉组织痕迹,着色不明显。肉样的表层触片上可见少数球菌和杆菌,中、下层触片上看不到细菌。

b. 次鲜肉 触片印迹着色明显,黏附着分解的肉组织。表层肉触片,每个视野平均球菌为20~30个,杆菌少数;中、下层肉触片平均视野细菌数约20个。

c. 变质肉 触片高度着染,黏附着大量分解组织。表层和中、下层肉触片每个视野平均细菌数为30个以上,其中以杆菌为主,当严重腐败时,各层触片上球菌几乎完全消失,而杆菌充满整个视野。

②细菌菌落总数的测定

测定方法:见中华人民共和国国家标准《菌落总数测定》(GB 4789.2—2016)。

判定标准:我国现行食品卫生标准中尚未制定肉的细菌指标。

3. 卫生评定

肉新鲜度的卫生评定,通常以感官检查为主。一般以感官检验和挥发性盐基氮测定的结果进行综合判定。前者简便易行,既能反映客观,又能及时得出结论;后者能有规律地反映肉质量鲜度,并与感官变化一致。所以,两者是国家食品卫生标准中检验畜禽肉品鲜度的主要指标。

在检验中,如同时从细菌菌落总数、菌相、氨含量、球蛋白沉淀反应、pH 值,以及脂肪氧化酸败的酸价、过氧化值等项指标中选择部分或全部进行测定,可作为肉类卫生质量鉴定的补充,使其具有更有力的科学依据。在实践中依下列情况选择能反映蛋白质、脂肪变化的一项或多项指标。

(1)肉感官检查和挥发性盐基氮的指标均符合标准,可做出最终评定。

(2)如果感官检查无异常变化,有时挥发性盐基氮指标超标,应寻找原因后,重新测定,并分别选择能反映蛋白质腐败、脂肪酸败的上述项目中的一项至几项进行测定,最后做综合评定。

(3)当感官检查指标有争议时,除做挥发性盐基氮的测定外,可选择以上项目中有关的部分或全部项目检测,以其结果作为综合评定的参考数据。

(4)当感官检查发现肉新鲜度有疑问难以定论时,分别选纯瘦肉和肥膘(脂肪),根据需要进行理化和微生物检验,按检验结果参考表 3 – 18 进行综合评定和处理。

表 3 – 18　肉质量卫生指标综合表

| 项目 | 纯瘦肉 | | | 项目 | 肥肉 | | |
|---|---|---|---|---|---|---|---|
| | 一级鲜度 | 二级鲜度 | 变质肉 | | 良质 | 次质 | 腐败变质 |
| 挥发性盐基氮/(mg/100 g) | ≤15 | ≤20 | >20 | 酸价 | ≤2.25 | ≤3.5 | >3.5 |
| 粗氨/(mg/100 g) | – | +,++ | +++ | 过氧化值 | ≤0.06 | ≤0.1 | >0.15 |
| 球蛋白沉淀试验 | – | + | ++ | TBA 值 | 0.202~0.664 | >1 | |
| 硫化氢反应 | – | + | ++ | | | | |
| pH 值 | 5.8~6.2 | 6.3~6.6 | >6.7 | | | | |
| 细菌菌落总数 | ≤5×10⁴ | 5×10⁴~5×10⁶ | >10⁶ | | | | |
| 触片镜检(个/视野) | 看不到细菌或只见个别细菌 | 表层 20~30 个;中层 20 个,球、杆菌都有 | 30 个以上,以杆菌为主 | | | | |

# 第四章　畜禽肉的组成及特性

## 第一节　畜禽原料肉的组织结构

从广义上讲,畜禽胴体就是肉。胴体是指畜禽屠宰后除去毛、头、蹄、内脏,去皮或不去皮(猪保留板油和肾脏,牛、羊等毛皮动物还要除去皮)后的部分,因带骨又称其为带骨肉或白条肉。从狭义上讲,原料肉是指胴体中的可食部分,即除去骨的胴体,又称其为净肉。

肉(胴体)是由肌肉组织、脂肪组织、结缔组织和骨组织四大部分构成。这些组织的构造、性质直接影响肉品的质量、加工用途及其商品价值,且依动物的种类、品种、年龄、性别、营养状况不同而异。

### 一、肌肉组织

肌肉组织在组织学上可分为三类,即骨骼肌、平滑肌和心肌。从数量上讲,骨骼肌占绝大多数。骨骼肌与心肌在显微镜下观察有明暗相间的条纹,因而又被称为横纹肌。骨骼肌的收缩受中枢神经系统的控制,所以又叫随意肌,而心肌与平滑肌称为非随意肌。与肉品加工有关的主要是骨骼肌,所以将侧重介绍骨骼肌的构造。下面提到的肌肉都是指骨骼肌。

1.一般结构

家畜体上有 300 块以上形状、大小各异的肌肉,但其基本结构是一样的。肌肉的构造如图 4 - 1 所示。肌肉的基本构造单位是肌纤维,肌纤维与肌纤维之间被一层很薄的结缔组织膜围绕隔开,此膜叫肌内膜(Endomysium)。每 50 ~ 150 条肌纤维聚集成束,称为初级肌束(Primary bundle)。初级肌束被一层结缔组织膜所包裹,此膜叫肌束膜(Perimysium)。由数十条初级肌束集结在一起并由较厚的结缔组织膜包围就形成了次级肌束(或叫二级肌束)。由许多二级肌束集结在一起形成肌肉块,其外面包有一层较厚的结缔组织膜(肌外膜,epimysium)。这些分布在肌肉中的结缔组织膜既起着支架作用,又起着保护作用,血管、神经通过三层膜穿行其中,伸到肌纤维的表面,以提供营养和传导神经冲动。此外,还有脂肪沉积其中,使肌肉断面呈现大理石样纹理。

2.显微结构

(1)肌纤维(Muscle fiber)　和其他组织一样,肌肉组织也是由细胞构成的,但肌细胞是一种相当特殊化的细胞,呈长线状,不分支,两端逐渐尖细,因此也叫肌纤维。肌纤维直径为 10 ~ 100 μm,长度为 1 ~ 40 mm,最长可达 100 mm。

(2)肌膜(Sarcolemma)　肌纤维本身具有的膜叫肌膜,它是由蛋白质和脂质组成的,具有很好的韧性,因而可承受肌纤维的伸长和收缩。肌膜的构造、组成和性质,相当于体内其他细胞膜。肌膜向内凹陷形成网状的管,叫作横小管(Transverse tubules),通常称为 T - 系统(T - system)或 T 小管(T - tubules)。

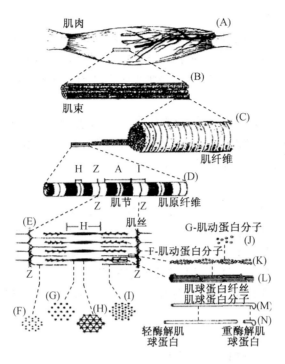

图4-1 肌肉的构造

（3）肌原纤维（Myofibrils） 肌原纤维是肌细胞独有的细胞器，占肌纤维固形成分的60%~70%，是肌肉的伸缩装置。它呈细长的圆筒状结构，直径1~2 μm，其长轴与肌纤维的长轴相平行并浸润于肌浆中。一个肌纤维含有1 000~2 000根肌原纤维。肌原纤维又由肌丝（Myofilament）组成，肌丝可分为粗丝（Thick myofilament）和细丝（Thin myofilament）。两者均平行整齐地排列于整个肌原纤维中。由于粗丝和细丝在某一区域形成重叠，从而形成了横纹，这也是"横纹肌"名称之来源。光线较暗的区域称为暗带（A带），光线较亮的区域称为明带（I带）。I带的中央有一条暗线，称为"Z-线"，它将I带从中间分为左右两半；A带的中央也有一条暗线，称为"M-线"，将A带分为左右两半。在M-线附近有一颜色较浅的区域，称为"H区"。把两个相邻Z-线间的肌原纤维称为肌节（Sarcomere），它包括一个完整的A带和两个位于A带两侧的二分之一I带。肌节是肌原纤维的重复构造单位，也是肌肉收缩的基本机能。肌节的长度是不恒定的，它取决于肌肉所处的状态。当肌肉收缩时，肌节变短；松弛时，肌节变长。哺乳动物肌肉放松时典型的肌节长度为2.5 μm。

构成肌原纤维的粗丝和细丝不仅大小形态不同，而且组成性质和在肌节中的位置也不同。粗丝主要由肌球蛋白组成，故又称为"肌球蛋白丝"（Myosin filament），直径约10 nm，长约1.5 μm。A带主要由平行排列的粗丝构成，另外有部分细丝插入。每条粗丝中段略粗，形成光镜下的中线及H区。粗丝上有许多横突伸出，这些横突实际上是肌球蛋白分子的头部。横突与插入的细丝相对。细丝主要由肌动蛋白分子组成，所以又称为"肌动蛋白丝"（Actinfilament），直径6~8 nm，自Z-线向两旁各伸展约1.0 μm。I带主要由细丝构成。

（4）肌浆（Sarcoplasm） 肌纤维的细胞质称为肌浆，填充于肌原纤维间和核的周围，是细胞内的胶体物质，含水分75%~80%。肌浆内富含肌红蛋白、酶、肌糖原及其代谢产物和无机盐类等。骨骼肌的肌浆内有发达的线粒体分布，说明骨骼肌的代谢十分旺盛，习惯上把肌纤维内的线粒体称为"肌粒"。

肌浆中还有一种重要的细胞器叫溶酶体（Lysosomes），它是一种小胞体，内含多种能消化细胞和细胞内容物的酶。在这种酶系中，能分解蛋白质的酶称为组织蛋白酶（Cathepsin）。有几种组织蛋白酶均对某些肌肉蛋白质有分解作用，它们对肉的成熟具有很重要的意义。

（5）肌细胞核　骨骼肌纤维为多核细胞，但因其长度变化大，所以每条肌纤维所含核的数目不定，一条几厘米的肌纤维可能有数百个核。核呈椭圆形，位于肌纤维的周边，紧贴在肌纤维膜下，呈有规则的分布，核长约 5 μm。

3. 肌纤维分类

肌纤维根据其外观和代谢特点的不同，可分为红肌纤维、白肌纤维和中间型纤维三类。有些肌肉全部由红肌纤维或白肌纤维构成，但大多数肉用家畜的肌肉是由两种或三种肌纤维混合而成的，这三种类型肌纤维的特性列于表4-1。研究肌肉的纤维类型有利于理解肌肉的生物化学特性，以及肌肉向食用肉转化的诸多变化。

（1）外观分类　外观上，可将肌肉分为红肌（Redmuscle）、白肌（White muscle）与中间型肌（Intermediate muscle）。

现已发现，红肌与白肌存在着许多物理化学方面的差异。研究红肌与白肌最为明显的例子就是禽肉大腿部的红肌和胸部的白肌。

红肌、白肌与中间型肌，从外观上虽然非常直观而单纯，但是它包含了许多肌纤维的生理、生化、机械等特性，是许多生化反应和生理现象的综合体现。例如，它们在肌红蛋白含量、肌糖原含量、ATP含量及ATP酶活性、线粒体数量、神经分布及控制类型等方面都存在着很大的差异，从而导致了肌肉收缩的多样性，甚至对肌肉的成熟过程也起着决定性的作用。

白肌，也称白色肌肉，是指颜色比较白的肌肉，是针对红肌而言的。其特点是肌红蛋白含量少，线粒体的大小与数量均比红肌少、收缩速度快、肌原纤维非常发达，又称快肌。

红肌，由于其肌红蛋白、线粒体的含量高，从而使肌肉显红色。红肌的网状组织（Reticulum）的量是白肌的50%，与肌肉收缩密切关联的 $Ca^{2+}$ 向网状组织内的输送及释放也比白肌慢数倍。因此，与白肌收缩速度快呈明显的对照，红肌以持续、缓慢的收缩为主，又称慢肌，主要有心肌、横膈膜、呼吸肌，以及维持机体状态的肌肉。

（2）生理分类　肌纤维在生理学上最明显的差异是其收缩速度，据此肌纤维可以分为快肌（Fast - twitch muscle）与慢肌（Slow - twitch muscle）。在分类性质上快肌相当于白肌，而慢肌相当于红肌。快肌在受到刺激后不仅表现在收缩速度快，同时也表现在松弛速度快。

（3）不同肌纤维类型的生物化学特性　不同类型的肌纤维在生物化学性质与组成上有着显著或微妙的差异，这些差异更能表现出肌纤维的特点。同时，不同动物品种的肌肉之间肌纤维的生物化学特性差异也很显著。在分类学上肌纤维的生物化学特性虽然用得不多，但对研究肌纤维的收缩特性、生理机能、肌肉的死后变化、肉的成熟等性质上具有非常重要的指导意义。肌纤维的生物化学特性主要表现在以下几个方面：肌红蛋白含量、钙含量、糖原含量、ATP、CP（Creatine phosphate）含量及其代谢、脂质含量、低离子强度可溶性蛋白含量、结缔组织含量、各种酶的含量及活性等。

表4-1 红肌(纤维)与白肌(纤维)生理生化特性的比较

| 特 性 | 红肌 | 白肌 | 主要指标和特征 |
| --- | --- | --- | --- |
| 肌红蛋白 | 高 | 低 | 马背最长肌0.465%/腰大肌0.705%<br>猪背最长肌0.280%/腰大肌0.435% |
| 低离子强度可溶蛋白 | 低 | 高 | 肌浆蛋白中:白肌52(mg/g);红肌23(mg/g) |
| 结缔组织 | 低 | 高 | 胶原蛋白比率(湿重):缝匠肌(红)1.36%/<br>桡骨肌(白)2.63% |
| 糖原 | 低 | 高 | 兔白肌:红肌=3.7:1;猪白肌:红肌=5:1 |
| 脂质 | 高 | 低 | 红肌:白肌=2.5:1 |
| ATP、CP | 低 | 高 | ATP含量快肌比慢肌高60% |
| 肌纤维大小 | 小 | 大 | 肌纤维粗细不均,但平均值白肌纤维较高 |
| 血液供给 | 多 | 少 | 白肌纤维厌氧,红肌纤维好氧 |
| RNA含量 | 高 | 低 | 红肌纤维RNA含量高,且蛋白质转化率是白肌纤维的2~5倍 |
| 肌浆网 | 少 | 多 | 红肌肌浆网少于白肌 |
| 钙含量 | 高 | 低 | 禽胸肌(白)38.9(g·g$^{-1}$),腿肌(红)54.6(g·g$^{-1}$) |
| 线粒体数 | 高 | 低 | 红肌在肌纤维间、肌膜下和I-带处含有许多,白肌仅存<br>在于Z-线 |
| Z-线宽度 | 宽 | 窄 | 猪红肌1 200Å,白肌625Å,中间肌775Å |
| 收缩、舒张时间 | 慢 | 快 | 人红肌90 ms,白肌40 ms;白肌舒张时间比红肌快4倍 |
| 疲劳度 | 不易 | 易 | 快收缩肌容易疲劳,慢收缩肌耐持久 |

## 二、结缔组织

结缔组织是构成肌腱、筋膜、韧带及肌肉内外膜、血管、淋巴结的主要成分,分布于体内各部位,起到支撑、连接各器官组织和保护组织的作用,使肌肉保持一定硬度,具有弹性。结缔组织的含量取决于畜禽年龄、性别、营养状况及运动等因素。老畜、公畜、消瘦及使役的动物,结缔组织发达。同一动物不同部位其含量也不同。一般地讲,前躯由于支持沉重的头部,结缔组织较后肢发达,下躯较上躯发达。结缔组织为非全价蛋白,不易消化吸收,如牛肉结缔组织的吸收率仅为25%。

结缔组织是由细胞、纤维和无定形基质组成的,一般占肌肉组织的9.0%~13.0%,其含量和肉的嫩度有密切关系。结缔组织的主要纤维有胶原纤维、弹性纤维和网状纤维三种,但以前两种为主。

1. 胶原纤维

胶原纤维呈白色,故称白纤维,广泛分布于皮、骨、腱、动脉壁及哺乳动物肌肉组织的肌内膜、肌束膜中。胶原纤维呈波纹状,分布于基质内,直径1~12 μm,有韧性及弹性,每条纤维由更细的原胶原纤维组成。胶原蛋白在白色结缔组织中含量多,是构成胶原纤维的主要成分,约占胶原纤维固形物的85%。胶原蛋白是机体中最丰富的简单蛋白,相当于机体总蛋白质的20%~25%。胶原蛋白中含有大量的甘氨酸,约占氨基酸总量的1/3。另有脯氨酸(12%)及少量的羟脯氨酸。脯氨酸和羟脯氨酸是胶原蛋白特有的氨基酸,可区别于其他蛋白质。色氨酸、酪氨酸及蛋氨酸等必需氨基酸含量甚少,故此种蛋白质是不完全蛋白质。

胶原蛋白质地坚韧,不溶于一般溶剂,但在酸或碱的环境中可膨胀。它不易被胰蛋白酶、糜蛋白酶所消化,但可被胃蛋白酶及细菌所产生的胶原酶所消化。因此,胶原蛋白在水中加热至 62～63 ℃时,发生不可逆收缩,于 80 ℃水中长时间加热,则形成明胶。

2. 弹性纤维

弹性纤维色黄,又称黄纤维。有弹性,直径 0.2～12.0 μm。弹性蛋白在黄色的结缔组织中含量多,为弹性纤维的主要成分,约占弹性纤维固形物的 25%。弹性蛋白在很多组织中与胶原蛋白共存,但在皮、腱、肌内膜、脂肪等组织中含量很少,而在韧带与血管(特别是大动脉管壁)中含量最多。弹性蛋白的弹性较强,但强度不及胶原蛋白,其抗断力仅为胶原蛋白的 1/10。弹性蛋白在化学性质上很稳定,不溶于水,即使在水中煮沸以后,亦不能水解成明胶。弹性蛋白不被结晶的胰蛋白酶、胰凝乳蛋白酶、胃蛋白酶所作用,但可被无花果蛋白酶、木瓜蛋白酶、菠菜蛋白酶和胰弹性蛋白酶水解。

弹性蛋白的氨基酸组成中,亦含有约 1/3 的甘氨酸,但羟脯氨酸含量较少,不含羟赖氨酸。从营养上考虑,弹性蛋白也是不完全蛋白质。

3. 网状纤维

网状纤维是一种较细的纤维,分支多且互相连接成网。网状纤维主要存在于网状组织中,也分布在结缔组织与其他组织的交界处。网状蛋白为网状纤维疏松结缔组织的主要成分,属于糖蛋白类,为非胶原蛋白。网状蛋白由糖结合黏蛋白和类黏糖蛋白构成,存在于肌束和肌肉骨膜之间,便于肌肉群的滑动。网状蛋白性质稳定,耐酸、碱、酶的作用,经常与脂类、糖类结合存在。

## 三、脂肪组织

脂肪的构造单位是脂肪细胞。脂肪细胞或单个或成群地借助于疏松结缔组织连在一起,细胞中心充满脂肪滴,细胞核被挤到周边。脂肪细胞外层有一层膜,膜由胶状的原生质构成,细胞核即位于原生质中。脂肪细胞是动物体内最大的细胞,直径为 30～120 μm,最大者可达 250 μm,脂肪细胞愈大,里面的脂肪滴愈多,因而出油率也愈高。脂肪细胞的大小与畜禽的肥育程度及不同部位有关,如肥育牛肾周围的脂肪细胞直径为 90 μm,而瘦牛只有 50 μm,又如猪皮下脂肪细胞的直径为 152 μm,而腹腔脂肪为 100 μm。

脂肪在体内的蓄积,依动物种类、品种、年龄和肥育程度不同而异。猪多蓄积在皮下、肾周围及大网膜;羊多蓄积在尾根、肋间;牛主要蓄积在肌肉内;鸡蓄积在皮下、腹腔及肌胃周围。脂肪蓄积在肌束内最为理想,这样的肉呈大理石样纹理,肉质较好。脂肪在活体组织内起着保护组织器官和提供能量的作用,在肉中脂肪是风味的前体物质之一。

## 四、骨组织

骨组织和结缔组织一样也是由细胞、纤维性成分和基质组成,但不同的是其基质已被钙化,所以很坚硬,起着支撑机体和保护器官的作用,同时又是钙、镁、钠等元素离子的贮存组织。

成年动物骨骼含量比较恒定,变动幅度较小。猪骨占胴体的 5%～9%,牛占 15%～20%,羊占 8%～17%,兔占 12%～15%,鸡占 8%～17%。

骨由骨膜、骨质和骨髓构成。骨膜是由致密结缔组织包围在骨骼表面的一层硬膜,里面有神经、血管。骨质根据构造的致密程度分为密质骨和松质骨。密质骨主要分布于长骨的骨干和其他类型骨的表面,致密而坚硬;松质骨分布于长骨的内部、骺及其他类型骨的内部,疏松而多孔。骨质按形状又分为管状骨、扁平骨和不规则骨。管状骨密质层厚,扁平骨密质层薄。在管状骨的骨髓腔及其他骨的松质层孔隙内充满着骨髓。骨髓分为红骨髓和黄骨髓。红骨髓主要存在于胎儿和幼龄动物的骨骼中,含各种血细胞和大量的毛细血管;成年动物黄骨髓含量较多,黄骨髓主要是脂类成分。

# 第二节　肉的化学组成及性质

动物胴体主要由肌肉、脂肪、结缔组织、骨骼四部分组成,其中后两者比较恒定,变化比较大的是肌肉和脂肪。肉用型畜禽,肌肉发达,瘦肉占胴体的比例也高,肉牛、瘦型猪、肉用山羊均可达60%以上。脂肪比例则因品种和肥育程度不同而变异很大,如瘦肉型猪一般在25%左右,而肥猪则可高达40%以上;在家禽中,鸭比较容易贮存皮下脂肪,其皮脂占胴体的比例可高达35%以上。

一般来说,猪、牛、羊的分割肉块含水量55%～70%,含粗蛋白15%～20%,含脂肪10%～30%。家禽肉水分在73%左右,胸肉脂肪少,为1%～2%,而腿肉在6%左右,前者粗蛋白约为23%,后者为18%～19%。从化学组成上分析,肉主要由蛋白质、脂肪、水分、浸出物、维生素和矿物质6种成分组成。肌肉的典型化学组成见表4-2。

表4-2　成年哺乳动物肌肉的化学成分

| 成分 | 含量/% |
| --- | --- |
| 1. 水分 | 75.0 |
| 2. 蛋白质 | 19.0 |
| （1）肌纤维 | 11.5 |
| （2）肌浆 | 5.5 |
| （3）结缔组织和小胞体 | 2.0 |
| 3. 脂类 | 2.5 |
| 4. 糖类 | 1.2 |
| 5. 可溶性无机物和非蛋白含氮物 | 2.3 |
| （1）含氮物 | 1.65 |
| （2）无机物 | 0.65 |
| 6. 维生素 | 微量 |

## 一、蛋白质

肌肉中蛋白质约占20%,分为三类:肌原纤维蛋白,占总蛋白的40%～60%;肌浆蛋白,占20%～30%;结缔组织蛋白,约占10%。这些蛋白质的含量因动物种类、解剖部位等不同而有一定差异。动物骨骼肌中不同种类蛋白质含量见表4-3。

表 4 - 3　动物骨骼肌中不同种类蛋白质的含量　　　　　　　　　单位:%

| 种类 | 哺乳动物 | 禽类 | 鱼肉 |
| --- | --- | --- | --- |
| 肌原纤维蛋白 | 49～55 | 60～65 | 65～75 |
| 肌浆蛋白 | 30～34 | 30～34 | 20～30 |
| 结缔组织蛋白 | 10～17 | 5～7 | 1～3 |

1. 肌浆蛋白

肌浆蛋白是指存在于肌纤维膜里面并且溶解于低浓度( < 0.1 mol/L KCl)盐溶液的蛋白质。这类蛋白质为总肌肉蛋白质的 30% ～35% ,约占成熟动物肌肉质量的 5.5% 。在不同的离心法中依据沉降速度把肌浆蛋白分成四个不同的结构成分:细胞核蛋白质、线粒体蛋白质、微粒体蛋白质和胞质蛋白质。通常把肌肉磨碎压榨便可挤出肌浆,其中主要包括肌红蛋白(Myoglobin)、肌溶蛋白、基质网蛋白、肌粒蛋白(Granule protein)和肌浆酶等。肌浆蛋白的主要功能是参与肌细胞中的物质代谢。

(1)肌红蛋白(Myoglobin)　是一种复合性的色素蛋白质,由一分子的珠蛋白和一个血色素结合而成,为肌肉呈现红色的主要成分,相对分子质量为 17 000,等电点为 6.78。关于此蛋白的结构和性能在本节食用品质中将有详细叙述。

(2)肌溶蛋白　是一种清蛋白,存在于肌原纤维中,因溶于水,故容易从肌肉中分离出来。肌溶蛋白在 52 ℃即凝固。

(3)基质网蛋白　是肌质网的主要成分,由 5 种蛋白质组成。有一种肌质网蛋白含量最多,约占 20% ,相对分子质量为 102 000,是 ATP 酶活性及传递 $Ca^{2+}$ 的部位。另一种为螯钙素,相对分子质量为 44 000,能结合大量的 $Ca^{2+}$ ,但亲和性较低。

(4)肌粒蛋白　主要为三羧酸循环酶系及脂肪氧化酶系,这些蛋白质定位于线粒体中。在离子强度 0.2 以上的盐溶液中溶解,在 0.2 以下则呈不稳定的悬浮液。

(5)肌浆酶　肌浆中还存在大量可溶性肌浆酶,其中糖酵解酶占 2/3 以上。白肌纤维中糖酵解酶含量比红肌纤维多 5 倍,这是因为白肌纤维主要依靠无氧的糖酵解产生能量,而红肌纤维则以氧化产生能量,所以红肌纤维糖酵解酶含量少,而红肌纤维中肌红蛋白、乳酸脱氢酶含量高。

2. 肌原纤维蛋白

构成肌原纤维的蛋白质支撑着肌纤维的形状,因此也称为结构蛋白或不溶性蛋白质,包括收缩蛋白、调节蛋白和支架蛋白三大类。

(1)收缩蛋白　主要的收缩蛋白有肌球蛋白和肌动蛋白,它们直接负责肌肉的收缩并且还是肌纤维的支柱;其次是肌动球蛋白,是动物死后体内高能物质如 ATP 耗尽而形成的肌球蛋白和肌动蛋白的复合物。

a. 肌球蛋白(Myosin)　是肌肉中含量最高也是最重要的蛋白质,约占肌肉总蛋白质的 1/3,占肌原纤维蛋白的 50% ～55% 。肌球蛋白是粗丝的主要成分,构成肌节的 A 带,相对分子质量为 470 000～510 000,形状很像豆芽,由两条肽链相互盘旋构成。在酶的作用下,肌球蛋白裂解为两个部分,即由头部和一部分尾部构成的重酶解肌球蛋白(Heavy meromyosin,HMM)和尾部的轻酶解肌球蛋白(Light meromyosin,LMM)。肌球蛋白不溶于水或微溶于水,可溶解于离子强度为 0.3 以上的中性盐溶液中,等电点为 5.4。肌球蛋白可形成具有立体网络结构的热诱导凝胶。在 pH 值为 5.6,加热到 35 ℃时,肌球蛋白就可形成热诱导凝胶。当 pH 值接近 6.8 ~ 7.0 时,加热到 70 ℃才能形成凝胶。肌球蛋白的溶解性和形成凝胶的能力与其所在溶液的 pH 值、离子强度、离子类型等有密切的关系。肌球蛋白形成热诱导凝胶的特性是非常重要的工艺特性,直接影响碎肉或肉糜类制品的质地、保水性和风味等。

在饱和的 NaCl 或 $(NH_4)_2SO_4$ 溶液中可盐析沉淀。肌球蛋白的头部有 ATP 酶活性,可以分解 ATP,并可与肌动蛋白结合形成肌动球蛋白,与肌肉的收缩直接有关。

b. 肌动蛋白(Actin) 约占肌原纤维蛋白的 20%,是构成细丝的主要成分。肌动蛋白只由一条多肽链构成,其相对分子质量为 41 800 ~ 61 000。肌动蛋白能溶于水及稀的盐溶液中,在半饱和的 $(NH_4)_2SO_4$ 溶液中可盐析沉淀,等电点为 4.7。肌动蛋白有两种存在形式,即珠状肌动蛋白(G)和纤维状肌动蛋白(F),后者与原肌球蛋白等结合成细丝,参与肌肉的收缩。肌动蛋白不具备凝胶形成能力。

c. 肌动球蛋白(Actomyosin) 是肌动蛋白与肌球蛋白的复合物。肌动球蛋白的黏度很高,具有明显的流动双折射现象,由于其聚合度不同,因而相对分子质量不定。肌动蛋白与肌球蛋白的结合比例为 1:(2.5 ~ 4)。肌动球蛋白也具有 ATP 酶活性,但与肌球蛋白不同,$Ca^{2+}$ 和 $Mg^{2+}$ 都能激活。肌动球蛋白能形成热诱导凝胶,影响肉制品的工艺特性。

(2)调节蛋白 主要的调节蛋白为肌原球蛋白和肌钙蛋白,它们存在于细丝或肌动球蛋白丝上,分别为总肌原纤维蛋白的 8% 和 5%。此外,肌原纤维还含有很多微小的调节蛋白,分布在肌丝的不同部位,如 I - 带、A - 带和 Z - 线,这些蛋白有 α、β 和 γ 三种肌动素(Actinin),C、M、H 和 X 蛋白,还有肌酸激酶。

a. 肌原球蛋白(Tropomyosin) 占肌原纤维蛋白的 4% ~ 5%,为杆状分子,构成细丝的支架。每 1 分子的原肌球蛋白结合 7 分子的肌动蛋白和 1 分子的肌钙蛋白,相对分子质量为 65 000 ~ 80 000。

b. 肌钙蛋白(Troponin) 又叫肌原蛋白,占肌原纤维蛋白的 5% ~ 6%。肌钙蛋白对 $Ca^{2+}$ 有很高的敏感性,每 1 个蛋白分子具有 4 个 $Ca^{2+}$ 结合位点。肌钙蛋白沿着细丝以 38.5 nm 的周期结合在原肌球蛋白分子上,相对分子质量为 69 000 ~ 81 000。肌原蛋白有三个亚基,各有自己的功能特性。它们是钙结合亚基,相对分子质量为 18 000 ~ 21 000,是 $Ca^{2+}$ 的结合部位;抑制亚基,相对分子质量为 20 500 ~ 24 000,能高度抑制肌球蛋白中 ATP 酶的活性,从而阻止肌动蛋白与肌球蛋白结合;原肌球蛋白结合亚基,相对分子质量为 30 000 ~ 37 000,能结合原肌球蛋白,起连接的作用。

(3)支架蛋白(Cytoskeletal proteins) 这些蛋白的功能就在于维持支架结构,于是称为支架蛋白。作为一组功能蛋白,它们明显不是纵向就是横向为收缩蛋白和调节蛋白提供支撑和稳定作用,于是也叫它们为"脚手架蛋白"(Scaffold proteins)。主要的支架蛋白有联结蛋白(Connectin)和星云状蛋白(Nebulin)。

3. 结缔组织蛋白

结缔组织构成肌内膜、肌束膜、肌外膜和筋腱,其本身由有形成分和无形的基质组成,前者主要有三种,即胶原蛋白、弹性蛋白和网状蛋白,它们是结缔组织中的主要蛋白质。

(1)胶原蛋白(Collagen) 是构成胶原纤维的主要成分,约占胶原纤维固体物的 85%。胶原蛋白呈白色,是一种多糖蛋白,含有少量的半乳糖和葡萄糖。胶原蛋白性质稳定,具有很强的延伸力,不溶于水及稀溶液,在酸或碱溶液中可以膨胀。不易被一般蛋白酶水解,但可被胶原酶水解。胶原蛋白遇热会发生收缩,热缩温度随动物的种类有较大差异,一般鱼类为 45 ℃,哺乳动物为 60~65 ℃。当加热温度大于热缩温度时,胶原蛋白就会逐渐变为明胶。变为明胶的过程并非水解的过程,而是氢键断开,原胶原分子的三条螺旋被解开,溶于水中,当冷却时就会形成明胶。明胶易被酶水解,也易消化。在肉品加工中,利用胶原蛋白的这一性质加工肉冻类制品。

(2)弹性蛋白(Elastin) 因含有色素残基而呈黄色,相对分子质量为 70 000,约占弹性纤维固形物的 75%,胶原纤维的 7%。因其具有高度不可溶性,所以也称其为硬蛋白。它对酸、碱、盐都稳定,不被胃蛋白酶、胰蛋白酶水解,可被弹性蛋白酶(存于胰腺中)水解。与胶原蛋白和网状蛋白不一样,弹性蛋白加热不能分解,因而其营养价值甚小。

(3)网状蛋白(Reticulin) 其氨基酸组成与胶原蛋白相似,但它与含有肉豆蔻酸的脂肪结合,因此区别于胶原蛋白。网状蛋白呈黑色,胶原蛋白呈棕色。网状蛋白水解后,可产生与胶原蛋白同样的肽类。网状蛋白对酸、碱比较稳定。

4. 氨基酸

蛋白质是由氨基酸组成,蛋白质的营养价值高低在于各种氨基酸的比例。肌肉蛋白质的氨基酸组成与人体非常接近,含有人体必需的所有氨基酸,所以肉类蛋白质营养价值要高于植物性蛋白质。

加工可能使某些氨基酸利用率下降。如牛肉氨基酸利用率在加热到 70 ℃时为 90%,而在 160 ℃时只有 50%;又如罐装牛肉中可利用赖氨酸的损失数量和加工的程度存在一种线性关系。罐装食品保存时间太长,氨基酸利用率会变得很低。但是在指定的有效期内一般不会有变化。鲜肉蛋白质的氨基酸组成见表 4 – 4。

表 4 – 4　鲜肉蛋白质的氨基酸组成　　　　　　　　单位:g/100 g 粗蛋白

| 名　称 | 分类 | 牛肉 | 猪肉 | 羊肉 |
|---|---|---|---|---|
| 异亮氨酸 | 必需 | 5.1 | 4.9 | 4.8 |
| 亮氨酸 | 必需 | 8.4 | 7.5 | 7.4 |
| 赖氨酸 | 必需 | 8.4 | 7.8 | 7.6 |
| 蛋氨酸 | 必需 | 2.3 | 2.5 | 2.3 |
| 苯丙氨酸 | 必需 | 4.0 | 4.1 | 3.9 |
| 苏氨酸 | 必需 | 4.0 | 5.1 | 4.9 |
| 色氨酸 | 必需 | 1.1 | 1.4 | 1.3 |
| 缬氨酸 | 必需 | 5.7 | 5.0 | 5.0 |
| 精氨酸 | 新生儿必需 | 6.6 | 6.4 | 6.9 |
| 组氨酸 | 新生儿必需 | 2.9 | 3.2 | 2.7 |
| 半胱氨酸 | 非必需 | 1.4 | 1.3 | 1.3 |
| 丙氨酸 | 非必需 | 6.4 | 6.3 | 6.3 |
| 天门冬氨酸 | 非必需 | 8.8 | 8.9 | 8.5 |
| 谷氨酸 | 非必需 | 14.4 | 14.5 | 14.4 |

表 4 -4(续)

| 名 称 | 分类 | 牛肉 | 猪肉 | 羊肉 |
|---|---|---|---|---|
| 甘氨酸 | 非必需 | 7.1 | 6.1 | 6.7 |
| 脯氨酸 | 非必需 | 5.4 | 4.6 | 4.8 |
| 丝氨酸 | 非必需 | 3.8 | 4.0 | 3.9 |
| 酪氨酸 | 非必需 | 3.2 | 3.0 | 3.2 |

## 二、脂肪

脂肪是肌肉中仅次于肌肉的另一个重要组织,对肉的食用品质影响甚大,肌肉内脂肪的多少直接影响肉的多汁性和嫩度,脂肪酸的组成在一定程度上决定了肉的风味。家畜的脂肪组织 90% 为中性脂肪,7% ~8% 为水分,3% ~4% 为蛋白质,此外还有少量的磷脂和固醇脂。肌肉组织内的脂肪含量变化很大,少到 1% ,多到 20% ,这主要取决于畜禽的肥育程度。另外,品种和解剖部位、年龄等也有影响。肌肉中的脂肪含量和水分含量呈负相关,脂肪越多,水分越少,反之亦然。

1. 中性脂肪

中性脂肪即三酰甘油,是由一分子甘油与三分子脂肪酸化合而成的。脂肪酸可分为两类,即饱和脂肪酸和不饱和脂肪酸。饱和脂肪酸分子链中不含有双键,不饱和脂肪酸含有一个以上的双键。由于脂肪酸的不同,动物脂肪都是混合甘油酯。含饱和脂肪酸多则熔点和凝固点高,脂肪组织比较硬、坚挺。含不饱和脂肪酸多则熔点和凝固点低,脂肪则比较软。因此,脂肪酸的性质决定了脂肪的性质。肉中脂肪含有 20 多种脂肪酸,最主要的有 4 种,即棕榈酸和硬脂酸两种饱和脂肪酸及油酸和亚油酸两种不饱和脂肪酸。一般反刍动物硬脂酸含量较高,而亚油酸含量低,这也是为什么牛、羊脂肪较猪、禽脂肪坚硬的主要原因。

亚油酸、亚麻酸和花生四烯酸等不饱和脂肪酸是人体细胞壁、线粒体和其他部位的组分,人体不能合成,必须从食物中摄取。禾谷类种子富含此类不饱和脂肪酸,尤其是亚油酸的含量大约是肉类食物的 20 倍。植物性食物的碘价(反映不饱和程度)约为 120,而肉类食物大约为 60。

肌肉组织和器官中多不饱和脂肪酸和胆固醇含量的对比数据列于表 4 -5。显然,猪瘦肉中亚油酸的含量比牛肉和羊肉都高出许多。这样的物种差异也表现在肾和肝上。所有物种的肝和肾中都含有一定量的不饱和脂肪酸。

表 4 -5　肌肉组织和器官中多不饱和脂肪酸和胆固醇含量

| 来源 | 多不饱和脂肪酸/$(g \cdot 100g^{-1}$ 总脂酸$)$ | | | | | 胆固醇/ $(mg \cdot 100g^{-1})$ |
|---|---|---|---|---|---|---|
| | $C_{18:2}$ | $C_{18:3}$ | $C_{20:3}$ | $C_{20:4}$ | $C_{22:5}$ | |
| 猪肉 | 7.4 | 0.9 | 微量 | 微量 | 微量 | 69 |
| 牛肉 | 2.0 | 1.3 | 微量 | 1.0 | 微量 | 59 |
| 羊肉 | 2.5 | 2.5 | — | — | 微量 | 79 |
| 大脑 | 0.4 | — | 1.5 | 4.2 | 3.4 | 2,200 |

表 4 - 5(续)

| 来源 | 多不饱和脂肪酸/(g·100g⁻¹总脂酸) | | | | | 胆固醇/ (mg·100g⁻¹) |
|---|---|---|---|---|---|---|
| | $C_{18:2}$ | $C_{18:3}$ | $C_{20:3}$ | $C_{20:4}$ | $C_{22:5}$ | |
| 猪肾 | 11.7 | 0.5 | 0.6 | 6.7 | 微量 | 410 |
| 牛肾 | 4.8 | 0.5 | 微量 | 2.6 | — | 400 |
| 羊肾 | 8.1 | 4.0 | 0.5 | 7.1 | 微量 | 400 |
| 猪肝 | 14.7 | 0.5 | 1.3 | 14.3 | 2.3 | 260 |
| 牛肝 | 7.4 | 2.5 | 4.6 | 6.4 | 5.6 | 270 |
| 羊肝 | 5.0 | 3.8 | 0.6 | 5.1 | 3.0 | 430 |

**2. 磷脂和固醇**

磷脂的结构和中性脂肪相似,只是其中 1～2 个脂肪酸被磷酸所取代,磷脂在组织脂肪中比例较高。另外,磷脂的不饱和脂肪酸比中性脂肪多,最高可达 50% 以上。

磷脂主要包括卵磷脂、脑磷脂、神经磷脂及其他磷脂类。卵磷脂多存在于内脏器官,脑磷脂大部分存在于脑神经和内脏器官。以上两种磷脂在肌肉中较少。

胆固醇除在脑中存在较多外,还广泛存在于动物体内。

## 三、水分

水分是肉中含量最多的成分,不同组织水分含量差异很大,肌肉含水 70%,皮肤为 60%,骨骼为 12%～15%,脂肪组织含水甚少,所以动物愈肥,其胴体水分含量愈低。肉品中的水分含量及其持水性能直接关系到肉及肉制品的组织状态、品质,甚至风味。

肉中的水分并非像纯水那样以游离的状态存在,其存在的形式大致可以分为以下三种(图 4 - 2)。

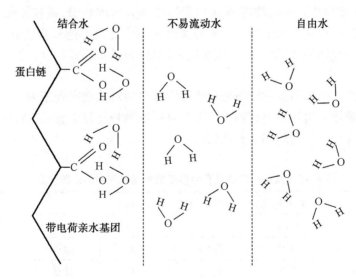

图 4 - 2　肉中三种状态水示意图

1. 结合水

结合水约占水分总量的5%,由肌肉蛋白质亲水基所吸引的水分子形成一紧密结合的水层。结合水通过本身的极性与蛋白质亲水基的极性而结合,水分子排列有序,不易受肌肉蛋白质结构或电荷变化的影响,甚至在施加严重外力条件下,也不能改变其与蛋白质分子紧密结合的状态。该水层无溶剂特性,冰点很低(-40 ℃)。

2. 不易流动水

肌肉中80%水分是以不易流动水状态存在于纤丝、肌原纤维及肌细胞膜之间。此水层距离蛋白质亲水基较远,水分子虽然有一定朝向性,但排列不够有序。不易流动水容易受蛋白质结构和电荷变化的影响,肉的保水性能主要取决于肌肉对此类水的保持能力。不易流动水能溶解盐及溶质,在-1.5~0 ℃结冰。

3. 自由水

自由水指存在于细胞外间隙中能自由流动的水,它们不依电荷基而定位排序,仅靠毛细管作用力而保持。自由水约占总水分的15%。

## 四、浸出物

浸出物是指除蛋白质、盐类、维生素外能溶于水的可浸出性物质,包括含氮浸出物和无氮浸出物。

1. 含氮浸出物

含氮浸出物为非蛋白质的含氮物质,如游离氨基酸、磷酸肌酸、核苷酸类及肌苷、尿素等。这些物质为肉滋味的主要来源,如ATP除供给肌肉收缩的能量外,逐级降解为肌苷酸,是肉鲜味的成分。又如磷酸肌酸分解成肌酸,肌酸在酸性条件下加热则为肌酐,可增强熟肉的风味。肉中主要含氮浸出物含量见表4-6。

表4-6　肉中主要含氮浸出物

| 含氮浸出物 | 含量/(mg·100 g$^{-1}$) |
| --- | --- |
| 肌苷 | 250.0 |
| 氨基酸 | 85.0 |
| 肌酐酸 | 76.8 |
| 磷酸肌酸 | 67.0 |
| 尿素 | 9.9 |
| ATP | 8.7 |

2. 无氮浸出物

为不含氮的可浸出性有机化合物,包括糖类和有机酸。

糖类包括糖原、葡萄糖、核糖。有机酸主要是乳酸及少量的甲酸、乙酸、丁酸、延胡索酸等。

糖原主要存在于肝脏和肌肉中,肌肉中含量为0.3%~0.8%,肝中含量为2%~8%。马肉肌糖原含量在2%以上。宰前动物疲劳或受到刺激则肉中糖原储备少。肌糖原含量的多少,对肉的 pH 值、保水性、颜色等均有影响,并且影响肉的贮藏性。

### 五、维生素

肉中主要有 B 族维生素,是人们获取此类维生素的主要来源之一,特别是烟酸。据报道,在英国,人们摄取的烟酸有 40% 来自肉类。另外,动物器官中含有大量的维生素,尤其是脂溶性维生素,如肝脏是众所周知的维生素 A 补品。生肉和器官组织中维生素含量分别列于表 4 - 7 和表 4 - 8 中。

表 4 - 7　生肉的维生素含量

| 维生素 | 牛肉 | 小牛肉 | 猪肉 | 腌猪肉 | 羊肉 |
| --- | --- | --- | --- | --- | --- |
| 维生素 A/IU | 微量 | 微量 | 微量 | 微量 | 微量 |
| 维生素 $B_1$/mg | 0.07 | 0.10 | 1.0 | 0.4 | 0.15 |
| 维生素 $B_2$/mg | 0.2 | 0.25 | 0.20 | 0.15 | 0.25 |
| 烟酸/mg | 5.0 | 7.0 | 5.0 | 1.5 | 5.0 |
| 泛酸/μg | 0.4 | 0.6 | 0.6 | 0.3 | 0.5 |
| 生物素/μg | 3.0 | 5.0 | 4.0 | 7.0 | 3.0 |
| 叶酸/mg | 10 | 5 | 3 | 0 | 3 |
| 维生素 $B_6$/mg | 0.3 | 0.3 | 0.5 | 0.3 | 0.4 |
| 维生素 $B_{12}$/μg | 2 | 0 | 2 | 0 | 2 |
| 维生素 C/mg | 0 | 0 | 0 | 0 | 0 |
| 维生素 D/IU | 微量 | 微量 | 微量 | 微量 | 微量 |

表 4 - 8　器官组织中维生素含量

| 来源 | 维生素 A /IU | 维生素 $B_1$ /mg | 维生素 $B_2$ /mg | 烟酸 /mg | 生物素 /μg | 叶酸 /μg | 维生素 $B_6$ /mg | 维生素 $B_{12}$ /μg | 维生素 C /mg | 维生素 D /μg |
| --- | --- | --- | --- | --- | --- | --- | --- | --- | --- | --- |
| 脑 | 微量 | 0.07 | 0.02 | 3.0 | 2.0 | 6 | 0.10 | 9 | 23 | 微量 |
| 羊肾 | 100 | 0.49 | 1.8 | 8.3 | 37.0 | 31 | 0.30 | 55 | 7 | — |
| 牛肾 | 150 | 0.37 | 2.1 | 6.0 | 24.0 | 77 | 0.32 | 31 | 10 | — |
| 猪肾 | 110 | 0.32 | 1.9 | 7.5 | 32.0 | 42 | 0.25 | 14 | 14 | — |
| 羊肝 | 20 000 | 0.27 | 3.3 | 14.2 | 41.0 | 220 | 0.42 | 84 | 10 | 0.5 |
| 牛肝 | 17 000 | 0.23 | 3.1 | 13.4 | 33.0 | 330 | 0.83 | 110 | 23 | 1.13 |
| 猪肝 | 10 000 | 0.31 | 3.0 | 14.8 | 39.0 | 110 | 0.68 | 25 | 13 | 1.13 |
| 羊肺 | — | 0.11 | 0.5 | 4.7 | | | | 5 | 31 | — |
| 牛肺 | — | 0.11 | 0.4 | 4.0 | 6 | | | 3 | 39 | — |
| 猪肺 | | 0.09 | 0.3 | 3.4 | | | | | 13 | |

## 六、矿物质

肌肉中含有大量的矿物质,尤以钾、磷含量最多。在腌肉中加入了盐,因此钠占主导地位。几种肉和肉制品中矿物质的含量见表4-9。

表4-9 肉和肉制品中矿物质含量 单位:mg·100 g$^{-1}$

| 名称 | 钠 | 钾 | 钙 | 镁 | 铁 | 磷 | 铜 | 锌 |
|---|---|---|---|---|---|---|---|---|
| 生牛肉 | 69 | 334 | 5 | 24.5 | 2.3 | 276 | 0.1 | 4.3 |
| 烤牛肉 | 67 | 368 | 9 | 25.2 | 3.9 | 303 | 0.2 | 5.9 |
| 生羊肉 | 75 | 246 | 13 | 18.7 | 1.0 | 173 | 0.1 | 2.1 |
| 烤羊肉 | 102 | 305 | 18 | 22.8 | 2.4 | 206 | 0.2 | 4.1 |
| 生猪肉 | 45 | 400 | 4 | 26.1 | 1.4 | 223 | 0.1 | 2.4 |
| 烤猪肉 | 59 | 258 | 8 | 14.9 | 2.4 | 178 | 0.2 | 3.5 |
| 生腌猪肉 | 975 | 268 | 14 | 12.3 | 0.9 | 94 | 0.1 | 2.5 |

烹调后矿物质含量上升,这主要是由于水分损失和调味料中矿物质被添加所致。牛肉中铁的含量最高,这是由于牛肉中肌红蛋白的含量高于羊肉和猪肉。各种器官组织中矿物质含量的数据列于表4-10中。肾和肝中的铁、铜和锌的含量远高于肌肉组织。猪肾和肝中铁和铜的值显著高于牛和羊的值,但物种间没有显著差异。

表4-10 器官组织中的矿物质含量 单位:mg·100g$^{-1}$

| 器官组织 | 钠 | 钾 | 钙 | 镁 | 铁 | 磷 | 铜 | 锌 |
|---|---|---|---|---|---|---|---|---|
| 脑 | 140 | 270 | 12 | 15.0 | 1.6 | 340 | 0.3 | 1.2 |
| 羊肾 | 220 | 270 | 10 | 17.0 | 7.4 | 240 | 0.4 | 2.4 |
| 牛肾 | 180 | 230 | 10 | 15.0 | 5.7 | 230 | 0.4 | 1.9 |
| 猪肾 | 190 | 290 | 8 | 19.0 | 5.0 | 270 | 0.8 | 2.6 |
| 羊肝 | 76 | 290 | 7 | 19.0 | 9.4 | 370 | 8.7 | 3.9 |
| 牛肝 | 81 | 320 | 6 | 19.0 | 7.0 | 360 | 2.5 | 4.0 |
| 猪肝 | 87 | 320 | 6 | 21.0 | 21.0 | 370 | 2.7 | 6.9 |

## 七、影响因素

动物的种类、年龄、部位、营养状况、品种、性别都会影响肉的化学组成。

1. 动物的种类

动物种类对肉化学组成的影响是显而易见的,但这种影响的程度还受多种内在和外界因素的影响。表4-11列出了不同种类肉的化学成分及热量。

表4-11　畜禽肉的化学组成及热量

| 名称 | 含量/% | | | | | 热量/(J/kg) |
| --- | --- | --- | --- | --- | --- | --- |
| | 水分 | 蛋白质 | 脂肪 | 糖类 | 灰分 | |
| 牛　肉 | 72.91 | 20.07 | 6.48 | 0.25 | 0.92 | 6186.4 |
| 羊　肉 | 75.17 | 16.35 | 7.98 | 0.31 | 1.92 | 5893.8 |
| 肥猪肉 | 47.40 | 14.54 | 37.34 | — | 0.72 | 13731.3 |
| 瘦猪肉 | 72.55 | 20.08 | 6.63 | — | 1.10 | 4869.7 |
| 马　肉 | 75.90 | 20.10 | 2.20 | 1.33 | 0.95 | 4305.4 |
| 鹿　肉 | 78.00 | 19.50 | 2.25 | — | 1.20 | 5358.8 |
| 兔　肉 | 73.47 | 24.25 | 1.91 | 0.16 | 1.52 | 4890.6 |
| 鸡　肉 | 71.80 | 19.50 | 7.80 | 0.42 | 0.96 | 6353.6 |
| 鸭　肉 | 71.24 | 23.73 | 2.65 | 2.33 | 1.19 | 5099.6 |
| 骆驼肉 | 76.14 | 20.75 | 2.21 | — | 0.90 | 3093.2 |

2. 性别

性别的不同不仅影响肉的质地和风味,对肉的化学组成也有影响。未经阉割的公畜肉质地粗糙,比较坚硬,具有特殊的腥臭味。此外,公畜的肌肉组织内脂肪含量低于母畜或阉割畜。因此,作为加工用的原料,应选用经过肥育的阉割家畜,未经阉割的公畜和老母猪等不宜用作加工的原料。不同性别的牛肉背最长肌的化学组成见表4-12。

表4-12　不同性别的牛肉背最长肌的化学组成

| 化学成分 | 肌肉组织中的含量 | | |
| --- | --- | --- | --- |
| | 不阉割公牛 | 阉割公牛 | 母牛 |
| 蛋白质 | 21.7 | 22.1 | 22.2 |
| 脂肪 | 1.1 | 2.5 | 3.4 |
| 水分 | 75.9 | 74.3 | 73.2 |

3. 年龄

肌肉的化学组成随着年龄的增加会发生变化,一般说来,除水分下降外,别的成分含量均增加。幼年动物肌肉的水分含量高,缺乏风味,除特殊情况(如烤乳猪)外,一般不用作加工原料。为获得优质的原料肉,肉用畜禽都有一个合适的屠宰月龄(或日龄)。不同年龄的牛肉背最长肌的化学组成见表4-13。

表 4-13 不同年龄的牛肉背最长肌的化学成分

| 项 目 | 10 头牛的平均数 | | |
|---|---|---|---|
| | 5 个月 | 6 个月 | 7 个月 |
| 肌肉脂肪量/% | 2.85 | 3.28 | 3.96 |
| 肌肉组织内脂肪碘价 | 57.4 | 55.8 | 55.5 |
| 水分/% | 76.7 | 76.4 | 75.9 |
| 肌红蛋白/% | 0.03 | 0.038 | 0.044 |
| 总氮/% | 3.71 | 3.74 | 3.87 |

4. 营养状况

动物的营养状况会直接影响其生长发育,从而影响到肌肉的化学组成。不同肥育程度的肉中其肌肉的化学组成就有较大的差别(表 4-14)。营养的好坏对肌肉组织内脂肪的含量影响最为明显(表 4-15),营养状况好的家畜,其肌肉内会沉积大量脂肪,使肉的横切面呈现大理石状,其风味和质地均佳;反之,营养贫乏,则肌肉组织内脂肪含量低,肉质差。

表 4-14 肥育程度对牛肉化学成分的影响

| 牛肉 | 占净肉的质量分数/% | | | | 占去脂净肉的质量分数/% | | |
|---|---|---|---|---|---|---|---|
| | 蛋白质 | 脂肪 | 水分 | 灰分 | 蛋白质 | 水分 | 灰分 |
| 肥育良好 | 19.2 | 18.3 | 61.6 | 0.9 | 23.5 | 75.5 | 1.0 |
| 肥育一般 | 20.0 | 10.7 | 68.3 | 1.0 | 22.4 | 76.5 | 1.1 |
| 肥育不良 | 21.1 | 3.8 | 74.1 | 1.1 | 21.9 | 76.9 | 1.2 |

表 4-15 营养状况和年龄对猪背最长肌成分的影响

| 项目 指标 | 营养状况 | | | |
|---|---|---|---|---|
| | 高 | | 低 | |
| | 16 周 | 26 周 | 16 周 | 26 周 |
| 肌肉组织内脂肪量/% | 2.27 | 4.51 | 0.68 | 0.02 |
| 肌肉组织内脂肪碘价 | 62.96 | 59.20 | 95.40 | 66.80 |
| 水分/% | 74.37 | 71.78 | 78.09 | 73.74 |

5. 解剖部位

肉的化学组成除受动物的种类、品种、年龄、性别、营养状况等因素影响外,同一动物不同部位的肉,其化学组成也有很大差异(表 4-16)。

表4-16 不同部位肉的化学成分 单位:%(质量分数)

| 种类 | 部位 | 水分 | 粗脂肪 | 粗蛋白 | 灰分 |
|------|------|------|--------|--------|------|
| 牛肉 | 颈部 | 65 | 16 | 18.6 | 0.9 |
|  | 软肋 | 61 | 18 | 19.9 | 0.9 |
|  | 背部 | 57 | 25 | 16.7 | 0.8 |
|  | 肋部 | 59 | 23 | 17.6 | 0.8 |
|  | 后腿部 | 69 | 11 | 19.5 | 1.0 |
|  | 臀部 | 55 | 28 | 16.2 | 0.8 |
| 小牛肉 | 背部 | 70 | 5 | 19 | 1.3 |
|  | 后腿部 | 68 | 12 | 19.1 | 1.0 |
|  | 肩部 | 70 | 10 | 19.4 | 1.0 |
| 猪肉 | 后腿部 | 53 | 31 | 15.2 | 0.8 |
|  | 背部 | 58 | 25 | 16.4 | 0.9 |
|  | 臀部 | 49 | 37 | 13.5 | 0.7 |
|  | 肋部 | 53 | 32 | 14.6 | 0.8 |
| 羊肉 | 胸部 | 48 | 37 | 12.8 | — |
|  | 后腿部 | 64 | 18 | 18.0 | 0.9 |
|  | 背部 | 65 | 16 | 18.6 | — |
|  | 肋部 | 52 | 32 | 14.9 | 0.8 |
|  | 肩部 | 58 | 25 | 15.6 | 0.8 |

# 第三节 肉的物理特性

肉的物理特性主要指肉本身所具有的基本物理性质,主要包括密度、比热容、潜热、冰点、导热系数。

## 一、密度

密度通常指每立方米体积的物质所具有的质量,一般以 $kg/m^3$ 来表示。它根据动物肉的种类、含脂肪的数量不同而异,含脂肪越多,其密度越小;含脂肪越少,其密度越大。

表4-17 几种原料肉的密度

| 原料肉名称 | 密度/$(kg/m^3)$ |
|------------|------------------|
| 带骨肉 | 1 140 |
| 脱脂的猪、牛、羊肉 | 1 020 ~ 1 070 |
| 猪脂肪 | 850 |
| 猪皮下肥膘 | 910 |

## 二、热学性质

### 1. 肉的比热容和冻结潜热

动物肉的比热容随着肉的含水量、脂肪比例的不同而变化。一般含水量越高,比热容和冻结潜热越大;含脂肪率越高,则比热容、冻结潜热越少。另外,冰点以下比热容急剧减少,这是由于肌肉中水结冰而造成的。肉的比热容小于水。

表 4-18　几种肉的比热容和冻结潜热

| 肉的种类 | 含水率/% | 比热容/[kJ/(kg·℃)] | | 冻结潜热/(kJ/kg) |
|---|---|---|---|---|
| | | 冰点以上 | 冰点以下 | |
| 牛肉 | 62~77 | 2.93~3.51 | 1.59~1.80 | 204.82~259.16 |
| 猪肉 | 47~54 | 2.42~2.63 | 1.34~1.50 | 154.66~179.74 |
| 羊肉 | 60~70 | 2.84~3.18 | 1.59~2.13 | 200.64~242.44 |
| 禽肉 | 74 | 3.30 | — | 242.44 |
| 鱼肉 | 70~80 | 3.01~3.43 | — | — |

### 2. 冰点

肉中水分开始结冰的温度称为冰点。它随动物种类、死后的条件不同而不完全相同。通常肉的冰点在 0.8~1.7 ℃。

### 3. 导热系数

肉的导热系数大小决定于冷却、冻结和解冻时温度升降的快慢,也取决于肉的组织结构、部位、肌肉纤维的方向、冻结状态等。因此,正确测出肉的导热系数是很困难的。肉的导热系数随温度下降而增大,这是因为冰的导热系数比水的导热系数大,故冻结后的肉类更容易导热。

# 第五章　畜禽肌肉宰后变化

## 第一节　宰后变化

动物经过屠宰放血后体内平衡被打破,从而使机体抵抗外界因素影响、维持体内环境、适应各种不利条件的能力丧失而导致死亡。但是,维持生命和各个器官、组织的机能并没有同时停止,各种细胞仍在进行各种活动。由于机体的死亡引起了呼吸与血液循环的停止、氧气供应的中断,使肌肉组织内的各种需氧性生物化学反应停止,转变成厌氧性活动,因此,肌肉在死后所发生的各种反应与活体肌肉完全处于不同状态,进行着不同性质的反应,研究这些特性对于我们了解肉的性质、肉的品质改善及指导肉制品的加工有着重要的作用。肌肉的宰后变化主要包括物理变化和化学变化。

### 一、物理变化

动物放血的同时,就标志着肌肉宰后一系列物理和化学变化的开始。血液是机体输送包括氧气在内的各种营养物质和代谢废物进出肌肉的主要运输工具,而放血就等于切断了肌肉组织与其他器官及外界环境的一切沟通,从而使肌肉形成了一个崭新的环境:氧气阻断、肌肉内代谢物蓄积、糖原分解、ATP减少和肌肉内环境的改变。

1. 肌肉伸缩性的逐渐丧失

刚刚屠宰后的肌肉如果给它一定的负荷,肌纤维就会伸长,去掉负荷肌纤维会恢复原状,显示出与活体肌肉同样的伸缩性,但是随着时间的变化,伸缩性逐渐减小,直至消失。宰后肌肉之所以有这种性质,是因为刚刚屠宰后的肌肉中有充足的ATP存在,使得肌浆网中的$Ca^{2+}$能够得以回收,从而抑制了肌动蛋白与肌球蛋白的不可逆性结合。

宰后肌肉伸缩性的维持受许多环境条件的影响,一般保持温度越高(生理范围内),肌肉内ATP及肌糖原的分解、消失得越快,肌肉伸缩性的消失也越快。

2. 肌肉的宰后缩短(收缩)

把刚刚屠宰的肌肉切一小块放置,肌肉会顺着肌纤维的方向缩短,而横向变粗。如果肌肉仍连接在骨骼上,肌肉只能发生等长性收缩,肌肉内部产生拉力。肌肉的宰后缩短,是由肌纤维中的细肌丝在粗肌丝之间的滑动引起的,收缩的原理与活体肌肉一致,但与活体肌肉相比,此时的肌肉失去了伸缩性,即只能收缩,不能松弛。收缩是因为肌肉中残存有ATP,不能松弛是因为其静息状态无法重新建立。而最终肌肉的解僵松弛是肌肉蛋白质的分解,和活体肌肉的松弛不是一个原理。

肌肉的宰后缩短程度与温度有很大关系。一般来说,在15 ℃以上,与温度成正相关,温度越高,肌肉收缩越剧烈。如果在夏季室外屠宰,没有冷却设施,其肉就会变得很老;在15 ℃以下,肌肉的收缩程度与温度呈负相关,也就是说,温度越低,收缩程度越大。所谓的冷收缩(Cold - shortening)就是在低温条件下形成的,经测定,在2 ℃条件下肌肉的收缩程度与 40 ℃一样大。温度对不受束缚的牛肉的收缩程度影响见图 5 - 1。

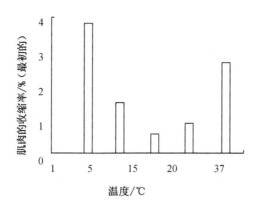

**图 5 - 1 牛颈肉在死后的收缩率**

3. 解冻僵直

如果宰后迅速冷冻,这时肌肉还没有达到最大僵直,在肌肉内仍含有糖原和 ATP。在解冻时,残存的糖原和 ATP 作为能量使肌肉收缩形成僵直,这种现象称为解冻僵直(Thaw rigor)。此时达到僵直的速度要比鲜肉在同样环境时快得多、收缩激烈、肉变得更硬,并有很多的肉汁流出。这种现象称为解冻僵直收缩。因此,为了避免解冻僵直收缩现象,最好是在肉的最大僵直后期进行冷冻。

## 二、化学变化

糖原是动物细胞的主要贮能形式,按其分布可以分为肝糖原和肌糖原。肌糖原与运动状态有关,在休息期占肌肉的 0.1% ～1%。

肌肉中有十多种酶参与肌糖原的分解与能量产生,在活体时体内的能量代谢主要是通过一系列的有氧分解最终产生 $CO_2$、$H_2O$ 和 ATP。但是,放血后肌肉内形成厌氧环境,肌糖原分解代谢则由原来的有氧分解转为无氧酵解,产生乳酸。

1. pH 值的下降

宰后肌肉内 pH 值的下降是由于肌糖原的无氧酵解产生乳酸及 ATP 分解产生的磷酸根离子等造成的,通常当 pH 值降到 5.4 左右时,就不再继续下降。因为肌糖原无氧酵解过程中的酶会被 ATP 降解时产生的氨气、肌糖原无氧酵解时产生的酸所抑制而失活,使肌糖原不能再继续分解,乳酸也不能再产生。这时的 pH 值是死后肌肉的最低 pH 值,称为极限 pH 值。

正常饲养并正确屠宰的动物,即便是达到极限 pH 值其肌肉内仍有肌糖原存在。但是屠宰前如果激烈运动或注射肾上腺类物质,屠宰前的肌糖原大量消耗,死后肌糖原就会在达到极限 pH 值之前耗尽,从而产生高极限 pH 肉。

肉的保水性与 pH 值有密切的关系,种种实验表明,当 pH 值从 7.0 下降到 5.0 时,保水性也随之下降,在极限 pH 值时肉的保水性最差(图 5 - 2)。由此也能看出,死后肌肉的 pH 值降低是肉的保水性差的主要原因,同时,充分成熟后,肉的保水性有所增加。

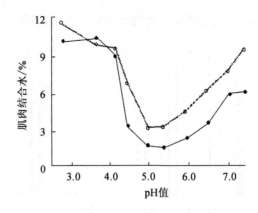

图 5 - 2　死后 1 d(●)和 7 d(○)牛颈肉在不同 pH 值下的保水性

**2. ATP 的降解与僵直产热**

死后肌肉中肌糖原分解产生的能量转移给 ADP 生成 ATP。ATP 又经 ATP 分解酶分解成 ADP 和磷酸,同时释放出能量。机体死亡之后,这些能量不能用于体内各种化学反应和运动,只能转化成热量。同时由于死后呼吸停止产生的热量不能及时排出,蓄积在体内造成体温上升,即形成僵直产热。

死后 ATP 在肌浆中的分解是一系列的反应,它由多种分解酶参与,其反应过程如下:

$$ATP \xrightarrow{ATPase} ADP + H_3PO_4$$

$$2ADP \xrightarrow{肌激酶} ATP + AMP$$

$$AMP \xrightleftharpoons{腺苷酸脱氢酶} IMP + NH_3 \longrightarrow 肌苷$$

IMP(次黄嘌呤核苷酸)是重要的呈味物质,对肌肉死后及其成熟过程中风味的改善起着重要的作用。由 ATP 转化成 IMP 的反应在肌肉达到僵直以前一直在产生,在僵直期达到最高峰,但是其最高浓度不会超过 ATP 的浓度。

## 三、宰后僵直

**1. 宰后僵直的机理**

刚刚宰后的肌肉及各种细胞内的生物化学等反应仍在继续进行,但是由于放血而带来了体液平衡的破坏、供氧的停止,整个细胞内很快变成无氧状态,从而使葡萄糖及糖原的有氧分解(最终氧化成 $CO_2$、$H_2O$ 和 ATP)很快变成无氧酵解产生乳酸。在有氧的条件下每个葡萄糖分子可以产生 39 个分子的 ATP,而无氧酵解则只能产生 3 个分子的 ATP,从而使 ATP 的供应受阻,但体内(肌肉内)ATP 的消耗造成宰后肌肉内的 ATP 含量迅速下降。由于 ATP 水平的下降和乳酸浓度的提高(pH 值降低),肌浆网钙泵的功能丧失,使肌浆网中 $Ca^{2+}$ 逐渐释放而得不到回收,致使 $Ca^{2+}$ 浓度升高,引起肌动蛋白沿着肌球蛋白的滑动收缩;另一方面引起肌球蛋白头部的 ATP 酶活化,加快 ATP 的分解并减少,同时由于 ATP 的丧失又促使肌动蛋白细丝和肌球蛋白细丝之间交联的结合形成不可逆性的肌动球蛋白(Actomyosin),从而引起肌肉的连续且不可逆的收缩,收缩达到最大限度时即形成了肌肉的宰后僵直,也称尸僵。宰后僵直所需的时间因动物的种类、肌肉的种类、性质,以及宰前状态等都有一定的关系,因此,在现代法医学上,僵尸的时间也常作为判断尸体死亡的时间证据。

达到宰后僵直时期的肌肉在进行加热等操作使之成熟时,肉会变硬、肉的保水性小、加热损失多、肉的风味差,也不适合于肉制品加工。但是,达到宰后僵直后的肉如果继续贮藏,肌肉内仍将发生诸多的化学反应,导致肌肉的成分、结构发生变化,使肉变软,同时肉的保水性、肉的风味等都增加。

2. 宰后僵直的过程

如上所述,不同品种、不同类型的肌肉的僵直时间有很大的差异,它与肌肉中 ATP 的降解速度有密切的关系。肌肉从屠宰至达到最大僵直的过程根据其不同的表现可以分为三个阶段:僵直迟滞期(Delay phase)、僵直急速形成期(Rapid phase)和僵直后期(Post – rigor phase)。在屠宰的初期,肌肉内 ATP 的含量虽然减少,但在一定时间内几乎恒定,因为肌肉中还含有另一种高能磷酸化合物——磷酸肌酸(CP),在磷酸激酶存在并作用下,磷酸肌酸将其能量转给 ADP 再合成 ATP,以补充减少的 ATP。正是 ATP 的存在,使肌动蛋白细肌丝在一定程度上还能沿着肌球蛋白粗肌丝进行可逆性的收缩与松弛,从而使这一阶段的肌肉还保持一定的伸缩性和弹性,这一时期称为僵直迟滞期。

随着宰后时间的延长,磷酸肌酸的能量耗尽,肌肉 ATP 的来源主要依靠葡萄糖的无氧酵解,致使 ATP 的水平下降,同时乳酸浓度增加,肌浆网中的 $Ca^{2+}$ 被释放,从而快速引起肌肉的不可逆性收缩,使肌肉的弹性逐渐消失,肌肉的僵直进入急速形成期;当肌肉内的 ATP 的含量降到原含量的 15% ~ 20% 时,肌肉的伸缩性几乎丧失殆尽,从而进入僵直后期。进入僵直后期时肉的硬度要比僵直前增加 10 ~ 40 倍。

## 四、解僵与成熟

解僵指肌肉在宰后僵直达到最大限度并维持一段时间后,其僵直缓慢解除、肉的质地变软的过程。解僵所需要的时间因动物、肌肉、温度,以及其他条件不同而异。在 0 ~ 4 ℃ 的环境温度下,鸡需要 3 ~ 4 h,猪需要 2 ~ 3 d,牛则需要 7 ~ 10 d。

成熟(Ageing 或 Conditioning)是指尸僵完全的肉在冰点以上温度条件下放置一定时间,使其僵直解除、肌肉变软、系水力和风味得到很大改善的过程。肉的成熟过程实际上包括肉的解僵过程,二者所发生的许多变化是一致的。

1. 成熟的基本机制

肉在成熟期间,肌原纤维和结缔组织的结构发生明显的变化。

(1)肌原纤维小片化 刚屠宰后的肌原纤维和活体肌肉一样,是 10 ~ 100 个肌节相连的长纤维状,而在肉成熟时则断裂为 1 ~ 4 个肌节相连的小片状,从超微结构看到的变化是从 Z 线处开始断裂,见图 5 – 3。

(2)结缔组织的变化 肌肉中结缔组织的含量虽然很低(占总蛋白的 5% 以下),但是由于其性质稳定、结构特殊,在维持肉的弹性和强度上起着非常重要的作用。在肉的成熟过程中胶原纤维的网状结构被松弛,由规则、致密的结构变成无序、松散的状态。同时,存在于胶原纤维间及胶原纤维上的黏多糖被分解,这可能是造成胶原纤维结构变化的主要原因。胶原纤维结构的变化,直接导致了胶原纤维剪切力的下降,从而使整个肌肉的嫩度得以改善。

2. 成熟对肉质的作用

(1)嫩度的改善 随着肉成熟的发展,肉的嫩度产生显著的变化。刚屠宰之后肉的嫩度最好,在极限 pH 值时嫩度最差。成熟肉的嫩度有所改善。

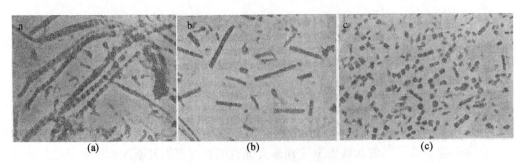

**图 5 - 3　成熟过程中肌原纤维(鸡胸肉)的小片化**

(a)屠宰后;(b)5 ℃成熟 5 h;(c)5 ℃成熟 48 h

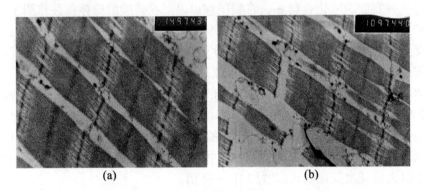

**图 5 - 4　自然成熟牛肉肌纤维超微结构变化**

(a)成熟 3 d;(b)成熟 16 d

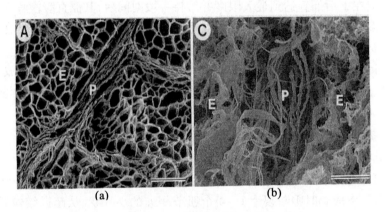

**图 5 - 5　成熟过程中结缔组织结构变化(牛肉)**

(a)屠宰后;(b)5 ℃成熟 28 d

(2)肉保水性的提高　肉在成熟时,保水性又有回升。一般宰后 2~4 天 pH 值下降,极限 pH 值在 5.5 左右,此时水合率为 40%~50%;最大尸僵期以后 pH 值为 5.6~5.8,水合率可达 60%。因在成熟时 pH 值偏离了等电点,肌动球蛋白解离,扩大了空间结构和极性吸引,使肉的吸水能力增强,肉汁的流失减少。

(3)蛋白质的变化　肉成熟时,肌肉中许多酶类对某些蛋白质有一定的分解作用,从而促使成熟过程中肌肉中盐溶性蛋白质的浸出性增加。伴随肉的成熟,蛋白质在酶的作用下,肽链解离,使游离的氨基增多,肉水合力增强,变得柔嫩多汁。

(4)风味的变化 成熟过程中改善肉风味的物质主要有两类:一类是 ATP 的降解物次黄嘌呤核苷酸(IMP);另一类则是组织蛋白酶类的水解产物——氨基酸。随着成熟,肉中浸出物和游离氨基酸的含量增加,多种游离氨基酸存在,但是谷氨酸、精氨酸、亮氨酸、缬氨酸和甘氨酸较多,这些氨基酸都具有增加肉的滋味或有改善肉质香气的作用。

3.影响肉成熟的因素

(1)物理因素

①温度 温度高,成熟则快。Wilson 等试验以 455 Gy 的 γ 射线照射牛肉,43 ℃时 24 h 即可成熟。它和低温 1.7 ℃成熟 14 d 获得的嫩度效果相同,而时间缩短为原来的十几分之一。但这样的肉颜色、风味都不好。高温和低 pH 值环境下不易形成硬直肌动球蛋白。中温成熟时,肌肉收缩小,因而成熟的时间短。Strange 等报告指出:牛肉在宰后 20 ℃直接剔骨保持 4~6 h 与分割肉在 3 ℃成熟 20 d 的嫩度相同。

②电刺激 刚宰的肉尸,经电刺激 1~2 min,可以促进软化,同时可以防止"冷收缩"(羊肉)。该方法在国外被广泛应用。Bondll 等报道:200 V、216 A、25 Hz 电刺激 2 min 的牛肉,显示出肌肉短缩和 CP(磷酸肌酸)显著减少。刺激停止时,肌肉即恢复弛缓状态,此时 ATP 以与屠体的温度相应的速度分解。由于磷酸肌酸已经消耗尽,ATP 水平立即开始下降。因此,电刺激后立即在中温域进入尸僵期,肌肉硬度也较小。电刺激不仅防止低温冷缩,而且还可促进嫩化。因为电刺激可以引起 Z 线断裂和"趋收缩",以及促使含组织蛋白酶的溶酶体崩解。

③机械作用 肉成熟时,将跟腱用钩挂起,此时主要是腰大肌受牵引。如果将臀部挂起,不但腰大肌短缩被抑制,而且半腱肌、半膜肌、背最长肌短缩均被抑制,可以得到较好的嫩化效果。

刚屠宰后的牛肉或羊肉,施以 98 MPa 的压力,在 30 ℃条件下作用 1 min 以上,则糖酵解加速,其硬度要比对照组小。这是由于在高压下,肌动蛋白与肌球蛋白脱离重合,横桥解离所致。

(2)化学因素

极限 pH 值愈高,肉愈柔软。如果屠宰前人为地使糖原下降,则会获得较高的 pH 值。但这种肉成熟后易形成 DFD 肉。高 pH 值成熟是由中性氨态酶起促进作用,游离氨基酸多。在极限 pH 值 5.5 附近,$Ca^{2+}$ 和组织蛋白酶作用,最易使其成熟。在最大尸僵期,往肉中注入 $Ca^{2+}$ 可以促进软化。刚屠宰后注入各种化学物质如磷酸盐、氯化镁等可减少尸僵的形成量(表 5-1)。

表 5-1 刚宰后牛头肉注入各种药物 24 h 的硬度(剪切力)

| 试药 | P | H | M | P-H | M-M | M-P | P-H-M | CIT |
|---|---|---|---|---|---|---|---|---|
| 试验 | 38.03 | 30.16** | 30.43* | 29.63** | 32.63 | 36.78 | 41.92 | 34.65** |
| 对照 | 40.25 | 38.88 | 38.95 | 39.93 | 38.55 | 43.86 | 43.37 | 45.38 |

注:*、** 与对照组的显著性差异 <0.05 或 <0.01;

P—焦磷酸钠;H—六偏磷酸钠;M—氯化镁;CIT—柠檬酸钠。

试验组注入肉重的 0.5% 的浓度为 5% 的添加剂,对照组注入等量的水。从表 5-1 中可以看出六偏磷酸钠($Ca^{2+}$ 螯合剂)、柠檬酸钠(糖酵解阻抑剂)、氯化镁(肌动球蛋白形成阻抑剂)等都表现出对尸僵硬度的抑制作用。

(3)生物学因素  肉内蛋白酶可以促进软化。用微生物酶和植物酶也可使固有硬度和尸僵硬度减小。目前国内外常用的是木瓜蛋白酶。可以采用宰前静脉注射或宰后肌肉注射方法,但宰前注射有时会造成脏器损伤或休克死亡。把木瓜蛋白酶的 SH 基变成不活化型的二硫化物注入后,在宰后厌氧条件下使其还原的方法,目前正被开发利用。木瓜蛋白酶的作用最适温度为 ≥50 ℃,低温时也有作用。为了消除羊肉"冷收缩"引起的硬度增大,在每千克肉中注入 30 mg 木瓜蛋白酶,在 70 ℃ 加热后,具有明显的嫩化效果。

另外,在宰前注射肾上腺素,使糖原下降,从而提高肌肉的 pH 值,也可达到嫩化效果。但是,化学方法和生物方法往往造成肉的质量下降。因此,许多类似的方法仍在探讨中。

# 第二节  肉的变质及检验

## 一、肉变质的概念

肉的变质是成熟过程的继续。肌肉中的蛋白质在组织酶的作用下,分解生成水溶性蛋白肽及氨基酸完成了肉的成熟。若成熟继续进行,蛋白质进一步水解,生成胺、氨、硫化氢、酚、吲哚、粪嗅素、硫化醇,则发生蛋白质的腐败。同时发生脂肪的酸败和糖的酵解,产生对人体有害的物质,称之为肉的变质。

## 二、肉变质的原因

动物宰后,血液循环停止,吞噬细胞的作用亦即停止,使得细菌繁殖和传播到整个组织。但是,动物刚宰杀后,由于肉中含有相当数量的糖原,以及动物宰杀后糖酵解作用的加速进行,因而成熟作用首先发生。特别是糖酵解使肉的 pH 值迅速从最初的 7.0~7.4 下降到 5.4~5.5。酸性对腐败菌在肉上的生长不利,从而抑制了腐败的发生。

健康动物的血液和肌肉通常是无菌的,肉类的腐败实际上是由外界污染的微生物在其表面繁殖所致。表面微生物沿血管进入肉的内层,进而伸入肌肉组织。然而,即使在腐败程度较深时,微生物的繁殖仍局限于细胞与细胞之间的间隙内,亦即肌肉内之结缔组织间,只有到深度腐败时才到肌纤维部分。微生物繁殖和播散的速度,在 1~2 昼夜内可深入肉层 2~14 cm。在适宜条件下,浸入肉中的微生物大量繁殖,以各种方式对肉作用,产生许多对人体有害,甚至使人中毒的代谢产物。

许多微生物均优先利用糖类作为其生长的能源。好气性微生物在肉表面的生长,通常把糖完全氧化成二氧化碳和水。如果氧的供应受阻或因其他原因氧化不完全时,则可有一定程度的有机酸积累,肉的酸味即由此而来。

霉菌及细菌中的假单胞菌属、无色菌属、沙门氏菌属等都是能产生脂肪分解酶的微生物。微生物对脂肪可进行两类酶促反应:一是由其所分泌的脂肪酶分解脂肪,产生游离的脂肪酸和甘油;另一种则是由氧化酶通过 β-氧化作用氧化脂肪酸。这些反应的某些产物常被认为是酸败气味和滋味的来源。但是,肉和肉制品中严重的酸败问题不是由微生物所引起,而是因空气中的氧,在光线、温度及金属离子催化下进行氧化的结果。由于脂肪水解生成的游离脂肪酸对多种微生物具有抑制作用,因此,腐臭的肉和肉制品其微生物总数可由于酸败的加剧而减少。不饱和脂肪酸氧化时所产生的过氧化物,对微生物均有毒害,故亦呈类似的作用。

微生物对蛋白质的腐败作用是各种食品变质中最复杂的一种,这与天然蛋白质的结构非常复杂,以及腐败微生物的多样性密切相关。有些微生物如梭状芽孢菌属、变形杆菌属和假单胞菌属的某些种类,以及其他的种类,可分泌蛋白质水解酶,迅速把蛋白质水解成可溶性的多肽和氨基酸。而另一些微生物尚可分泌水解明胶和胶原的明胶酶和胶原酶,以及水解弹性蛋白质和角蛋白质的弹性蛋白酶和角蛋白酶。

有许多微生物不能作用于蛋白质,但能对游离氨基酸及低肽起作用,将氨基酸氧化脱氨生成胺和相应的酮酸。另一种途径则是使氨基酸脱去羧基,生成相应的胺。此外,有些微生物尚可使某些氨基酸分解,产生吲哚、甲基吲哚、甲胺和硫化氢等。在蛋白质、氨基酸的分解代谢中,酪胺、尸胺、腐胺、组胺和吲哚等对人体有毒,而吲哚、甲基吲哚、甲胺硫化氢等则具恶臭,是肉类变质臭味之所在。

### 三、肉的新鲜度检验

肉的腐败变质是一个非常复杂的过程,因此要准确判定腐败的界限是相当困难的,尤其是判定初期腐败更是复杂。一般情况下,以测定肉腐败的分解产物及引起的外观变化和细菌的污染程度,同时结合感官检验,作为对带骨鲜肉、剔骨包装及解冻肉进行新鲜度检查,以决定其利用价值。

1. 感官及理化检验

感官及理化检验是新鲜度检查的主要方法。主要从以下几个方面进行:

①视觉——组织状态的粗嫩、黏滑、干湿、色泽等;

②嗅觉——气味的有无、强弱、香、臭、腥膻等;

③味觉——滋味的鲜美、香甜、苦涩、酸臭等;

④触觉——坚实、松弛、弹性、拉力等;

⑤听觉——检查冻肉、罐头的声音的清脆、混浊及虚实等。

感官检验方法简便易行,比较可靠。但只有深度腐败时才能被察觉,并且不能反映出腐败分解产物的客观指标。猪肉、牛肉、羊肉及禽肉的感官和理化指标见表5-2至表5-7。

表5-2 猪肉感官指标(GB 2707—94)

| 项目 | 鲜猪肉 | 冻猪肉 |
| --- | --- | --- |
| 色泽 | 肌肉有光泽,红色均匀,脂肪洁白 | 肌肉有光泽,红色或稍暗,脂肪白色 |
| 组织状态 | 纤维清晰,有坚韧性,指压后凹陷立即恢复 | 肉质紧密,有坚韧性,解冻后指压凹陷恢复较慢 |
| 黏度 | 外表湿润,不黏手 | 外表湿润,切面有渗出液,不黏手 |
| 气味 | 具有鲜猪肉固有的气味,无异味 | 解冻后具有鲜猪肉固有气味,无异味 |
| 煮沸后肉汤 | 澄清透明,脂肪团聚于表面 | 澄清透明或稍有混浊,脂肪团聚于表面 |

表5-3 猪肉理化指标(GB 2707—94)

| 项目 | 指标 |
| --- | --- |
| 挥发性盐基氮/(mg/100 g) | ≤20 |
| 汞(以 Hg 计)/(mg/kg) | ≤0.05 |

表5-4 牛肉、羊肉、兔肉感官指标(GB 2708—94)

| 项目 | 鲜牛肉、羊肉、兔肉 | 冻牛肉、羊肉、兔肉 |
| --- | --- | --- |
| 色泽 | 肌肉有光泽,红色均匀,脂肪洁白色或微黄色 | 肌肉有光泽,红色或稍暗,脂肪洁白或微黄色 |
| 组织状态 | 纤维清晰,有坚韧性 | 肉质紧密,坚实 |
| 黏度 | 外表微干或湿润,不黏手,切面湿润 | 外表微干或有风干膜或外表湿润不黏手,切面湿润不黏手 |
| 气味 | 具有鲜牛肉、羊肉、兔肉固有的气味,无臭味,无异味 | 解冻后具有牛肉、羊肉、兔肉固有的气味,无臭味 |
| 弹性 | 指压后凹陷立即恢复 | 解冻后指压凹陷恢复慢 |
| 煮沸后肉汤 | 澄清透明,脂肪团聚于表面,具有香味 | 澄清透明或稍有混浊,脂肪团聚于表面,具特有香味 |

表5-5 牛肉、羊肉、兔肉理化指标(GB 2708—94)

| 项目 | 指标 |
| --- | --- |
| 挥发性盐基氮/(mg/100 g) | ≤20 |
| 汞(以 Hg 计)/(mg/kg) | ≤0.05 |

表5-6 鲜(冻)禽肉感官指标(GB 2710—1996)

| 项目 | 指标 | 项目 | 指标 |
| --- | --- | --- | --- |
| 眼球 | 眼球饱满、平坦或稍凹陷 | 气味 | 具有该禽固有的气味 |
| 色泽 | 皮肤有光泽,肌肉切面有光泽,并有该禽固有色泽 | 弹性 | 有弹性,肌肉指压后的凹陷立即恢复 |
| 黏度 | 外表微干或微湿润,不黏手 | 煮沸后肉汤 | 透明澄清,脂肪团聚于表面,具固有香味 |

表5-7 鲜(冻)禽肉理化指标(GB 2710—1996)

| 项 目 | 指标 |
| --- | --- |
| 挥发性盐基氮/(mg/100 g) | ≤20 |
| 汞(以 Hg 计)/(mg/kg) | ≤0.05 |
| 四环素/(mg/kg) | ≤0.25 |

2. 细菌污染度检验

鲜肉的细菌污染度检验,在我国目前还未列入国家标准。细菌污染检验不但比感官的、化学的方法更能客观地判定肉的鲜度质量,而且能反映出生产、贮运中的卫生状况。鲜肉的细菌污染度检验,通常包括三个方面:菌数测定、涂片镜检和色素还原试验。

3. 生物化学检验

生物化学检验是以寻找蛋白质、脂肪的分解产物为基础进行定性定量分析。常用的有pH 值测定、$H_2S$ 试验、胺测定、球蛋白沉淀试验、过氧化物酶反应、酸度－氧化力测定、挥发性盐基氮测定、挥发性脂肪酸测定、TBA 测定及有机酸的测定等。

# 第六章　畜禽肉的食用品质

## 第一节　肉的颜色

肉的颜色是消费者对肉品质量的第一印象,也是消费者对肉品质量进行评价的主要依据,对消费者购买欲影响很大,特别是生鲜肉。肉的颜色一般呈现深浅不一的红色,主要取决于肌肉中的色素物质——肌红蛋白和残余血液中的色素物质——血红蛋白。如果放血充分,肌红蛋白占肉中色素的80%～90%,是决定肉色的关键物质。肌肉中肌红蛋白的含量和化学状态决定了肉的色泽,色泽变化受多种因素的影响,造成了不同动物、不同肌肉的颜色深浅不一和肉色的千变万化,从紫色到鲜红色、从褐色到灰色,甚至还会出现绿色。本节介绍肌红蛋白的性质、影响因素及保持正常肉色的一些措施。

### 一、肌红蛋白的结构

肌红蛋白(Myoglobin,Mb)是一种复合蛋白质,分子量在17 000左右,由一条多肽链构成的珠蛋白和一个血红素组成(图6-1)。珠蛋白的结构有利于肌红蛋白生理功能的实现,而血红素是决定肉色的核心部分。它是由四个吡咯形成的环上加上铁离子所组成的铁卟啉,其中铁离子可处于还原态($Fe^{2+}$)或氧化态($Fe^{3+}$),处于还原态的铁离子能与$O_2$结合,氧化后则失去$O_2$,氧化和还原是可逆的,所以肌红蛋白在动物活体肌肉中起着载氧的功能。血红素中心铁离子的氧化还原状态及与$O_2$结合情况是造成肉色变化的直接原因。

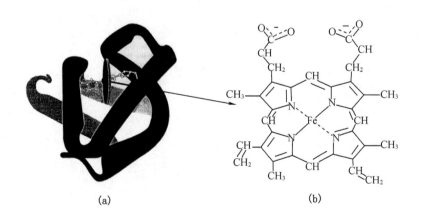

(a)　　　　　　　　　　(b)

**图6-1　肌红蛋白血色素分子结构图**

(a)肌红蛋白分子结构;(b)血色素分子结构

### 二、肌红蛋白的变化

肌红蛋白(Mb)本身是紫红色,血红素中心铁离子处于还原态,与氧结合可生成氧合肌红蛋白,为鲜红色,是新鲜肉的象征;Mb 和氧合 Mb 均可以被氧化生成高铁肌红蛋白,呈褐色,使肉色变暗,此时血红素中心铁离子处于氧化态;有硫化物存在时 Mb 还可被氧化生成硫代肌红蛋白,呈绿色,是一种异色;Mb 与亚硝酸盐反应可生成亚硝基肌红蛋白,呈粉红色,是腌肉的典型色泽;Mb 加热后变性形成珠蛋白与高铁血色原复合物,呈灰褐色,是熟肉的典型色泽。图 6-2 是不同化学状态肌红蛋白之间的转化关系。

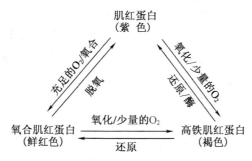

**图 6-2 肌红蛋白各种化学状态的相互转化过程**

肉的颜色变化是肉中的肌红蛋白与其衍生物相互转变所致。氧合肌红蛋白和高铁肌红蛋白的形成和转化对肉的色泽最为重要。因为前者为鲜红色,代表着肉新鲜,为消费者所钟爱。而后者为褐色,是肉放置时间长久的象征。如果不采取任何措施,一般肉的颜色将经过两个转变:第一个是由紫红色转变为鲜红色;第二个是由鲜红色转变为褐色。第一个转变很快,在肉置于空气 30 min 内就发生,而第二个转变快者几个小时,慢者几天。转变的快慢受环境中 $O_2$ 分压、pH 值、细菌繁殖程度和温度等诸多因素的影响。减缓第二个转变,即由鲜红色转为褐色,是保色的关键所在。

肉品呈现的颜色取决于肌红蛋白各种形式存在的比例。在正常情况下,肌红蛋白和氧合肌红蛋白很容易相互转化,并且两者都可以被氧化为高铁肌红蛋白,但高铁肌红蛋白转化为肌红蛋白或转化为氧合肌红蛋白较为困难。在肉的贮存过程中,肉的颜色变化主要是高铁肌红蛋白在肉表面的蓄积所致的褐变,而高铁肌红蛋白的蓄积速度取决于还原态肌红蛋白的自动氧化速度和肌肉中存在的高铁肌红蛋白还原酶系的效用。一般情况下,当高铁肌红蛋白含量≤20% 时肉仍然呈鲜红色;高铁肌红蛋白含量达 30% 时肉显示出稍暗的颜色;高铁肌红蛋白含量达 50% 时肉呈红褐色;高铁肌红蛋白含量达到 70% 时肉就变成褐色。因此,防止和减少高铁肌红蛋白的形成是保持肉色的关键。

目前高铁肌红蛋白形成及还原机制都不清楚。有研究表明,氧合肌红蛋白比肌红蛋白更稳定而不易被氧化为高铁肌红蛋白。Antonini 则认为,氧合肌红蛋白上血红素周围的疏水环境使其具有更大的稳定性,其血红素结合的氧与辅蛋白远端的氨基酸残基(即 His64)形成氢键也可能增加其稳定性。研究还表明,肉组织中高的氧气消耗速率(OCR)可使肌红蛋白处于还原状态(Mb),减少氧合肌红蛋白的形成,而有利于肉表面 MetMb 的积累。这些研究表明,肌红蛋白可能是氧合肌红蛋白氧化为高铁肌红蛋白过程的一个中间产物。此外,脂肪氧化、环境 pH 值、肌肉中高铁肌红蛋白还原酶系的活性等因素都对高铁肌红蛋白的积累有关,但目前许多问题还有待阐明。

### 三、肌红蛋白含量及其影响因素

肌肉中肌红蛋白的含量是决定肉色深浅的根本因素,受动物种类、肌肉部位、运动程度、年龄、性别、动物生活环境等因素的影响。不同种类的动物肌红蛋白含量差异很大,如:牛 > 羊 > 猪 > 兔。肉颜色的深度也依次排序,牛羊肉深红,猪肉次之,兔肉就近乎白色。同种动物不同部位肌肉肌红蛋白含量差异也很大,这与肌纤维组成有关,红肌纤维富含 Mb,而白肌纤维则不然。虽然肌肉纤维组成大都为混合型,但红、白纤维比例在不同的肌肉中差异很大,最典型的是鸡腿肉和鸡胸脯肉。鸡腿肉主要由红肌纤维组成,而鸡胸脯肉则大都由白肌纤维组成,前者红肌纤维含量是后者的 5 ~ 10 倍,所以前者肉色红,后者肉色白。肌肉中 Mb 含量随着动物年龄增长而增多,如 5,6,7 月龄猪背最长肌 Mb 含量分别为 0.3 mg/g、0.38 mg/g 和 0.44mg/g。在动物活体中,Mb 的主要生理功能就是载氧,运动量较大的动物或运动较多部位的肌肉,需要运载较多氧气,其肌肉中 Mb 含量也较高。如野兔肌肉的 Mb 要比家兔多,不停运动的腹膜肌 Mb 要比较少运动的背肌多。不同性别的动物,因运动量等因素不同,肌肉的 Mb 含量也有差异,一般公畜肌肉含有较多的 Mb。此外,动物的生活环境对肌肉肌红蛋白含量影响也很大,如海洋中生活的鲸鱼需要在体内贮存大量氧气,其肌红蛋白和血红蛋白含量都很高,肉色暗红;生活在海拔较高地区的动物,肌肉中肌红蛋白含量较低海拔地区的动物高得多,宁夏等地的羊肉随年龄增长肉色明显加深,而东北地区生产的羊肉,即使是老羊肉,肉色也较浅。了解不同肌肉的肌红蛋白含量差异,对于理解肉色的差异及准确评价肉的质量具有重要参考价值。

### 四、影响肉色及其稳定性的因素

#### 1. 氧气压

当新鲜肉置于空气中,肉表面肌红蛋白与氧结合生成氧合肌红蛋白,肉呈鲜红色,此过程在 30 min 内完成。氧合肌红蛋白的形成随着氧气的渗透由肉的表面向内部扩展,温度较低时,扩展较快,而高温不利于氧的渗透。随着时间的增长,氧合肌红蛋白被氧化成高铁肌红蛋白,氧气分压在 666.7 ~ 933.3 Pa 时氧化速度最快。形成氧合肌红蛋白需要充足的氧气,一般氧气压愈高,愈有利于氧合,而将其氧化成高铁肌红蛋白只需要少量的氧,一般氧压愈低,愈有利于其氧化,氧压升高则抑制其氧化。理论上讲,当氧分压高于 13.3 kPa 时,高铁肌红蛋白就很难形成。但放置在空气中的肉,即使氧的分压高于 13.3 kPa,由于细菌繁殖消耗了肉表面大量的氧气时,仍能形成高铁肌红蛋白(图 6 - 3)。

#### 2. 微生物

微生物繁殖加速肉色的变化,特别是高铁肌红蛋白的形成,这是因为微生物消耗了氧气,使肉表面氧分压下降,有利于高铁肌红蛋白的生成。微生物的繁殖速度随温度升高而加快,所以温度升高也是加速肉色变化的因素。

微生物有助于高铁肌红蛋白的形成已被充分证明,然而当微生物繁殖到一定程度时( > $10^7$ cfu/g),大量的微生物消耗了肉表面的所有氧气,使肉的表面成为缺氧层,高铁肌红蛋白又被还原。此时大量微生物污染肉表面反而只有很少的高铁肌红蛋白。另外,有的细菌会产生硫化氢($H_2S$),与肌红蛋白结合生成绿色的硫代肌红蛋白,使肉变绿,这种情况一般在低氧(1%)和高 pH 值(≥6)的情况下可能发生。

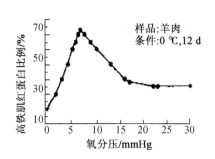

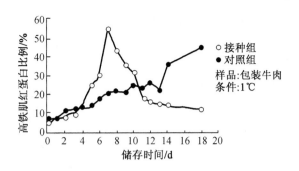

图 6-3 氧浓度对肌红蛋白氧化的影响

1 mmHg = 133.3 Pa

图 6-4 微生物繁殖对高铁肌红蛋白生成的影响

**3. pH 值**

动物肌肉 pH 值在宰前为 7.2 ~ 7.4,宰后由于糖酵解作用使乳酸在肌肉中累积,pH 值下降。肌肉 pH 值下降的速度和程度对肉的颜色、系水力、蛋白质溶解度,以及细菌繁殖速度等均有影响。一般 pH 值均速下降,终 pH 值为 5.6 左右,肉的颜色正常。肌肉 pH 值下降过快可能会造成蛋白质变性、肌肉失水、肉色灰白,即产生所谓的 PSE(Pale、Soft、Exudative)肉,这种肉在猪肉中较为常见。终 pH 值一般是指成熟结束时肌肉的最终 pH 值,主要与动物屠宰时肌糖原含量有关。肌糖原含量过低时,肌肉终 pH 值偏高(>6.0),肌肉呈深色(黑色),在牛肉中较为常见,如 DFD(dark、Firm、Dry)肉、黑切牛肉(DCB)和牛胴体黑色斑纹等;肌糖原含量过高时,肌肉终 pH 值偏低(<5.5),会产生酸肉或 RSE 肉(Red、Soft、Exudative),这种肉的颜色正常,但质地和保水性较差,目前仅发现于携带拿破基因(RN)的汉普夏猪肉。

肌肉 pH 值对血红蛋白亲氧性有较大影响,低 pH 值有利于氧合血红蛋白对 $O_2$ 释放。试验表明,虽然 pH 值对肌红蛋白的氧合作用没有影响,但对其氧化有影响。低 pH 值可减弱其血色素与结构蛋白的联系,从而使其氧化加快。Shikma 进行了 35 ℃不同 pH 值条件对牛心肌的氧合肌红蛋白转变为高铁肌红蛋白速率(半衰期)影响的试验,结果在 pH 值为 9.0 时需 3.3 d;pH 值为 7.0 时,需 11 h;在 pH 值为 5.0 时只需 30 min。

**4. 温度**

微生物繁殖与肉色变化有关,而前者与温度关系密切。温度升高有利于细菌繁殖,从而加快 Mb 氧化,所以温度与高铁肌红蛋白形成,即与肉色变深呈正相关。据测定,在 -3 ~ 30 ℃内,每提高 10 ℃,氧合肌红蛋白氧化为高铁肌红蛋白的速率提高 5 倍,即 Q10 为 5。此外,温度直接影响肌肉中酶的活性,从而影响动物宰后肌糖原降解速度和肌肉 pH 值的下降速度,对 PSE 肉的产生有重要影响,因此对肉色也有重要影响。

**5. 腌制**

由于氧气在食盐溶液中的溶解度很低,以食盐为主的腌制剂会降解肌肉中的氧气浓度,加速肌红蛋白(Mb)氧化形成高铁肌红蛋白(MetMb),对保持肉色不利。然而,干腌肉制品如干腌火腿经过食盐腌制后肌肉呈鲜艳的玫瑰红色,据研究其色素物质仍然是肌红蛋白的稍衍生物,但其具体结构及形成机理尚不清楚。

在腌制剂中加入硝酸盐或亚硝酸盐后,其还原产物可以在酸性环境中与肌肉中的肌红蛋白反应,形成鲜艳的亚硝基肌红蛋白(NO - Mb)。该物质与空气中的氧气接触会变成灰绿色,但加热后变为稳定的亚硝基血色原,呈粉红色,与氧合肌红蛋白吸收峰相似。硝酸盐的发色原理见第十章第二节。酸性环境、高温和还原剂如葡萄糖、抗坏血酸或异抗坏血酸、烟酰胺等有利于亚硝基肌红蛋白的形成,但磷酸盐会导致肌肉 pH 值升高而降低硝酸盐或亚硝酸盐的发色效果。

6. 其他因素

(1)光线 光线照射可以激活金属氧化酶,长期光线照射使肉表面温度升高,细菌繁殖加快,从而促进高铁肌红蛋白的形成,使肉色变暗。

(2)冷冻 快速冷冻的肉颜色较浅,主要是由于快速冷冻形成的冰晶小,光线透过率低;而慢速冷冻形成冰晶大,光线折射少,吸收率高,肉呈深红色。冻肉用真空包装后其保色效果优于用聚乙烯薄膜包装。

(3)电刺激和辐照 用电刺激对牛羊肉进行嫩化处理可以改善肉的色泽,使肉色更加鲜艳;辐照保鲜处理也会使肉色更加鲜亮,但作用机制都不确定。

(4)包装 包装方式通过影响肉中的氧气浓度而影响肉的色泽。真空包装可使肌红蛋白还原,肌肉呈柴油红色。充气包装可通过调节包装中的氧气浓度而保持肉的鲜艳色泽。包装方式见第八章第三节。

(5)抗氧化剂 抗氧化剂如维生素 E、维生素 C 等可以防止肌红蛋白被氧化成高铁肌红蛋白,并促进高铁肌红蛋白向氧合肌红蛋白转变,可以有效延长肉色的保持时间(图6-5)。在抗氧化剂溶液处理鲜肉或在动物饲料中添加维生素 E 和维生素 C 对保持肉色都有效果,在动物屠宰前注射维生素 C 也有同样的效果。

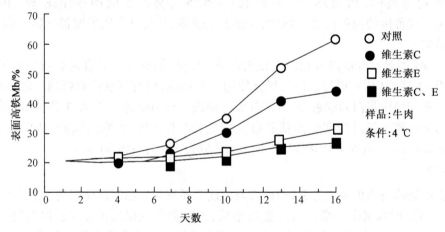

图6-5 日粮中添加维生素 E 及用维生素 C 浸泡对肉色变化的影响

不同因素对肉色的影响效果见表6-1。

表6-1 影响肉色的因素

| 因 素 | 影 响 |
| --- | --- |
| 肌红蛋白含量 | 含量越多,颜色越深 |
| 品种、解剖位置 | 牛、羊肉色颜色较深,猪次之,禽腿肉为红色,而胸肉为浅白色 |
| 年龄 | 年龄愈大,肌肉 Mb 含量愈高,肉色愈深 |

表 6-1(续)

| 因　素 | 影　响 |
|---|---|
| 运动 | 运动量大的肌肉,Mb 含量高,肉色深 |
| pH 值 | 终 pH > 6.0,不利于氧合 Mb 形成,肉色黑暗 |
| 肌红蛋白的化学状态 | 氧合 Mb 呈鲜红色,高铁 Mb 呈褐色 |
| 细菌繁殖 | 促进高铁 Mb 形成,肉色变暗 |
| 电刺激 | 有利于改善牛、羊的肉色 |
| 宰后处理 | 迅速冷却有利于肉保持鲜红颜色<br>放置时间加长,细菌繁殖、温度升高均促进 Mb 氧化,肉色变深 |
| 腌制(亚硝基形成) | 生成亮红色的亚硝基肌红蛋白,加热后形成粉红色的亚硝基血色原 |

## 五、异质肉色

1. 黑切牛肉(Dark cutting beef)及 DFD 肉

黑切牛肉早在 20 世纪 30 年代就引起注意,因为颜色变黑使肉的商品价值下降,这个问题现在仍然存在。

黑切牛肉除肉色发黑外,还有 pH 值高、质地硬、系水力高、氧的穿透能力差等特征。应激是产生黑切牛肉的主要原因,任何使牛应激的因素都在不同程度上影响黑切牛肉的发生。

宰后动物肌肉主要依靠糖酵解利用糖原产生能量来维持一些耗能反应。糖酵解的终产物是乳酸,由于它的积累使肌肉 pH 值在 4~24 h 内从 6.8 下降到 5.5 左右。当 pH 值低于5.6 时肌肉线粒体摄氧功能就被抑制。受应激的动物肌糖原消耗较多,没有足够的糖原经糖酵解产生乳酸使 pH 值下降到 5.6 以下。一般 1 g 肌肉中需要 100 μmol 乳酸才能使 pH值下降至 5.5,应激动物肌肉只能产生 40 μmol 的乳酸,使 pH 值降到 6.0 左右。这样肌肉中的线粒体摄氧功能没有被抑制,大量的氧被线粒体摄去,在肉的表面能氧合肌红蛋白的氧气就很少,抑制了氧合肌红蛋白的形成,肌红蛋白大都以紫色的还原形式存在,使肉色发黑。DFD 的发生机理与黑切牛肉类似。

黑切牛肉容易发生于公牛,一般防范措施是减少应激,如上市前给予较好的饲养,尽量减少运输时间,长途运输后要及时补饲,注意分群,避免打斗、爬跨等现象。

2. PSE 肉

PSE(Pale、Soft、Exudative)即灰白、柔软和多渗出水的意思。PSE 肉首先在丹麦发现和命名(1954 年)。PSE 肉发生的原因是动物应激,但其机理与 DFD 肉相反,是因为肌肉 pH值下降过快造成。容易产生 PSE 的肌肉大多是混合纤维型,具有较强的无氧糖酵解潜能,其中背最长肌和股二头肌最典型。PSE 肉常发生在一种对应激敏感并产生综合征的猪上,即 PSS(Porcine stress syndrome)猪。PSS 猪对氟烷敏感,可通过氟烷测定将此类型猪检出。通过遗传研究表明应激敏感综合征与一种氟烷敏感基因相关联,因而通过基因 PCR 扩增就能快捷测出。

3. 黄脂肉

黄脂俗称黄膘,其特征为皮下或腹腔脂肪组织发黄,质地变硬,稍呈混浊,其他组织不发黄,一般认为是由于长期饲喂黄色玉米、鱼粉、蚕蛹粕、鱼肝油、下脚料、南瓜、胡萝卜等有黄色的饲料和动物机体内的色素代谢机能失调而引起的。黄脂肉有放置越久颜色越淡的特点。

**4. 黄疸肉**

黄疸是由于动物机体内发生溶血性疾病、某些中毒或传染病,导致胆汁排泄而发生障碍,致使大量胆红素进入血液、组织液,将全身各组织染成黄色的结果。其特征是不仅皮下或腹腔脂肪组织呈现鲜黄色,而且皮肤、黏膜、结膜、关节滑液囊液、血管内膜和肌腱的黄染明显,在黄疸与黄脂的鉴别上具有重要的意义。黄疸肉有放置越久颜色越黄的特点。

**5. 红膘肉**

红膘是指粉红色的皮下脂肪。它是由皮下的毛细血管充血、出血,或血红素浸润而引起的。一般认为与感染急性猪丹毒、猪肺疫和猪副伤寒,或者背部皮肤受到冷、热等机械性刺激有关。急性猪丹毒和猪肺疫病例,除皮下脂肪发红外,皮肤同时也呈现红色。

## 六、肉色评定方法

**1. 目测法评定肉的颜色**

猪宰后2~3 h内取最后1个胸椎处背最长肌的新鲜切面,在室内正常光度下用目测评分法评定,评分标准见表6-2。应避免在阳光直射或阴暗处评定。

表6-2　肉色评分标准*

| 肉色 | 灰白 | 微红 | 正常鲜红 | 微暗红 | 暗红 |
|------|------|------|----------|--------|------|
| 评分 | 1 | 2 | 3 | 4 | 5 |
| 肉质 | 劣质肉 | 不正常肉 | 正常肉 | 正常肉 | 正常肉 |

*本表取自美国《肉色评分标准图》。我国的猪肉较深,得3~4分者为正常。

**2. 色差计法评定肉的颜色**

将肉样放在菜案上压平,用利刀水平切去表层使表面平整,然后再用刀平行于肉的表面将肉切成厚3 mm左右、厚薄均匀的肉片,并根据色差计样品盒直径将肉片修成圆形,平整地放入样品盒中,备用。

按照色差计操作说明,先将色差计调整到$L$、$a^*$、$b^*$表色系统,用标准色度标板调整校准并调零后,根据色差计提示进行操作。将放好样品的样品盒放入机器进行测定,读取并记录各样品的$L$值(亮度值)、$a^*$值(红度值)和$b^*$值(黄度值),根据色度值并结合pH值等指标测定结果判断肉的颜色。

**3. 化学测定法**

(1)总色素的测定　总色素含肌红蛋白和血红蛋白。将肌肉绞碎打浆,取得无结晶的抽提液,用分光光度计测定吸收值(OD值)。

(2)肌红蛋白的测定　总色素含血红蛋白,受放血程度的影响。两种色素与CO反应所生成的碳氧肌红蛋白和碳氧血红蛋白有不同的吸收峰,通过测定多点光谱吸收率,可推算出肌红蛋白含量。计算公式如下:

$$牛、羊肉肌红蛋白含量 = \frac{575\text{nm OD 值}}{0.679} - \frac{568\text{nm OD 值} - 581\text{nm OD 值}}{0.452}$$

$$猪肉肌红蛋白含量 = \frac{0.67 \times 575nm\ OD\ 值}{0.885}$$

## 七、保持肉色的方法

### 1. 真空包装

除了冷冻冷藏外,真空包装是目前肉品保鲜的最常用措施。真空包装一方面可以降低细菌繁殖,延长肉的保鲜时间;另一方面限制或减少了高铁肌红蛋白的形成(图6-6),使肉的肌红蛋白保持在还原状态,呈紫红色,在打开包装后能像新鲜肉一样在表面形成氧合肌红蛋白,呈鲜红色。

试验表明用低透氧薄膜比用高透氧薄膜的效果好,如用透氧率在 $10\ mmol \cdot m^{-2} \cdot h^{-1}$ 以下的薄膜包装,可使肉在 $2\ ℃$ 环境下保持 28 d,打开后可保持 $3 \sim 4$ d,肉的颜色仍然可以接受。

无论用什么薄膜进行真空包装,大部分肉在零售时还需要重新包装,一般是用透氧的聚氯乙烯薄膜包装,使 Mb 转化为氧合 Mb,呈鲜红色,一般在 $4\ ℃$ 环境下可保持肉色 $3 \sim 4$ d。

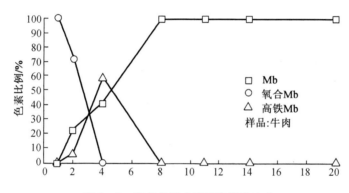

图6-6 真空包装肉表面色素的变化

### 2. 气调包装

气调包装是通过调节包装袋里的气体组成来抑制需氧微生物繁殖,从而延长肉的保存时间。气调包装也控制肌红蛋白的氧合和氧化,从而对肉的颜色有调节作用。没有氧气,肉的肌红蛋白是以还原状态存在的,呈紫(红)色,低氧(1%)有利于褐色的高铁肌红蛋白形成,而高氧有利于鲜红色的氧合肌红蛋白形成。气调包装的气体组成多种多样,最常用的有纯 $CO_2$、$CO_2$ 与 $O_2$ 和 $CO_2$ 与 $N_2$ 几种。在 $CO_2$ 达到25%时即可对大多数细菌的生长起到抑制作用,在 $40\% \sim 60\%$ 时效果最佳。但纯 $CO_2$ 包装对肉色不利,所以气调包装大多采用混合气体,用 $CO_2$ 抑制细菌,用 $O_2$ 来保持肉色。另外,气体中如含有 $1\% \sim 2\%$ 的 CO,将对肉色保存很有利,但大部分国家禁止用 CO 作为气调包装的气体组成。

### 3. 抗氧化剂

维生素 E 可作为抗氧化剂,可降低氧合肌红蛋白的氧化速度,同时促进高铁肌红蛋白向氧合肌红蛋白转变。维生素 C 既能抗氧化,又有抑菌作用,用维生素 C 溶液处理鲜肉,除了有抑制微生物生长的效果外,还能延长肉色保持期。在动物屠宰前注射维生素 C 也有同样的效果。

第二节　肉 的 嫩 度

肉的嫩度又叫肉的柔软性,指肉在食用时口感的老嫩,反映了肉的质地,由肌肉中各种蛋白质的结构特性决定。肉的嫩度与肉的硬度(肉的弹性)相对应,是硬度的倒数。评定肉嫩度的指标有切断力、穿透力、咬力、剁碎力、压缩力、弹力和拉力等,最常用的指标为切断力或剪切力,一般用切断一定肉断面所需要的最大剪切力表示,以 kg 为单位,一般为 2.5 ~ 6.0 kg,低于 3.2 kg 时较为理想。肉的嫩度是评价肉食用品质的指标之一,它是消费者评判肉质优劣的最常用指标,在评价牛肉、羊肉的食用品质时,嫩度指标最为重要。

## 一、肉的嫩度本质及决定因素

肉的嫩度本质上反映的是切断一定厚度的肉块所需要的力量。肉在切割过程中会受到肌纤维、结缔组织、脂肪等肌肉结构的阻力,因此,肉的嫩度在本质上取决于肌纤维直径、肌纤维密度、肌纤维类型、肌纤维完整性、肌内脂肪含量、结缔组织含量、结缔组织类型及交联状况等因素,这些因素及影响这些因素变化的内在和外在因素都会直接或间接地影响肉的嫩度。

### 1. 肌纤维

不同种类和不同部位的肉肌纤维在类型、直径、密度等方面差异很大,因此肉的嫩度也有很大差别。对同一品种、同一部位的肌肉而言,肌纤维直径越大,单位面积内肌纤维数量越多,切断一定肌肉块所需要的力量越大,肉的嫩度也就越差;红肌纤维的肌原纤维数量少且细,比白肌纤维易于切割,因此,在不考虑结缔组织的影响时,红肌纤维比例越大,肉的嫩度往往越好。此外,经过成熟或嫩化处理的肉,肌纤维的完整性往往受到一定程度的破坏,表现为易于断裂,肉的嫩度也相应提高。

### 2. 结缔组织

结缔组织主要由结缔组织纤维构成,包括胶原纤维、弹性纤维等,都具有较大的韧性和弹性,难以咀嚼或切割,因此,肌肉中结缔组织含量越高,肉的嫩度就越差。结缔组织纤维主要成分是由胶原蛋白构成的胶原纤维,它随着动物年龄的增长,内部交联增多,溶解性下降,强度也增大。交联是导致胶原纤维溶解性下降和强度增大的主要原因,如果没有交联,胶原蛋白将失去力学强度,可溶解于中性盐溶液。因此,肌肉中含不溶性胶原纤维的结缔组织越多,肉就会越老。

### 3. 肌内脂肪含量(大理石花纹)

脂肪组织由脂肪细胞和少量疏松结缔组织构成,比肌纤维易于切断。一般情况下,肉的嫩度随肌内脂肪含量增多而提高,但脂肪过高时,结缔组织含量也会增大,因此,随着肌内脂肪含量增加,肉的嫩度增大到一定值时就不再增加,甚至下降。从外观上看,肌内脂肪含量表现为肌肉的大理石花纹丰富程度,肉的大理石花纹越丰富,肌内脂肪含量也越高,肉的嫩度往往较大。在牛、羊肉的品质评定中,肌肉大理石花纹丰富度是判断肉品质量的重要指标。

### 4. 其他决定因素

经过成熟处理的肉的嫩度与肌肉中钙激活中性蛋白酶系统的活性有关。钙激活中性蛋白酶是肌肉成熟过程导致肉嫩度提高的关键酶,该酶的活性越高,则成熟后肉的嫩度越大。钙激活中性蛋白酶抑制剂是钙激活中性蛋白酶的专一性抑制剂,其活性越高,则钙激活中性蛋白酶的作用就越难以发挥出来,肉的嫩度也将大受影响。在动物生产中,通常肌肉中钙激活中性蛋白酶抑制剂的活性越强,动物生产越快,因此,快速生长的动物品种的肉质往往嫩度较差。

肌肉中的盐类浓度对肉的嫩度也有重要影响。$Ca^{2+}$ 是钙激活中性蛋白酶的激活剂,肌肉中 $Ca^{2+}$ 浓度越高,则肉的嫩度越大;相反,$Zn^{2+}$ 抑制钙激活中性蛋白酶的活性,$Zn^{2+}$ 浓度升高,则肉的嫩度下降。$Mg^{2+}$ 影响糖的代谢和肌肉的收缩,因此对肉的嫩度有也影响。

此外,肌糖原含量决定着肉的终 pH 值,肌糖原含量高则终 pH 值低,易形成 PSE 肉,嫩度和颜色都很差;相反,则易形成 DFD 肉,肉的嫩度较好但肉色深暗。

## 二、影响肉嫩度的因素

影响肉嫩度的因素很多,宰前和宰后因素对肉的嫩度都有重要影响。宰前影响因素主要有物种和品种、饲养管理、性别和年龄、肌肉部位等;宰后因素主要有温度、成熟、嫩化处理及烹饪方式等。下面依次做简要介绍。

1. 物种、品种及性别

不同种类或品种的动物,其体格大小、肌肉组成和钙激活中性蛋白酶系统活性等都有一定程度的差异,肉的嫩度也不同。一般来说,畜禽体格越大,其肌纤维越粗大,肉越老;猪和鸡肉一般比牛肉嫩度大;瘤牛肉不如黄牛肉嫩度大,而携带 callipyge 基因的羊肉比普通羊肉嫩度差。

2. 饲养管理

肉中结缔组织较少的动物,放牧比舍饲获得的肉的嫩度和风味好,而肌肉中结缔组织较多的动物,如牛,放牧比舍饲获得的肉的嫩度差,此时需要宰前集中育肥。

采用高能量高蛋白日粮饲养,动物生长速度快,肉中新合成的热不稳定性胶原蛋白比例提高,肉的嫩度较好。通常,粗饲料喂养的动物肉质嫩度不如精料喂养的动物。在饲料中添加生长促进剂后,动物肌纤维增粗,肉的嫩度下降。研究表明,动物宰前管理不当会引起肉质下降,容易导致嫩度下降,但宰前 3~6 h 给牛灌钙胶(丙氨酸钙),或宰前 10 天给牛补充 $VD_3$,可以改善肉的嫩度。

3. 性别

在其他条件一致的情况下,一般公畜的肌肉较母畜粗糙,肉也较老。如公牛肉的嫩度变化较大,通常低于母牛肉,但公、母牛肉都比阉牛肉嫩度差。猪肉的情况也大致相同。

4. 年龄

动物年龄越小,肌纤维越细,结缔组织的成熟交联越少,肉也越嫩。随着年龄增长,结缔组织成熟交联增加,肌纤维变粗,胶原蛋白的溶解度下降,并对酶的敏感性下降,同时钙激活中性蛋白酶活性下降,而其抑制剂活性增强,因此肉的嫩度下降。

5. 肌肉部位

不同部位的肌肉因生理功能不同,其肌纤维类型构成、活动量、结缔组织和脂肪含量、蛋白酶活性等均不相同,嫩度也存在很大的差别。一般来说运动越多,负荷越大的肌肉因其有强壮致密的结缔组织支持,这些部位的肌肉要老,如腿部肌肉就比腰部肌肉老。通常以腰大肌嫩度最好。表6-3列出了不同部位牛肉根据剪切力值和口感评定所反映出的嫩度情况。

表6-3　不同部位牛肉烹调后的剪切力值和嫩度

| 肌肉 | 剪切力值/kg | 嫩度 |
| --- | --- | --- |
| 半膜肌 | 5.4 | 稍老 |
| 半腱肌 | 5.0 | 稍老 |
| 股二头肌 | 4.1 | 中等 |
| 臀中肌 | 3.7 | 较嫩 |
| 腰大肌 | 3.2 | 很嫩 |
| 背最长肌 | 3.8 | 较嫩 |
| 冈上肌 | 4.2 | 中等 |
| 臂三头肌 | 3.9 | 中等 |
| 斜方肌 | 4.2 | 很老 |

6. 温度

动物屠宰后的肌肉收缩程度与温度关系密切。不同种类的肉对温度的收缩反应不同，猪肉4 ℃左右和牛肉16 ℃左右时肌肉收缩较少，温度过高或过低都可能发生收缩。温度过低发生冷收缩，嫩度下降；温度高有利于成熟，但过高可能发生热收缩或因蛋白变性而形成PSE肉。

7. 成熟

新鲜肉经过加热会导致肌肉剧烈收缩，嫩度很差，而尸僵期的肉肌肉处于收缩状态，嫩度最差。因此，一般肉都要经过成熟处理。成熟又称为熟化，这并不是通常烹调加热致熟，而是肉在冰点以上温度下自然发生一系列生化反应，导致肉变得柔嫩和具有风味的过程。

经过成熟的肉嫩度明显改善，这是因为钙激活中性蛋白酶（Calpains）在熟化过程中降解了一些关键性蛋白质，如肌钙蛋白、肌联蛋白、肌间线蛋白等，破坏了原有肌肉结构的支持体系，使结缔组织变得松散、纤维状细胞骨架分解、Z线断裂，从而导致肉的牢固性下降，肉就变得柔嫩。肉成熟的过程也是肉嫩化的过程。嫩化在一开始较为强烈，随着时间的延长，嫩化速度减弱。

8. 烹调加热

在烹调加热过程中，随着温度升高，蛋白质发生变性，变性蛋白的特性决定了肉的质地。烹调加热方式也影响肉的嫩度，一般烤肉嫩度较好，而煮制肉的嫩度取决于煮制温度。煮肉时达到中心温度60～80 ℃时肉的嫩度保持较好，随温度升高嫩度下降，但高温高压煮制时，由于完全破坏了肌肉纤维和结缔组织结构，肉的嫩度反而会大大提高。加热对肉嫩度的影响见图6-7。

在40～50 ℃，肉的硬度增加，这是因为变性肌原纤维蛋白所致，主要是肌动球蛋白凝聚所致。在60～75 ℃，由胶原蛋白组成的肌内膜和肌束膜变性而引起的收缩导致切割力第二次增加。第二次收缩所产生的张力大小取决于肌束膜的热稳定性，后者是由交联的质和量所决定。动物越老，其热稳定交联越多，在收缩时产生的张力越大。在曲线的第三阶段，随着温度的继续升高,切割力下降,硬度的下降是由于肽键的水解和变性,胶原蛋白交联的破裂及纤维蛋白的降解,最后将熟肌肉纤维固定在一起的是变性胶原蛋白纤维,在持续加热条件下逐步降解,并部分转化为明胶,使肉的嫩度得到改善。

影响肉嫩度的因素及其作用列于表 6 - 4 中。

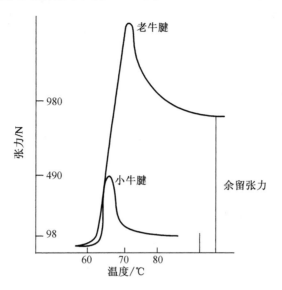

**图 6 - 7 加热对肉嫩度的影响**

**表 6 - 4 影响肉嫩度的因素**

| 因 素 | 影 响 |
|---|---|
| 年 龄 | 年龄愈大,肉亦愈老 |
| 运 动 | 一般运动多的肉较老 |
| 性 别 | 公畜肉一般较母畜和阉畜肉老 |
| 大理石纹 | 与肉的嫩度有一定程度的正相关 |
| 成熟(Aging) | 改善嫩度 |
| 品 种 | 不同品种的畜禽肉在嫩度上有一定差异 |
| 电刺激 | 可改善嫩度 |
| 成熟(Conditioning) | 尽管和 aging 一样均指成熟,而又特指将肉放在 10 ~ 15 ℃环境中解僵,这样可以防止冷收缩 |
| 肌 肉 | 肌肉不同,嫩度差异很大,源于其中的结缔组织的量和质不同所致 |
| 僵 直 | 动物宰后将发生死后僵直,此时肉的嫩度下降,僵直过后,成熟肉的嫩度得到恢复 |
| 解冻僵直 | 导致嫩度下降,损失大量水分 |

## 三、肉的人工嫩化的措施

人们很早就知道可以人为地使肉嫩化。肉的嫩化方法很多,物理法、化学法和生物学方法都能达到使肉嫩化的目的,但各种方法的适用范围、嫩化效果各不相同,在生产和生活中可以根据实际情况选择应用。下面介绍几种常见的人工嫩化方法。

1. 酶法

500多年前墨西哥印第安人为了使肉柔嫩可口，将要煮的肉用巴婆果叶包起来。后来发现这种植物叶子含有对肌肉起作用的水解酶类。当人们认识到酶可以使肉变嫩，便开发了一系列技术，如将肉浸泡在含酶溶液中；或将含酶溶液直接泵入肌肉的血管系统，通过微血管等使其溶入肉中。嫩肉剂常用的蛋白酶为木瓜蛋白酶、菠萝蛋白酶和无花果蛋白酶，另外，微生物源蛋白酶、胰蛋白酶等也有很好的嫩化效果。现在已开发出多种酶嫩化剂，有粉状、溶液、还有气雾液等，既可在家庭使用，也可用于工厂化规模生产线上，非常方便实用（表6-5）。

表6-5 肉类嫩化酶制剂

| 种 类 | 名 称 | 功能特点 |
| --- | --- | --- |
| 植物蛋白酶嫩化剂 | 木瓜蛋白酶肉类嫩化剂 | 半胱氨酰基蛋白酶，能够对肌肉的纤维蛋白和胶原蛋白起到水解和断裂的作用，它将肌动球蛋白和胶原蛋白降解成小分子的多肽甚至氨基酸，多数情况下可降解到氨基酸阶段。令肌丝和筋腱丝断裂，使肉类变得嫩滑爽脆，肉类蛋白因结构简化而易于消化吸收。它主要在烹饪过程中起作用，室温下没有活力 |
| | 菠萝蛋白酶肉类嫩化剂 | 典型的巯基蛋白酶，能分解蛋白质、肽、酯和酰胺，水解蛋白的活性较木瓜蛋白酶高10倍以上。有较高的最适反应温度，较广的酶的反应pH值。一般的金属盐NaCl、KCl对酶反应影响不大；$MgCl_2$、$CaCl_2$在高浓度下对酶有一定程度的抑制作用，在低浓度下影响不显著；半胱氨酸盐在一定浓度的范围内，对酶反应速度有促进作用。因此，它在肉类加工中被广泛应用 |
| | 猕猴桃蛋白酶肉类嫩化剂 | 结构与木瓜蛋白酶相似，都属于半胱氨酰基蛋白酶，其动力学性质也跟木瓜蛋白酶相似。该酶含有220个氨基酸残基，其中有2~3个二硫键桥，明显改善肉的嫩度 |
| | 生姜蛋白酶肉类嫩化剂 | 生姜蛋白酶是一种硫醇蛋白酶，其最佳作用温度是60℃，对胶原蛋白有较强的水解能力，对肉有嫩化效果 |
| 动物蛋白酶嫩化剂 | 粗制胰酶 | 粗制猪胰酶可以显著提高畜肉的水解率，分解肌细胞内肌原纤维的结构，即破坏了肌原纤维的Z线和H带，从而对肌肉组织中的肌原纤维和其他结缔组织纤维等起到软化溶解作用 |
| 微生物蛋白酶嫩化剂 | 枯草杆菌中性蛋白酶嫩化剂 | 能在适当温度条件下，使蛋白质中的某些肽键断裂，有效地降解胶原纤维和结缔组织中的蛋白质，特别是对弹性蛋白的降解作用较大，从而极大提高了肉的嫩度，使肉的品质变得柔软适口、多汁且易于咀嚼，并显著提高了肉的成品率、延长了保质期，以及提高了经济效益 |
| | 米曲霉蛋白酶嫩化剂 | |
| | 黑曲霉蛋白酶嫩化剂 | |
| | 根霉蛋白酶嫩化剂 | |

2.电刺激

对动物胴体进行电刺激有利于改善肉的嫩度,这主要是因为电刺激引起肌肉痉挛性收缩,导致肌纤维结构破坏;同时电刺激可加速家畜宰后肌肉的代谢速率,使肌肉尸僵发展加快,防止了冷收缩,并使成熟时间缩短。

电刺激对牛羊肉嫩度改善较大,据美国对 1 200 头牛胴体电刺激的结果表明,嫩度可提高 23%,对猪肉进行电刺激嫩化效果不如牛羊,通常只有 3% 左右。

3.醋渍法

将肉在酸性溶液中浸泡可以改善肉的嫩度。据试验,溶液 pH 值介于 4.1 ~ 4.6 时嫩化效果最佳。用酸性红酒和醋来浸泡肉较为常见,它不但可以改善嫩度,还可增加肉的风味。

4.压力法

给肉施加高压可以破坏肉肌纤维中的亚细胞结构,使大量 $Ca^{2+}$ 释放,同时也释放组织蛋白酶,使得蛋白水解活性增强,一些结构蛋白被水解,从而导致肉的嫩化。

5.钙盐嫩化法

钙盐嫩化法是 20 世纪 80 年代后期形成的一种改善肉嫩度的方法。在肉中添加外源 $Ca^{2+}$ 可以激活钙激活中性蛋白酶,从而加速肉的成熟,使肉达到正常嫩度所需的成熟时间缩短至一天,并提高来源于不同个体或部位的肌肉嫩度的均一性。

钙盐嫩化法通常以 $CaCl_2$ 为嫩化剂,使用时配制成 150 ~ 250 mg/kg 的水溶液,用量为肉重的 5% ~ 10%,采取肌肉注射、浸渍腌制等方法进行处理,都可以取得良好的嫩化效果。尽管 $CaCl_2$ 嫩化法对肉的嫩化效果很好,但浓度过高或用量过大时肉呈现苦味和金属味,肉的色泽变得不均匀,并且在存放过程中肉色容易加深。鉴于此,建议用于其他措施难以使嫩度达到标准要求的低档产品。

6.碱嫩化法

这是一种起源于中国烹饪业的肉类嫩化方法。用肉重 0.4% ~ 1.2% 的碳酸氢钠或碳酸钠溶液对牛肉等进行注射或浸泡腌制处理,可以显著提高肉的 pH 值和保水能力,降低烹饪损失,改善熟肉制品的色泽,促使结缔组织加热变性,从而提高肌原纤维蛋白对加热变性的敏感度,显著改善肉的嫩度。用碳酸钠溶液对猪肉进行注射处理,由于提高了肉的 pH 值,还可以防止 PSE 肉和 RSE 肉的发生,并使 PSS 型猪的肉转变为接近正常品质的肉。

7.其他嫩化法

腌制促使肌球蛋白溶出,提高了肉的胶凝能力和保水性能,肉的嫩度也相应提高;采用机械滚揉、斩拌或嫩肉机破坏肉的物理结构,是目前较为常见的改善肌肉嫩度的工业化生产方法,尤其是在西式肉制品加工中,是不可缺少的关键加工处理过程。

## 四、肉的嫩化度评定

对肉嫩度的主观评定主要根据其柔软性、易碎性和可咽性来判定。柔软性即舌头和颊接触肉时产生触觉,嫩肉感觉软糊而老肉则有木质化感觉;易碎性指牙齿咬断肌纤维的容易程度,嫩度很好的肉对牙齿无多大抵抗力,很容易被嚼碎;可咽性可用咀嚼后肉渣剩余的多少及吞咽的容易程度来衡量。对肉的嫩度进行主观评定需要经过培训并且有经验的专业评审人员,往往误差较大。

对肉嫩度的客观评定是借助于仪器来衡量切断力、穿透力、咬力、剁碎力、压缩力、弹力和拉力等指标，而最通用的是切断力，又称剪切力（Shear force）。即用一定钝度的刀切断一定粗细的肉所需的力量，以 kg 为单位。一般来说肉的剪切力值大于 4 kg 时就比较老了，难以被消费者接受。这种方法测定方便，结果可比性强，所以是最为常用的肉嫩度评定方法。

用嫩度计测定肉嫩度的操作如下：

（1）将肌肉表面附着的脂肪剔除，置于 80～85 ℃恒温水浴锅中加热至肌肉中心温度达到 70 ℃，维持约 30 min，取出后自然冷却至室温，然后进行评定。

（2）用直径 1.27 cm 的圆形取样器顺肌纤维平行方向切取被测试样，肉样长度 1.27 cm左右。

（3）按照操作说明将肌肉嫩度计调零，调节刀的高度使放样孔露出，将准备好的肉样放入刀孔，按动开关使刀移动，至肉样被完全切断时停止，记录最大剪切力数值，按如下公式计算肉的相对剪切力：

$$相对剪切力（\%）= \frac{样品剪切力（kg）}{样品横截面（cm^2）} \times 100\%$$

# 第三节　肉的风味

肉的风味大都通过烹调后产生，生肉一般只有咸味、金属味和血腥味。当肉加热后，前体物质反应生成各种呈味物质，赋予肉以滋味和芳香味。这些物质主要是通过美拉德反应、脂质氧化和一些物质的热降解这三种途径形成。发酵肉制品风味独特，与生肉加热不同，它的风味物质主要通过生物降解、脂质氧化和美拉德反应形成。风味是食品化学的一个重要领域，随着高灵敏度和高专一性分析技术发展，如高分辨率气相色谱、质谱、气质联用和高效液相色谱等技术的应用，肉的风味研究正日趋活跃。据 Maarse 和 Visscher 1992 年统计，熟肉中与风味有关的物质已超过 1 000 种。

鉴于肉的基本组成类似，包括蛋白质、脂肪、糖类等，而风味又是由这些物质反应生成，加上烹调方法具有共同性，如加热，所以无论何种动物的肉均具有一些共性的呈味物质。当然不同来源的肉还有其独特的风味，如牛、羊、猪、禽肉有明显的不同。风味的差异主要来自脂肪的氧化，这是因为不同种动物脂肪酸组成明显不同，由此造成氧化产物及风味的差异。另一些异味物质如羊膻味和公猪腥味分别来自脂肪酸和激素代谢产物。

肉的风味由滋味和香味组合而成，滋味的呈味物质是非挥发性的，主要靠人的舌面味蕾（味觉器官）感觉，经神经传导到大脑反映出味感。香味的呈味物质主要是挥发性的芳香物质，主要靠人的嗅觉细胞感受，经神经传导到大脑产生芳香感觉；如果是异味物，则会产生厌恶感和臭味的感觉。

## 一、滋味呈味物质

滋味呈味物质主要由水溶性小分子和盐类组成，肉中的滋味呈味物质主要来源于蛋白质和核酸的降解产物、糖、有机酸、矿物盐类离子等，包括游离氨基酸、小肽、核苷酸、单糖、乳酸、磷酸、氯离子等，其中游离氨基酸和核苷酸是肉类中最主要的滋味呈味物质。除矿物盐类离子外，鲜肉中滋味呈味物质主要以其前体物的形式存在，因此，鲜肉除咸味外没有明显的鲜味。鲜肉经过发酵成熟或热加工处理后，风味前体物降解产生大量滋味物质，呈现出肉类特有的鲜味。从表6-6可看出肉中的一些非挥发性物质与肉滋味的关系,其中甜味来自葡萄糖、核糖和果糖等;咸味来自一系列无机盐和谷氨酸盐及天门冬氨酸盐;酸味来自乳酸和谷氨酸等;苦味来自一些游离氨基酸和肽类;鲜味来自谷氨酸钠(MSG)及核苷酸(IMP)等。另外 MSG,IMP 和一些肽类除给肉以鲜味外,同时还有增强以上四种基本味的作用。

肉的滋味除取决于滋味呈味物质的浓度和感觉阈值外,肉的 pH 值和呈味物质之间的互作对其也有重要影响。环境酸度过高或过低都会影响肉的滋味,通常肉中的游离氨基酸和小肽都有很强的缓冲作用,这对肉的滋味呈现具有重要作用。

表6-6　肉的滋味呈味物质

| 滋　味 | 化合物 |
| --- | --- |
| 甜 | 葡萄糖、果糖、核糖、甘氨酸、丝氨酸、苏氨酸、赖氨酸、脯氨酸、羟脯氨酸 |
| 咸 | 无机盐、谷氨酸钠、天门冬氨酸钠 |
| 酸 | 天冬氨酸、谷氨酸、组氨酸、天冬酰胺、琥珀酸、乳酸、二氢吡咯羧酸、磷酸 |
| 苦 | 肌酸、肌酐酸、次黄嘌呤、鹅肌肽、肌肽、其他肽类、组氨酸、精氨酸、蛋氨酸、缬氨酸、亮氨酸、异亮氨酸、苯丙氨酸、色氨酸、酪氨酸 |
| 鲜 | MSG、5′-IMP、5′-GMP,其他肽类 |

## 二、香味呈味物质

香味呈味物质由挥发性小分子有机物组成,主要来源于加工过程中肌肉蛋白质、脂类和维生素等物质降解产物的次级氧化及美拉德反应等,种类极其复杂,包括醛、酮、醇、酸、烃、酯、内酯、吡嗪、呋喃、含硫化合物等。

Mottram(1991)总结了120篇有关肉风味物质的文献资料,并进行了汇总。这些资料表明硫化物占牛肉总芳香物质的20%,是牛肉风味形成的主要物质;羊肉含的羟酸高于其他肉类;醛和酮是禽肉中主要的挥发性物质;腌猪肉则会有较多的醇和醚,这可能与其烟熏有关。

与风味芳香有关的物质很多,可以列出上千种,但对那些起主导作用的物质一直缺乏共识。近来的研究发现起决定性作用的物质可能主要有十几种,如 2-甲基-3-呋喃硫醇、糠基硫醇(2-furfurythiol)、3-巯基-2-戊酮(3-mercapto-2-pentanone)和甲硫丁氨醛(methional)被认为是肉的基本风味物质。除牛肉以外,其他肉的风味形成是在此基础上增加脂肪氧化产物,因为各种动物脂肪组成不同而造成了其肉风味的差异。禽肉风味受脂肪氧化产物影响最大,其中最主要的是 2(E),4(E)癸-二烯醛(2(E),4(E)-decadienal),还有 2-十一(烷)醛(2-undecanal)和 2,4-癸二烯醛(2,4-decadienal)等,以及其他不饱和醛类。纯正的牛肉和猪肉风味来自瘦肉,受脂肪影响很小,牛肉的呈味物质主要来自硫氨素降解,代表了肉的基本风味。羊肉膻味来自 4-乙基辛酸和 4-甲基辛酸等支链脂肪酸和其他短链脂肪酸,公猪腥味则来自 $C_{19}-\triangle_{17}$-类固醇。

与一般熟肉制品的风味不同,发酵肉制品和干腌肉制品都有明显的风味特征,其风味多以醛类、酮类和酯类等为主要香味成分,而美拉德反应产物如吡嗪类等占比例偏小。这与其加工条件区别于高温加热的熟肉制品有关。熟肉制品在高温加热过程中,热降解、脂质氧化和美拉德反应强烈,而发酵肉制品或干腌肉制品加工温度一般不超过 40 ℃,内部反应以内源酶或微生物外源酶引起的生物降解及氧化反应为主,其特征成分为支链醛、甲基酮或低级酯,不同产品的具体特征性风味物质与采用的原料、接种的微生物类型及生产加工温度等条件密切相关。

### 三、风味物质产生途径

生肉不具备芳香性,烹调加热后一些芳香前体物质经脂肪氧化。美拉德反应及硫胺素降解产生挥发性物质,赋予熟肉芳香性,据测定,芳香物质的90%来自脂质反应,其次是美拉德反应,硫胺素降解产生的风味物质比例最小,虽然后两者反应所产生的风味物质在数量上不到10%,但并不能低估它们对肉风味的影响,因为肉风味主要取决于最后阶段的风味物质,另外对芳香的感觉并不绝对与数量呈正相关。由表6-7可知,与肉风味有关的物质主要有醇、醛、酮、酸、酯、醚、呋喃、吡咯、内酯、糖类及含氮化合物等。

表6-7　与肉香味有关的主要化合物

| 化合物 | 特性 | 来源 | 产生途径 |
| --- | --- | --- | --- |
| 羰基化合物(醛、酮) | 脂溶挥发性 | 鸡肉和羊肉的特有香味、水煮猪肉 | 脂肪氧化、美拉德反应 |
| 含氧杂环化合物(呋喃和呋喃类) | 水溶挥发性 | 煮猪肉、煮牛肉、炸鸡、烤鸡、烤牛肉 | 糖类的热降解、美拉德反应 |
| 含氮杂环化合物(吡嗪、吡啶、吡咯) | 水溶挥发性 | 浅烤猪肉、炸鸡、高压煮牛肉、煮猪肝 | 美拉德反应、游离氨基酸和核苷酸加热形成 |
| 含氧、氮杂环化合物(噻唑、噁唑) | 水溶挥发性 | 浅烤猪肉、煮猪肉、炸鸡、烤鸡、腌火腿 | 氨基酸和硫化氢的分解 |
| 含硫化合物 | 水溶挥发性 | 鸡肉基本味、鸡汤、煮牛肉、煮猪肉、烤鸡 | 含硫氨基酸热降解、美拉德反应 |
| 游离氨基酸、单核苷酸(肌苷酸、鸟苷酸) | 水溶 | 肉鲜味、风味增强剂 | 氨基酸衍生物 |
| 脂肪酸酯、内酯 | 脂溶挥发性 | 烤牛肉汁、煮牛肉 | 甘油酯和磷脂水解、羟基脂肪酸环化 |

由表6-7可见,肉风味化合物产生的主要途径如下:

1. 美拉德反应

人们早就知道将生肉汁加热或将氨基酸和戊糖一起加热可以产生肉香味,通过测定成分的变化发现,在加热过程中随着大量的氨基酸和还原糖的消失,一些风味物质随之产生,这就是所谓的美拉德反应,即氨基酸和还原糖之间的生色反应。此反应较复杂,步骤很多,在大多数生物化学和食品化学书中均有陈述,此处不再一一列出。该反应在70℃以上条件下进行较快,对熟肉制品的风味形成起重要作用;在40℃以下条件下该反应进行缓慢,因此可能对干腌类和发酵类生肉制品风味物质的产生贡献相对较小。

2. 脂质氧化

脂质氧化是产生风味物质的主要途径,不同种类风味的差异也主要是由于脂质氧化产物不同所致。肉在烹调时的脂肪氧化(加热氧化)原理与常温脂肪氧化相似,但加热氧化由于热能的存在使其产物与常温氧化大不相同。总的来说,常温氧化产生酸败味,而加热氧化产生风味物质。一些脂肪酸氧化后继续参与美拉德反应生成更多的芳香物质,因为美拉德反应只需要羰基和胺,脂肪加热氧化产生的各种醛类为其提供了大量的底物。

3. 硫胺素降解

肉在烹调过程中有大量的物质发生降解,其中硫胺素(维生素 $B_1$)降解所产生的 $H_2S$(硫化氢)对肉的风味,尤其是对牛肉味的生成至关重要。$H_2S$ 本身是一种呈味物质,更重要的是它可以与呋喃酮等杂环化合物反应生成含硫杂环化合物,赋予肉强烈的香味,其中 2 – 甲基 – 3 – 呋喃硫醇被认为是肉中最重要的芳香物质。

4. 酶促反应

在成熟、腌制、发酵等过程中,内源及外源蛋白酶和脂酶对肌肉蛋白质、脂类作用,产生小肽、游离氨基酸、游离脂肪酶等小分子化合物,它们不仅本身是重要的滋味呈味物质,同时也是重要的风味的前体物,易于参与美拉德反应或被氧化产生香味呈味物质。因此,对于干腌和发酵类肉制品而言,酶促反应是重要的风味物质形成反应。

5. 腌肉风味

亚硝酸盐是腌肉的主要特色成分,它除了具有发色作用外,对腌肉的风味也有重要影响。亚硝酸盐(具有抗氧化作用)抑制了脂肪的氧化,所以腌肉体现了肉的基本滋味和香味,减少了脂肪氧化所产生的具有种类特色的风味以及过热味(WOF)。

## 四、肉风味影响因素

肉的风味形成过程复杂,因此影响肉风味的因素也非常多,从肉的生产到肉的加工过程,凡是影响肉的组成及其反应进行的因素都可能影响肉的风味。

1. pH 值

pH 值对肉中很多酶的活性有影响,而肉品中游离氨基酸和小肽、还原糖、核苷酸等重要风味前体物主要由酶催化降解产生。肉中重要鲜味物质谷氨酸钠的呈味效果、肌苷酸的稳定性及硫胺素的降解等都受 pH 值影响。

2. 温度

温度对肉品滋味物的影响包括两方面:一是影响肉基本成分降解生成滋味物的速度;二是改变滋味物的分解速度。

3. 风味物之间的互作

肉是一个复杂的生物系统,肉的整体风味是各种风味物及风味形成反应共同作用的结果。个别氨基酸并不具有牛肉的特殊味道,而所有游离氨基酸共同存在时才给人以肉的味感。肉汁中的呈味物质浓度多数低于各自的阈值,因此各种呈风味物质的协同作用可能是决定肉滋味的最重要的因素。

4. 肉基质组成

不同食物基质对挥发性风味物质的保留能力各不相同。食物糖类和蛋白质基质可通过键合、截留、吸收、复合、包埋或与其发生化学反应而与挥发性风味物作用,且这种互作是可逆的,被吸收的风味物质可在口腔中释放。而脂肪可作为挥发性风味物质的溶剂而抑制其释放。

**5. 物种**

物种间风味差异很大,主要由脂肪酸组成上差异造成。物种间除风味外还有特征性异味,如羊膻味、猪味、鱼腥味等。

**6. 年龄**

年龄愈大,风味愈浓。年龄对风味的影响可能是通过改变体内代谢,特别是氨基酸、蛋白质和核苷酸的代谢和肌肉 pH 值来实现的。对于鸡肉来说,日龄是对鸡肉风味有影响的几种因素之一,随着日龄的增加,鸡体不断发生生理学变化,这些变化无疑会影响肉中滋味和风味前体物。

**7. 性别**

未阉割公猪,因性激素缘故,有强烈异味;公羊膻腥味较重;牛肉风味受性别影响较小。

**8. 日粮**

日粮可在相当大的范围内变化而不明显影响肉风味。但是一些饲料可能对风味有负面影响,如饲料中鱼粉腥味、牧草味,均可带入肉中。

**9. 烹调方式**

烹调方式和最终内部温度对挥发性和非挥发性化合物的形成和稳定性有显著影响,从而影响肉的风味。不同烹调温度带来一定的风味差异,炉温的增加导致风味的增加。

**10. 其他因素**

影响肉风味的因素还有很多,比如腌制能抑制脂肪氧化,有利于保持肉的原味;细菌繁殖产生腐败味,等等。

## 五、肉风味物质的测定方法

肉的风味物质成分复杂而多变,可定性因子多达 300 种以上,可识别浓度最低值为 $0.02\ \mu g/kg$,其中以可挥发杂环居多,这给测定工作带来很大难度。样本的前处理程序中,从肉样采集到均浆制备、称重、冷藏,基本与常规肉质测定相同,其后的肉样预处理有以下 5 种方法,其优缺点如表 6-8 所示。

表 6-8  肉中风味物质测定各种前处理方法的优缺点

| 方法 | 优点 | 缺点 |
| --- | --- | --- |
| 同时蒸馏萃取 | 对肉品的熟化作用,可表征熟肉的风味 | 费时、费力且会造成风味物质较大损失 |
| 吹扫捕集 | 速度快,吸收完全,特别对于含量低的风味物质 | 冷阱捕集时易发生结冰现象,因此不宜用于含水量大的肉品,只能用于干腌肉品 |
| 动态顶空 | 速度较快,吸收较完全,特别对于含量低的风味物质 | 萃取头对风味物质的选择性问题 |
| 固相微萃取 | 速度较快,吸收较完全,比动态顶空简便 | 萃取头对风味物质的选择性问题 |
| 溶剂萃取 | 经济 | 费时、费力且会造成风味物质很大损失,结果很不准确 |

上述各种前处理方法可用于测定风味前体物质,如肌内脂肪、硫胺素等;用于测定滋味物质,如谷氨酸钠和各种肽等;用于测定香味物质,如多硫化物和杂环等。上述测定中香味物质测定难度最大。香味物质多属非极性杂环类挥发性物质,被测香味物质的有效浓度取决于热处理的温度和时间。定性和定量需要顶空采样(SHS)或蒸馏技术与气相色谱 – 质谱(GC – MC 联用)的巧妙配合。必要时还需核磁共振(NMR)、自旋共振(ESR)和脉冲射电(pulse radiolysis)技术的辅助。

目前,对于肉类风味物质的测定评价,还存在以下问题:

(1)主导成分定性困难　风味化合物种类多,不同成分阈值相差很大。目前的仪器分析方法多建立在相对百分含量的基础上,与人的嗅觉器官判断有一定差距。

(2)风味化合物的不稳定性　许多风味化合物不稳定,它们光、氧、热、酸、碱较敏感。风味化合物的不稳定性表现在整个分析过程的每一个步骤中,因此分析结果与实际情况会有偏差。

(3)风味物质呈味特性的可变性　对于同一风味成分,在不同浓度或不同介质中会呈现不同的风味感官特性。如 2 – 戊基呋喃在浓度较大时呈甘草气味,在浓度较低时呈豆腥气味。壬二烯醛在浓度为十亿分之一时呈木香气味,一亿分之一时呈油脂气味,百万分之一时呈清香的黄瓜气味。

(4)不同呈味物质的交互性　交互作用主要分为协同和拮抗作用,有的风味本身就不是由一种物质引起,而是由多种物质混合而成,交互作用的存在使得 GC – O 法(气相色谱 – 嗅觉测量法)判别各种物质对总体风味的贡献更加困难。

(5)风味特性影响因素的复杂性　风味特性最终需要靠人的嗅觉进行判断,食品风味的评价涉及生理、心理、环境、生物、物理、化学,以及感官鉴评员的语言表达能力。因此风味评价需要在特定的条件下,进行大量实验最终得出一个统计结果。

# 第四节　肉的保水性

肉的保水性又称系水力或持水力,是指当肌肉受到外力作用时,其保持原有水分与添加水分的能力。所谓的外力指压力、切碎、冷冻、解冻、贮存、加工等。衡量肌肉保水性的指标主要有持水力、失水力、贮存损失、滴水损失、蒸煮损失等。滴水损失是描述生鲜肉保水性最常用的指标,一般在 0.5% ~ 10%,最高达 15% ~ 20%,最低 0.1%,平均在 2%(国外统计数据)。

作为评价肉质最重要的指标之一,肌肉的保水性不仅直接影响肉的滋味、香气、多汁性、营养成分、嫩度、颜色等食用品质,而且具有重要的经济意义。利用肌肉的系水潜能,在加工过程中可以添加水分,提高产品出品率。如果肌肉保水性能差,那么从家畜屠宰后到肉被烹调前这一过程中,肉会因失水而造成巨大经济损失。

## 一、肉保水性机理

肌肉中水分含量在 75% 左右,占肌肉组织 80% 的体积空间。这些水分以结合水、不易流动水和自由水三种状态存在。其中不易流动水占 80%,存在于细胞内部,是决定肌肉保水性的关键部分;结合水存在于细胞内部,与蛋白质密切结合,基本不会失去,对肌肉保水性没有影响;自由水主要存在于肌细胞间隙,在外力作用下很容易失去。肉的保水性取决于肌细胞结构的完整性、蛋白质的空间结构。肉在加工、贮藏和运输过程中,任何因素导致肌细胞结构的完整性破坏或蛋白质收缩,都会引起肉的保水性下降。

对于生鲜肉而言,通常宰后 24 h 内形成的汁液损失很小,可忽略不计,一般用宰后 24～48 h 的滴水损失来表示鲜肉保水性的大小。据研究,肌肉渗出的汁液中细胞内、外液的组成比例大约为 10:1,可见,肌细胞膜的完整性受到破坏而导致肌肉汁液渗漏是保水性下降的根本原因,但造成肌肉保水性下降的具体机制,目前还不清楚。近年来的研究表明,肌肉保水性下降的可能机制主要有以下几个方面:

(1)细胞膜脂质氧化、冻结形成的冰晶物理破坏或其他原因引起的细胞膜成分降解,导致细胞膜完整性破坏,为细胞内液外渗提供了便利条件;

(2)成熟过程中细胞骨架蛋白降解破坏了细胞内部微结构之间的联系,当内部结构发生收缩时产生较大空隙,细胞内液被挤压在内部空隙中,游离性增大,容易外渗造成汁液损失;

(3)温度和 pH 值变化引起肌肉蛋白收缩、变性或降解,持水能力下降,在外力作用下内汁外渗造成汁液损失。

### 二、肉保水性影响因素

影响肌肉保水性的因素很多,宰前因素包括品种、年龄、宰前运输、囚禁和饥饿、能量水平、身体状况等。宰后因素主要有屠宰工艺、胴体贮存、尸僵开始时间、熟化、肌肉的解剖学部位、脂肪厚度、pH 值的变化、蛋白质水解酶活性和细胞结构,以及加工条件如切碎、盐渍、加热、冷冻、融冻、干燥、包装等。下面就主要影响因素介绍如下。

1. 动物种类、品种与基因型

动物种类或品种不同,其肌肉化学组成也明显不同,肌肉的保水性也受到影响。通常肌肉中蛋白质含量越高,其系水力也越强。不同种类动物肌肉的保水性有明显差别。一般情况下,兔肉的系水力最好,其余依次为猪肉、牛肉、羊肉、禽肉、马肉。不同品种的动物,其肌肉保水性也有差异,一般来说,瘦肉型猪肉的保水性不如地方品种猪好,在常见的品种猪中,巴克夏和杜洛克猪的肉质和保水性较好,而皮特兰、长白和汉普夏(RN−)猪肉的保水性较差。

在影响猪肉品质的众多基因中,氟烷基因(Halothane 基因)和拿破基因(RN 基因)对肉品质影响最大,它们对肌肉保水性影响的共同特点是导致肌肉 pH 值下降:前者使宰后早期肌肉 pH 值降低,形成 PSE 肉;后者是使终 pH 值低于正常值,形成 RSE 肉。

氟烷基因是隐性基因,它的存在使肌浆网上 $Ca^{2+}$ 释放通道的调控失效,受到应激时 $Ca^{2+}$ 大量释放引起肌肉能量代谢增强,屠宰后肌肉 pH 值迅速下降,温度升高,引起蛋白质变性而使汁液流失增加,肌肉色泽变淡,最终形成 PSE 肉。氟烷基因纯合子(nn)猪的 PSE 肉发生率高达 24.7%,而不带氟烷基因猪的 PSE 肉发生率只有 7.9%。氟烷基因不但使肌肉滴水损失升高,而且使蒸煮损失升高 1%～3%。

RN 基因是一个显性基因,存在于汉普夏(Hampshire)和含有汉普夏血统的杂交猪中,该基因的存在使肌糖原含量提高 75%,滴水损失升高 90%,蒸煮损失提高 1 倍左右。带 RN 基因的猪肉肌糖原含量升高,使 pH 值低于正常值,是造成滴水损失升高的主要原因。

2. 性别、年龄与体重

性别对肌肉保水性的影响因动物种类而异,对牛肉保水性的影响较大,而对猪肉保水性无明显影响。肌肉保水性随动物年龄和体重增加而下降,相比而言,体重比年龄对保水性的影响更大。体形大的猪的里脊和腿肉滴水损失相对较高,据研究,安大略湖猪的里脊和腿肉滴水损失分别高于 7.8% 和 6.3%。

### 3. 肌肉部位

运动量较大的部位,其肌肉保水性也越好。安藤四郎等研究表明:猪的冈上肌保水性最好,其余依次是胸锯肌 > 腰大肌 > 半膜肌 > 股二头肌 > 臀中肌 > 半键肌 > 背最长肌。

### 4. 饲养管理

低营养水平或低蛋白日粮饲养的动物肌肉保水性较差;提高日粮中维生素 E、维生素 C 和硒水平,可以维护肌细胞膜和肌肉结构的完整性,降低肌肉滴水损失;在饲料中添加镁和铬可以降低 PSE 肉发生率,添加肌酸也可能有此作用,但增加钙浓度作用与此相反;屠宰前在动物日粮中添加淀粉、蔗糖等易吸收的糖类会使肌肉滴水损失增大,在饲养后期提高日粮中蛋白质水平或在日粮中添加共轭亚油酸(CLA)和 n-3、n-6 系多不饱和脂肪酸浓度有利于提高肉的保水性。

### 5. 宰前运输与管理

运输时间和运输期间的禁食对动物都是一种应激,其强度随运输时间、路况、温度和运输车辆的装载密度变化而变化,较强的应激易导致 PSE 肉的发生,长时间应激还会诱发 DFD 肉。候宰期间采用电驱赶、增加动物运动量或候宰间环境条件差对动物是重要的应激,可能会破坏和抑制动物的正常生理机能,肌肉运动加强,肌糖原迅速分解,肌肉中乳酸增加,ATP 大量消耗,使蛋白质网状结构紧缩,肉的保水性降低。宰前应激可增加宰后早期胴体温度和 pH 值的下降速率,是诱发 PSE 和 RSE 肉的关键因素,因此,候宰期间应尽量避免使用电刺。

### 6. 屠宰

屠宰季节影响肉的保水性,春、夏季屠宰的猪,胴体容易形成 PSE 肉,背最长肌滴水损失较高,对 PSS 猪更为明显。宰前禁食降低肌糖原含量,使肌肉终 pH 值升高,降低肉的滴水损失,但禁食时间过长会加深肉色,生猪在屠宰前禁食 12～18 h 较为适宜。

致昏方式对肉的保水性有重要影响,电致昏引起肌肉收缩,保水性下降,高低频结合电致昏处理可减轻致昏对肉质的影响。$CO_2$ 致昏能大幅度降低 PSE 肉的发生率,提高肉的品质。据 Velarde 等研究显示,电击致昏的 PSE 肉发生率可高达 35.6%,而 $CO_2$ 致昏只有 4.5%。Savenije 等比较了家禽的头部水浴致昏、针式致昏和混合气体致昏,结果表明,混合气体致昏法对肉的保水性影响最小,改善了胴体品质和肉品质。

缩短致昏与戳刺的时间间隔,使其少于 10 s,可以减少应激,有助于减少血斑和快速散热,降低 PSE 肉发生率。动物悬挂放血,肌肉会产生收缩,加速糖酵解,促进 PSE 肉的发生;水平放血则可以降低 PSE 肉的发生,提高肉的保水性。此外,由于屠宰车间温度较高,胴体应在 20～25 min 内离开屠宰线进入冷却间,胴体运送和加工速度缓慢会增大 PSE 肉发生率。

### 7. pH 值

正常猪肉的终 pH 值在 5.6～5.8,牛肉在 5.8～6.0,此时肉的保水性处于正常范围。肌肉 pH 值偏低会导致肌肉收缩,甚至蛋白质变性,肉的保水性下降。pH 值对系水力的影响实质是蛋白质分子的净电荷效应。蛋白质分子所带有的净电荷对系水力有双重意义:一是净电荷是蛋白质分子吸引水分的强有力中心;二是净电荷增加蛋白质分子之间的静电斥力,使结构松散开,留下容水的空间。当净电荷下降,蛋白质分子间发生凝聚紧缩,系水力下降。肌肉 pH 值接近蛋白质等电点(pH = 5.4),正和负电荷基数接近,反应基减少到最低值,这时肌肉的系水力也最低(图 6 - 8)。处于尸僵期的肉,pH 值与肌肉蛋白质的等电点接近,因此保水性很差,不适宜于加工。

8. 冷却与冻结

冷却的目的是尽快散失胴体热量,降低胴体温度,控制微生物繁殖,对肉的保水性也有重要影响。冷却速率低则糖降解加快,猪肉滴水损失增多;加快冷却速度可以降低肌肉 pH 值的下降速率,减少肌球蛋白的变性和汁液流失,并降低 PSE 肉发生率。但冷却速度过快也可能引起肌肉的冷收缩,尤其是当肌肉中糖原含量较高时,冷收缩强度会增大,对肌肉的持水性不利,如牛肉 - 35 ℃ 条件下冷却 10 h,汁液流失率 7.4%,而正常情况下只有 3.37%。冷收缩主要发生在牛、羊肉上,猪肉也会发生,只是程度较小。为防止猪肉产生 PSE 和发生冷收缩,宰后 4 h 内肉温要降到 20 ℃ 以下,但在 5 h 内不能低于 10 ℃。此外,采取两段式或三段式冷却可有效降低肉的滴水损失。

冻结形成的冰晶会破坏肉的结构和肌细胞膜的完整性,肉在冻藏过程中温度的波动会加速冰晶的生长和盐类浓缩,肉的保水性下降,解冻后造成大量汁液损失。研究表明,贮存一个月的冻猪肉的保水性几乎下降一半。冻结速度直接影响冻肉解冻后的保水性能。在不引起冷收缩的情况下,冻结速率越快,解冻损失就越少。

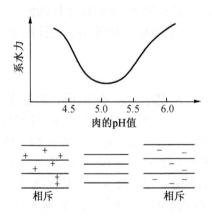

**图 6 - 8　肉的保水性与 pH 值的关系**

9. 其他因素

贮藏与运输过程中温度波动是造成生鲜肉保水性下降的重要原因,改善肉的贮藏和运输条件对保持肉的系水力至关重要。

胴体劈半工艺、分割方式和分割技艺对肉的保水性也有重要影响。劈半工具不良、劈半或分割技术不高,都会不同程度地破坏肌肉结构,增大肉的汁液损失。与常见的冷分割方式相比,热分割会降低工人劳动强度,但容易引起肌肉蛋白变性而导致汁液损失增加。

食盐、磷酸盐腌制或在肉中添加碳酸盐等碱性物质,都可以提高肉的保水性;在加工过程中添加非肉蛋白或食用胶等都可以改善肉的保水性能;低温蒸煮有利于降低肉的蒸煮损失。

### 三、保水性评定方法

#### 1. 失水率测定方法

用取样刀从背最长肌样品中切取 1 cm 厚的均匀薄片,平置于洁净橡皮片上,用直径 2.523 cm 的圆形取样器切取中心部肉样,立即用感量为 0.001 g 的天平称量,然后放置于铺有 18 层定性滤纸的压力仪平台上,肉样上方再放 18 层定性滤纸,加压至 35 kg,保持 5 min,中间不断调节维持 35 kg 压力。滤纸的层数可根据样品保水性情况进行调整,以水分不透出,能够全部吸净为度。解除压力后,立即称量肉样质量,用肉样加压产后的质量计算失水率。计算公式如下:

$$失水率(\%) = \frac{加压前肉样重 - 加压后肉样重}{加压前肉样重} \times 100\%$$

#### 2. 汁液损失测定方法

一般采用袋测定法,即采取屠宰后 24 h 的样品 120 g 或 10 g,精确称量后用细线系起一端,准备一塑料袋向袋内吹气使袋胀起来,小心将肉样悬空于袋中,使肉样不能与袋接触,用细线将袋口扎紧,悬挂于 4 ℃ 条件下静置 24 h,然后取出再次称量肉样的质量,利用两次称量的质量差异计算肉的汁液损失。汁液损失比例越大,则肉的保水性越差。计算公式如下:

$$汁液损失率(\%) = \frac{悬挂前肉样重 - 悬挂后肉样重}{悬挂前肉样重} \times 100\%$$

#### 3. 贮藏损失测定方法

取屠宰后 24 h 的样品 100 g 左右,精确称量后装入真空包装袋中,抽真空包装后放于, 4 ℃ 条件下静置 48 h 或 72 h,然后取出打开真空袋并用吸水纸将肉表面的水分吸干,再次称量肉样的质量,利用两次称量的质量差异计算肉的贮藏损失。贮藏损失比例越大,则肉的保水性越差。计算公式如下:

$$贮藏损失率(\%) = \frac{存放前肉样重 - 存放后肉样重}{存放前肉样重} \times 100\%$$

#### 4. 蒸煮损失与熟肉率测定

用感量为 0.1 g 的天平称量肉样 30～50 g,然后置于平皿上用沸水在蒸煮 45 min,取出后于室温条件下自然冷却 30～40 min 或吊挂于室内无风阴凉处 30 min 后,沥干水分后再次称量质量,用下列公式计算蒸煮损失与熟肉率:

$$熟肉率(\%) = \frac{煮后肉样重}{煮前肉样重} \times 100\%$$

$$蒸煮损失(\%) = 100\% - 熟肉率(\%)$$

# 第五节　肉的多汁性

多汁性(Juiciness)也是影响肉食用品质的一个重要因素,尤其对肉的质地影响较大,据测算 10%～40% 肉质地的差异是由多汁性好坏决定的。多汁性评定较可靠的是主观评定,现在尚没有较好的客观评定方法。

## 一、主观评定

对多汁性较为可靠的评测仍然是人为的主观感觉（口感）评定,对多汁性的评判可分为四个方面:一是开始咀嚼时根据肉中释放出的肉汁多少;二是根据咀嚼过程中肉汁释放的持续性;三是根据在咀嚼时刺激唾液分泌的多少;四是根据肉中的脂肪在牙齿、舌头及口腔其他部位的附着给人以多汁性的感觉。

多汁性是一个评价肉食用品质的主观指标,与它对应的指标是口腔的用力度、嚼碎难易程度和润滑程度,多汁性与以上指标有较好的相关性。Hutchings 和 Lillford(1988)综合考虑以上指标建立了一个衡量多汁性的模型(图6-9),此模型为三维结构,由咀嚼时间、食物结构度和润滑度三个坐标组成。

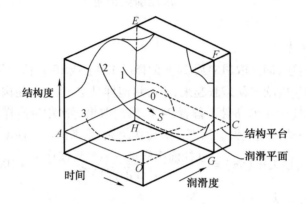

**图6-9 主观评定肉的多汁性模型**

另外,此模型有一个平台,即"*ABCD* 平台"或称为"结构平台",以及一个面,即"*EFGH* 平面"或称为"润滑平面"。食物结构必须低于 *ABCD* 平台,并润滑到 *EFGH* 平面以后才能被吞咽。当吃多汁嫩肉时,其迅速通过润滑面,但降低结构,通过结构平台的时间较长(如曲线1);而吃干硬的肉时,食品结构迅速下降,但将其润滑需要较长的时间(曲线2)。像牡蛎这样的食品进嘴即可吞咽(曲线4),吃干的蛋糕马上可以低于结构平台,但需要较长的时间来润滑,才能被吞咽(曲线3)。水虽然不需要润滑,但其结构过于低,故需要一点时间分段成团吞咽(曲线5)。一些煮得过烂的肉也有类似情况,当超过润滑平面后需要重新增加其结构(形成团状)才能吞咽。

## 二、影响因素

1. 肉中脂肪含量

在一定范围内,肉中脂肪含量越多,肉的多汁性越好。因为脂肪除本身产生润滑作用外,还刺激口腔释放唾液。脂肪含量多少对重组肉的多汁性尤为重要,据 Berry 等的测定:含脂肪为18%和22%的重组牛排远比含量为10%和14%的重组牛排多汁。

2. 烹调

一般烹调结束时温度愈高,多汁性愈差,如60 ℃结束的牛排就比80 ℃牛排多汁,而后者又比100 ℃结束的牛排多汁。Bower 等人仔细研究了肉内温度从55 ℃到85 ℃阶段肉的多汁性变化,发现多汁性下降主要发生在两个温度范围:一个是 60 ~ 65 ℃,另外一个是 80 ~ 85 ℃。

3. 加热速度和烹调方法

不同烹调方法对多汁性有较大影响,同样将肉加热到 70 ℃,采用烘烤方法肉最为多汁,其次是蒸煮,然后是油炸,多汁性最差的是加压烹调。这可能与加热速度有关,加压和油炸速度最快,而烘烤最慢。另外,在烹调时若将包围在肉上的脂肪去掉将导致多汁性下降。

4. 肉制品中的可榨出水分

生肉的多汁性较为复杂,其主观评定和客观评定相关性不强,而肉制品中可榨出水分能较为准确地用来评定肉制品的多汁性,尤其是香肠制品两者呈较强的正相关。

# 第七章　畜禽肉的加工特性及利用

## 第一节　畜禽原料肉的加工特性

肉制品加工中,根据不同原料肉的加工特性,合理地选择原料,对保证产品规格、质量,以及提高肉制品质量具有重要意义。

### 一、原料肉的一些加工特性

肌肉的加工特性主要包括保水性、凝胶特性、乳化性等。影响肌肉加工特性的因素很多,如肌肉中各种组织和成分的性质和含量、肌肉蛋白质在加工中的变化、添加成分的影响等。

1. 保水性

肌肉在加工中保持水分的能力对产品的质量具有重要作用。广义地讲,"肌肉的保水性"是指在加工过程中肌肉保持其原有水分的能力。结合水在肉中的数量受蛋白质的氨基酸组成所影响。肌球蛋白含有 38% 的极性氨基酸,其中有大量的天门冬氨酸和谷氨酸残基,每个肌球蛋白分子可以结合六七个水分子。而自由水是借助毛细管作用和表面张力而被束缚在肌肉中,所以肌肉中自由水的数量主要决定于蛋白质的结构,其中肌原纤维蛋白更多地决定肉的保水性,这是由肌原纤维蛋白的性质和结构所决定的。

肌肉中大部分水被束缚在肌原纤维的粗肌丝与细肌丝之间。肌丝间隙是可变的,随内部环境(如肌肉类型、肌节长度、收缩状态)和外部环境(如酸碱度、离子强度、渗透压、某些二价阳离子或多聚磷酸盐)的变化而改变。静电荷增加将提高肌原纤维间的静电斥力,从而增加其溶胀程度和保水性。因此,存在于肌原纤维周围的任何可以增加蛋白电荷或极性的电荷(如高浓度盐溶液、偏离等电点的酸碱度)都将增加肉的保水性。肉的保水性受肌原纤维结构的影响。肌肉在僵直过程中,肌球蛋白与肌动蛋白发生交联,从而抑制肌原纤维溶胀,进一步影响肉的保水性。一些肌原纤维的组分,如 Z 盘和 M 线,也能抑制肌原纤维溶胀。有些支架蛋白,包括 C - 蛋白,可能在调节肌原纤维吸收水方面起作用。这些支架蛋白在宰后肌肉成熟过程中发生水解,从而提高肉的保水性。

2. 凝胶特性

肌肉蛋白质具有形成凝胶的特性。凝胶特性是熟肉制品的最重要的加工特性。肌肉蛋白质所形成的凝胶的微细结构和流变特性与碎肉制品或乳化类制品(如火腿肠、法兰克福香肠)的质构、外观、切片性、保水性、乳化稳定性和产品率有密切关系。

肌球蛋白对热诱导凝胶的形成是必需的。在热诱导凝胶形成过程中,肌球蛋白分子通过头 - 头相连 - 头 - 尾相连和尾 - 尾相连的方式发生交联,从而形成三维网络结构,即为凝胶。脂肪和水物理地嵌入或化学地结合在这个蛋白质三维网络结构中。凝胶强度与蛋白质所暴露的疏水基团、巯基含量和蛋白质的分散性之间存在着很强的相关,凝胶的微细结构也随内在蛋白质的性质和环境条件的变化而改变,如 pH 值、离子强度、离子类型、肌肉类型、蛋白质浓度、肌球蛋白与肌动蛋白的物质的量的比和煮制终温都影响胶凝作用。

肌球蛋白热诱导凝胶的形成是一个动态的动力学过程。在成胶过程中,肌肉蛋白质会发生流变特性变化。肌浆蛋白(肌溶蛋白、肌红蛋白、肌浆酶、肌粒蛋白、肌质网蛋白等)不能单独形成凝胶,它们和调节蛋白、肌钙蛋白和原肌球蛋白对肌球蛋白的凝胶形成能力也几乎没有影响,但是它们对凝胶的形成产生影响。

### 3. 乳化特性

肌肉的乳化特性对稳定肉糜和乳化肠类制品中的脂肪具有重要作用。对脂肪乳化起重要作用的蛋白质是肌球蛋白,这是因为肌球蛋白是表面活性物质,具有朝向脂肪球的疏水部位和朝向连续相的亲水部位,能起到连接油和水的媒介作用。肌球蛋白分子的柔韧变形性使其可在较低的表面张力界面展开,从而有利于脂肪的乳化。经典乳化理论认为,脂肪球周围的蛋白质膜使肉糜稳定,肌球蛋白是蛋白包衣的主要成分。乳化作用对肉糜类产品来说显得特别重要,因为脂肪细胞受到破坏,脂肪熔化,形成了各种大小不同的脂肪滴。蛋白包衣的形成包括三个步骤:第一步是蛋白向脂肪球或脂肪滴表面靠拢。影响这一过程的因素主要是蛋白分子的溶解情况、分子大小、温度条件及连续相的黏度等。第二步是蛋白吸附在脂肪球上。在这个过程中,蛋白要克服界面压力等障碍,与已经吸附在脂肪球上的其他物质竞争并使自己吸附在上面。蛋白质表面的氨基酸性质、介质 pH 值、离子强度和温度影响这个过程。第三步是蛋白分子发生构象变化,蛋白分子展开,疏水基团与非极性相相连,亲水基团与极性的水相相连。在整个过程中蛋白的三级结构和部分二级结构遭到破坏,但是螺旋结构并没有受到影响。另一种学说认为,流体的脂肪滴须经乳化方能稳定,而固体脂肪颗粒是在斩拌期间被蛋白质所包裹,物理地嵌入肉糜网络中,从而得到稳定,并非形成真正的乳状液。肌肉蛋白质的表面疏水性、巯基含量、溶解度和分散性、加工工艺等影响其乳化特性。

## 二、不同原料肉的加工特点

### 1. 牛肉

牛肉肉色是比猪肉深的鲜红色,每克小牛肌肉含 1 ~ 3 mg 肌红蛋白,成牛是 4 ~ 10 mg,老牛肉达 16 ~ 20 mg,牛龄越大,颜色越深,有光泽,纹理细腻,比猪肉略硬,肌肉组织弹性好,蛋白质含量较高。在灌制品中,加入一定数量的牛肉能增加肠馅的弹力和营养成分,并能使灌制品色泽鲜艳美观;而牛肉中的脂肪熔点较高(45 ~ 52 ℃),难以消化吸收,不适合于加工灌制品,在剔肉时,应从肌肉组织中剔除;对肥度较高的牛肉,宜选择肩胛部、颈部和腿部肌肉来加工灌制品。

在肉糜制品中所用的小牛肉是胴体或分割肉。因为小牛肉是来自比较年幼的动物,白条肉上的脂肪不多,因此无论是白条肉还是分割肉都较瘦。

### 2. 猪肉

由于猪身各部位的生理活动、功能作用不同,各部位含有各种不等的营养物质,形成胴体不同部位的不同品质;一般情况下,活动最频繁的部位含结缔组织就比较多,肉的营养价值和使用价值就会下降。颈部承受着沉重的头部,而且经常转动,所以颈部含有较多的粗糙的结缔组织;腹部也是活动最多的部位之一,这些部位也含有较多的结缔组织,肉质较差;在猪躯体的后半部、腰部、臀部的肌肉活动量少,含结缔组织少,这些部位的肌肉细嫩而味美。所以说沿脊椎和胴体的后半部品质优良,越接近头部的肉品质越差。

### 3. 羊肉

羊肉一般颜色比较深,用在香肠和罐头肉的加工中能得到理想的颜色。羊肉有很好的结合性,但由于羊膻气的影响,一般添加量限制在总量的20%或更低的范围内。

**4. 禽肉**

近年来采用禽肉的肉制品已经越来越多,鸡肉和火鸡已经被广泛使用。一些肉类加工厂采购带骨或去骨鸡肉、火鸡胸肉和腿肉,用来生产鸡肉、火鸡肉卷或火鸡火腿。从市场上可以采购整鸡或特定的分割部位肉,包括胸肉、大腿、翅膀、背部和颈肉。这些肉可以带皮或去皮。但颈、翅膀和背肉如带皮,价格就很低,因为皮上带有较高比例的脂肪和结缔组织。禽肉为白肉,色泽较淡,如为去骨禽肉,初始细菌含量较高,禽肉中脂肪大多为不饱和脂肪并易于氧化,其乳化性能及风味存在着差异,因此在香肠加工利用时应限量使用。

**5. 热鲜肉**

对蒸煮香肠加工来说,在任何情况下,热鲜肉都是最好的。因为屠宰后的热鲜肉就有较高的 pH 值和 ATP,保水性能强,肌动蛋白和肌球蛋白之间仍有大量间隙,用以吸收并保存水分,但一般情况下热鲜肉的这种特性在屠宰 8 h 后就失去了。目前常采用的方法是:将热鲜肉在屠宰分割后,短时间内立即斩碎,同时加入2% ~3%的食盐腌制,在有效的时间内使盐进入肌肉细胞,以阻止肌动球蛋白的形成。在使用热鲜肉时,可不必添加斩拌辅助剂如柠檬酸盐等。用热鲜肉加工而成的蒸煮香肠,在发色和护色方面仍有很大的缺陷,并由于 pH 值较高,腐败菌生长迅速,导致香肠变质。所以,蒸煮香肠如采用真空包装延长保质期,在加工时只能使用一部分热鲜肉。

**6. 冷冻肉**

即屠宰后经分割、冷冻在进行冷藏的原料肉。使用冷冻肉加工蒸煮香肠时,如使用含有磷酸盐的添加剂,在保水方面不会产生大的问题。但应注意某些冷冻肉在进行冻结之前,还没有通过尸僵过程,这种原料肉在斩拌之前,最好不进行解冻,而应在冻结状态下直接斩拌或搅拌。

**7. 冷却肉**

由于该肉进行了充分的成熟,使结合的肌动球蛋白在 ATP 的作用下重新分解成肌动蛋白和肌球蛋白,以恢复保水功能。并且由于肉自身酶的作用产生了风味物质——次黄嘌呤,所以用冷却肉加工蒸煮香肠是最理想的,但冷却肉在保质期方面比冷冻肉短,且在使用之前都要处在 0 ~4 ℃的低温环境下贮存。

# 第二节　畜禽原料肉的利用

## 一、牛肉

不同分割部位牛肉的利用见表 7 - 1。

表 7 - 1　不同分割部位牛肉的利用

| 分割肉名称 | 利　用 |
| --- | --- |
| 前小腿 | 沿着肌间的自然结缔组织缝用小刀分开前小腿和前胸肉。可以把前小腿锯成小段用于煨汤,也可剥下瘦肉用于绞馅 |
| 前胸肉 | 将前胸肉剔骨制成肉卷,可以炖用,也可腌制 |

表 7 - 1(续)

| 分割肉名称 | 利用 |
|---|---|
| 方块肩肉 | 这块含有前 1/4 胴体的头 5 根肋骨,可将其锯成肉排;靠近颈部的部分通常结缔组织较多,建议用于煨汤而不作肉排 |
| 胸肋 | 胸肋可用于不同的目的,但通常作炖用或深加工。胸肋骨适合于烤,是从胸肋的上面切下来,通常长 5~8 cm。如果用于腌制,应切下全部肋骨;如果炖用可留下肋骨,并横锯成小段。胸肋还可剔骨,制成肉馅或香肠 |
| 肩肋 | 由前 1/4 胴体的后 7 根肋骨组成。由于这块肉最嫩、骨头最少,所以是前块价值最高的肉。可制备成烤肉,作肉排用,也可制备成带骨肉、折叠肋通脊或肉块卷 |
| 后腹肉 | 在后腹肉厚部的内面有一小块瘦肉,重 1.2~1.4 kg,叫腹肉排,这块肉的肌纤维干燥,如用作肉排常在两边划长条切口、浸泡或切成薄片使其更嫩和像肉排受欢迎。全部去掉脂肪的后腹肉可以炖用、制成肉馅和肉卷 |
| 后腰臀肉 | 后腰臀肉包括后臀肉、臀垫、臀外侧肌和后小腿。从暴露的骨盆骨下方切下后臀肉。后臀肉通常带有大量的骨头。去掉后臀肉之后将整个后腰肉锯成比较薄的片成为后腿肉排;其余部分是小腿和臀根部。臀根部肉供炖用,贴近骨头将其剥掉,尽可能从后面多剥些肉;也可把小腿锯成段煮汤用 |
| 腰肉 | 通常从大头开始把腰肉全部锯成肉排。先锯后腰肉排,头三四块叫带楔骨的后腰大排;在髋骨与脊椎的分界处切下最后一块后腰肉排,这块叫带坐骨的后腰大排 |

## 二、猪肉

不同分割部位猪肉的利用见表 7 - 2。

表 7 - 2 不同分割部位猪肉的利用

| 名称 | 利用 |
|---|---|
| 后腿 | 为了得到长的猪后腿可在最后两个(第五和第六)腰椎间隙处锯开;长后腿由臀部和腿部组成,腿部包括腿中段和胫骨段。现多生产去骨臀肉和去骨腿肉。通常把后腿肉分成小块出售 |
| 肩肉 | 一般猪的肩肉带有 1~3 根肋骨,在露出的肩胛骨的下端平行于肩的上部可把肩肉锯成两块,带肉的肋骨可切成肉排或用作烤肉 |
| 腰肉 | 猪半边胴体的中段可以分成腰肉和腹肉,分割时从后腿上里脊肉的边缘直线切割,一直切到紧挨着脊椎突起边缘的前肋。腰肉可以整块烤,也可以切成小块烤肉,还可以切成肉排;肩排、肋排、腰排和后腰肉排都取自腰肉 |
| 腹肉 | 从后腹开始贴近肋骨的下面把排骨割下来,从腹肉上切掉薄而不规整的瘦肉片制备培根肉,再把腹肉翻过来,割掉下部的边缘,笔直切到乳头线以内,修正后腹边缘使整块肉呈方形用于腌制 |

## 三、羊肉

不同分割部位羊肉的加工特性见表7－3。

**表7－3　不同分割部位羊肉的利用**

| 名　　称 | 利　　用 |
|---|---|
| 后　腿 | 从腿的后腰部可切几块后腰大排。腿也可以全部去骨卷成肉卷 |
| 肩　肉 | 在通过脊椎分开后,可以把肩肉切成肉排烤制,也可以剔骨做成烤用肉卷 |
| 腰　肉 | 腰肉通常垂直于脊椎切成肉排,羔羊肉排切成大约2.5 cm厚 |
| 肋　条 | 可以在肋间切成肋大排,整个胸部作为烤肉去烤,也可以在肋间切成胸肋肉片 |
| 小　腿 | 割下来的前、后肢可供烤用,可以切段炖用或剔骨绞馅 |
| 瘦肉下脚料 | 从大块羊肉上修正的下脚料适合炖制或腌泡和用于特制烤肉;其他瘦肉下脚料可以绞馅。 |

# 第八章 畜禽肉贮藏保鲜与管理

肉中含有丰富的营养成分,在通常的贮藏、运输、销售中很容易被微生物污染,导致肉腐败变质。这不但给肉品生产企业带来巨大的经济损失,而且可能引起食物中毒,严重危害消费者健康。为了保证肉品的质量和安全性,就需要采用适当的贮藏保鲜方法,避免肉类及其制品在贮运和销售过程中发生腐败。目前,常用的肉品贮藏保鲜方法主要有冷却、冷冻、辐照、真空与气调包装、化学防腐、超高压处理、高强度脉冲电场等。

## 第一节 冷却贮藏

### 一、肉的冷却

肉的冷却既是为冷冻准备条件,也是肉与肉制品常用的贮存方法之一,是冷却肉加工的手段。

*1. 冷却目的*

牲畜刚屠宰完的胴体,由于自身热量没有散去,其温度一般在 37 ℃左右,同时,动物死后肌肉内部发生一系列复杂的生物化学变化,释放一定量的僵直热,会使肉的温度进一步上升到 40 ℃左右,这个温度范围正适合微生物生长繁殖,酶的活性也较高,对肉的贮藏非常不利。因此,肉的冷却首先就是在一定温度范围内使肉的温度迅速下降,使微生物的生长繁殖和酶的活力减弱到最低限度。其次,在冷却过程中由于肉中水分的蒸发,在表面形成一层干燥膜(亦称干壳),可阻止微生物的进一步污染,并能够减缓肉体内部水分的蒸发。

冷却也是冻结的准备阶段。对于整胴体或半胴体的冻结,由于肉层厚度较厚,若用一次冻结(即不经冷却,直接冻结),则表面迅速冻结,而内层的热量不易散发,从而使肉的深层产生"变黑"等不良现象,影响成品质量。同时一次冻结时,因温差过大,肉体表面水分的蒸发压力相应增大,引起水分大量蒸发,从而影响肉体的质量和品质变化。另外,在冷却阶段,肉也进行着成熟过程,使得肉质鲜嫩多汁,风味突出。

*2. 冷却方法*

(1)空气冷却法 目前一般采用空气冷却法,即在冷却室内装有各种类型的氨液蒸发管,以空气为媒介,将肉体的热量散发到空气中,再传至蒸发管,使室内温度保持在 0~4 ℃。根据冷却过程中冷却条件的变化可分为一次冷却法和二次冷却法。

一次冷却法是在一个冷却时间内完成全部冷却过程,冷却空气温度控制在 0 ℃左右,风速在 0.5~1.5 m/s。为了减少干耗,风速不宜超过 2 m/s,相对湿度在 90%~98%,冷却结束后,胴体后腿肌肉最厚部中心的温度应达到 4 ℃以下,整个冷却过程可在 24 h 内完成。

二次冷却法的整个过程在同一冷却间里分两段来进行。第一阶段,冷却间空气温度 2~3 ℃,空气流速 1~2 m/s,冷却时间 2~4 h。第二阶段,冷却间空气温度 -2~-1 ℃,流速 0.1 m/s,冷却 18 h 左右,在缓慢冷却中使肉表面与中心温度趋于一致。

一次冷却法和二次冷却法的有关数据见表 8 - 1。

表 8 - 1　肉冷却的有关数据

| 品名 | 冷却方法 | | 空气平均温度/℃ | 空气平均流速/(m/s) | 肉的初温/℃ | 肉的终温/℃ | 冷却时间/h |
|---|---|---|---|---|---|---|---|
| 牛肉 | 一次冷却法 | 慢速 | 2 | 0.1 | 35 | 4 | 36 |
| | | 中速 | 0 | 0.5 | 35 | 4 | 24 |
| | | 快速 | - 3 | 0.8 | 35 | 4 | 16 |
| | 二次冷却法 | 第一阶段 | - 5 ~ - 3 | 1 ~ 2 | 35 | 10 ~ 15 | 8 |
| | | 第二阶段 | - 1 | 0.1 | 10 ~ 15 | 4 | 10 |
| 猪肉 | 一次冷却法 | 慢速 | 2 | 0.1 | 35 | 4 | 36 |
| | | 中速 | 0 | 0.5 | 35 | 4 | 24 |
| | | 快速 | - 3 | 0.8 | 35 | 4 | 13 |
| | 二次冷却法 | 第一阶段 | - 7 ~ - 5 | 1 ~ 2 | 35 | 10 ~ 15 | 6 |
| | | 第二阶段 | - 1 | 0.1 | 10 ~ 15 | 4 | 8 |

(2)冷水冷却法　以冷水或冷盐水为介质,可采用浸泡或喷洒的方式进行冷却。与空气冷却法相比,冷水冷却法冷却速度快,可大大缩短冷却时间,不会产生干耗,但容易造成肉中的可溶性物质损失。用盐水作冷却介质时,盐水不宜与肉品直接接触,因为微量盐分渗入食品内就会带来咸味和苦味。冷水冷却法的冷却终温一般在 0 ~ 4 ℃,牛肉多冷却到 3 ~ 4 ℃,然后移到 0 ~ 1 ℃冷藏室内,使肉温逐渐下降;加工分割的胴体,先冷却到 12 ~ 15 ℃,再进行分割,然后冷却到 1 ~ 4 ℃。

(3)碎冰冷却法　这种方法对鱼类的冷却很有效。冰块融化时会吸收大量的热量,其相变潜热为 334.9 kJ/kg。当冰块和鱼类接触时,冰融化可以直接从鱼体中吸取热量使其迅速冷却。用碎冰法冷却鱼类不仅能使鱼冷却、湿润、有光泽,而且不会发生干耗现象。

3. 影响因素

(1)冷却间的温度　为了抑制微生物的生长繁殖和酶的活性,要尽快把肉温降低到一定范围。肉的冰点在 - 1 ℃左右,所以冷却终温以 0 ℃左右为好。在进肉之前,应使冷却间的空气温度保持在 - 4 ℃左右。对于牛肉、羊肉来说,在肉的 pH 值未降到 6.0 以下时,肉温不得低于 10 ℃,否则会发生冷收缩。

(2)冷却间的相对湿度(RH)　冷却间的 RH 对微生物的生长繁殖和肉的干耗(一般为胴体重的 3%)有显著影响。湿度大,有利于降低肉的干耗,但微生物生长繁殖加快,且肉表面不易形成皮膜;湿度小,微生物活动减弱,有利于肉表面皮膜的形成,但肉的干耗增大。在整个冷却过程中,水分不断蒸发,总水分蒸发量的 50% 以上是在冷却初期(最初 1/4 冷却时间内)完成的。因此在冷却初期,空气与胴体之间温差大,冷却速度快,RH 在 95% 以上为宜;之后,应维持在 90% ~ 95%;冷却后期 RH 维持在 90% 左右为宜。这种阶段性地选择相对湿度,不仅可缩短冷却时间,减少水分蒸发,抑制微生物大量繁殖,而且可使肉表面形成良好的皮膜,不致产生严重的干耗,达到冷却目的。

（3）空气流速　空气流动速度对干耗的影响也极为重要。相对湿度高,空气流速低,虽然能使干耗降到最低限度,但容易使胴体长霉和发黏。为了及时把由胴体表面转移到空气中的热量带走,并保持冷却间温度和相对湿度分布均匀,要保持一定速度的空气循环。冷却过程中,空气流速一般应控制在 0.5 ~ 1 m/s,最高不超过 2 m/s。否则会使肉的干耗明显增加,也增大了能耗。

4.冷却过程中的注意事项

（1）吊轨上的胴体,应保持 3 ~ 5 cm 的间距,轨道负荷每米定额以半片胴体计算,牛为 2 ~ 3 片（约 200 kg）、猪为 3 ~ 4 片（约 200 kg）,羊为 10 片（150 ~ 200 kg）。

（2）不同等级肥度的胴体要分室冷却,使全部胴体在相近时间内完成冷却,同一等级体重有显著差异的,则应把体重大的吊在靠近排风口的地方,以加速冷却。

（3）在平行轨道上,按"品"字形排列,以保证空气的流通。

（4）整个冷却过程中,尽量少开门和人员出入,以维持冷却室的冷却条件,减少微生物的污染。

（5）副产品冷却过程中,尽量减少水滴、血污等,并尽量缩短进冷库前停留时间。

（6）胴体冷却终点以后腿最后部中心温度达 0 ~ 4 ℃为标准。

## 二、冷却肉的贮藏

1.冷藏条件及时间

经过冷却的肉类,一般存放在 -1 ~ 1 ℃的冷藏间,一方面可以完成肉的成熟,另一方面达到贮藏的目的。冷藏期间温度要保持相对稳定,以不超出上述范围为宜。进肉或出肉时温度不得超过 3 ℃,相对湿度保持在 90% 左右,空气流速保持自然循环。不同的冷却肉的贮藏条件和贮藏期见表 8 - 2。

表 8 - 2　冷却肉的贮藏条件和贮藏期

| 品名 | 温度/℃ | 相对湿度/% | 贮藏期/d |
|---|---|---|---|
| 牛 肉 | - 1.5 ~ 0 | 90 | 28 ~ 35 |
| 小牛肉 | - 1 ~ 0 | 90 | 7 ~ 21 |
| 羊 肉 | - 1 ~ 0 | 85 ~ 90 | 7 ~ 14 |
| 猪 肉 | - 1.5 ~ 0 | 85 ~ 90 | 7 ~ 14 |
| 全净膛鸡 | 0 | 80 ~ 90 | 7 ~ 11 |
| 腊 肉 | - 3 ~ 1 | 80 ~ 90 | 30 |
| 腌猪肉 | - 1 ~ 0 | 80 ~ 90 | 120 ~ 180 |

2.冷藏方法

（1）空气冷藏法　即传统冷藏法。以空气作为冷却介质来维持冷藏库的低温,在冷藏过程中,冷空气以对流的方式与肉品进行热交换,保持肉品的低温水平。由于费用比较低,操作方便,是目前冷却冷藏的主要方法。

（2）冰冷藏法　主要用于冷藏运输中对肉类的冷藏。用冰量与外界气温的高低、隔热程度、贮藏时间等有关,很难准确计算,一般凭经验估计。

**3. 冷却肉冷藏期的变化**

冷藏期间的肉,由于水分没有结冰,微生物和酶的活动还在进行,所以易发生干耗、表面发黏、发霉、变色等不良变化。

(1) 干耗　处于冷却终点温度的肉(0~4 ℃),其物理化学变化并没有终止,其中因水分蒸发而导致的干耗最为突出。干耗的程度受冷藏室温度、相对湿度、空气流速的影响。高温、低湿、高空气流速会增加肉的干耗。

(2) 发黏　由于吊挂冷却时胴体之间相互接触,降温较慢,通风不好,使某些细菌繁殖产生黏液样物质,引起肉表面发黏,还可能产生陈腐气味。

(3) 发霉　作为好氧性的霉菌,一般生长在肉表面,形成白色或黑色小斑点。

(4) 颜色变化　肉在冷藏中色泽会不断地变化,若贮藏不当,牛、羊、猪肉会出现变褐、变绿、变黄、发荧光等。鱼肉产生绿变,脂肪会黄变。这些变化有的是在微生物和酶的作用下引起的,有的是本身氧化的结果。

(5) 成熟　冷却过程中可使肌肉中的化学变化缓慢进行达到成熟。一般采用低温成熟法即冷藏与成熟同时进行,条件是温度为 0~2 ℃,相对湿度为 86%~92%,空气流速为0.15~0.5 m/s,成熟时间因肉的品种不同而不同。

(6) 冷收缩　主要是牛肉和羊肉,在屠杀后的短时间内进行快速冷却时,肌肉产生强烈收缩。这种肉在成熟时不能充分软化。

(7) 串味　肉与有强烈气味的食品存放在一起,会使肉串味。

# 第二节　冷冻贮藏

肉的冷冻贮藏保鲜是现代原料肉贮藏的最佳方法之一,是指将肉置于低于 -18 ℃的低温环境中冻结并保存的一种贮藏方法,这种方法能有效抑制微生物的生命活动,延缓由酶、氧,以及热和光的作用而产生的化学和生物化学变化的过程,可以在较长时间内保持肉的食用品质。

## 一、肉的冷冻

肉经过冷却后(0 ℃以上),微生物和酶的活动只受到部分抑制,冷藏期短,只能作短期贮藏。而要长期贮藏需要对肉进行冻结,使肉的温度从 0~4 ℃降低至 -18 ℃以下,通常为 -18 ~ -23 ℃,肉中绝大部分水分(80%以上)冻成冰结晶的过程叫作肉的冻结。

**1. 肉的冻结理论**

根据拉乌尔第二定律,冰点降低与物质的量的浓度成正比,肉品中水分不是纯水而是含有机物及无机物的溶液。从物理化学的角度看,肉是充满组织液的蛋白质胶体系统,其初始冰点比纯水的冰点低(表 8-3),因此要降到 0 ℃以下才产生冰晶,冰晶开始出现的温度即为冻结点。由于肉品的种类、死后条件、肌浆浓度等不同,故各种肉品冻结点是不同的。初始冻结后,肉所处的温度越低,冻结水越多,剩余水相中溶质浓度越来越高,需要逐渐降低温度才能使剩余的水变成冰。要使肉品内水分全部冻结,温度要降到 -60 ℃,这样低的温度工业上一般不予采用,只要使绝大部分水冻结,就能达到贮藏的要求。所以一般要求在

$-30 \sim -18\ ℃$ 之间。一般冷库的贮藏温度为 $-25 \sim -18\ ℃$,食品的冻结温度亦大体降到此范围。

表8-3 几种肉类食品的含水量和初始冰点

| 品名 | 含水量/% | 初始冰点/℃ |
|---|---|---|
| 瘦肉 | 74 | -1.5 |
| 腌肉(含3%食盐) | 73 | -4 |
| 瘦鱼肉 | 80 | -1.1 |
| 肥鱼肉 | 65 | -0.8 |
| 鸡肉 | 74 | -1.5 |

食品内水分的冻结率即冻结量的近似值为

$$冻结率（\%）= 1 - \frac{冻结点}{冻结终温} \times 100\%$$

一般对于瘦肉而言,在初始冰点时肉中冻结水约占50%。而在 $-5\ ℃$ 时,冻结水约占80%。由此可见,从初始冰点到 $-5\ ℃$ 时,肉中约80%的水冻结成冰。从 $-5\ ℃$ 到 $-30\ ℃$,虽然温度下降很多,但由于溶质浓度的增加,其冰点相应地降低,冻结水的百分比只增加10%。从初始冰点到 $-5\ ℃$ 这个大量形成冰结晶的温度范围叫作最大冰结晶生成带。肉在通过其最大冰结晶生成带时,要放出大量的热量,因而需要的时间较长。

2. 冻结速度

冻结速度的快慢对冻肉的品质影响很大。目前常用冻结时间或单位时间内形成冰层的厚度表示冻结速度。

（1）用冻结时间表示 食品中心温度通过最大冰结晶生成带所需时间如小于 30 min 为快速冻结,如大于 30 min 为缓慢冻结。冻结期间从肉的表面到中心,温度变化或温度下降极为不同（图8-1）,单位时间内的温度变化（℃/h）难以确切地描述冻结过程。

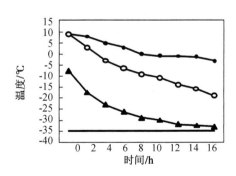

图8-1 大块肉冻结期间的温度变化

（2）用单位时间内形成冰层的厚度表示 因为产品的形状和大小差异很大,如牛胴体和鹌鹑胴体,比较其冻结时间没有实际意义。通常,把冻结速度表示为由肉品表面向热中心的冰推进速度。在实践中,平均冻结速度可表示为由肉块表面向热中心形成的冰层厚度与冻结时间之比。国际制冷协会规定,冻结时间是从肉品表面温度达到 0 ℃ 开始,到中心温度

达到 -10 ℃所需的时间。冰层厚度和冻结时间的单位分别用 cm 和 h 表示,则冻结速度
(V)为

$$V(cm/h) = \frac{\text{冰层厚度}(cm)}{\text{冻结时间}(h)}$$

冻结速度为 10 cm/h 以上者,称为超快速冻结,用液氮或液态 $CO_2$ 冻结小块物品,属于
超快速冻结;5 ~ 10 cm/h 为快速冻结,用平板式冻结机或流化床冻结机可实现快速冻结;
1 ~ 5 cm/h 为中速冻结,常见于大部分鼓风冻结装置;1 cm/h 以下为慢速冻结,纸箱装肉品
在鼓风冻结期间多处在缓慢冻结状态。

(3)缓慢冻结  对瘦肉中冰形成过程的研究表明,冻结过程越快,所形成的冰晶越小。
在肉冻结期间,冰结晶首先在肌纤维之间形成,这是因为肌细胞外液的冰点比肌细胞内液的
冰点较高。缓慢冻结时,冰结晶在肌细胞之间形成和生长,从而使肌细胞外液浓度增加。由
于渗透压的作用,肌细胞会失去水分而发生脱水收缩,在收缩的细胞之间形成相对少而大的
冰晶。

(4)快速冻结  快速冻结时,肉的热量散失很快,使得肌细胞来不及脱水便在细胞内形
成了冰晶,也就是肉内冰层推进速度大于水移动速度,结果在肌细胞内外形成了大量分布均
匀的小冰晶。

冰晶在肉中的分布和大小是很重要的。缓慢冻结的肉类因为水分不能返回到其原来的
位置,在解冻时会失去较多的肉汁,而快速冻结的肉类不会产生这样的问题,所以速冻肉的
质量高。此外,冰晶的形状有针状、棒状等不规则形状,冰晶大小从 10 μm 到 800 μm 不等。
如果肉块较厚,冻肉的表层和深层所形成的冰晶也不同,表层形成的冰晶小而多,而深层形
成的冰晶少而大。

3. 冻结方法

(1)空气冻结法  在冻结过程中,冷空气以自然对流或强制对流的方式与食品换热。
由于空气的导热性差,与食品间的换热系数小,故所需的冻结时间较长。但是,空气资源丰
富,无任何毒副作用,其热力性质早已为人们所熟知,所以用空气作介质进行冻结仍是目前
最广泛的一种冻结方法,其特点是经济方便、速度慢。

(2)板式冻结法  这种方法是把薄片状食品(如肉排、肉饼)装盘或直接与冻结室中的
金属板架接触,冻结室温度一般为 -30 ~ -10 ℃。由于金属板直接作为蒸发器,传递热量,
冻结速度比静止空气冻结法快、传热效率高、食品干耗少。其装置类型有平板冻结装置、钢
带式冻结装置、回转式冻结装置等。

(3)盐水浸渍式冻结  这是用盐水等作制冷剂,在低温下将食品直接浸在制冷剂中或
将制冷剂直接喷淋于食品上使之冻结的方法。其制冷剂有液态氮、盐水、丙二醇等,因制冷
剂直接与食品全面接触,所以冻结时间短(比空气式快 2 ~ 3 倍)、食品干耗小、色泽好,适用
于大型鱼类、屠体的冻结。尽管要求使用的冷冻液无毒、无异味、经济等,但还是存在着食品
卫生问题,故一般不适用于未包装食品的冻结。

(4)液化气式连续冻结  利用沸点很低的制冷剂(如液氮及二氧化碳)在极低温下进行
变态、吸热蒸发或升华的特性,将食品急速冻结,其类型有隧道式和螺旋式。液氮的使用方
法有液浸、喷淋、蒸汽冷凝 3 种。目前,广泛使用的最有效的方法是喷淋法。与其他冻结方
式相比,喷淋法冻结速度快、时间短、干耗小、生产效率高,且食品在冻结中避免了与空气接
触,不会产生食品的酸化、变色等问题,是一种高冻结品质的冻结方法,适用于各类食品的冻

结,但操作成本高,主要是液氮的消耗和费用高。

## 二、冻结肉的冻藏

冻结肉的冻藏的主要目的是阻止冻肉的各种变化,以达到长期贮藏的目的。冻肉品质的变化不仅与肉的状态、冻结工艺有关,与冻藏条件也有密切的关系。温度、相对湿度和空气流速是决定贮藏期和冻肉质量的重要因素。

1. 冻藏条件及冻藏期

(1)温度 从理论上讲,冻藏温度越低,肉品质量保持得就越好,保质期也就越长,但成本也随之增大。在实际生产中,-18 ℃是比较经济合理的温度。冷库中温度的稳定也很重要,温度的波动应控制在±1 ℃范围内,否则会促进小冰晶消失和大冰晶形成,加大冰晶对肉的机械损伤作用。

(2)湿度 从减少肉品干耗考虑,空气湿度越大越好,但湿度过大会加快腐败菌的增长繁殖,一般控制在95% ~98%之间。

(3)空气流动速度 在空气自然对流情况下,流速为0.05 ~0.15 m/s,空气流动性差,温、湿度分布不均匀,但肉的干耗少。多用于无包装的肉食品。在强制对流的冷藏库中,空气流速一般控制在0.2 ~0.3 m/s,最大不能超过0.5 m/s,其特点是温、湿度分布均匀,肉品干耗大。对于冷藏胴体而言,一般没有包装,冷藏库多用空气自然对流方法,如要用冷风机强制对流,要避免冷风机吹出的空气正对胴体。

(4)冻藏期限 因为原料肉品质、冻藏条件、堆放方式和包装方式都影响冻肉的冻藏期,很难制订准确的冻肉贮藏期。在相同贮藏温度下,不同肉品的贮藏期大体上有如下规律:畜肉的冷冻贮藏期大于水产品;畜肉中牛肉贮藏期最长,羊肉次之,猪肉最短。各种肉类的冻藏条件和冻藏期见表8 - 4。

表8 - 4 冷冻肉的贮藏温度与贮藏期

| 冷冻肉品名称 | 贮藏期/月 | | |
|---|---|---|---|
| | -18 ℃ | -25 ℃ | -30 ℃ |
| 牛胴体 | 12 | 18 | 24 |
| 羊胴体 | 9 | 12 | 24 |
| 猪胴体 | 4 ~6 | 12 | 15 |
| 包装好的烤牛肉和牛排 | 12 | 18 | 24 |
| 包装好的剁碎肉(未加盐) | 10 | >12 | >12 |
| 烤猪肉和排骨 | 6 | 12 | 15 |
| 腊肠 | 6 | 10 | |
| 腌肉 | 2 ~4 | 6 | 12 |
| 鸡 | 12 | 24 | 24 |
| 内脏 | 4 | | |

2. 肉在冻结和冻藏期间的变化

各种肉类经过冻结和冻藏后,都会发生一系列理化变化,肉的品质受到影响。冻结肉的功能特性不如鲜肉,长期冻藏可使猪肉和牛肉的功能特性显著降低。

(1)物理变化

①容积　水变成冰所引起的容积增加大约是9%,而冻肉由于冰的形成所造成的体积增加约为6%。肉的含水量越高,冻结率越大,则体积增加越多。在选择包装方法和包装材料时,要考虑到冻肉体积的增加。

②干耗　干耗也会减重。肉在冻结、冻藏和解冻期间都会发生脱水现象。对于未包装的肉类,在冻结过程中,肉中水分减少0.5% ~2%,快速冻结可减少水分蒸发。在冻藏期间质量也会减少。冻藏期间空气流速小,温度尽量保持不变,并且堆放密度大,有利于减少水分蒸发。采用适当的包装和覆盖物可以有效地减少冻藏期间的干耗。

③冻结烧　在冻藏期间由于肉表层冰晶的升华,形成了较多的微细孔洞,增加了脂肪与空气中氧的接触机会,致使脂肪氧化酸败和发生羰氨反应,导致冻肉产生酸败味,肉表面发生黄褐色变化,表层组织结构粗糙,这就是所谓的冻结烧。冻结烧与肉的种类和冻藏温度的高低有密切关系。禽肉和鱼肉脂肪稳定性差,易发生冻结烧。猪肉脂肪在 −8 ℃下贮藏6个月,表面有明显酸败味,且呈黄色。而在 −18 ℃下贮藏12个月也无无冻结烧发生。

对冻结烧的预防措施有:镀冰衣;采用聚乙烯塑料薄膜密封包装;提高库内空气的相对湿度;控制库内空气的流速;增大冻肉的堆垛密度;尽量选用大的冷库和冻藏间;采用夹套式冷库,尽可能保持库温的稳定等。

④重结晶　冻藏期间冻肉中冰晶的大小和形状会发生变化,特别是在冻藏室内的温度高于 −18 ℃,且温度波动的情况下,微细的冰晶不断减少或消失,形成大冰晶。实际上,冰晶的生长是不可避免的。经过几个月的冻藏,由于冰晶生长的原因,肌纤维受到机械损伤,组织结构受到破坏,解冻时引起大量肉汁损失,肉的质量下降。在生产中,可采用低温快速的冻结方式,同时尽量减少温度波动次数和减小波动幅度,特别要避免 −18 ℃以上温度的波动,可有效降低重结晶现象的发生,保证冻藏肉的质量。

(2)化学变化

速冻所引起的化学变化不大,而肉在冻藏期间会发生一些化学变化,从而引起肉的组织结构、外观、气味和营养价值的变化。

①蛋白质变性　与盐类电解质浓度的提高有关,冻结往往使鱼肉蛋白质尤其是肌球蛋白,发生一定程度的变性,从而导致韧化和脱水。牛肉和禽肉的肌球蛋白比鱼肉肌球蛋白稳定得多。

②肌肉颜色　冻藏期间冻肉表面颜色逐渐变暗,这包括脂肪的变色和肌肉的褐变,颜色变化也与包装材料的透氧性有关。

脂肪的变色:脂肪在冻藏过程中会发生氧化,这主要是由于脂肪中不饱和脂肪酸在空气中氧的作用下生成氢过氧化物和新的自由基。由于自由基反应,油脂就自动氧化,加快了氧化酸败的速度。

肌肉的褐变:这是由于含二价铁离子的还原型肌红蛋白和氧合肌红蛋白,在空气中氧的作用下,氧化生成了三价铁离子的氧化肌红蛋白(高铁肌红蛋白),而呈褐色。

③风味和营养成分变化　大多数食品在冻藏期间会发生风味和味道的变化,尤其是脂肪含量高的食品。多不饱和脂肪酸经过一系列化学反应发生氧化而酸败,产生许多有机化合物,如醛类、酮类和醇类。醛类是使风味和味道异常的主要原因。冻结烧、$Cu^{2+}$、$Fe^{2+}$、血红蛋白也会使酸败加快。添加抗氧化剂或采用真空包装可防止酸败。对于未包装的腌肉来

说,由于低温浓缩效应,即使低温腌制,也会发生酸败。

④微生物和酶　病原性微生物代谢活动在温度下降到 3 ℃时停止,当温度下降到 10 ℃以下时,大多数细菌、酵母菌、霉菌的生长受到抑制。

### 三、冻结肉的解冻

解冻是冻结的逆过程,实质上是冻结肉中形成的冰结晶还原溶解成水的过程,使冻结肉恢复到冻前的新鲜状态,以便于加工。但是冻结肉完全恢复到冻前状态是不可能的,随着温度升高,肉会出现一系列变化。在实际工作中,解冻的方法应根据具体条件选择,原则是既要缩短时间又要保证质量。

1. 解冻方法

解冻方法很多,如空气解冻法、水解冻法、高频电及微波解冻法。从传热的方式上可以归为两类:一类是从外部借助对流换热进行解冻,如空气解冻、水解冻;另一类是肉内部加热解冻,如高频电和微波解冻。肉类加工中大多采用空气解冻法和水解冻法。

（1）空气解冻　空气解冻是将冻肉移放在解冻间,靠空气介质与冻肉进行热交换来实现解冻的方法。一般在 0 ~ 5 ℃空气中解冻称缓慢解冻,在 15 ~ 20 ℃空气中解冻称快速解冻。空气解冻又可分为自然解冻和流动空气解冻。空气的温度、湿度和流速都影响解冻后肉品的质量。

自然解冻又称静止空气解冻,是一种在室温条件下解冻的方法,解冻速度慢。随着解冻温度的提高,解冻时间变短。在 4 ℃和 RH 90% 条件下解冻时,冻结肉由 - 18 ℃上升到 2 ℃,解冻时间 2 ~ 3 d;在 12 ~ 20 ℃和 RH 50% ~ 60% 条件下解冻,需 15 ~ 20 h。解冻速度也与肉块的形状和大小有关。流动空气解冻是采用强制送风,加快空气循环,缩短解冻时间。采用空气 - 蒸气混合介质解冻则比单纯空气解冻所需时间短。

空气解冻的优点是不需特殊设备,适合解冻任何形状和大小的肉块;缺点是解冻速度慢,水分蒸发多,质量损失大。

（2）水解冻　水解冻的方式可分静水解冻和流水解冻或喷淋解冻。对肉类来说,一般采用较低温度的流水缓慢解冻为宜,在水温高的情况下,可采用加碎冰的方法进行低温缓慢解冻。水解冻法还可采用喷淋解冻。根据肉的形状、大小和包装方式,也可采用空气解冻与喷淋解冻相结合的方法。水解冻的优点是较空气解冻速度快,但耗水量大,同时还会使部分蛋白质和浸出物损失,肉色淡白,香气减弱。

（3）蒸汽解冻　将冻肉悬挂在解冻间,向室内通入水蒸气,当蒸汽凝结于肉表面时,则将解冻室的温度由 4.5 ℃降低至 1 ℃,并停止通入水蒸气。这种方法的优点在于解冻的速度快,但肉汁损失比空气解冻大得多。然而肉的质量由于水汽的冷凝会增加 0.5% ~ 4.0% 。

（4）真空解冻　真空解冻法的主要优点是解冻过程均匀和没有干耗。厚度 0.09 mm、质量 31 kg 的牛肉,利用真空解冻装置只需 60 min。

（5）微波解冻　微波解冻是选用工业用微波 915 MHz,直接作用于冻肉上。肉在微波的作用下,极性分子以每秒钟 915 MHz 的交变振动摩擦而产生热量,而达到解冻目的。微波解冻的优点是解冻快速而均匀;可以减少肉损,降低消耗;安全、整洁,无交叉污染;设备占地面积小,操作方便,使用寿命长,可连续生产。

（6）低频解冻　低频解冻（电阻型）是将冻结肉视为电阻,利用电流通过电阻时产生的热使冰融化,所用电流是交流电源,频率为 50Hz 或 60Hz 的低频。解冻速度比空气型和水解冻的速度快 2~3 倍,设备费用低,耗电少,运转费用低。但是只能解冻表面平滑的块状冻结肉,肉块内部解冻不均匀,易产生过热冻品,还会出现煮过的状态。

(7)高压解冻　高压解冻是在高压条件下,冻品的原有部分冰温度剧降放出显热并转化为另一部分冰的溶解潜热使之融化的过程。无须外界加热,降温迅速,并且压力能可以瞬间均一传递到冻品内部,内外可同时快速解冻。高压解冻是在最低有效温度下解冻大量肉制品的最有效的方法,可以避免加热解冻造成的食品热变性和解冻时最大冰晶带停留时间过长,还有杀菌的作用。

生产实践中要根据肉的形状、大小、包装方式、肉的质量、污染程度及生产需要等,采取适宜的解冻方法,也可以几种不同的解冻方法混合使用。而且还要根据生产的需要,将肉解冻到完全解冻状态或半解冻状态。

2. 解冻速度对肉质的影响

解冻是冻结的逆过程,冻结过程中的不利因素,在解冻时也会对肉质产生影响,如冰晶的变化、微生物、酶的作用等。解冻速率对肉质有较大影响:解冻速率对解冻汁液流失率的影响呈非线性关系,在一定的范围内存在最佳解冻速率可以使肉品的解冻汁液流失率最低;解冻速率对全蛋白的溶解性也有一定的影响;对肉品的超微结构有一定的破坏,且解冻速率越大,破坏作用越大。为了保证冻结肉解冻后能最大限度地复原到原来的状态,一般对冻结速度均匀、体积小的产品,应采用快速解冻,这样在细胞内外冰晶几乎同时溶解,水分能较好地吸收,汁液流失相对较少。对体积大的产品,应采用低温缓慢解冻,因为大体积的肉块或胴体在冻结时,冰晶分布不均匀,解冻时融化的冰晶要被肌肉细胞吸收需要一定的时间,因此可减少汁液流失,使解冻后的肉质接近原来的状态。如在 -18 ℃下贮藏的猪胴体,用快速解冻时汁液流失量为 3.05%,慢速解冻时汁液流失量只有 1.23%。

# 第三节　其他贮藏方法

## 一、气调包装贮藏

气调包装是用阻气性材料将肉类食品密封于一个改变了的气体环境中,从而抑制腐败微生物的生长繁殖及生化活性,达到延长货架期的目的。

1. 气调贮藏原理

气调贮藏保鲜是利用调整环境气体成分来延长肉品贮藏寿命和货架期的技术。其基本原理是,在一定的封闭体系内,通过各种调节方式得到不同于正常大气组成的调节气体,以此来抑制肉品本身的生理生化作用和抑制微生物的作用。肉质下降是由于生理生化作用和微生物作用的结果,这些作用都与 $O_2$ 和 $CO_2$ 有关。在引起腐败的微生物中,大多数是好氧性的,因而利用低 $O_2$,高 $CO_2$ 的调节气体体系,可以对肉类进行保鲜处理,延长贮藏期。

肉的气调包装是指在密封性能良好的材料中装进肉品,然后注入特殊气体或气体混合物,再把包装密封,使其与外界隔绝,从而抑制微生物生长,抑制酶促腐败,从而达到延长货架期的目的。气调包装和真空包装相比,并不会比真空包装货架期长,但会减少产品受压和血水渗出,并能使产品保持良好色泽。肉类保鲜中常用的气体是 $O_2$、$CO_2$ 和 $N_2$。正常大气中的空气是好几种气体的混合物,其中 $N_2$ 约占空气体积的 78%、$O_2$ 约 21%、$CO_2$ 约

0.03%、Ar 等稀有气体约 0.94%，其余则为蒸汽。$O_2$ 的性质活泼，容易与其他物质发生氧化作用，$N_2$ 则惰性很高，性质稳定，$CO_2$ 对于嗜低温菌有抑制作用。通过对包装物内部鲜肉周围气体成分的调整，使之与正常的空气组成成分不同，达到延长产品保存期的目的。

2. 气调包装使用的气体

肉品气调包装常用的气体主要为 $O_2$、$CO_2$ 和 $N_2$。

（1）$O_2$  $O_2$ 在气调包装中的一个主要的功能是保持肉类的红色。肌肉中肌红蛋白与氧分子结合后，成为氧合肌红蛋白而呈鲜红色。据报道，混合气体中 $O_2$ 一般在 10% 以上才能保持这种肉色。鲜红色的氧合肌红蛋白的形成还与肉表面潮湿与否有关。表面潮湿，则溶氧量多，易于形成鲜红色。但 $O_2$ 的存在有利于好气性假单胞菌生长，使不饱和脂肪酸氧化酸败，致使肌肉褐变。因此，气调包装中加工肉制品的 $O_2$ 残留量是一个重要的考虑因素。

（2）$CO_2$  澳大利亚及新西兰的牛肉是以填充高浓度的 $CO_2$ 包装进行船舶运输的，在 $-14\ ℃$ 的贮存温度下，这种处理的牛肉有 40～50 d 的贮存期。$CO_2$ 在充气包装中的使用，主要是由于它的抑菌作用。$CO_2$ 是一种稳定的化合物，无色、无味，提高 $CO_2$ 浓度，使包装袋中原有的氧气浓度降低，使好气性细菌生长速率减缓，也使某些酵母菌和厌气性菌的生长受到抑制。$CO_2$ 的抑菌作用：一是通过降低 pH 值，$CO_2$ 溶于水中，形成碳酸，使 pH 值降低，这会对微生物有一定的抑制；二是通过对细胞的渗透作用，在同温同压下 $CO_2$ 在水中的溶解是 $O_2$ 的 6 倍，渗入细胞的速率是 $O_2$ 的 30 倍，由于 $CO_2$ 的大量渗入，会影响细胞膜的结构，增加膜对离子的渗透力，改变膜内外代谢作用的平衡，而干扰细胞正常代谢，使细菌生长受到抑制。$CO_2$ 渗入还会刺激线粒体 ATP 酶的活性，使氧化磷酸化作用加快，使 $A_w$ 减少，即使机体代谢生长所需能量减少。但高浓度的 $CO_2$ 也会减少氧合肌红蛋白的形成。

（3）$N_2$  $N_2$ 惰性强，性质稳定，对肉的色泽和微生物没有影响，主要作为填充气体，以保持包装饱满。另外，在气调包装中 $N_2$ 取代 $O_2$，可延迟好氧菌导致的腐败和氧化变质。

此外，人们还研究了 CO、$SO_2$ 和 Ar 在气调包装中的应用，但都因为一些性质的限制，还只是处于研究阶段，并未得到真正的应用。

3. 气调包装中各种气体的最适合比例

在气调包装中，$CO_2$ 具有良好的抑菌作用，$O_2$ 为保持肉品鲜红色所必需，而 $N_2$ 则主要作为调节及缓冲用，如何能使各种气体比例适合，使肉品保存期长，且各方面均能达到良好状态，则必须予以探讨。$CO_2$、$O_2$、$N_2$ 必须保持合适比例，才能使肉品保存期长，且各方面均能达到良好状态。欧美大多以 $80\%\ O_2 + 20\%\ CO_2$ 方式包装零售，其货架期为 4～6 d。英国在 1970 年有两项专利，其气体混合比例为 $70\%～90\%\ O_2$ 与 $10\%～30\%\ CO_2$ 或 $50\%～70\%$ $O_2$ 与 $50\%～70\%\ CO_2$，而一般多用 $20\%\ CO_2 + 80\%\ O_2$，具有 8～14 d 的鲜红色效果。表 8-5 为各种肉制品所用气调包装的气体混合比例。

表 8-5  气调包装肉及肉制品所用气体比例

| 肉的品种 | 混合比例 | 国家 |
|---|---|---|
| 新鲜肉（5～12 d） | $70\%\ O_2 + 20\%\ CO_2 + 10\%\ N_2$ 或 $75\%\ O_2 + 25\%\ CO_2$ | 欧洲各国 |
| 鲜碎肉制品和香肠 | $33.3\%\ O_2 + 33.3\%\ CO_2 + 33.3\%\ N_2$ | 瑞士 |
| 新鲜斩拌肉馅 | $70\%\ O_2 + 30\%\ CO_2$ | 英国 |

表 8 - 5（续）

| 肉的品种 | 混合比例 | 国家 |
|---|---|---|
| 熏制香肠 | 75% $CO_2$ + 25% $N_2$ | 德国及北欧四国 |
| 香肠及熟肉(4 ~ 8 周) | 75% $CO_2$ + 25% $N_2$ | 德国及北欧四国 |
| 家禽(6 ~ 14 d) | 50% $O_2$ + 25% $CO_2$ + 25% $N_2$ | 德国及北欧四国 |

## 二、真空包装

真空包装是指除去包装袋内的空气，经过密封，使包装袋内的食品与外界隔绝。在真空状态下，好气性微生物的生长减缓或受到抑制，减少了蛋白质的降解和脂肪的氧化酸败。另外，经过真空包装，使乳酸菌和厌气菌增殖，pH 值降低至 5.6 ~ 5.8，进一步抑制了其他菌的生长，从而延长了产品的贮存期。真空包装一般需要结合其他一些常用的防腐方法才能取得良好的保存效果，如脱水、加入香辛料、灭菌、冷冻。

1. 真空包装的作用

对于鲜肉，真空包装的作用主要是：

（1）抑制微生物生长，并避免外界微生物的污染。食品的腐败变质主要是由于微生物的生长，特别是需氧微生物。抽真空后可以造成缺氧环境，抑制许多腐败性微生物的生长。

（2）减缓肉中脂肪的氧化速度，对酶活性也有一定的抑制作用。

（3）减少产品失水，保持产品质量。

（4）可以与其他方法结合使用，如抽真空后再充入 $CO_2$ 等气体；还可与一些常用的防腐方法结合使用，如脱水、腌制、热加工、冷冻和化学保存。

（5）产品整洁，增加市场效果，较好地实现市场目的。

2. 对真空包装材料的要求

（1）阻气性　主要目的是防止大气中的氧重新进入真空包装袋内，避免需氧菌生长。乙烯、乙烯 - 乙烯醇共聚物都有较好的阻气性，若要求非常严格时，可采用一层铝箔。

（2）水蒸气阻隔性　即应能防止产品水分蒸发，最常用的材料有聚乙烯、聚苯乙烯、聚丙乙烯、聚偏二氯乙烯等薄膜。

（3）香味阻隔性能　应能保持产品本身的香味，并能防止外部的一些不良气味渗透到包装产品中，聚酰胺和聚乙烯混合材料一般可满足这方面的要求。

（4）遮光性　光线会促使肉品氧化，影响肉的色泽。只要产品不直接曝露于阳光下，通常用没有遮光性的透明膜即可。按照遮光效能递增的顺序，采用的方式有：印刷、着色、涂聚偏二氯乙烯、上金、加一层铝箔等。

（5）机械性能　包装材料最重要的机械性能是具有防撕裂和防封口破损的能力。

3. 真空包装存在的问题

真空包装虽然能延长产品的贮存期，但也有质量缺陷，主要体现在以下几个问题。

（1）色泽　在价格合理的情况下，消费者购买肉类时最先考虑的就是它的颜色。肉色太暗或褐变都使消费者望而却步，因此鲜肉货架寿命长短，通常视该块肉保持鲜红色之长短而定。许多鲜肉虽然肉色褐变了，但是其实并没有发生腐败变质。鲜肉经过真空包装，氧分压低，这时鲜肉表面肌红蛋白无法与氧气发生反应生成氧合肌红蛋白，而被氧化为高铁肌红蛋白,易被消费者误认为非新鲜肉。这个问题可以通过双层包装解决。即内层为一层透气性好的薄膜,然后用真空包装袋包装,在销售时,将外层打开,由于内层包装通气性好,与空气充分接触形成氧合肌红蛋白,但这会缩短产品保质期。

(2)抑菌方面　真空包装虽能抑制大部分需氧菌生长,但即使氧气含量降到 0.8%,仍无法抑制好气性假单胞菌的生长。但在低温下,假单胞菌会逐渐被乳酸菌所取代。

(3)肉汁渗出及失重问题　真空包装易造成产品变形以及血水增加,有明显的失重现象。消费者在购买鲜肉时,看到包装内有血水,一定会有一种不舒服的感觉。实际上血水渗出是不可避免的,分割的鲜肉,只要经过一段时间,就会自然渗出血水。由于血水渗出问题,因而尽管真空包装鲜肉在冷却条件下(0～4 ℃)能贮存 28～35 d,也不易被一般消费者所接受。

### 三、辐照贮藏

肉类辐照贮藏一般利用放射性元素发出的 γ 射线或利用电子加速器产生的电子束或 X 射线,在一定剂量范围内辐照肉,杀灭其中的腐败菌、可能存在的病原菌和寄生虫,或抑制肉品中酶的生物活性和生理过程,从而达到保存的目的。

1. 辐照贮藏的优点

(1)能很好地保持食品的色、香、味、形等新鲜状态和食用品质。辐照食品一般在常温下进行,辐照时几乎不引起内部温度的升高,故能保持食品的外观形态和食用风味。

(2)射线的穿透力强,可杀灭深藏于肉中的害虫、寄生虫和微生物,起到化学药品和其他处理方法所不能的作用。

(3)应用范围广,能处理各种不同类型的肉类。

(4)无污染、无残留,安全卫生。

(5)辐照装置加工效率高,整个工序可连续操作,易于自动化。

(6)耗能低,可以节约能源。

(7)辐照杀虫灭菌,可以作为进出口贸易的一种有效检疫处理手段。

2. 辐照贮藏的工艺

一般工艺流程是:前处理→包装→剂量的确定→检验→运输→保存。

(1)前处理　辐照保鲜就是利用射线杀灭微生物,并减少二次污染,从而达到保存的目的。因此,辐照保存的原料肉必须新鲜、优质、卫生,这是辐照保鲜的基础。辐照前对肉品进行挑选和品质检查,要求质量合格,原始含菌量、含虫量低。

(2)包装　屠宰后的胴体必须剔骨,去掉不可食部分,然后进行包装。包装的目的是避免辐照过程中的二次污染,便于贮藏、运输。包装可采用真空或充入氮气。包装材料可选用金属罐或塑料袋。塑料袋一般选用抗拉度强、抗冲击性好、透氧率指标好、γ 射线辐照后其化学和物理特性变化小的复合薄膜制成。一般以聚乙烯(PE)、聚对苯二甲酸乙二酯(PET)、聚乙烯醇(PVA)、聚丙烯(PP)和尼龙 6(PA6)等薄膜复合结构,有时在中层夹铝箔效果更好。采用热合封口包装是肉制品辐照保鲜的一个重要环节。因而要求包装能够防止辐照食品的二次污染。

(3)辐照　常用辐照源有 $^{60}$Co、$^{137}$Cs 和电子加速器三种,其中 $^{60}$Co 辐照源释放的 γ 射线穿透力强,设备较简单,因而多用于肉品辐照。辐照箱一般采用铝质材料,长方体结构,长、宽、高的比例可为 2:15:5。辐照条件根据辐照肉品的要求而定,如为减少辐照过程中某些营养成分的损失,可采用高温辐照。在辐照方法上,为了提高辐照效果,经常使用复合处理的方法,如与红外线、微波等物理方法相结合。

(4)剂量的确定 辐照处理的剂量和处理后的贮藏条件往往会直接影响其效果。辐照剂量越高,保存时间越长。各种肉类辐照剂量与保存时间见表8-6。

**表8-6 各种肉类辐照剂量与保存时间**

| 肉类 | 辐照剂量/Krad | 保存时间 |
|---|---|---|
| 鲜猪肉 | $^{60}$Co γ 射线 1 500 | 常温保存2个月 |
| 鸡肉 | γ 射线 200~700 | 延长保存时间 |
| 牛肉 | γ 射线 500 | 3~4周 |
| | 1 000~2 000 | 3~6个月 |
| 羊肉 | γ 射线 4 700~5 300 | 灭菌保存 |
| 猪肉肠 | γ 射线照射 | 减少亚硝酸盐用量 |
| | 4 700~5 300 | 灭菌保存 |
| 腊肉罐头 | $^{60}$Co γ 射线 4 500~5 600 | 灭菌保存 |

(5)辐照后的保存 肉品辐照后可在常温下贮藏。采用辐照耐贮杀菌法处理的肉类,结合低温保存效果较好。肉品辐照处理是一项综合性措施,要把好每一个工艺环节才能保证辐照的效果和质量。

3. 辐照肉品的卫生安全性

辐照肉品的卫生安全性是辐照肉品研究的重要问题,其研究范围包括5个方面:①有无残留放射性及诱导放射性;②辐照肉品的营养卫生;③有无病原菌的危害;④辐照肉品有无产生毒性;⑤有无致畸、致癌及致突变效应。

研究结果表明:因肉品在进行辐照时,被照肉品没有直接接触放射性同位素,因此不会沾染放射性物质,这与核爆炸和核源泄漏事故是不相同的;在肉品辐照中一般采用$^{60}$Co 的 γ 射线,且用低能量电子射线对肉品处理,不可能达到使肉品内的元素产生诱导放射性的能量,当然也不会产生诱导放射性核元素及其化合物;和其他肉品加工技术一样,辐照也将使肉品发生理化性质的变化,导致感官品质及营养成分的改变,变化程度和性质取决于照射肉品的种类和照射剂量,高剂量的辐照下,肉品中氨基酸仅破坏10%左右,蛋白质的色、香、味及营养价值有一定程度下降,但不明显改变肉品中蛋白质的含量,脂肪的氧化在适度剂量范围内也是很少发生。

对于鲜肉而言,辐照保存是一种非常有效的方法,可杀灭大多数肉品腐败菌和病原菌,而不影响产品的品质,并延长保质期。

## 四、高压处理

高压技术在食品保存中的作用是 Hile 在 1899 年发现的,但直到20世纪80年代才开始了大规模的研究和应用。它是指将食品放入液体介质中,施以 100~1 000 MPa 的压力处理的过程。其主要作用是抑制或杀死微生物,延长制品的贮藏期;改变酶活性,控制食品生产工艺;改善食品功能特性,如提高肉类嫩度,改善酸乳黏度和硬度,减少乳清分离等;控制相变,降低水的冰点和提高脂肪熔点等。

高压处理能够延长肉类的贮藏期主要是由于高压对微生物的形态学结构和易受攻击的几种成分,如细胞膜、核糖体和酶,包括涉及复制和转运的 DNA 的修饰而导致严重破坏造成的。高压对微生物作用的效果受许多相互作用的因素的影响,如压力强度、处理持续时间、温度、环境条件、细菌种类和细菌生长阶段等。

一般来说,革兰氏阳性菌对压力的抵抗力比革兰氏阴性菌更强,但同一菌种不同菌株的差异也很大。球菌比杆菌的抵抗力更强,因为球菌在压力作用后形态学变化较小;处于稳定期或对数生长期的细菌比指数期的细菌对压力抵抗力更强;但芽孢在室温下能抵抗 1 000 MPa 的压力,只有 70 ℃以上的温度才能对其有明显的钝化作用。Moerman 报道,在 50 ℃下压力处理,猪肉制品中的芽孢菌还不能有效杀灭,需要采用其他方法结合使用才会有更好效果。不过,Cheftel 研究认为,较低的压力(250 MPa)和温和的温度(40 ℃)结合处理可钝化芽孢菌,压力首先诱使芽孢生长,然后钝化对压力敏感的芽孢。除此之外,压力能杀灭钝化寄生虫如旋毛虫,但对病毒钝化作用的效果十分有限。

高压的应用会使一些微生物细胞发生变化暂时受抑制,在一定环境条件下会恢复活力。细菌附着在食品某些成分(如蛋白质、脂肪和糖类等)上,这些成分会对细菌形成一定的压力保护作用。细菌对压力的抵抗力(很大程度上)依赖于培养介质。譬如,与猪肉糜或禽肉制品相比,超高温消毒牛乳(UHT)对产单核细胞李氏杆菌、金黄色葡萄球菌和大肠埃希氏菌 O157:H7 存在一定的保护作用,而当细菌接种于 pH 7.0 的磷酸缓冲液中时,高压是最有效的杀菌手段。

通过长期的研究和对前人的工作总结认为,压力杀菌最好的条件为 400～600 MPa,0～70 ℃,1～10 min。同时,在压力处理后的贮藏过程中,对产品中微生物、酶的稳定性及产品的品质特性需要进一步研究。

### 五、化学保鲜贮藏

肉的化学保鲜是在肉类生产和贮运过程中,使用化学制品来提高肉的贮藏性,尽可能保持它原有品质的一种方法,具有简便而经济的特点。化学保鲜所用的化学制剂,必须符合食品添加剂的一般要求,对人体无毒害作用。常用的这类物质包括有机酸及其盐类(山梨酸及其钾盐、苯甲酸及其钠盐、乳酸及其钠盐、双乙酸钠、脱氢醋酸及其钠盐、对羟基苯甲酸酯类等)、脂溶性抗氧化剂[丁基羟基茴香醚(BHA)、二丁基羟基甲苯(BHT)、特丁基对苯二酚(TBHQ)、没食子酸丙酯(PG)]、水溶性抗氧化剂(抗坏血酸及其盐类)、天然的抗菌剂(乳酸链球菌素、溶菌酶等)。迄今为止,尚未发现一种完全无毒、经济实用、抑菌广谱并适用于各种肉品的理想防腐保鲜剂。

**1. 有机酸保鲜**

有机酸的抑菌作用,主要是因为其酸分子能透过细胞膜,进入细胞内部而离解,改变微生物细胞内的电荷分布,导致细胞代谢紊乱而死亡。另外还使菌体蛋白质变性、干扰遗传机理、干扰细胞内部酶的活力等。特别是低分子有机酸,对革兰氏阳性和阴性菌均有效。常用的有醋酸、丙酸、乳酸、柠檬酸、山梨酸、苯甲酸、磷酸及其盐类等。

**2. 抗氧化剂保鲜**

脂质氧化是肉在贮存期间发生酸败、肉质变差的主要原因,往往导致异味、色泽和质构变差、汁液损失增加、营养价值下降,甚至产生有毒物质,引起食物中毒。通过添加化学的或合成的抗氧化剂虽然可解决氧化问题,但这些抗氧化剂具有毒副作用。因而,天然抗氧化剂是今后的发展方向,如,α-维生素 E 乙酯、茶多酚等。

目前我国肉品生产中使用较多的抗氧化剂有丁基羟基茴香醚(BHA)、二丁基羟基甲苯(BHT)、没食子酸丙酯(PG)和维生素 C(VC)及其盐类、维生素 C 酸基棕榈酸酸酯、异构抗维生素 C 及维生素 E,可用于大多数肉制品如腊肉、火腿、灌肠、肉脯、肉干、肉松的贮藏中等。其抗氧化作用 BHT 效果最好,最大使用量为 0.2g/kg。

3. 天然防腐剂保鲜

天然防腐剂是指从天然动植物、微生物中提取的具有抗菌防腐、保鲜作用的食品添加剂,其安全性较高,符合消费者的需求,是今后发展的方向。常用的有乳酸链球菌素、溶菌酶以及植物中的抗菌物质,如茶多酚、姜辣素、姜酮、麻辣素、肉桂酸、丁香油、百里酚、没食子酸、油橄榄苦素、咖啡酸等。

## 六、生化贮藏技术

生化贮藏是一种新兴的食品保存方法。它是利用各种酶制剂、特选菌种和抗生素来达到无毒高效的保存效果。作用机理通常分为:①产生有机酸、乳酸、醋酸;②产生二氧化碳,影响 pH 值,干扰不同的新陈代谢过程;③营养竞争抑制其他菌的生长;④氧化-还原电位被降低,抑制了细菌的生长和新陈代谢,从而也抑制危害性细菌生长;⑤抗生素是热稳定性蛋白,具有抑制细菌生长的作用。

利用乳酸菌发酵手段进行食品保存是已经成熟的技术。细菌发酵可以降低产品的 pH 值,以达到产品保存的目的。另外,在产品中加入特选乳酸菌以抑制不需要生长的有害菌,从而达到产品生化保存的目的,而对产品的风味、组织、系水力没有影响。如营养乳酸菌 BJ-33,可用于气调保存及真空保存。该菌可在 2 ℃条件下生长,不产生水及抗生素,并可与其他菌竞争生长。虽然它可发酵葡萄糖和蔗糖,但仅产生少量的酸和少量的蛋白质。它用于两类产品:一类为生的,如生肉片、培根;一类为熟的,如火腿及法兰克福型的香肠。它可直接加入肉内(与香辛料及其他组织一起)或通过注射液注射或喷淋到未蒸煮肉表面,因此产品可以被冷却、切条、斩拌。熟肉制品可加热后再使用,使用时将肉品浸入菌液即可。对于蒸煮的熟肉制品在切片时也可将其喷在产品的表面。该菌可有效抑制各种致病菌和腐败菌(如单核细胞增长李斯特菌、金黄色葡萄球菌、革兰氏阴性菌)。控制固有乳酸菌和产气乳酸菌生长,有效延长产品货架期,并维持较好的产品质量。

## 七、涂膜保鲜技术

涂膜保鲜是将肉浸渍于涂膜液中,或将涂膜液喷涂于肉表面,肉外表形成一层膜,从而改变外表气体环境,有效地防止汁液流失,并能影响细胞内物质通透性,损伤细胞,从而抑制微生物生长,达到防腐保鲜目的。

应用较多的成膜物质有壳聚糖、海藻酸钠、羧甲基纤维素、淀粉和蜂胶等。壳聚糖是由甲壳素经脱乙酰基化反应得到的一种多糖类有机聚合物,是一种碱性多糖,性能稳定,无毒,具有良好的成膜性,对冷却肉有明显的抑菌作用。酸溶性壳聚糖保鲜效果要好于水溶性壳聚糖。海藻酸钠本身也是一种食物纤维,具有减肥、降低血脂、清除体内有毒物质和抗肿瘤等生理保健功能。蜂胶具有抑制和杀死细菌、真菌、病毒、原生虫,增强免疫功能的作用,对某些细菌外毒素有中和作用;蜂胶还具有抗氧化作用,并能在外表形成涂膜,对人体无毒无害。

# 第九章 肉品加工辅料与添加剂

肉制品加工生产过程中,为了改善和提高肉制品的感官特性及食用品质,延长制品的保存期和便于加工生产,常需添加一些其他可食性物料,这些物料通常称为辅料。正确使用辅料,对提高肉制品的质量和产量,增加肉制品的花色品种,延长货架期,提高其营养价值和商品价值,保障消费者的身体健康有重要的意义。

辅料的广泛应用,带来了肉品加工业的繁荣,同时引起了一些社会问题。在肉制品加工中,有少数辅助材料对人体有一定的副作用,生产者必须认真研究和合理使用。本章主要介绍在肉制品加工中的常用辅料,如香辛料、调味料和添加剂等。

## 第一节 香 辛 料

香辛料是指具有芳香味和辛辣味的辅料的总称。在肉制品中添加可起到增进风味,抑制异味,防腐杀菌,增进食欲等作用。

香辛料的种类很多,按照来源不同可分为天然香辛料和配制香辛料两大类。天然香辛料是指利用植物的根、茎、叶、花、果实等部分,直接使用或简单加工(干燥、粉碎)后使用的香辛料。天然香辛料中往往含有一些细菌和杂质,从卫生角度讲,不宜直接使用;配制香辛料是把天然香辛料经过化学加工处理,提取出其有效成分,再浓缩、调配而成。配制香辛料品质均一,清洁卫生,使用方便,是有发展前途的香辛料。

### 一、天然香辛料

1. 大茴香

大茴香又称大料、八角茴香等,是木兰科常绿小乔木植物的成熟果实,呈红棕色,八角形。果实含挥发油5%,油中主要芳香成分是茴香脑(对丙烯基茴香醛)。浓烈香气独特,性温味辛微甜,有去腥防腐的作用。是肉品加工中的主要调味料,能使肉失去的香气回复,故名茴香。

2. 小茴香

小茴香又称茴香、席香、小茴等,是伞形花科植物小茴香的干燥成熟果实,呈椭圆形略弯曲,黄绿色。气芳香、味微甜,稍有苦辣,性温和,含挥发油2%~8%,挥发油中含茴香脑50%~60%、茴香酮10%~20%。肉制品中添加有增香调味、防腐除膻的作用。

3. 花椒

花椒又称川椒、秦椒等,为芸香科植物花椒的果实。以四川雅安、阿坝、秦岭等地所产为上品。花椒性热味辣,是肉品加工中常用的调味料。主要辛辣成分是三戊烯香茅醇、柠檬烯、萜烯、丁香酚等。花椒不仅能赋予制品以令人适宜的辛辣味,而且还有杀菌抑菌等作用。在肉制品加工中,整粒多供腌制品及酱卤汁使用,粉末多用于香肠及肉糜制品中。

4. 桂皮

桂皮又称肉桂,是樟科植物肉桂树的干燥树皮。皮红棕色,有灰白色花瓣,呈卷筒状,香气浓厚者为佳品。桂皮的主要有效成分是桂皮醛,还有少量的丁香油酚、肉桂酸、甲脂等。桂皮性大热,味香辛甜,是酱卤制品的主要调味料之一,也是五香粉的主要原料。

5. 葱类

葱为百合科多年生草本植物,种类很多,在肉品加工中应用较多的有洋葱和大葱。

(1)洋葱　洋葱又称球葱、葱头等,为须根生草本植物,叶鞘肥厚呈鳞片状,密集于短缩茎周围,形成鳞茎的扁球形,可食部分都是鳞茎。洋葱味香辣,主要有效成分是二硫化丙醇缩甲醛、二硫化二烯基、二丙基二硫醚等硫化物,生洋葱辣味很强,将其加热变熟后,前两种成分还原为丙硫醇,而具有特殊的甜味。洋葱能使肉制品香辣味美,还能除去肉的腥膻味。洋葱中含有铁、磷、乙醇、氯仿、丙酮等对人体有益的化学物质 30 多种,在肉品加工中经常使用。

(2)大葱　大葱是食品加工和烹饪过程中使用普遍、深受喜爱的调味料之一。大葱主要有效成分是挥发油(主要是葱蒜辣素),此外还含有蛋白质、脂肪、糖类、维生素 A、维生素 B、维生素 C、钙、镁、铁等物质。大葱性辛温、味辣香。在肉品加工中,大葱可以提鲜增香,除腥去膻,而且对人体还有医疗保健作用。

6. 大蒜

大蒜又称荤菜,是一种百合科多年生宿根植物大蒜的鳞茎。蒜的全身都含有挥发性大蒜素,其有效成分是二烯丙基二硫化物和二丙基二硫化物,蒜中还含有蛋白质、脂肪、糖、维生素 B、维生素 C、钙、磷、铁等物质。大蒜性温味辣。在肉品中使用可起到压腥去膻,增强风味,促进食欲,帮助消化的作用。

7. 姜

姜又称生姜,为姜科植物姜的根茎,呈黄色或灰白色不规则块状,性辛微温,味辣香。其主要成分为姜油酮、生姜醇、姜油素等挥发性物质,以及淀粉、纤维素、树脂等。在肉品加工中可以鲜用也可以干制成粉末使用。姜是广泛使用的调味料,具有调味增香、去腥解腻、杀菌防腐等作用。

8. 辣椒

辣椒的种类很多,在肉品加工中,使用较多的是香辣椒和红辣椒。

(1)香辣椒　桃金娘科,为成熟的干燥果实。精油成分是丁香油酚、桉油醇、丁香油酚甲醚、小茴香萜、丁香油烃、棕榈酸等。香味的主要成分是丁香油酚,具有桂皮、丁香、肉豆蔻的混合香味。所以在肉制品、西餐及鱼肉菜肴中经常使用。

(2)红辣椒　为茄科一年生草本植物的果实,我国各地均有种植。含有挥发油,其中主要成分为辣椒碱,是辣味的主要成分,还含有少量的维生素 C、维生素 E、胡萝卜素,以及钙、铁、磷等。红辣椒味辣香,不仅有调味功能,还有杀菌、开胃等效用,并能刺激唾液分泌及淀粉酶活性,从而帮助消化,促进食欲。辣椒除调味作用外,还具有抗氧化和着色作用。

9. 胡椒

胡椒是多年生藤本胡椒科植物的果实,有黑胡椒、白胡椒两种,未成熟的胡椒果实短时间地浸入热水中,再捞出阴干,果皮皱缩而黑,称为黑胡椒;成熟果实脱皮后晒干色白叫白胡椒。黑胡椒辛香味较白胡椒强。胡椒含有 8% ~9% 的胡椒碱和 1% ~2% 的芳香油。辛辣味成分主要是胡椒碱、佳味碱和少量的嘧啶。

胡椒性温,味辣香,具有令人舒适的辛辣芳香,辣味是一种清爽的微辣,能很快消失,且不留任何难闻的气味。很早就是酱卤、西式等肉制品重要的香辛料。

10. 白芷

白芷为伞形科多年生草本植物白芷的干燥根。呈圆锥形,外表黄白,性辛温、香味浓者为佳品。有祛风止痛及解毒等功效。其主要香味成分为白芷素、白芷醚、香豆精化合物等,有特殊的香气和辛味。

11. 山萘

山萘又称三萘、山椒、砂姜,是姜科植物山萘地下块状根茎切片干制而成,外皮红黄,断面色白。其中含有挥发油,油中主要成分为龙脑、樟脑油脂、肉桂乙酯等。山萘性辛温,具有较强烈的芳香气味,有增强风味、除腥提香、抑菌防腐的作用。

12. 丁香

丁香又称丁子香,为桃金娘科常绿乔本丁香的干燥花蕾及果实。干花蕾叫公丁香,干果实叫母丁。公丁香为深红棕色,母丁香为墨红色。以完整、朵大、油性足、香气浓郁、入水下沉者为佳品。丁香中含挥发香精油很多,所以具有特殊的浓烈香味,兼有桂皮香味,常作为桂皮的代用品。香精油中主要成分是丁香酚、丁香素等挥发性物质。

丁香性辛温,是肉制品加工中常用的香料,对提高肉制品风味具有显著的效果,并有促进胃液分泌、增加胃肠蠕动、帮助消化等作用。但丁香对亚硝酸盐有消色作用,在使用时应加以注意。

13. 砂仁

砂仁又称苏砂、阳春砂、缩砂密,为姜科植物阳春砂和缩砂的干燥成熟果实。以个大、坚实、呈灰色、气味浓香者为佳品。砂仁含约3%的挥发油。挥发油中的主要成分为龙脑、右旋樟脑、乙酸龙脑酯、芳香醇等。

砂仁气味芳香浓烈,性辛温、具有矫臭压腥的作用。含有砂仁的制品,食之清香爽口,风味别致并有清凉口感。肚、肠、猪肉肠、汉堡饼等制品中常用。

14. 肉豆蔻

肉豆蔻也称玉果、肉蔻,是肉豆蔻科高大桥木肉豆蔻树的成熟果实干燥而成。呈椭圆形,坚硬,表面有网状皱纹,断面有棕黄色相杂的大理石花纹,以个大、体重、坚实、表面光、油性足,破碎后香气强烈者为佳品。气味芳香辛辣,香味成分主要是挥发油 $\alpha$ - 松油二环烯、肉豆蔻醚、丁香酚等。肉豆蔻含脂肪多,油性大,具有增香压腥的调味功能,在肉品加工中使用很普遍。

15. 陈皮

陈皮又称橘皮,为芸香科植物柑橘成熟果实的干燥果皮。主要成分为柠檬烯、橙皮苷、川陈皮素等。陈皮性辛温,气味芳香,微苦。是肉品加工中常用的香辛料之一,能增加制品复合香味。

16. 草果

草果为姜科植物草果的干燥种子。椭圆形,红褐色,含有 0.7% ~ 1.6% 的挥发油。性温味辣,多用于酱卤肉制品,常作烹饪香辛料用,特别是烧炖牛肉放入少许,可压膻除腥。

17. 荜茇

荜茇为胡椒科植物秋季果实由黄变黑时采摘而得,有调味、提香、抑腥的作用。肉品加工中常用作卤汁、五香粉等调香料,按正常生产需要使用。

18. 芥末

芥末即芥菜籽粉，是十字花科草本植物芥菜种子研磨面成。芥末分为黑芥末和白芥末。黑芥末含挥发性精油 0.25% ~ 1.25%，其主要成分为黑芥籽糖苷。白芥末不含挥发性油，其主要成分为白芥籽硫苷。

芥末性温味辣，具有强烈刺激性辛辣味，具有刺激胃液分泌、帮助消化、增进食欲等功效。在肉品加工中使用，不仅能调味压异，还有杀菌防腐的作用。

19. 月桂叶

月桂为樟科植物，常绿乔木，以叶及皮作为香料。蒸馏可得 1% ~ 3% 月桂油，月桂油中主要成分是桉油精，占 35% ~ 50%，此外，还含有少量的丁香油酚、丁香油酚酯等。月桂叶具有清香气味，能除去肉中的异味，常用作西式肉制品和肉类罐头中的矫味剂。

20. 甘草

甘草系豆科多年生草本植物的根，外皮红棕色，内部黄色，味甜，以外皮细紧，有皱沟，红棕色，质坚实，断面黄白色，味甜者为佳品。甘草中含 6% ~ 14% 甘草素、甘草苷、甘草醇及葡萄糖、蔗糖等。甘草常用于酱卤肉制品，干燥粉碎成甘草末可用于肉类罐头等食品，也可制成甘草酸钠盐，代替砂糖使用，如与蔗糖、柠檬酸等合用，其甜味更佳。甘草完全无毒，我国使用不加限制，按正常生产需要而定。

21. 麝香草

麝香草为紫苏科植物麝香草的干燥叶子。其精油成分有麝香草脑、香芹酚、沉香醇、龙脑等，烧、炖肉时放入少许，可除去生肉腥臭味，并有提高产品储藏性的作用。

22. 辛夷

辛夷为木兰科植物辛夷的干燥花蕾。呈圆锥形，顶尖底粗，下有一果柄，表面有黄色绒毛。性辛温，气清香，味辛辣，在酱卤制品中使用较多。

## 二、配制香辛料

1. 咖喱粉

咖喱粉系外来语，即混合香辛料的意思。呈鲜艳黄色，味香辣，是肉品加工和中西菜肴重要的调味品。其有效成分多为挥发性物质，在使用时为了减少挥发损失，宜在制品临出锅前加入。咖喱粉常用胡椒粉、姜黄粉、茴香粉等混合配制。

几种咖喱粉配方如下（单位：kg）：

配方 1：

| | | | |
|---|---|---|---|
| 芫荽籽粉 | 5 | 胡椒粉 | 10 |
| 小豆蔻粉 | 0.4 | 胡萝卜籽粉 | 40 |
| 姜黄粉 | 5 | | |

配方 2：

| | | | |
|---|---|---|---|
| 芫荽籽粉 | 16 | 姜粉 | 1 |
| 白胡椒粉 | 1 | 肉豆蔻粉 | 0.5 |
| 辣椒粉 | 0.5 | 芹菜籽粉 | 0.5 |
| 姜黄粉 | 1.5 | 小豆蔻粉 | 0.5 |

配方3:

| | | | |
|---|---|---|---|
| 芫荽籽粉 | 7 | 姜粉 | 1 |
| 黑胡椒粉 | 4 | 桂皮粉 | 4 |
| 辣椒粉 | 3 | 黄芥子粉 | 8 |
| 姜黄粉 | 8 | 香椒粉 | 4 |
| 精盐 | 12 | 孟买肉豆蔻粉 | 1 |
| 芹菜籽粉 | 0.5 | 胡萝卜籽粉 | 1 |
| 莳萝籽粉 | 1 | | |

**2. 五香粉**

五香粉是以花椒、八角、小茴香、桂皮、丁香等香料为主要原料配制而成的复合香料。因为使用方便,深受消费者的欢迎。各地使用配方料略有差异。

五香粉的配方如下(单位:kg):

配方1:

| | | | |
|---|---|---|---|
| 八角 | 1 | 五加皮 | 1 |
| 小茴香 | 3 | 丁香 | 0.5 |
| 桂皮 | 1 | 甘草 | 3 |

配方2:

| | | | |
|---|---|---|---|
| 小茴香 | 16 | 丁香 | 4 |
| 桂皮 | 4 | 甘草 | 12 |
| 花椒 | 4 | | |

配方3:

| | | | |
|---|---|---|---|
| 八角 | 5 | 花椒 | 5 |
| 小茴香 | 5 | 桂皮 | 5 |

配方4:

| | | | |
|---|---|---|---|
| 八角 | 5.5 | 山柰 | 1 |
| 白胡椒 | 0.3 | 姜粉 | 1.5 |
| 桂皮 | 0.8 | 甘草 | 0.5 |
| 砂仁 | 0.4 | | |

**3. 天然香料提取制品**

天然香料提取制品是由芳香植物不同部位的组织(如花蕾、果实、种子、根、茎、叶、枝、皮或全株)或分泌物,采用蒸汽蒸馏、压榨、冷磨、萃取、浸提、吸附等物理力法而提取制得的一类天然香料。因制取法不同,可制成不同的制品,如精油、酊剂、浸膏、油树脂等。

(1)精油　是指用水蒸气蒸馏、压榨、冷磨、萃取等天然香料植物组织后提取得到的制品。与植物油不同,它是由萜烯、倍半萜烯芳香族、脂环族和脂肪属等有机化合物组成的混合物。

(2)酊剂　是指用一定浓度的乙醇,在室温下浸提天然香料并经澄清过滤后所得的制品。一般每100 mL,相当于原料20 g。

（3）浸膏　是指用有机溶剂浸提香料植物组织的可溶性物质,最后经除去所有溶剂和水分后得到的固体或半固体膏状制品。一般每毫升相当于原料 2 ~ 5 g。

（4）油树脂　是指用有机溶剂浸提香料植物组织,然后蒸去溶剂后所得的液体制品,其中一般均含有精油、树脂和脂肪。

另外,还有香膏、树脂和净油等天然香料提取制品。

# 第二节　调　味　料

调味料是指加入肉制品中能起到调节、改善制品风味的物质。有咸味料、甜味料、酸味料、鲜味料等。在肉制品加工中,必须合理、恰当、正确地使用调味料,以达到良好的调味效果。

## 一、咸味

### 1. 食盐

食盐主要成分是氯化钠。精制食盐中氯化钠含量在 98% 以上,味咸,呈白色细晶体,无可见外来杂质,无苦味、涩味及其他异味. 在肉制品中食盐的用量一般为 2% ~ 3%,肉制品中含有大量的蛋白质、脂肪等具有鲜香味的成分,而常常需要存一定浓度的咸味才能表现出来,不然就淡而无味,所以食盐常有"百味之王"之称,是肉制品加工中最重要的调味料。

食盐还具有防腐和增加制品黏合的作用。对人体维持正常生理功能、调节血液渗透压和保持体内酸碱平衡均有重要的作用,是人体不可缺少的物质,但由于 $Na^+$ 常和高血压相联系,对一些人会导致冠心病的发生。因此患有高血压的人在饮食中常要减少 $Na^+$ 的摄入量。最近几年,有些加工场已经生产出低盐肉制品,或者用 $KCl$、$CaCl_2$ 等取代部分 $NaCl$。简单地降低钠盐用量及部分用 $KCl$ 代替,食品味道不佳。

### 2. 酱油

酱油是我国传统的调味料,在广东、香港等地又叫老抽,多以粮食和副产品为原料,经自然或人工发酵而制成。优质酱油成味醇厚,香鲜浓郁,无不良气味,不得有酸、苦、涩等异味和霉味,不混浊,无沉淀。在肉制品中添加酱油不仅起到咸味料的作用,而且具有良好的增色效果。此外,酱油还有防腐和促进某些制品发酵的作用。酱油有普通酱油和特制酱油两大类,普通酱油按其无盐固形物的含量多少可分为一、二、三级;按其形态又分为液体酱油和固体酱油;特制酱油有辣酱油、虾子酱油、白酱油、冬菇酱油等。酱油在肉制品加工中的使用量没有限制,可根据不同的制品需要而定。

### 3. 黄酱

黄酱又称面酱、麦酱等,是用大豆、面粉、食盐等为原料,经发酵酿造成的调味品。味咸香,色黄褐,为有光泽的泥糊状。其中含 $NaCL$ 2% 以上,氨基酸态氮 0.6% 以上,还有糖类、脂肪、酶、维生素 $B_1$、维生素 $B_2$,以及钙、磷、铁等矿物质。黄酱在肉品加工中不仅是常用的咸味调料,而且还有良好的提香生鲜、除腥清异的效果。黄酱广泛用于肉制品和烹饪加工中,使用标准不受限制,以调味效果而定。

## 二、甜味料

### 1. 蔗糖

蔗糖是最常用的天然甜味剂,呈白色晶体或粉末,精炼度低的呈茶色或褐色。蔗糖甜味较强,其甜度仅次于果糖。果糖:蔗糖:葡萄糖的甜度比为4:3:2。肉制品中添加少量蔗糖可以改善产品的滋味,并能使肉质松软、色调良好。糖比盐更能迅速、均匀地分布于肉的组织中,能增加渗透压,形成乳酸,降低pH值,提高肉的保存性,并促进胶原蛋白的膨胀和疏松,使肉制品柔软。蔗糖添加量在0.5%~1.5%为宜。但因品种不同而有较大的差异。

**2. 葡萄糖**

葡萄糖为白色晶体或粉末,常作为蔗糖的代用品,甜度略低于蔗糖。在肉品加工中,葡萄糖除作为甜味料使用外,还可形成乳酸,有助于胶原蛋白的膨胀和疏松,从而使制品柔软。另外,葡萄糖的保色作用较好,而蔗糖的保色作用不太稳定。不加糖的制品,切碎后会迅速褪色。肉品加工中葡萄糖的使用量为0.3%~0.5%。在发酵肉制品中葡萄糖一般作为微生物主要碳源。

**3. d-木糖**

d-木糖呈无色或白色的结晶粉末,具有爽快的甜味,水中溶解度为125 g/100 mL,易溶于热乙醇中。甜度较低,约为砂糖的40%。在肉品加工中不仅作为甜味料使用,而且可用作脂质抗氧化剂和无糖食品及糖尿病患者的食品原料。目前尚无使用标准。

**4. d-山梨糖醇**

d-山梨糖醇,又称花椒醇、清凉茶醇,呈白色针状结晶或粉末,溶于水、乙醇、酸中,不溶于其他一般溶剂,水溶液pH值为6~7。有吸湿性,有愉快的甜味。有寒冷舌感,甜度为砂糖的60%。常作为砂糖的代用品。在肉制品加工中,不仅用作甜味料,还能提高渗透性,使制品纹理细腻,肉质细嫩,增加保水性,提高出品率。现在尚未制定使用d-山梨糖醇标准。

**5. 饴糖**

饴糖又称糖稀,主要是麦芽糖,还有葡萄糖和糊精。饴糖味甜爽口,有吸湿性和黏性。在肉品加工中常作为烧、烤、酱卤、油炸制品的增色剂和甜味助剂。饴糖以颜色鲜明、汁稠味浓、洁净不酸为上品。使用中要注意阴凉处存放,防止酸败。

**6. 索马迁**

索马迁是从植物果实中提取的高分子甜味料,是一种有甜味的蛋白质。内含15种氨基酸,含量较多的有甘氨酸、天冬氨酸、苏氨酸、丙氨酸、半胱氨酸、脯氨酸等。其甜度为砂糖的2 500倍,市售品甜度一般为砂糖的100倍,常用于火腿、红肠等肉制品和其他食品中。目前尚无制定使用标准。

**7. 蜂蜜**

蜂蜜又称蜂糖,呈白色或不同程度的黄褐色,透明、半透明的浓稠液状物。含葡萄糖42%、果糖35%、蔗糖20%、蛋白质0.3%、淀粉1.8%、苹果酸0.1%,以及脂肪、蜡、色素、酶、芳香物质、无机盐和多种维生素等。其甜味纯正,不仅是肉制品加工中常用的甜味料,而且具有润肺滑肠、解毒补中、杀菌收敛等药用价值。蜂蜜营养价值很高,易吸收利用。

### 三、酸味料

日常大多数食品的pH值为5~6.5,一般无酸味感觉,如果pH值小于3时,则酸味感较强,而难以适口。一般酸味的阈值:无机酸pH值为3.4~3.5,有机酸pH值为3.7~3.9。

酸味剂是食品中主要的调味料之一,不仅能够调味,可增进食欲,具有一定的防腐作用,而且有助于纤维素及钙磷等溶解,因而可促进人体消化吸收。常用的酸味料有以下几种。

1. 醋

醋是我国传统的调味料,是以谷类及麸皮等经过发酵酿造而成,醋中酸度在3.5%以上。优质醋不仅具有柔和的酸味,而且还有一定程度的香甜味和鲜味,因此,醋是柔和其他食品最常用的酸味料之一。在肉品加工中,有时添加适量的醋,不仅能给人以爽口的酸味感,促进食欲,帮助消化,而且还有一定的防腐和去腥除膻的作用。有助于溶解纤维素及钙、磷等,从而促进人体对这些物质的吸收利用。醋的去腥提香作用在于,某些肉中含有三甲胺等胺类物质,这些物质是腥味的主要成分,属于碱性,醋为酸性,可与其反应将其消除。另外,醋还有软化肉中结缔组织和骨骼,保护维生素C少受损失,促进蛋白质迅速凝固等作用。

醋对人体有益无害,所以在制品加工中,可以不受限制地使用,以制品风味需要为度。在实际应用中,醋常与砂糖配合作用,能形成更加宜人的酸甜味;也常与酒混用,可生成具有水果香味的乙酸乙酯,使制品风味更佳。但醋的有效成分是醋酸,受热易挥发,所以应在制品即将出锅时添加。否则,部分醋酸将挥发掉而影响使用效果。

2. 酸味剂

常用的酸味剂有柠檬酸、乳酸、酒石酸、苹果酸、醋酸等,这些酸均能参加体内正常代谢,在一般使用剂量下对人体无害,但应注意其纯度。

## 四、鲜味料

鲜味是一种复杂的美味,在肉、鱼、贝类等中都具有特殊的鲜美滋味,通常简称为鲜味。具有鲜味的食品调料很多,常使用的有氨基酸类、肽、核苷酸类、琥珀酸等。呈味阈值见表9-1。

表9-1 鲜味剂呈味阈值

| 名称 | 阈值/% | 名称 | 阈值/% |
|---|---|---|---|
| L-谷氨酸 | 0.03 | 琥珀酸 | 0.055 |
| L-天门冬氨酸 | 0.16 | 5'-次黄嘌呤核苷酸 | 0.025 |
| DL-α-苏羟谷氨酸 | 0.25 | 5'-次嘌呤核苷酸 | 0.0125 |
| DL苏羟谷氨酸 | 0.03 | | |

1. 谷氨酸钠

谷氨酸钠又称味精,具有酸味和鲜味,经适度中和成钠盐后,则酸味消失而鲜味显著。谷氨酸钠为无色至白色柱状结晶或结晶性粉末,有特殊的鲜味,易溶于水,微溶于乙醇,无吸湿性,对光、热、酸、碱都稳定。在150℃失去结晶水熔点为195~210℃,发生吡咯烷酮化,生成焦谷氨酸,270℃时发生分解。

在肉品加工中,谷氨酸钠是最常用的鲜味调料之一,其味的临界值为0.014%,pH值3.2时,呈味力最低,pH值5以下时加热也脱水为焦谷氨酸钠,pH值6~7呈鲜能力最强,pH值7以上加热则消旋变成二钠盐失去鲜味。谷氨酸钠有缓解咸、酸、苦味的作用,并能引出其他食品所具有的自然风味。在肉制品加工中一般用量为0.2%~0.5%。

2.5′－肌苷酸钠

5′－肌苷酸钠又称肌苷酸二钠、肌苷－5′－磷二钠、肌苷－磷酸钠。最先是在鲣鱼干中发现的鲜味剂,近年来多用制造鱼类罐头的副产物为原料,经离子交换树脂处理制得。

5′－肌苷酸钠呈无色或白色结晶粉末,有特殊的鲜味(松鱼味),易溶于水,难溶于乙醇、乙醚。几乎无吸湿性,对热、稀碱稳定,但能被酶分解。在肉品加工中作为鲜味剂使用,其鲜味比谷氨酸钠强 10～30 倍,与谷氨酸钠混合(1:7)使用可得倍增的效果。其用量因原料肉的种类、制品的不同而异,一般 5′－肌苷酸钠单独使用量为 0.001%～0.01%,因 5′－肌苷酸钠能被酶分解,所以应先把肉加热到 85 ℃左右,将酶破坏后再添加较为适宜。

3.琥珀酸钠

琥珀酸钠又称丁二酸一钠,是最先在文哈鱼中发现的鲜味成分。现在多把丁二酸和苛性钠生成单盐,中和后进行结晶而成。为无色－白色结晶或白色粉末,无臭,具有特殊的海贝香味,味的临界值为 0.015%,易溶于水。

在肉品加工中作为鲜味料使用,会使制品具有浓厚的鲜味,其用量一般为 0.03%～0.04%。若本品添加过量,则味质变坏,损失鲜味,对此应予注意。在生产实践中,琥珀酸钠可与谷氨酸钠、5′－肌苷酸钠等并用,能增强呈味能力。若与谷氨酸钠并用,多以(2～3):(8～7)混合。

4.5′－核糖核苷酸钠

5′－核糖核苷酸钠是用酶分解鲜酵母核酸制得,为 5′－肌苷酸钠、5′－鸟苷酸钠、5′－尿苷酸钠和 5′－孢苷酸钠的混合物。为白－淡褐色粉末,无臭,有特殊的鲜味,易溶于水,难溶于乙醇、乙醚、丙酮等,吸湿性强,对热、酸、碱稳定,而对酶的稳定性差,特别易受磷酸酶的水解作用而失去呈味能力。

同时具有松鱼味和香菇味,所以对食品具有增加鲜味的功能。在肉品加中,被用作鲜味料,一般用量为 0.02%～0.03%。当与谷氨酸钠等鲜味剂合并使用时,可增强呈味能力。为避免酶的分解作用,在使用时最好先将原料肉热处理后再加入。

5.L－天冬氨酸钠

L－天冬氨酸钠采用酶转化法制得,为无色－白色柱状结晶或白色晶状粉末,具有爽口清凉的香味感,味的临界值为 0.16%。在肉品加工中,不仅作为鲜味剂使用,还可作为强化剂使用。L－天冬氨酸钠能促进代谢作用,对处理体内废物、促进肝功能、消除疲劳等,均有着良好的作用。一般使用量为 0.1%～0.5%。若与核酸系列调味品并用,其香味倍增。

## 五、料酒

料酒在肉品加工中是广泛使用的调味料之一。通常使用的有黄酒、白酒和果酒三大类,应用最多的是黄酒,又称为料酒,是人们酿造饮用最早的一种弱性酒,以糯米、粳米、黍米等为原料,用酒曲为糖化发酵剂,再经压榨而得到的一种低度酒,一般酒精度为 10°～20°;其次是白酒,果酒应用较少。酒中除了乙醇外,还含糖、有机酸、氨基酸、酯类等物质。所以酒作为调味料,具有香味浓烈、味道醇和、去腥增香、提味解腻、固色防腐等多种作用。在加工过程中,酒能将肌肉、内脏、鱼类表面液中所含的膻腥味的主要物质三甲胺、氨基戊醛、四氰化吡咯等物质溶解,而乙醇的沸点比水低,加热时腥膻味的物质随乙醇挥发掉,从而达到去腥除膻和解除异味的效果。料酒中的氨基酸与糖结合成芳香醛产生浓郁的醇香味,所以料酒有增香提味的功能。此外,料酒还有消积食、健脾胃之功效。

由于料酒是风味醇美、营养较高、功能优良的调味料,从肉制品添加剂的角度看是有益无害的,因此在肉制品加工中,可以以正常生产需要而定。

# 第三节 添 加 剂

添加剂是指肉类食品在生产加工和贮藏过程中加入的少量物质,添加这些物质有助于品种多样化,改善其色香味形,保持新鲜度和质量,增强营养价值,并能满足加工工艺过程的需要。

我国食品添加剂技术委员会要求食品添加剂必须达到以下五点要求:

(1)要求食品添加剂无毒性(或毒性极微),无公害,不污染环境。

(2)必须无异味、无臭、无刺激性。

(3)食品添加剂的加入量不能影响食品的色、香、味及食品的营养价值。

(4)食品添加剂与其他助剂复配,不应产生不良后果。要求具有良好的配伍性。

(5)使用方便,价格低廉。

肉品加工中经常使用的添加剂有以下几种。

## 一、发色剂与发色助剂

在肉类腌制品中最常用的发色剂是硝酸盐及亚硝酸盐,发色助剂是抗坏血酸和异抗坏血酸及其钠盐、烟酰胺等。

### 1.硝酸盐

硝酸钾(硝石)及硝酸钠:为无色的结晶或白色的结晶性粉末,无臭,稍有咸味,易溶于水。加入硝酸钠后,硝酸盐在微生物的作用下或被肉中还原物质所还原,变成亚硝酸盐。由于肌肉中色素蛋白质和亚硝酸钠发生化学反应形成鲜艳的亚硝基肌红蛋白,这种化合物在烧煮时变成稳定粉红色,使肉呈现鲜艳的色泽。

硝酸盐的用量:硝酸钠牛肉中添加量为0.0046%~0.0066%,平均为0.005%,猪肉中添加量为0.002%~0.046%,平均为0.033%。另外,必须考虑到亚酸盐在腌制、热加工和产品贮藏中的损失。

### 2.亚硝酸钠盐

亚硝酸钠为白色或淡黄色的结晶性粉末,吸湿性强,长期保存必须密封在不透气容器中。亚硝酸盐的作用比硝酸盐大10倍,应用微小剂量就可迅速发色。欲使猪肉发红,在盐水中加入0.06%的亚硝酸钠足够;为使牛肉、羊肉发色,盐水中需含有0.1%的亚硝酸钠,因为这些肉中含有较多的肌红蛋白和血红蛋白,需要结合较多的亚硝酸盐。但是仅用亚硝酸盐的肉制品,在贮藏期间褪色快,对生产过程长或需要长期存放的制品,最好使用硝酸盐腌制。现在许多国家广泛采用混合盐料。用于生产各种灌肠时混合盐料的组成是:食盐98%,硝酸盐0.83%,亚硝酸盐0.17%。

亚硝酸盐毒性强,用量要严格控制。使用范围:肉类罐头,肉制品。最大使用量:亚硝酸钠0.015%。最大残留量(亚硝酸钠计):肉类罐头不得超过0.005%,肉制品不得超过0.003%。

亚硝酸盐对细菌增殖有抑制效果,其中对肉毒梭状杆菌的抑制效果受到重视。研究亚硝酸盐量、食盐及 pH 值的关系及可能抑制的范围的模拟试验表明,假定通常的肉制品的食盐含量为 2% ,pH 值为 5.8 ~ 6.0,则亚硝酸钠需要量为 0.002 5% ~ 0.030% 。

3. 发色助剂

肉制品中常用的发色助剂有抗坏血酸和异抗坏血酸及其钠盐、烟酰胺、葡萄糖、葡萄糖酸内酯等。其助色机理与硝酸盐或亚硝酸盐的发色过程紧密相连。

(1)抗坏血酸、抗坏血酸盐 抗坏血酸即维生素 C,具有很强的还原作用,但对热和重金属极不稳定,一般使用稳定性较高的钠盐。肉制品中最大使用量为 0.1% ,一般为 0.025% ~ 0.05% 。在腌制或斩拌时添加,也可以把原料肉浸渍在该物质的 0.02% ~ 0.1% 的水溶液中。腌制剂中加谷氨酸会增加抗坏血酸的稳定性。

(2)异抗坏血酸、异抗坏血酸盐 异抗坏血酸是抗坏血酸的异构体,其性质和作用与抗坏血酸相似。

(3)烟酰胺 烟酰胺也能形成稳定的烟酰胺肌红蛋白,使肉呈红色,且烟酰胺对 pH 值的变化不敏感。同时使用维生素 C 和烟酰胺助色效果好,且成品的颜色对光的稳定性要好。

(4)δ - 葡萄糖酸内酯 δ - 葡萄糖酸内酯能缓慢水解生成葡萄糖酸,造成火腿腌制时的酸性还原环境,促进硝酸盐向亚硝酸转化,利于氧和肌红蛋白,以及氧和血红蛋白的生成。

4. 着色剂

着色剂亦称食用色素,指为使肉品具有鲜艳而美丽的色泽,改善感官性状,以增进食欲而加入的物质。食用色素按其来源和性质分为食用天然色素和食用合成色素两大类。

食用天然色素主要是从动、植物组织中提取的色素,包括微生物色素。除天然色素藤黄对人体有剧毒不能使用外,其余的一般对人体无害,较为安全。

食用合成色素亦称合成染料,属于人工合成色素。食用人工合成色素多系以煤焦油为原料制成,成本低廉,色泽鲜艳,着色力强,色调多样;但大多数对人体健康有一定危害且无营养价值,因此,在肉品加工中一般不宜使用。

我国规定允许使用的食用色素主要有红曲米、焦糖、姜黄、辣椒红素和甜菜红等。

(1)红曲米和红曲色素 红曲色素具有对 pH 值稳定,耐光、耐热、耐化学性强,不受金属离子影响,对蛋白质着色性好以及色泽稳定,安全无害等。红曲色素常用作酱卤、香肠等肉类制品等的着色剂。红曲米使用量不受限制。

(2)甜菜红 甜菜红亦称甜菜根红,是用食用红甜菜(紫菜头)的根制取的一种天然红色素,由红色的甜菜花青素和黄色的甜菜黄素所组成。甜菜红为红色至红紫色液体、块状、粉末或糊状物。水溶液呈红色至红紫色,pH 值为 3.0 ~ 7.0,比较稳定,pH 值 4.0 ~ 5.0 稳定性最强。着色性好,但耐热性差,降解速度随温度上升而增加,光和氧也可促进降解。抗坏血酸有一定的保护作用。稳定性随食品水分活性的降低而增加。甜菜红主要用于罐头等中,使用量按正常生产需要而定。

(3)辣椒红素 辣椒红素主要成分为辣椒素、辣椒红素,为具有特殊气味的深红色黏性油状液体。溶于大多数非挥发性油,几乎不溶于水。耐酸性好,耐光性稍差。辣椒红素按正常生产需要而定,不受限制。

(4)焦糖色 焦糖色亦称酱色、焦糖或糖色,为红褐色至黑褐色的液体、块状、粉末状或粒状物质,具有焦糖香味和愉快苦味。按制法不同,焦糖可分为不加铵盐(非铵化制造)和加铵盐(如亚硫酸铵)生产的两类。加铵盐生产的焦糖色泽较好,加工方便,成品率也较高,但有一定毒性。

液体焦糖是黑褐色的胶状物,为非单一化合物(大约有 100 种不同的化合物)。粉状或块状焦糖呈黑褐色或红褐色,可溶于水和烯醇溶液。焦糖色调受 pH 值及在空气中暴露时间的影响,pH 值 6.0 以上易发霉。焦糖色在肉制品加工中常用于酱卤、红烧等肉制品的着色和调味,其使用按正常生产需要而定。

(5)姜黄素　姜黄色素是从姜黄根茎中提取的一种黄色色素,主要成分为姜黄素,约为姜黄的 3% ~6% ,是植物界很稀少的具有二酮的色素,为二酮类化食物。

姜黄素为橙黄色结晶粉末,味略苦,不溶于水,溶于乙醇、丙二醇,易溶于冰醋酸和碱溶液,在碱性时呈红褐色,在中性、酸性时呈黄色。对还原剂的稳定性较强,着色性强(不是对蛋白质),一经着色后就不易褪色,但对光、热、铁离子敏感,耐光性、耐热性、耐铁离子性较差。姜黄素主要用于肠类制品、罐头、酱卤制品等产品的着色,其使用量按正常生产需要而定。

另外,在熟肉制品、罐头等食品生产中还常用萝卜红、高粱红、红花黄等食用天然色素作着色剂。萝卜红按正常生产需要而定,高粱红最大使用量为 0.04% ,红花黄最大使用量为0.02% 。

## 二、品质改良剂

### 1.磷酸盐

目前多聚磷酸盐已普遍应用于肉制品中,以改善肉的保水性能。多聚磷酸盐对鲜肉或各腌制肉在加热过程中能增加其保水能力。因此,在肉制品中使用磷酸盐,以提高保水性,增加出品率为目的,但实际上,磷酸盐对提高结着力、弹性和赋形性等均有作用。

各种磷酸盐的保水机理并不完全一样,生产实践证明,各种磷酸盐混合使用比单独使用好,且混合的比例不同,效果也不同。在肉品加工中,使用量一般为肉重的 0.1% ~0.4% 。用量过大会导致产品风味恶化,组织粗糙,呈色不良。

磷酸盐溶解性较差,因此,在配制腌液时需先将磷酸盐溶解后再加入其他腌制料。在腌制用的盐水中允许使用少量的聚磷酸盐,但在成品中总量不超过 0.5% 。在使用磷酸盐时,必须考虑到肌肉组织中大约有 0.1% 的天然磷酸盐。

在高浓度情况下(0.4% ~0.5%),磷酸盐产生金属性涩味。如果使用的磷酸盐达到最大允许量(0.5%),就可能危害身体健康,短时间会腹痛与腹泻,长时间会使骨骼钙化增大。

磷酸盐有 20 余种,但我国规定可用于肉制品的磷酸盐只有 3 种:焦磷酸钠、三聚磷酸钠和六偏磷酸钠。

### 2.淀粉

这是肉类加工中最常用的填充剂之一,加入淀粉后对于肉制品的持水性,组织形态均有良好的效果。这是由于在加热的过程中,淀粉颗粒吸水、膨胀、糊化。淀粉颗粒因吸水变得膨润而有弹性,并起黏着剂的作用,可使肉馅黏合,填塞孔洞,使成品富有弹性,切面平整美观,具有良好的组织形态。在加热蒸煮时,淀粉颗粒可吸收溶化成液态的脂肪,减少脂肪流失,提高成品率。

淀粉的种类很多,归纳起来有:①谷类淀粉,包括小麦淀粉、玉米淀粉等;②薯类淀粉,包括马铃薯淀粉、甘薯淀粉等。其成分大体相同,直链淀粉占20%～25%,支链淀粉占75%～80%。支链淀粉含量越多,黏性越大。各种淀粉的膨胀力见表9－2。淀粉有吸收或吸附空气中水分的性能,马铃薯淀粉吸湿力最大,玉米淀粉吸湿力较小。

表9－2 各种淀粉的膨胀力 单位:%

| 淀粉 | 马铃薯 | 甘薯 | 小麦 | 玉米 | 粳米 | 糯米 |
|------|--------|------|------|------|------|------|
| 膨胀力 | 44.9 | 37.5 | 29.2 | 24.5 | 28.0 | 266.3 |

在使用淀粉时,必须根据肉制品情况。一些质地蓬松的肉制品可选用膨胀力大的糯米淀粉或马铃薯淀粉;质地要求致密的肉制品,应选用膨胀力小的玉米淀粉或粳米淀粉。另外,加淀粉多的肉制品不要长时间放置,特别是在低温下存放。一些不宜吸湿的肉制品,则需要使用吸湿性小的淀粉,如玉米淀粉等。

肉制品淀粉的使用量视品种而定,一般在5%～30%内,高档肉制品用量宜少,并最好使用玉米淀粉。

3. 大豆蛋白

大豆中含丰富的蛋白质,脱脂大豆含蛋白质50%以上。过去肉品加工中直接使用脱脂大豆粉,由于其特有的豆腥味,近年使用较少。现在常采用大豆浓缩蛋白和大豆分离蛋白,因其对提高肉制品的营养、嫩化,提高保水性等方面有积极作用,所以大豆蛋白在肉品加工中得到普遍的重视和广泛的应用。大豆蛋白在肉品加工中的使用量因制品不同而异,一般以添加2%～12%较为适宜。

4. 酪蛋白酸钠

酪蛋白酸钠又称酪素钠、干酪素钠和酪朊酸钠,为白色至淡黄色颗粒或粉末,无臭无味,稍有特殊的香气,易溶于水,其pH值为中性。酪蛋白酸钠中含65%蛋白质,因此,既是乳化稳定剂,又是蛋白源,还能增加肉的保水性,所以在肉品加工中广泛使用。其用量因制品不同而有很大差异,一般为0.2%～0.5%,个别制品可高达5%。

5. 食用明胶

食用明胶是用含胶原蛋白的动物骨、皮等为原料,经水解提取而制得,为半透明淡黄色或无色固体粉末。不溶于冷水而溶于热水,冷却后形成凝胶,5%以下的溶液不凝成胶冻。主要成分是蛋白质,具有良好的乳化性、黏着性、稳定性和保水性。使用时先用冷水浸泡10～20 min,再加热使其溶解,但温度不要超过60 ℃,以防热降解破坏其黏度。因明胶本身是营养物质,故使用量没有严格限制,通常按生产需要适量使用即可。

6. 海藻酸钠

海藻酸钠又称藻朊酸钠,是将海藻用碱处理提取精制而成的一种多糖碳水化食物。一般为白色或淡黄色粉末,无臭无味,透明度大,稳定性好。使用时配成2%以下的水溶液,溶解水温以30～40 ℃为宜。为了不破坏其黏度,使用温度不超过80 ℃。在肉制品中按正常生产需要使用即可。

7. 卡拉胶

卡拉胶是从海藻中提取的一种多糖类,主要成分是很易形成多糖凝胶的半乳糖、脱水半乳糖。是天然胶质中唯一具有蛋白质反应性的胶质。它能与蛋白质形成均一的凝胶。由于卡拉胶能与蛋白质结合,添加到肉制品中,在加热时表现出充分的凝胶化,形成巨大的网络结构,因此它可保持制品中的大量水分,减少肉汁的流失,具有良好的弹性、韧性,还有很好的乳化效果,稳定脂肪,表现出很低的离油值,从而提高制品的出品率,能防止盐溶性肌球蛋白及肌动蛋白的损失,抑制鲜味成分的流出。卡拉胶可保持自身质量 10～20 倍的水分,在肉馅中添加 0.6% 时,即可使肉馅保水率从 80% 提高到 88% 以上。卡拉胶作为增稠剂主要用于熟火腿、肉汤、罐头制品等,其使用量按生产要求适量添加。

**8. 小麦面筋**

小麦面筋不同于其他植物或谷物蛋白(燕麦、玉米、黄豆等),小麦面筋具有可与肉样的结合性质,与肉结合蒸煮后,其颜色比以往肉中添加的面粉深,还会产生膜状或组织样的黏结物质,类似结缔组织,在结合碎肉时,裂缝几乎看不出来,就像煮肉本身的颜色。

一般是将面筋与水或油混合成浆状物后涂于肉制品表面;或是先把含 2% 琼脂的水溶液加热,加 2% 明胶,然后冷却,再加 10% 的面筋。这种胶体可通过滚揉或通过机械直接涂擦在肉组织上,此法尤其适于肉间隙或肉裂缝的填补。肉中添加面筋的量随肉块的大小、温度、脂肪的含量不同而异,一般添加量为 0.2%～5.0%。

**9. 黄原胶**

黄原胶为浅黄色至淡棕色粉末,易溶于冷、热水中,溶液中性,遇水分散,乳化变成稳定的亲水性黏稠胶体。低浓度溶液的黏度也很高。黏度不受温度影响,对酸和盐稳定,添加食盐则黏度上升,耐冻结和解冻,不溶于乙醇。黄原胶作为增稠剂和稳定剂在各种食品中可以使用,其最大使用量为 0.3%。

另外,在肉品加工中,特别是一些高档肉制品,亦有使用鸡蛋蛋白、脱脂乳粉、血清粉、卵磷脂和大豆粉(蛋白)等作增稠剂、乳化剂、稳定剂,既能增稠又能乳化、保水,但成本较高。

## 三、防腐保鲜剂

防腐保鲜剂分化学防腐剂和天然保鲜剂。防腐保鲜剂经常与其他保鲜技术结合使用。

**1. 化学防腐剂**

化学防腐剂主要是各种有机酸及其盐类。肉类保鲜中使用的有机酸包括乙酸、甲酸、柠檬酸、乳酸及其钠盐、抗坏血酸、山梨酸及其钾盐、磷酸盐等。许多试验已经证明,这些酸单独或配合使用,对延长肉类货架期均有一定效果。其中使用最多的是乙酸、山梨酸及其盐,乳酸钠和磷酸盐。

(1)乙酸  乙酸浓度 1.5% 时就有明显的抑菌效果。在 3% 范围以内,因乙酸的抑菌作用,减缓了微生物的生长,避免了霉斑引起的肉色变绿变黑。当浓度超过 3% 时,对肉色有不良作用,这是由酸本身造成的。如采用 3% 乙酸 +3% 抗坏血酸处理时,由于抗坏血酸的护色作用,肉色可保持很好。

(2)乳酸钠  乳酸钠是乳酸右旋体的钠盐,目前使用还很有限。美国农业部(USDA)规定最大使用量为 4%。乳酸钠的防腐机理有两个:乳酸钠的添加可降低肉制品的水分活性;乳酸根离子对乳酸菌有抑制作用,从而阻止微生物的生长。目前,乳酸钠主要应用于禽肉的防腐。

(3)山梨酸钾  山梨酸钾为白色至浅黄色鳞片结晶,在肉制品中的应用很广。它能与微生物酶系统中的硫基结合,破坏许多重要酶系,达到抑制微生物增殖和防腐的目的。山梨酸钾在鲜肉保鲜中可单独使用,也可和磷酸盐、乙酸结合使用。

(4)磷酸盐 磷酸盐作为品质改良剂可明显提高肉制品的保水性和黏着性,利用其螯合作用可延缓制品的氧化酸败,增强防腐剂的抗菌效果。

### 2.天然保鲜剂

天然保鲜剂一方面安全上有保证,另一方面更符合消费者的需要。目前国内外在这方面的研究十分活跃,天然防腐剂是今后防腐剂发展的趋势。

(1)茶多酚 主要成分为儿茶素及其衍生物,具有抑制氧化变质的性能。茶多酚以抗脂质氧化、抑菌、除臭味物质三条途径对肉品防腐保鲜发挥作用。

(2)香辛料提取物 许多香辛料中如大蒜中的蒜辣素和蒜氨酸,肉豆蔻所含的肉豆蔻挥发油,肉桂中的挥发油以及丁香中的丁香油等,均具有良好的杀菌、抗菌作用。

(3)细菌素 应用细菌素如 Nisin(乳酸链球菌素)对肉类保鲜是一种新型的技术。Nisin 是由乳酸链球菌合成的一种多肽抗生素,为窄谱抗菌剂。它只能杀死革兰氏阳性菌,对酵母、霉菌和革兰氏阴性菌无作用。Nisin 可有效阻止肉毒杆菌的芽孢萌发。它在保鲜中的重要价值在于它针对的细菌是食品腐败的主要微生物。

## 四、抗氧化剂

肉制品在存放过程中常常发生氧化酸败,添加抗氧化剂可以延长制品的贮藏期。抗氧化剂品种约30种,目前使用的有6种,分为油溶性抗氧化剂和水溶性抗氧化剂两大类。油溶性抗氧化剂能均匀地分布于油脂中,对油脂或含脂肪的食品可以很好地发挥其抗氧化作用。目前常用人工合成的丁基羟基茴香醚(BHA)、二丁基羟基甲苯(BHT)、没食子酸丙酯(PG)等;天然的有生育酚混合浓缩物等。水溶性抗氧化剂是能溶于水的抗氧化剂,多用于对食品的护色(助发色剂)、防止氧化变色,以及防止因氧化而降低食品的风味和质量等。水溶性抗氧化剂主要有 L－抗坏血酸及其钠盐、异抗坏血酸及钠盐等(见本章发色助剂)。

### 1.茴香醚

丁基羟基茴香醚又名特丁基－4－羟基茴香醚、丁基大茴香醚,简称 BHA,为白色、微黄色的蜡状固体或白色结晶粉末,带有特异的酚类臭气和刺激味,对热稳定。不溶于水,溶于丙二醇、丙酮、乙醇与花生油、棉籽油、猪油。

丁基羟基茴香醚具有较强的抗氧化作用,有相当强的抗菌力,使用方便,但成本较高。是目前国际上广泛应用的抗氧化剂之一,最大使用量(以脂肪计)为 0.01%。

### 2.羟基甲苯

二丁基羟基甲苯简称 BHT,为白色、无色结晶粉末或块状,无臭无味,对热及光稳定。不溶于水及甘油,易溶于乙醇、乙醚、豆油、棉籽油、猪油。

二丁基羟基甲苯抗氧化作用较强,耐热性好,价格低廉,但其毒性相对较高。使用范围及其使用量参照 BHA。

### 3.没食子酸丙酯

没食子酸丙酯简称 PG,为白色、浅黄色晶状粉末,无臭、略苦,易溶于乙酸、丙酮、乙醚,难溶于脂肪与水,对热稳定。没食子酸丙酯对脂肪、奶油的抗氧化作用较 BHA、BHT 强,三者混合使用时最佳,加增效剂柠檬酸则抗氧化作用更强,但与金属离子作用而着色。没食子酸丙酯的使用范围同 BHA 或 BHT,其最大使用量为 0.01%。BHA 与 BHT 混合使用时,总量不得超过 0.02%,没食子酸丙酯不得超过 0.005%。

### 4. 维生素 E

维生素 E 又称生育酚,是目前唯一大量生产的天然抗氧化剂。本品为黄色至褐色,几乎无臭的澄清黏稠液体,溶于乙醇而几乎不溶于水,可和丙酮、乙醚、氯酚、植物油任意混合,对热稳定。维生素 E 的抗氧作用比 BHT、BHA 的抗氧化力弱,但毒性低,也是食品营养强化剂。在肉制品、冷冻食品及方便食品中,其用量一般为食品油脂含量的 0.01% ~ 0.2%。

### 5. L - 抗坏血酸及其钠盐

L - 抗坏血酸,别名维生素 C。其性状为白色或略带淡黄色的结晶或粉末,无臭,味酸,易溶于水。遇光色渐变深,干燥状态比较稳定,但水溶液很快被氧化分解,特别是在碱性及重金属存在时更促进其破坏。L - 抗坏血酸应用于肉制品中,有抗氧化作用、助发色作用,和亚硝酸盐结合使用,有防止产生亚硝胺作用。

L - 抗坏血酸钠是抗坏血酸的钠盐形式,其性状为白色或带有黄白色的粒、细粒或结晶性粉末,无臭,稍咸。较抗坏血酸易溶于水,其水溶液对热、光等不稳定。L - 抗坏血酸钠应用于肉制品中作助发色剂,同时还可以保持肉制品的风味,增加制品的弹性;还有阻止产生亚硝胺的作用,这对于防止亚硝酸盐在肉制品中产生致癌物质——二甲基亚硝胺,具有很大意义。其用量以 0.5 g/kg 为宜,先溶于少量水中,然后均匀添加。制作猪肉,禽、兔肉制品,可将抗坏血酸钠盐溶于稀薄的动物明胶中,喷雾于肉表面。

## 第四节 包 装 材 料

肉制品加工的包装材料,包括与肉制品直接接触的内包装及包裹在内包装外面的外包装。以下简要介绍内包装材料。

### 一、肠衣

肠衣主要起加工模具和容器的作用。有些生产厂家直接在肠衣上印刷商标和产品说明等,此时肠衣还起到商品性能展示作用。肠衣直接与肉基接触,首先,必须安全无毒,肠衣中的化学成分不向肉中迁移且不与肉中成分发生反应;其次,肠衣必须有足够的强度,以达到安全包裹肉料、承受灌装压力、经受封口与扭结应力的作用;再次,肠衣还需具有一定的收缩和伸展特性,能容许肉料在加工和储藏中的收缩和膨胀;第四,肠衣还需具有较强的冷、热稳定性,在经受一定的冷、热作用后,不变形、不起皱、不发脆、不断裂;除此之外,根据所加工产品的特点,有的肠衣需要有一定的气体通透性,有些肠衣则需要有较好的气密性。

肠衣主要有两大类:天然肠衣和人造肠衣。天然肠衣曾在香肠生产中发挥过重要作用,但天然肠衣的流通量和特点不能满足香肠业的快速发展,因此人造肠衣便应运而生。目前,肠制品生产厂家主要使用人造肠衣。

### 1. 天然肠衣

也叫动物肠衣,动物从食道到直肠之间的胃肠道、膀胱等都可以用来做肠衣,它具有较好的韧性和坚实性,能够呈受一般加工条件下所产生的作用力,具有优良的收缩和膨胀性能,可以与包裹的肉料产生基本相同的收缩与膨胀。常用的天然肠衣有牛、羊、猪的小肠、大肠、盲肠,猪直肠,牛食管,牛、猪的膀胱及猪胃等。这些内脏都需进行预处理和整理,一般用手工刮制或化学品清洗等手段除去内脏中的附油和污物。天然肠衣一般采用干制或盐渍两种方式保存。干制肠衣在使用前需用温水浸泡,使之变软后再用于加工;盐渍肠衣虽然从理论上讲可直接使用,实际生产时建议在使用前用清水充分浸泡清洗,除去肠衣内外表面的残留污物及降低肠衣含盐量。

2. 人造肠衣

人造肠衣一般分为再生胶原蛋白肠衣(胶质肠衣)、纤维素肠衣、塑料肠衣和玻璃纸肠衣。与天然肠衣相比,人造肠衣可实现工业化、规格化生产,易于充填,使加工方便。根据加工产品的需求,人造肠衣中可加入部分添加剂,在满足食品卫生和安全的前提下,使肠衣具有合理的强度、韧性、气密性及其他特性。

(1)再生胶原蛋白肠衣  也称胶质肠衣,用动物肉皮提炼出的胶质(主要是胶原蛋白)制成。这种肠衣虽然比较厚,但物理性能较好,具有动物天然肠衣的特性,以及清洁和规格一致性的特点。胶原遇酸膨胀,得到酸性胶原蛋白的黏性物质,该流体状物质通过模具喷出,经碱浴槽,可使之恢复到胶原原有的结构并成管状,经切割成合适的长度即成肠衣。这类肠衣的抗胀能力相对较弱。小口径肠衣可直接食用,用于生产鲜香肠或其他小灌肠;大口径肠衣在使用时,为了增大其机械强度,一般用醛进行处理,使肠衣变得较硬,这类肠衣不可食用,一般用于风干香肠等产品的生产,所得产品经剥除肠衣、二次包装之后上市销售。

(2)纤维素肠衣  是用棉仔脱下的棉绒和木浆制成。棉绒和木浆先用苛性碱溶液处理,形成碱性纤维素,其形态为潮湿的白色颗粒状物质。近年来,随着棉花生产的下降,更经济的材料如木浆得到更广泛的使用,将这些物质与二硫化碳混合,经过滤形成一种橘黄色的黏性物质——黄原酸盐纤维素。黄原酸盐与稀释的苛性碱溶液相混合后,经过滤形成一种黏性溶液,再经酸处理,从复合物中分离出二硫化碳即形成纯纤维素,然后经过成形加工成各种规格的纤维素肠衣。最终的纤维素肠衣产品由纯纤维素、食品级甘油或丙烯甘油、矿物油、表面活性剂和水组成。纤维素肠衣具有均一性好、强度高、清洁和易加工的特点,并且可以直接进行印刷和染色,使产品具有诱人的外观。

纤维素肠衣根据直径大小可分为小口径和大口径纤维素肠衣两种。小口径纤维素肠衣一般用于制作熏烤成串的无衣灌肠及小灌肠。若生产无衣灌肠,一般在热加工之后剥去肠衣,然后进行二次包装,以方便消费者食用。大口径肠衣在物性上与小口径肠衣相同,一般用于腌肉和熏肉的成型,该种肠衣比较坚实,不易在加工中破裂,使用前需要用水浸泡,使灌装时肠衣易舒展和饱满。一般产品为圆柱形,两端成半球状。

(3)塑料肠衣  一般用聚偏二氯乙烯薄膜制成,品种很多。塑料肠衣具有天然肠衣和胶质肠衣、纤维素肠衣所不具备的一些特点。该类肠衣的耐热性好,并且具有较大的抗压强度,可以进行高温杀菌生产高温肉制品。其优良的热收缩性,使产品热处理后外形饱满。塑料肠衣还具有很好的印刷性能和呈现多种色泽,满足不同产品的需求。塑料肠衣的气密性好,对延长产品保质期有利,但不适合烟熏。

(4)玻璃纸肠衣  玻璃纸也称透明纸,是一种再生胶质纤维素薄膜,纸质柔软而有弹性。用于生产玻璃纸的纤维素为晶体状,呈纵向平行排列,因此这种材料的纵向抗拉强度较大,但横向抗拉强度较小,很易撕裂。为了增加抗拉性和韧性,玻璃纸加工过程中需进行塑化处理而使其含有甘油,因此具有较大吸水性,在潮湿的环境下水蒸气透过量高。这种材料的肠衣不透油、气密性好、易印刷,经层合处理,可显著提高其强度。

## 二、真空袋

真空袋主要用于中式香肠、中式腊肉、非蒸煮型的生肉制品,或牛肉干、肉脯等产品的包装,材质为 PA/PE(尼龙聚乙烯)、PA/AL/PE。一般 PA(尼龙)薄膜层厚度约 15 μm,PE 聚乙烯层厚度为 40 ~ 60 μm,AL(铝箔)层厚度为 70 μm。

## 三、蒸煮袋

蒸煮袋是能用于 121 ℃杀菌的软包装食品用的四方袋。它分为透明袋和铝箔袋,有普通型和隔绝型。

# 第十章　腌腊肉制品加工技术

## 第一节　腌腊肉制品概述

所谓"腌腊"是指畜禽肉类在农历腊月进行加工制作,通过加盐(或盐卤)和香料进行腌制,并在较低的气温下经过自然风干成熟,形成独特风味。腌腊肉制品的加工工艺蕴藏了中国传统肉制品制作的经验和智慧。产品具有肉质紧密、色泽红白分明、香味浓郁、咸鲜适口、耐贮藏等特点,深受我国及东南亚地区消费者的喜爱。腌腊肉制品主要有咸肉类、腊肉类、酱封肉类和风干肉类。

咸肉类产品是原料经过腌制加工而成的生肉类制品,食用前需经熟制加工。咸肉又称腌肉,其主要特点是成品呈白色,瘦肉呈玫瑰红色或红色,具有独特的腌制滋味,味稍咸。如咸水鸭、咸猪肉、咸牛肉等。

腊肉类制品是原料肉经食盐、硝酸盐、亚硝酸盐、糖及调味香料等腌制后,再经晾晒或烘烤或烟熏处理等工艺加工而成的生肉制品,食用前需熟化。与咸肉制品相比,腊肉制品经过了较长时间的晾晒和成熟过程,或者在腌制之后经过了烘烤或熏制处理,水分含量比咸肉制品低,风味比咸肉制品浓。主要特点是成品呈金黄色或红棕色,具有浓郁的腊香,滋味鲜美。如腊兔、腊羊肉、腊鸡、板鸭等。

酱封肉类制品是原料肉经食盐、酱料(面酱或酱油)腌制、酱制后,再经脱水(风干、晒干、烘干或熏干等)而加工制成的生肉类制品,食用前需熟化处理。与咸肉类和腊肉类制品相比,酱封肉类制品加工时用了酱料,因此产品具有浓郁的酱香味,肉色棕红。

风干肉类是原料肉经过腌制后,经过洗晒(某些产品无此工序)、晾挂、干燥等工艺加工而成的生肉类制品,食用前需熟化加工。与其他腌腊肉制品相比,风干肉类产品水分含量较低,干而耐咀嚼,风味浓郁。如风鸡、风羊肉、风鸭等。

腌腊肉制品是典型的半干食品,水分活度为 0.6~0.9,具有很好的耐贮性。早期的腌腊加工主要以保存为目的,现在保存的目的性已逐步淡化,生产风味独特的肉制品成为腌腊加工的主要目的。随着现代食品工程高新技术的研究与应用,传统的作坊式、以手工操作为主的生产方法已得到很大的改善。在保持产品传统特色风味的基础上,大多数生产厂家已实现了原料标准化、生产过程标准化及产品质量标准化。产品的食用品质、营养品质和安全品质得到了保障。腌腊肉制品加工的关键技术是将腌制和干燥结合在一起,腌制过程中的低温环境是必要的。它对抑制微生物生长起关键性作用。随着腌制过程的进行,食盐渗透到原料肉组织内部,使水分活度下降,产生了一定的抑菌效果。在随后的脱水干燥过程中,水分散失,水分活度进一步下降,使产品达到长期防腐保存的目的。同时组织内部发生缓慢的生化变化,形成独特的风味,赋予产品良好的感官品质特征。

## 第二节 腌腊肉制品加工原理

用食盐或以食盐为主,并添加硝酸钠(或钾)、亚硝酸钠、蔗糖和香辛料等腌制辅料处理肉类的过程为腌制。今天腌制目的已从过去单纯的防腐保存,发展到主要为了改善风味和颜色,以提高肉的品质。因此腌制已成为肉制品加工过程中一个重要的工艺环节。

### 一、腌制成分及其作用

肉类腌制使用的主要腌制辅料为食盐、硝酸盐(或亚硝酸盐)、糖类、抗坏血酸盐、异抗坏血酸盐和磷酸盐等。

**1. 食盐**

食盐是肉类腌制最基本的成分,也是唯一必不可少的腌制材料。食盐的作用:①突出鲜味作用。肉制品中含有大量的蛋白质、脂肪等具有鲜味的成分,常常要在一定浓度的咸味下才能表现出来。②防腐。盐可以通过脱水作用和渗透压的作用,抑制微生物的生长,延长肉制品的保存期。③食盐促使硝酸盐、亚硝酸盐、糖向肌肉深层渗透。然而单独使用食盐,会使腌制的肉色泽发暗,质地发硬,并仅有咸味,影响产品的可接受性。

5%的 NaCl 溶液能完全抑制厌氧菌的生长,10%的 NaCl 溶液对大部分细菌有抑制作用,但一些嗜盐菌在15%的盐溶液中仍能生长。某些种类的微生物甚至能够在饱和盐溶液中生存。

肉的腌制宜在较低温度下进行,腌制室温度一般保持在 2~4 ℃,腌肉用的食盐、水和容器必须保持卫生状态,严防污染。

**2. 糖**

腌制时常用糖类有葡萄糖、蔗糖和乳糖。糖类主要作用为:①调味。糖和盐有相反的滋味,在一定程度上可缓和腌肉咸味。②助色。还原糖(葡萄糖等)能吸收氧而防止肉脱色;糖为硝酸盐还原菌提供能源,使硝酸盐转变为亚硝酸盐,加速 NO 的形成,使发色效果更佳。③增加嫩度。糖可提高肉的保水性,增加出品率;糖也利于胶原膨润和松软,因而增加了肉的嫩度。④产生风味物质。糖和含硫氨基酸之间发生美拉德反应,产生醛类等羰基化合物及含硫化合物,增加肉的风味。⑤在需发酵成熟的肉制品中添加糖,有助于发酵的进行。

**3. 硝酸盐和亚硝酸盐**

在腌肉中少量使用硝酸盐已有几千年的历史。亚硝酸盐由硝酸盐生成,也用于腌肉生产。腌肉中使用亚硝酸盐主要有以下几方面作用:①抑制肉毒梭状芽孢杆菌的生长,并且具有抑制许多其他类型腐败菌生长的作用。②优良的呈色作用。③抗氧化作用,延缓腌肉腐败,这是由于它本身有还原性。④有助于腌肉独特风味的产生,抑制蒸煮味产生。

亚硝酸盐是唯一能同时起上述几种作用的物质,至今还没有发现有一种物质能完全取代它。对其替代物的研究仍是一个热点。

亚硝酸很容易与肉中蛋白质分解产物二甲胺作用,生成二甲基亚硝胺,其反应式如下:

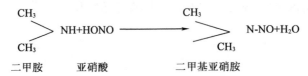

亚硝胺可以从各种腌肉制品中分离出,这类物质具有致癌性,因此在腌肉制品中,硝酸盐的用量应尽可能降到最低限度。美国农业部食品安全检查署(FSIS)仅允许在肉的干腌品(如干腌火腿)或干香肠中使用硝酸盐,干腌肉最大使用量为 2.2 g/kg,干香肠 1.7 g/kg,培根中使用亚硝酸盐不得超过 0.12 g/kg(与此同时须有 0.55 g/kg 的抗坏血酸钠作助发色剂),成品中亚硝酸盐残留量不得超过 40 mg/kg。

4. 碱性磷酸盐

肉制品中使用磷酸盐的主要目的是提高肉的保水性,使肉在加工过程中仍能保持其水分,减少营养成分损失,同时也保持了肉的柔嫩性,增加了出品率。前面已述,可用于肉制品的磷酸盐有三种:焦磷酸钠、三聚磷酸钠和六偏磷酸钠。磷酸盐提高肉保水性的作用机理如下:

(1)提高肉的 pH 值  焦磷酸盐和三聚磷酸盐呈碱性反应,加入肉中可提高肉的 pH,这一反应在低温下进行得较缓慢,但在烘烤和熏制时会急剧地加快。

(2)螯合肉中金属离子  聚磷酸盐有与金属离子螯合的作用,加入聚磷酸盐后,则原与肌肉的结构蛋白质结合的钙镁离子,被聚磷酸盐螯合,肌肉蛋白中的羟基游离,由于羧基之间静电力的作用,蛋白质结构松弛,可以吸收更多量的水分。

(3)增加肉的离子强度  聚磷酸盐是具有多价阴离子的化合物,因而在较低的浓度下可以具有较高的离子强度。由于加入聚磷酸盐使肌肉的离子强度增加,有利于肌球蛋白的解离,因而提高了保水性。

(4)解离肌动球蛋白  焦磷酸盐和三聚磷酸盐有解离肌肉蛋白质中肌动球蛋白为肌动蛋白和肌球蛋白的特异作用。而肌球蛋白的持水能力强,因而提高了肉的保水性。

5. 抗坏血酸盐和异抗坏血酸盐

在肉的腌制中使用抗坏血酸钠和异抗坏血酸钠主要有以下几个目的:

(1)抗坏血酸盐可以同亚硝酸发生化学反应,增加 NO 的形成,使发色过程加速。

$$2HNO_2 + C_6H_8O_6 \longrightarrow 2NO + 2H_2O + C_6H_6O_6(脱水抗坏血酸)$$

如在法兰克福香肠加工中,使用抗坏血酸盐可使腌制时间减少 1/3。

(2)抗坏血酸盐有利于高铁肌红蛋白还原为亚铁肌红蛋白,因而加快了腌制的速度。

(3)抗坏血酸盐能起到抗氧化剂的作用,因而能稳定腌肉的颜色和风味。

(4)在一定条件下抗坏血酸盐具有减少亚硝胺形成的作用。

因而抗坏血酸盐被广泛应用于肉制品腌制中。已表明用 550 mg/kg 的抗坏血酸盐可以减少亚硝胺的形成,但确切的机理还未知。目前许多腌肉都同时使用 120 mg/kg 的亚硝酸盐和 550 mg/kg 的抗坏血酸盐。

通过向肉中注射 0.05% ~ 0.1% 的抗坏血酸盐能有效地减轻由于光线作用而使腌肉褪色的现象。

6. 水

浸泡法腌制或盐水注射法腌制时,水可以作为一种腌制成分,使腌制配料分散到肉或肉制品中,补偿热加工(如烟熏、煮制)的水分损失,且使得制品柔软多汁。

## 二、腌肉的呈色机理

1. 硝酸盐和亚硝酸盐对肉色的作用

肉在腌制时会加速血红蛋白(Hb)和肌红蛋白(Mb)的氧化,形成高铁肌红蛋白

（MetMb）和高铁血红蛋白（MetHb），使肌肉丧失天然色泽，变成带紫色调的浅灰色。而加入硝酸盐（或亚硝酸盐）后，由于肌肉中色素蛋白和亚硝酸盐发生化学反应，形成鲜艳的亚硝基肌红蛋白（NO－Mb），且在以后的热加工中又会形成稳定的粉红色亚硝基血色原。亚硝基肌红蛋白是构成腌肉颜色的主要成分，关于它的形成过程虽然有些理论解释但还不完善。亚硝基（NO）是由硝酸盐或亚硝酸盐在腌制过程中经过复杂的变化而形成的。

首先在酸性条件和还原性细菌作用下形成亚硝酸盐：

$$NaNO_3 \xrightarrow[+2H]{\text{细菌还原作用}} NaNO_2 + 2H_2O$$

亚硝酸盐在微酸性条件下形成亚硝酸：

$$NaNO_2 \xrightarrow{H^+} HNO_2$$

亚硝酸在还原性物质作用下形成 NO：

$$3HNO_2 \xrightarrow{\text{还原物质}} H^+ + NO_3^- + H_2O + 2NO$$

$$NO + Mb \longrightarrow NO - MMb$$

$$NO - MMb \longrightarrow NO - Mb$$

$$NO - Mb + 热 + 烟熏 \longrightarrow NO - 血色原（稳定的血色素）$$

NO 的形成速度与介质的酸度、温度以及还原性物质的存在有关，所以形成亚硝基肌红蛋白（NO－Mb）需要有一定的时间。直接使用亚硝酸盐比使用硝酸盐的呈色速度要快。图10－1反映的是煮制腌肉颜色的形成过程。

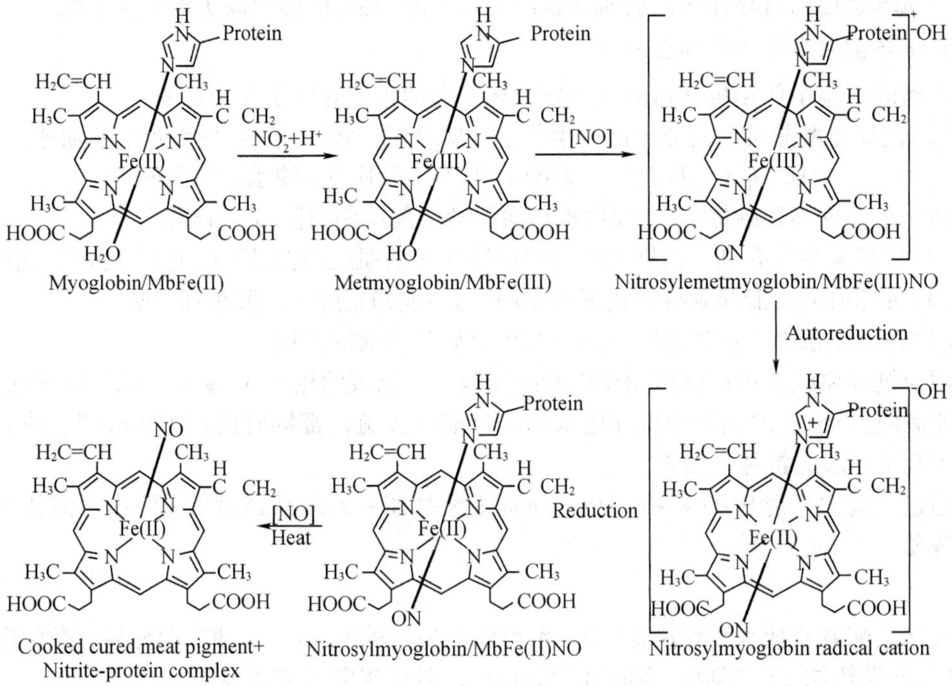

**图 10－1　煮制腌肉颜色的形成过程**

**2. 影响腌肉制品色泽的因素**

（1）亚硝酸盐的使用量　肉制品的色泽与亚硝酸盐的使用量有关，用量不足时，颜色淡而不均,在空气中氧气的作用下会迅速变色,造成贮藏后色泽的恶劣变化。为了保证肉呈红色,亚硝酸钠的最低用量为 0.05 g/kg。用量过大时,过量的亚硝酸根的存在又能使血红素物质中的卟啉环的 α – 甲炔键硝基化,生成绿色的衍生物。为了确保安全,我国规定,在肉类制品中亚硝酸盐最大使用量为 0.15 g/kg,在这个范围内根据肉类原料的色素蛋白的数量及气温情况变动。

(2)肉的 pH 值 肉的 pH 值影响亚硝酸盐的发色作用。亚硝酸钠只有在酸性介质中才能还原成 NO,故 pH 值接近 7.0 时肉色就淡,特别是为了提高肉制品的持水性,常加入碱性磷酸盐,加入后常造成 pH 值向中性偏移,往往使呈色效果不好,所以必须注意其用量。在过低的 pH 值环境中,亚硝酸盐的消耗量增大,如使用亚硝酸盐过量,又容易引起绿变,一般发色的最适宜的 pH 值范围为 5.6 ~ 6.0。

(3)温度 生肉呈色的进行过程比较缓慢,经过烘烤、加热后,则反应速度加快,而如果配好料后不及时处理,生肉就会褪色,特别是灌肠机中的回料,因氧化作用而褪色,这就要求迅速操作,及时加热。

(4)腌制添加剂 添加抗坏血酸,当其用量高于亚硝酸盐时,在腌制时可起助呈色作用,在贮藏时可起护色作用;蔗糖和葡萄糖由于其还原作用,可影响肉色强度和稳定性;加烟酸、烟酰胺也可形成比较稳定的红色,但这些物质没有防腐作用,所以暂时还不能代替亚硝酸钠。另一方面,有些香辛料如丁香对亚硝酸盐还有消色作用。

(5)其他因素 微生物和光线等影响腌肉色泽的稳定性。正常腌制的肉,切开置于空气中后切面会褪色发黄,这是因为亚硝基肌红蛋白在微生物的作用下引起卟啉环的变化。亚硝基肌红蛋白不仅受微生物影响,对可见光线也不稳定,在光的作用下,NO – 血色原失去 NO,再氧化成高铁血色原,高铁血色原在微生物等的作用下,使得血色素中的卟啉环发生变化,生成绿色、黄色、无色的衍生物。这种褪、变色现象在脂肪酸败、有过氧化物存在时可加速发生。

综上所述,为了使肉制品获得鲜艳的颜色,除了要有新鲜的原料外,必须根据腌制时间长短,选择合适的发色剂,掌握适当的用量,在适宜的 pH 值条件下严格操作。此外,要注意低温、避光,并采用添加抗氧化剂、真空或充氮包装、添加去氧剂脱氧等方法避免氧的影响,保持腌肉制品的色泽。

### 三、腌制与保水性和黏着性的关系

肉制品(如西式培根、成型火腿、灌肠等)加工过程中腌制的主要目的,除了使制品呈现鲜艳的红色外,还可提高原料肉的保水性和黏着性。

保水性是指肉类在加工过程中肉中的水分以及添加到肉中的水分的保持能力。保水性和蛋白质的溶剂化作用相关联,因而与蛋白质中的自由水和溶剂化水有关。黏着性表示肉自身所具有的黏着物质而可以形成具有弹力制品的能力,其程度则以对扭转、拉伸、破碎的抵抗程度来表示。黏着性和保水性通常是相辅相成的。

食盐和复合磷酸盐是腌制过程中广泛使用的增加保水性和黏着性的腌制材料,试验表明,绞碎的肉中加入 NaCl 使其离子强度为 0.8 ~ 1.0,即相当于 NaCl 浓度为 4.6% ~ 5.8% 时的保水性最强,超过这个范围反而下降。

肉中起保水性、黏着性作用的是肌肉中含量最多的结构蛋白质中的肌球蛋白,用离子强度为 0.3 以上的盐溶液即可提取到肌球蛋白,而纯化的肌动蛋白已被证实在热变性时不显示黏着性,但当溶液中肌球蛋白和肌动蛋白以一定比例存在时,肌动蛋白能加强肌球蛋白的黏着性。若宰后时间增长,或提取的时间延长,则肌球蛋白与肌动蛋白结合而生成肌动球蛋白,此时被提取的物质是以肌动球蛋白为主体的混合物,通常将此混合物称为肌球蛋白 B。

未经腌制的肌肉中的结构蛋白质处于非溶解状态,而腌制后由于受到离子强度的作用,非溶解状态的蛋白质转变为溶解状态,也就是腌制时肌球蛋白或肌球蛋白 B 被提取是增加保水性和黏着性的根本原因。腌肉时添加焦磷酸盐,可直接作用于肌动肌球蛋白,使肌球蛋白解离出来,是增加黏着性的直接原因。而添加复合磷酸盐还通过提高 pH 值,增强离子强度以及结合到蛋白质分子上而发挥提高保水性和黏着性的作用。

## 四、腌肉风味

腌肉中形成的风味物质主要为羰基化合物、挥发性脂肪酸、游离氨基酸、含硫化合物等物质,当腌肉加热时就会释放出来,形成特有风味。风味的产生在需腌制 10～14 d 后出现,40～50 d 达到最大程度。

腌肉制品的成熟过程不仅是蛋白质和脂肪分解形成特有风味的过程,而且是肉内进一步进行腌制剂如食盐、硝酸盐、亚硝酸盐、异抗坏血酸盐以及糖分等均匀扩散,并和肉内成分进一步进行反应的过程。腌肉成熟过程中的化学和生物化学变化,主要由微生物和肉组织内本身酶活动所引起,关于腌肉成熟的机理尚待深入研究。

亚硝酸盐是腌肉的主要特色成分,它除了具有发色作用外,还对腌肉的风味有着重要影响。大量研究发现腌肉的芳香物质色谱图要比其他肉要简单得多,其中少去的大都是脂肪氧化产物,因此推断亚硝酸盐(抗氧化剂)抑制了脂肪的氧化。利用 TBA 值和感官评分所获得的亚硝酸盐在腌肉加工过程中的抗氧化效应已被许多研究工作者所证实。所以腌肉体现了肉的基本滋味和香味,减少了脂肪氧化所产生的具有种类特色的风味以及过度蒸煮味,后者也是脂肪氧化产物所致。

## 五、腌制方法

肉类腌制的方法可分为干腌、湿腌、盐水注射及混合腌制法四种。

### 1. 干腌法

干腌是利用食盐或混合盐,涂擦在肉的表面,然后层堆在腌制架上或层装在腌制容器内,依靠外渗汁液形成盐液进行腌制的方法。干腌法腌制时间较长,但腌制品有独特的风味和质地。我国名产火腿、咸肉、烟熏肋肉均采用此法腌制。

由于这种方法腌制时间长(如金华火腿约需一个月以上,培根需 8～14 d),食盐进入深层的速度缓慢,很容易造成肉的内部变质。经干腌法腌制后,还要经过长时间的成熟过程,如金华火腿成熟时间为 5 个月,这样才能有利于风味的形成。此外,干腌法失水较大,通常火腿失重为 5%～7%。

### 2. 湿腌法

湿腌法就是将肉浸泡在预先配制好的食盐溶液中,并通过扩散和水分转移,让腌制剂渗入肉内部,并获得比较均匀的分布,常用于腌制分割肉、肋部肉等。

一般采用老卤腌制,即老卤水中添加食盐和硝酸盐,调整好浓度后用于腌制新鲜肉。湿腌时有两种扩散:一种是食盐和硝酸盐向肉中扩散;第二种是肉中可溶性蛋白质等向盐液中扩散,由于可溶性蛋白质既是肉的风味成分之一,也是营养成分,所以用老卤腌制就是减少第二种扩散,即减少营养和风味的损失,同时可赋予腌肉老卤特有的风味。湿腌的缺点是其制品的色泽和风味不及干腌制品,腌制时间长,蛋白质流失(0.8% ~0.9%)多,含水分多不宜保存,另外卤水容易变质,保存较难。

3. 盐水注射法

为了加快食盐的渗透,防止腌肉的腐败变质,目前广泛采用盐水注射法。盐水注射法最初出现的是单针头注射、进而发展为由多针头的盐水注射机进行注射。盐水注射法可以缩短腌制时间(如由过去的 72 h 可缩至现在的 8 h),提高生产效率,降低生产成本,但是其成品质量不及干腌制品,风味略差。注射多采用专业设备,一排针头可多达 20 枚,每一针头中有多个小孔,平均每小时可注射 60 000 次之多,由于针头数量大,两针相距很近,因而注射至肉内的盐液分布较好。另外为进一步加快腌制速度和盐液吸收程度,注射后通常采用按摩或滚揉操作,即利用机械的作用促进盐溶性蛋白质抽提,以提高制品保水性,改善肉质。盐水注射机和真空滚机外形图见图 10 - 2 和图 10 - 3。

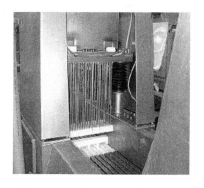

图 10 - 2　自动多针头注射机

图 10 - 3　真空滚揉机

4. 混合腌制法

利用干腌和湿腌互补性的一种腌制方法。用于肉类腌制可先行干腌而后放入容器内用盐水腌制,如南京板鸭、西式培根的加工。

干腌和湿腌相结合可以避免湿腌液因食品水分外渗而降低浓度,因干腌及时溶解外渗水分;同时腌制时不像干腌那样促进食品表面发生脱水现象;另外,内部发酵或腐败也能被有效阻止。

# 第三节　常见腌腊肉制品的加工

## 一、腊肉制品加工

我国腊肉品种很多,风味各有特色。按产地分有广东腊肉、四川腊肉、云南腊肉和湖南腊肉等。按原料分有腊猪肉、腊牛肉、腊羊肉、腊鸡、腊鸭等。腊肉色泽粉红,香味浓郁,肉质脆嫩,具有提味脱腥之功效。虽然腊肉品种繁多,但加工过程大同小异。

1. 广式腊肉

工艺流程如下：

原料→预处理→腌制→烘烤或熏制→包装。

(1)原料 精选肥瘦层次分明的去骨五花肉或其他部位的肉,一般肥瘦比例为5:5或4:6,修刮净皮层上的残毛及污垢。

(2)预处理 将适于加工腊肉的原料,除去前后腿,将腰部肉剔去全部肋条骨、椎骨和软骨,边沿修割整齐后,切成长33~40 cm,宽1.5~2 cm的肉坯。肉坯顶端斜切一个0.3~0.4 cm的吊挂孔,便于肉坯悬挂。肉坯于30 ℃左右的温水中漂洗2 min左右,除去肉条表面的浮油、污物。取出后沥干水分。

(3)腌制 一般采用干腌法或湿腌法腌制。按表10-1配方用10%清水溶解配料,倒入容器中,然后放入肉坯,搅拌均匀,每隔30 min搅拌翻动一次,于20 ℃下腌制4~6 h,腌制温度越低,腌制时间越长。腌制结束后,取出肉条,滤干水分。

表10-1 腊肉腌制配方

| 品名 | 原料肉 | 食盐 | 砂糖 | 曲酒 | 酱油 | 亚硝酸钠 | 调味料 |
|------|--------|------|------|------|------|----------|--------|
| 用量/kg | 100 | 3 | 4 | 2.5 | 3 | 0.01 | 0.1 |

(4)烘烤或熏制 肉坯完成腌制出缸后,挂于烘架上,肉坯之间应留有2~3 cm的间隙,以便于通风。烘房的温度是决定产品质量的重要参数,腊肉因肥肉较多,烘烤或熏制温度不宜过高,一般将温度控制在40~50 ℃为宜。温度高,滴油多、成品率低;温度低,水分蒸发不足,易发酸、色泽发暗。广式腊肉一般需要烘烤24~70 h左右。烘烤时间与肉坯的大小和产品的终水分含量要求有关。烘烤或熏制结束时,产品皮层干燥,瘦肉呈玫瑰红色,肥肉透明或呈乳白色。熏烤常用木炭、锯木粉、瓜子壳、糠壳和板栗壳等作为烟熏燃料,在不完全燃烧的条件下进行熏制,使肉制品产生独特的腊香和熏制风味。

(5)包装 烘烤后的肉条,送入通风干燥的晾挂室中晾挂冷凉,等肉温降到室温时即可包装。传统上腊肉一般用防潮蜡纸包装,现在一般采用真空包装,在20 ℃可以有3~6个月的保质期。

2. 川式腊肉

川式腊肉又称川味腊肉。川式腊肉历史悠长,口味厚重。其特点是色泽鲜明、皮黄肉棕、腊香袭人、滋味鲜美、造型独特,深受中外食客所喜爱。其制作过程如下:

(1)原料 选膘肥肉满、体质健壮、符合卫生标准、肥膘在2 cm以上的鲜猪肉,以前后腿最佳。

(2)配料 原料肉100 kg,食盐7~8 kg,白酒0.8~1 kg,白糖0.5 kg,硝酸钠50 g,花椒粉100 g,五香粉150 g。

(3)加工工艺

①剔骨、切肉条 把原料肉剔骨,修整边缘。切成35 cm长、4 cm宽的肉条。用温水洗净肉条,沥干水分。

②擦盐 将盐炒热,放冷后与硝盐、花椒粉、五香粉、白酒、白糖混匀,均匀抹擦在肉条上,胖缝、槽头进料慢,要多揉搓,面面俱到。

③腌渍 将抹好的肉放到缸内，放时皮面在下，肉面在上，最上一层皮面在上，肉面在下，整整齐齐平放在缸内，装满为止，然后，将剩下的佐料全部均匀地撒在缸内的肉表层上。2~4 天翻缸，翻缸后再腌 3 天，即可起。这时的盐汁、香料已渗入肉层中。出缸时，在每条肉的顶端用尖刀戳一小口，穿上麻绳，用清洁的温水(40 ℃左右)清洗干净，穿在晾竿上，放在通风的晾架上晾干后即可转入烘房。

④烘烤 肉条进入烘房后，肉条之间留好间隙(1 cm 左右)，勿使紧挨。全部烘烤时间40~48 h，温度开始 50~60 ℃，不要忽高忽低，经 4~5 h 后，待肉皮水汽干后敞一敞炕，以排除水汽，然后继续烘。最高温度不超过 70 ℃(且最多 2 h)，以免烤焦流油。烘到表面微有油渗出，瘦肉呈酱红色，肥肉呈金黄色、有透明感时即可出炕，凉后包装。

(4)成品规格 成品长 33~40 cm，宽 4.3~5.0 cm，净重 0.5~1.0 kg；无骨带皮；肉身干爽结实，富有弹性，指压无明显凹痕；瘦肉呈乳白色，无烟熏、霉臭、哈喇味。

3. 湘式腊肉

湘式腊肉又名三湘腊肉，是湖南特产，历史悠久，驰名中外。湘式腊肉分带骨腊肉和去骨腊肉两种。带骨腊肉是民间传统的腊肉制品；而去骨腊肉则是近年吸取四川、广东腊肉的特点制成的新品种。

(1)原料 选择健康猪肉，肉质要新鲜而良好，肥瘦要适度。

(2)配料 见表 10-2。

表 10-2 带骨腊肉和去骨腊肉的配料标准 单位:kg

| 种类 | 季节 | 肉条 | 食盐 | 硝酸钠 | 花椒 | 白糖 | 白酒 | 酱油 | 水 |
|---|---|---|---|---|---|---|---|---|---|
| 带骨腊肉 | 冬季 | 100 | 7 | 0.22 | 0.4 | 0 | 0 | 0 | 0 |
| | 春、秋季 | 100 | 8 | 0.25 | 0.4 | 0 | 0 | 0 | 0 |
| 去骨腊肉 | 冬季 | 100 | 2.5 | 0.20 | 0 | 5 | 3.7 | 3.7 | 3~4 |
| | 春、秋季 | 100 | 2.8 | 0.22 | 0 | 5.5 | 4 | 3.7 | 3~4 |

(3)熏料 常用杉木、梨木和不含树脂的阔叶树类的锯屑，以及混合枫球、柏枝、瓜子壳、花生壳、稻壳、玉米芯等作为熏料。熏料应是烟浓、火小，能在温度不高时发挥渗透作用，并能从表面渗透到深部。

(4)加工工艺

①修肉切条 选择符合要求的原料肉，刮去表皮上的污垢，割去头、尾和四肢的下端，剔去肩胛骨、管状骨等，按质量 0.8~1 kg，厚 4~5 cm 的标准分割，切成带皮带肋条的肉条。如果生产无骨腊肉，应剔除脊椎骨和肋条骨，切成带皮无骨的肉条。无骨腊肉条的标准：长33~35 cm，厚 3~3.5 cm，宽 5~6 cm，重 500 g 左右。

肉条切好后，用尖刀在肉条上端 3~4 cm 处穿一小孔，便于腌渍后穿绳吊挂。这一过程应在猪屠宰后 4 h 或解冻后 3 h 内操作完毕。在气温高的季节，更应迅速进行，以防肉质腐败。

②腌制 调匀配料后与肉条拌匀，入缸腌 7 天左右，腌制中间上下翻动 1~2 次，肉上加盖重压。腌制调料配制标准随季节不同而变化，原则是气温高、湿度大，用料要多一些；气温低、湿度小，用料要少一些。

腌制腊肉应充分搓擦,仔细翻缸,腌制室温度保持在0～5℃,这是保证腌制成功的关键环节。

③洗肉坯　腌制好的肉条叫肉坯。洗肉坯是生产带骨腊肉的一个主要工序。去骨腊肉含盐量低,腌渍时间短,调料中有较多的糖和酱油,一般不用漂洗。

④晾水　肉坯经过洗涤后,表层附有水滴,在熏制前应把水晾干,这个工序叫作晾水。晾水是将漂洗干净的坯用绳挂在晾肉间的晾架上,没有专设晾肉间的,可挂在空气流通而清洁的场所晾水。晾水时间一般为半天至一天,但应看晾肉时的温度和流通情况适当掌握,温度高,空气流通快,晾水时间可短一些,反之则长一些。

肉坯在晾水时如果风速大,时间长,其外层易形成干皮,熏烟时会带来不良影响。如果时间太短,表层附着的水分没有蒸发,就会延长熏制时间,影响成品质量。晾水时如遇阴雨,可用干净纱布抹干肉坯表面的水分后,再悬挂起来晾下,以免延长晾水时间或发霉。

⑤熏制　熏制又称熏烤,俗称上炕,是腊肉加工的最后一个工序。通常是熏制100 kg肉坯用木炭8～9 kg,锯末屑12～14 kg。熏制时把晾干水的肉坯悬挂在熏房内,悬挂的肉坯之间应留出一定距离,使烟熏均匀,然后按用量点燃木炭和锯末屑,紧闭熏房门。

熏房内的温度在熏制开始时控制在70℃左右,3～4 h后,熏房温度逐步下降到50～55℃。在这样湿度下保持30 h左右即为成品,冷凉后即可包装。

熏制时锯末屑等熏料应拌和均匀,分次添加,使烟浓度均匀。熏房内的横梁如是多层的,应把腊肉按上下次序进行调换,使各层腊肉色泽均匀。

(5)成品规格　切块至0.5～1.4 kg,长条形,宽约5 cm,长约33 cm,带皮带骨,皮色金黄郁,咸度适中。

4. 陇西腊肉

陇西腊肉是西北名产,有300多年的历史,主销兰州,曾销至陕西、新疆、四川等地。它是选用临潭、岷县、漳县、武山、宕昌等地半放牧条件下所产的合作猪及其杂种猪为原料。这种猪体小、肉质好、瘦肉多。用靖远县的硝盐,在陇西县以传统的加工方法,于冬腊月腌制,在兰州水煮,现市切为薄片零售。民间流传"洮岷州猪,靖远硝盐,陇西加工,黄河水煮,方能成全",就描述了其产销和加工特点。煮熟后的瘦肉,皮色红,肥膘晶莹,香味浓郁而不腻。

(1)配料　肉块100 kg,食盐5.0 kg,花椒和小香各100 g,姜皮、桂皮、草果、大香、荜芨、良姜、砂仁、豆蔻、桂子等少许(可不加)。

(2)加工工艺

①原料整理　取整片前中躯鲜肉,去肩胛骨、肱骨、股骨和肠骨;或胸肋肉,去骨修成长方条。修去膈肌,洗去肉表浮油,沥干水分。

②腌制　将香料粉碎均匀,用盐擦抹皮面至湿润,再擦瘦肉,切面、剔割缝。向切割缝中加盐和香料,肉厚处多擦盐。将擦好的片(条)平置于腌桶中,底、层间、上表要撒一层盐和香料,装紧压实。腌制中要翻桶,使每块肉于压出的卤水中浸泡一段时间是保质的关键。约经54 d即可腌好。

③晾晒　取出悬于木架上日晒,每天早晚收,经常翻动,少晒瘦肉和切面。晒盐至盐水干透、皮面红亮为止,一般晴天约晒15天即为成品。

(3)注意事项　不宜堆藏,防虫鼠害。

## 二、咸肉制品加工

咸肉的特点是用盐量高,其生产过程一般不经过干燥脱水和烘熏过程,腌制是其主要加工步骤。经过腌制产生了丰富的滋味物质,因此腌肉制品滋味鲜美,但腌肉没有经过干燥脱水和发酵成熟,挥发性风味成分产生不足,没有独特的气味。作为一种传统的大众化肉制品和简单的贮藏方法,腌肉在我国各地都有生产,种类繁多。根据其规格和加工部位,可分为连片、段头、小块咸肉和咸腿。

连片指用整个半片猪胴体,去头尾,带脚爪骨皮而加工的产品。段头是指用去后腿及猪头、带骨皮前爪的猪肉体加工的产品。小块咸肉是指用带皮骨的分割肉加工的产品。咸腿也称香腿,是用带骨皮的猪的后腿加工的产品。

1. 工艺流程

原料处理→切划刀口→腌制→包装→产品。

2. 操作要点

①原料处理 对猪胴体进行修整,割除血管,淋巴及横膈肌等。

②切划刀口 为了提高盐分的扩散速度,快速在肉组织内部建立起抑制微生物生长繁殖的渗透压,在原料上割出刀口,增大渗透面积。刀口深浅及多少取决于肌肉厚薄和腌制的气温。温度在 10 ~ 15 ℃时,刀口大而深;温度在 10 ℃以下时,可不切刀口或少开。该步骤在传统工艺上也称"开刀门"。

③腌制 为了防止原料肉腐败变质,保障产品质量,腌制温度最好控制在 0 ~ 4 ℃。温度高腌制速度快,但易发生腐败。肉结冰时,腌制过程停止,并且在结冻后会产生汁液流失。

ⓐ干腌法 腌制时先用少量盐涂擦均匀,等排出血水后再擦上大量食盐,堆起来腌制。腌制中每隔 5 d 左右上下调换翻堆一次,同时补加食盐,经过 25 ~ 30 d 腌制结束。盐的添加量为每 100 kg 原料肉用食盐 14 ~ 20 kg,硝酸钠为 50 ~ 75 g。

ⓑ湿腌法 用开水配制 22% ~ 35% 的食盐饱和溶液,加入 0.7% ~ 1.2% 的硝酸钠。盐液的用量控制为原料肉重的 30% ~ 40%。肉面加盖并施压使原料肉完全浸没于腌制液中。每隔 4 ~ 5 d 上下翻堆一次,腌制 15 ~ 20 d。用过的盐液经煮沸、过滤、补盐和硝盐后可反复使用。

④包装习惯上,咸肉的包装并未受到广泛关注。目前,包装对咸肉品质影响的重要性已得到普遍认可。包装不仅能保护产品的色泽,还能够防止脂肪的过氧化而产生异味。腌制时,通常加入硝盐进行护色,但亚硝基肌红蛋白远比肌红蛋白易受光的损害,光能促进氧化反应,因而腌肉在强光下会迅速褪色。尤其在目前,大量的产品在超市销售。超市货架上一般用冷光源照明,同时加紫外线照射。在一般货柜的光照强度下,仅需 1 h 就能产生可见的褪色现象,在紫外光线照射下,该变化更迅速。经过包装可消除或降低光线的影响。另外光线只有在有氧条件下才会加速氧化变化。因此包装时经过抽真空或充氮也能够消除光线的影响。如果包装内加有抗氧剂,则可以将包装内的氧消耗掉以延缓腌肉表面褪色,还原糖同样可以延缓腌肉表面褪色。

3. 咸肉的保存和卫生标准

(1)咸肉的保存

咸肉保存有堆垛和浸卤两种方法。

①堆垛法　待咸肉水分稍干后,堆放在 -5 ~ 0 ℃的冷库中,可贮藏 6 个月,损耗量为 2% ~ 3%。

②浸卤法　将咸肉浸在 24 ~ 25 波美度的盐水中。这种方法可延长保存期,使肉色保持红润,没有质量损失。

(2)咸肉的质量要求

咸肉的卫生质量应符合《腌腊肉制品》(GB 2730—2015)的要求。感官要求应符合表 10 - 3 的规定。理化指标应符合表 10 - 4 的规定。

表 10 - 3　感官要求

| 项　目 | 要　求 | 检验方法 |
|---|---|---|
| 色泽 | 具有产品应有的色泽、无黏液、无霉点 | 取适量试样置于白瓷盘中,在自然光下观察色泽和状态,闻其气味 |
| 组织形态 | 具有产品应有的组织性状,无正常视力可见异物 | |
| 气味 | 具有产品应有的气味,无异味、无酸败味 | |

表 10 - 4　理化指标

| 项　目 | 指　标 | 检验方法 |
|---|---|---|
| 过氧化值(以脂肪计)/(g/100g) | 0.5 | GB 5009.227 |

注:污染物限量应符合 GB 2762 的规定;食品添加剂的使用符合 GB 2760 的规定。

### 三、板鸭加工

板鸭又称"贡鸭",是咸鸭的一种。在我国,南京所产板鸭最为盛名。板鸭有腊板鸭和春板鸭两种。板鸭体肥、皮白、肉红、肉质细嫩、风味鲜美,是一种久负盛名的传统产品。下面以南京板鸭为例,说明其加工特点。

1. 工艺流程

选鸭→宰杀→整理→配料、腌制→卤制→滴卤叠坯→晾挂。

2. 操作要点

(1)原料　板鸭要选择体长身高,胸腿肉发达,两翅下有核桃肉,体重在 1.75 kg 以上的活鸭做原料。活鸭在屠宰前用稻谷饲养一段时间使之膘肥肉嫩。这种鸭脂肪熔点高,在温度高的时候也不容易滴油,酸败。这种经过稻谷催肥的鸭叫白油板鸭,是板鸭中的上品。

(2)宰杀及前处理　肥育好的鸭子宰杀前停食 12 ~ 24 h,充分饮水。用麻电法(60 ~ 70 V)将活鸭致昏,采用颈部或口腔宰杀法进行宰杀放血。宰杀后 5 ~ 6 min 内,用 65 ~ 68 ℃的热水浸烫脱毛,之后用冰水浸洗三次,时间分别为 10 min、20 min 和 1 h,以除去皮表残留的污垢,使鸭皮洁白,同时降低鸭体温度,达到"四挺",即头、颈、胸、腿挺直,外形美观。去除翅、脚,在右翅下开一约 4 cm 长的直形口子,摘除内脏,然后用冷水清洗,至肌肉洁白。压折鸭胸前三叉骨,使鸭体呈扁长形。

(3)干腌　前处理后的光鸭沥干水分,进行擦盐处理。擦盐前,100 kg 食盐中加入 125 g 茴香或其他香辛料炒制,可增加产品风味。腌制时每 2 kg 光鸭加盐 125 g 左右。先将 90 g 盐从右翅下开口处装入腔内,将鸭反复翻动,使盐均匀布满腔体,剩余的食盐用于体外,其中大腿、胸部两旁肌肉较厚处及颈部刀口处需较多施盐。于腌制缸内腌制约20 h。该过程中为了使腔体内盐水快速排出,需进行扣卤:提起鸭腿,撑开肛门,将盐水放出。擦盐后12 h进行第一次扣卤操作,之后再叠入腌制缸中,再经8 h进行第二次扣卤操作。目的是使鸭体腌透同时渗出肌肉中血水,使肌肉洁白美观。

(4)卤制 也称复卤。第二次扣卤后,从刀口处灌入配好的老卤,叠入腌制缸中。并在上层鸭体表层稍微施压,将鸭体压入卤缸内距卤面1 cm以下,使鸭体不浮于卤汁上面。经24 h左右即可。

卤的配制:卤有新卤和老卤之分。新卤配制时每50 kg水加炒制的食盐35 kg,煮沸成饱和溶液,澄清过滤后加入生姜100 g、茴香25 g、葱150 g,冷却后即为新卤。用过一次后的卤俗称老卤,环境温度高时,每次用过后,盐卤需加热煮沸杀菌;环境温度低时,盐卤用4~5次后需重新煮沸;煮沸时要撇去上浮血污,同时补盐,维持盐卤密度为1.180~1.210。

(5)叠胚 把滴净卤水的鸭体压成扁平形,叠入容器中。叠放时须鸭头朝向缸中心,以免刀口渗出血水污染鸭体。叠胚时间为2~4 d,接着进行排胚与晾挂。

(6)排胚与晾挂 把叠在容器中的鸭子取出,用清水清洗鸭体,悬挂于晾挂架上,同时对鸭体整形:拉平鸭颈,拍平胸部,挑起腹肌。排胚的目的是使鸭体肥大好看,同时使鸭子内部通风。然后挂于通风处风干。晾挂间需通风良好,不受日晒雨淋,鸭体互不接触,经过2~3周即为成品。

3. 保存方法

板鸭要挂在阴凉通风的地方。小雪后、大雪前加工的板鸭,能保存1~2个月;大雪后加工的"腊板鸭",可保存3个月;立春后、清明节前加工的"春板鸭",只能保存1个月。通常品质好的板鸭能保存到4月底以后,存放在0 ℃左右的冷库内,可保存到6月底或更长时间。

4. 质量要求

成品板鸭体表光洁,呈黄白色或乳白色,肌肉切面平而紧密,呈玫瑰色,周身干燥,皮面光滑无皱纹,胸部凸起,颈椎露出,颈部发硬,具有板鸭固有的气味。全身无毛,无皱纹,人字骨扁平,两腿直立,腿肌发硬,胸骨凸起,禽体呈扁圆形。板鸭的质量要求参考GB 2730—2005的感官指标(表10-5)和理化指标(表10-6)。

表10-5 板鸭感官指标

| 项目 | 一级鲜度 | 二级鲜度 |
|---|---|---|
| 外观 | 体表光洁,白色或乳白色,腹腔内壁干燥有盐霜,肌肉切面呈玫瑰红色 | 体表呈淡红或淡黄色,有少量脂肪渗出,腹腔潮润有霉点,肌肉切面呈暗红色 |
| 组织状态 | 肌肉切面紧密,有光泽 | 切面稀松,无光泽 |
| 气味 | 具有板鸭固有的气味 | 皮下及腹内脂肪带有哈喇味,腹腔有腥味或霉味 |
| 煮沸后肉汤及肉味 | 芳香,液面有大片团聚的脂肪,肉嫩味鲜 | 鲜味较差,有轻度哈喇味 |

表 10 - 6　板鸭理化指标

| 项目 | 一级鲜度 | 二级鲜度 |
|---|---|---|
| 酸价(mg/g 脂肪,以 KOH 计)≤ | 1.6 | 3.5 |
| 过氧化值(meq/kg)≤ | 197 | 315 |

## 四、风鸡

风鸡为典型的风干禽制品。其形状美观、膘肥肉满、肉质鲜嫩、气香味美。

1. 传统工艺生产要点

在我国,风鸡的种类很多,传统工艺完全是手工操作生产,其主要的生产要点如下:

(1)选鸡　公鸡和母鸡都行,宰杀前停食、水 12~24 h,以便改善肉质,放血充分。

(2)宰杀处理　宰杀后不褪毛,在嗉囊处开一个小口割断食管等,同时在泄殖腔下割一个 5 cm 左右的刀口,剜去肛门,把手伸进体腔,轻轻拉出所有内脏、嗉囊。

(3)腌制　除去内脏以后,按每 0.5 kg 鸡用食盐 30~35 g,花椒 3 g 混合均匀,涂擦在腹腔及嗉囊、喉部、口腔,擦后把鸡背向下,腹向上放在案板上,把两腿按自然姿势向腹部压紧,鸡头别在翅下,尾羽向上压到腹部,随后用两翅包住,用细绳纵横扎起,再用较粗的绳把鸡捆起来,背向下挂在阴凉处风干,该过程需保持通风、干燥、凉爽、不见日光,经半个月后可以腌透,1 个月以后可以食用,产品别有风味。

2. 工业化生产过程

传统工艺条件下生产的产品,品质不均匀,产品的品质受自然条件影响很大。目前仍有部分生产厂家采用传统工艺进行生产。很多企业已在保持产品特色的情况下,对传统工艺进行了改造,使之形成工业化生产规模,提高了产品品质,并保证了品质的均一性。简要的工业化生产过程如下:

原料→宰杀及整理→肉质嫩化→腌制→风干→后期处理→包装→杀菌→产品。

(1)原料　选用 1.5~2 kg 的新母鸡,最好为 1 年左右的新母鸡,经兽医检验合格。

(2)宰杀及整理　鸡经宰杀、放血、脱毛、剖膛去内脏、清洗、沥水,得光鸡。在此过程中应注意鸡体的完整性和鸡皮的完整性,使皮不破不裂。

(3)肉质嫩化　在光鸡肌肉发达的大腿及胸脯处均匀注射腌制嫩化液 10~20 mL/kg 鸡,然后进行按摩使腌制嫩化液分布均匀。腌制嫩化液配方为:以腌制嫩化液为母液,每升腌制嫩化液含木瓜蛋白酶 0.03~0.07 g,氯化钙 1~5 g,六偏磷酸盐 0.5~1.5 g。

(4)快速腌制　将鸡浸入腌制液中进行腌制,腌制液用量为 800~1 200 mL/kg 光鸡;腌制温度控制在 8~15 ℃,腌制时间为 18~24 h,腌制后光鸡中的食盐含量为光鸡质量的 3.5%~4.0%。腌制液配方为:每升腌制液含食盐 12~15 g、白糖 8~15 g、味精 3~6 g、白酒 2~4 mL、大茴 6~12 g、小茴 5~8 g、花椒 3~5 g、砂仁 3~5 g、豆蔻 4~6 g、白芷 3~6 g、肉桂 2~5 g、生姜 0.6~1.0 g、山柰 2~5 g。

(5)风干　腌制后的光鸡,经沥干,进入控温控湿控风速的风干室内,风干时间为 3 d。第一天温度为 11~15 ℃、湿度为 55%~65%、风速为 5~6m/s;第二天温度为 14~16 ℃、湿度为 65%~70%、风速为 5~6 m/s;第三天温度为 16~18 ℃、湿度为 65%~70%、风速为 5~6 m/s。风干过程中,风干室内的温湿度应控制均匀,不能存在鸡挤压现象,以免风循环不充分,风干程度不够。

(6)后期处理 风干后光鸡经清水漂洗,进入煮制锅,煮制液用量控制在 1 200 ~ 2 000 mL/kg 光鸡,煮制温度控制在 90 ~ 100 ℃,煮制时间为 40 ~ 60 min。煮制液配方中大茴、小茴、花椒、砂仁、豆蔻、白芷、肉桂、生姜、山萘的含量为腌制液浓度的 1/5,白糖、味精、白酒含量与腌制液相同,食盐占煮制液质量的 2.5% ~ 3%。

(7)包装 煮制后产品按规格要求尽快真空包装。

(8)杀菌 可采用微波杀菌,然后快速冷却。产品宜在低温条件下保存。

## 五、培根

培根系英文 Bacon 的译音,即烟熏咸猪肉。培根是将猪肋条肉经过整形、盐渍,再经熏干而成。其风味除带有适口的咸味之外,还具有浓郁的烟熏香味,外皮油润呈金黄色,皮质坚硬,瘦肉呈深棕色,质地干硬,切开后肉色鲜艳。

加拿大的培根中也有加入胡椒和辣椒的。培根为半成品,相当于我国的咸肉,但多了一种烟熏味,咸味较咸肉轻,有皮无骨。培根为西餐菜肴原料,食用时需再加工。

1. 培根的分类

培根根据原料不同,分为大培根(或称丹麦式培根)、奶培根、排培根、肩肉培根、肘肉培根和牛肉培根等。

(1)大培根 是以猪的第三肋骨至第一节腰椎骨处猪体的中段为原料,去骨整形后,经腌制、烟熏而成,成品为金黄色,割开瘦肉部分色泽鲜艳,每块重 7 ~ 10 kg。

(2)奶培根 是以去奶脯、脊椎骨的猪方肉(肋条)为原料,去骨整形后,经腌制、烟熏而成。肉质一层肥、一层瘦,成品为金黄色,无硬骨,刀口整齐,不焦苦。分带皮和无皮两种规格,带皮的每块重 2 ~ 4 kg,去皮的每块不低于 500 g。

(3)排培根 是以猪的大排骨(脊背)为原料,去骨整形后,经腌制、烟熏而成。肉质细嫩,口感鲜美。它是培根中质量最好的一种,成品为半熟品,金黄色,带皮,无硬骨,刀工整齐,不焦苦。每块重 2 ~ 4 kg。

(4)肩肉培根 以猪的前肩、后臀肉做原料。

(5)肘肉培根 用猪肘子肉做原料。

2. 培根制作方法

(1)培根制作的工艺流程

各种培根的加工方法基本相同,其主要工艺流程如下:

剔骨选料→初步整形→冷藏腌制→浸泡整形→再次整形→烟熏。

(2)工艺要点

①选料和去骨 去骨之前须对原料进行挑选。培根都是用猪的各部分成块形原料制成,产品基本保持肉的原状。因此,原料规格、质量与产品质量有直接关系。在条件许可的地方,以选择瘦肉型猪种为宜。一般选用经兽医检验合格、肥膘厚 1.5 cm 左右的细皮白肉猪身。去骨操作的主要要求为在保持肉皮完整、不破坏整块原料、基本保持原形的原则下,做到骨上不带肉,肉中无碎骨遗留。

②整形 将去骨后的原料用修割方法把其表面和四周整齐,并且光滑。整形决定产品的规格和形状,培根成方形,应注意每一边是否成直线。如果有一边不整齐,可用刀修成直

线条,修去碎肉、碎油、筋膜、血块等杂物,刮尽皮上残毛,割去过高、过厚肉层。

③腌制 腌制过程需在低温库中进行,即将原料送至 2~4 ℃的冷库中,先用盐及亚硝酸钠揉擦原料肉表面(每 100 kg 肉用盐 3.5~4.0 kg、亚硝酸钠 5 g 拌和),腌制 12 h 以上。次日再将肉泡在 15~16°Bé(波美度)的盐水中。

盐水由食盐 50 kg、白糖 3.5 kg 和适量亚硝酸钠,加水溶解而成。每隔 5 d 将生坯上下翻动一次,腌制 12d。

④整修 腌好的肉出缸后,浸在水中 2~3 h,再用清水洗 1 次。然后刮净皮面上的细毛杂质,修整边缘和肉面的碎肉、碎油。然后穿绳,即在肉条的一端穿麻绳,便于串入串杆。每杆挂肉 4~5 块,保持一定间距后熏烤。

⑤熏烤 将串上串杆的肉块挂上铁架,推入烘房,用干柴生火,盖上木屑,温度应保持在 60~70 ℃,经 10 h 熏烤(木屑可分成 2~3 次添加),待皮面上呈金黄色后取出即为成品,出品率约 83%。如果是无皮培根,熏烤时则在生坯下面挂一层纱布,以防木屑灰尘污染产品。

3. 培根的质量要求

培根的质量应符合《培根》(GB/T 23492—2009)的要求,感官要求应符合表 10 - 7 的规定。理化指标应符合表 10 - 8 的规定。

表 10 - 7 感官要求

| 项目 | 要 求 | |
| --- | --- | --- |
| | 生制培根 | 熟制培根 |
| 组织状态 | 自然块状或厚薄均匀片状,紧密不松散,无黏液及霉液 | 内容物密切结合,坚实面有弹力,无黏液及霉液 |
| 色泽 | 表面色泽均匀,切面肉呈均匀的淡蔷薇红色或原料肉固有色泽,脂肪为白色 | |
| 气味 | 应具有本品固有的滋、气味,无腐味,无酸败味 | |
| 杂质 | 无可见杂质 | |

表 10 - 8 理化指标

| 项目 | 要 求 | |
| --- | --- | --- |
| | 生制培根 | 熟制培根 |
| 水分/(g/100g) | 65 | 70 |
| 氯化钠(以 NaCl 计)/(g/100g) ≤ | 3.5 | |
| 亚硝酸盐(以 NaNO₂ 计)/(mg/kg) ≤ | 按 GB 2762 规定执行 | |
| 铅(Pb)/(mg/kg) ≤ | | |
| 无机砷/(mg/kg) ≤ | | |
| 镉(Cd)/(mg/kg) ≤ | | |
| 总汞(以 Hg 计)/(mg/kg) ≤ | | |
| 苯并(α)芘ª/(μg/kg) ≤ | | |

ª仅限于烟熏产品

# 第十一章 干肉制品加工技术

干肉制品是肉经过预加工后再脱水干制而成的一类熟肉制品,产品多呈片状、条状、粒状、团粒状、絮状。干肉制品的种类很多,根据产品的形态,主要包括肉干、肉松和肉脯三大类;根据产品的干燥程度,可分为干制品和半干制品。半干制品的水分含量一般在 15% ~ 50%,水分活度($A_w$)为 0.60 ~ 0.90;干制品的水分含量通常在 15% 以下。大多数干肉制品属半干制品。干制是一种古老的肉类保存方法,传统的干肉制品营养丰富、风味浓郁,色泽美观,是深受大众喜爱的休闲方便食品。而现代干肉制品的加工,主要目的不再是为了保存,而是加工成肉制品满足消费者的各种喜好。

## 第一节 肉制品干制的原理和方法

### 一、干制及贮藏原理

#### 1. 降低食品的水分活度

微生物经细胞壁从外界摄取营养物质并向外界排出代谢物时,都需要以水作为溶剂或媒介质,故水为微生物生长活动必需的物质。水分对微生物生长活动的影响,起决定因素的并不是食品的水分总含量,而是它的有效水分,即用水分活度进行估量。对食品中有关微生物需要的 $A_w$ 进行研究表明,各种微生物都有自己适宜的 $A_w$。$A_w$ 下降,它们的生长速率也下降。$A_w$ 还可以下降到微生物停止生长的水平。各种微生物保持生长所需的最低 $A_w$ 值各不相同,大多数最重要的食品腐败细菌所需的最低 $A_w$ 都在 0.9 以上,但是肉毒杆菌则在 $A_w$ 低于 0.95 时就不能生长。芽孢的形成和发芽需要更高的 $A_w$。大多数新鲜食品的 $A_w$ 在 0.99 以上,虽然这对各种微生物的生长都适宜,但最先导致牛乳、蛋、鱼、肉等食品腐败变质的微生物都是细菌,这类食品属于易腐食品。食品在干制过程中,随着水分含量的下降,$A_w$ 下降,因而可被微生物利用的水分减少,抑制了其新陈代谢而不能生长繁殖,从而延长了其保存期限,但干制并不能将微生物全部杀死,只能抑制它们的活动,环境条件一旦适宜,又会重新吸湿恢复活动。因此对干制品中一般肠道杆菌和食品中毒菌应特别注意控制,应在干制前设法将它们杀灭。

#### 2. 降低酶的活力

酶为食品所固有,它同样需要水分才具有活力。水分减少时,酶的活性也就降低,在低水分制品中,特别在它吸湿后,酶仍会慢慢地活动,从而引起食品品质恶化或变质。只有干制品水分降低到 1% 以下时,酶的活性才会完全消失。酶在湿热条件下处理时易钝化,如于 100 ℃ 时瞬间即能破坏它的活性。但在干热条件下难以钝化,如在干燥条件下,即使用 104 ℃ 热处理,钝化效果也极其微弱。因此,为控制干制品中酶的活动,就有必要在干制前对食品进行湿热或化学钝化处理,使酶失去活性。

## 二、干制的方法

肉类脱水干燥方法很多,可分为自热干燥和人工干燥。人工干燥是在常压或负压条件下,以传导、对流和辐射传热方式,或在高频电场内加热,是人工控制工艺条件下干制食品的方法。

### 1. 自然干燥

这是一种古老的干燥方法,主要包括晒干和风干,对设备的要求非常简单,而且费用低,但是受自然条件的限制,温度条件很难控制,干燥速度也很慢,所以大规模的生产很少采用这种方法,只是对某些产品做辅助工序采用,如风干香肠的干制等。

### 2. 烘焙干燥

此法亦称为传导干燥,靠间壁的导热将热量传递给与壁接触的肉料。由于湿物料肉与加热介质(载热体)不是直接接触,所以又叫间接加热干燥。传导干燥的热源可以是水蒸气、热空气等。可以在常温下干燥,也可以在真空下进行。肉松就是采用这种干燥方式脱水。

### 3. 油炸干燥

将肉切成条,腌渍 10~20 min 后,投入 135~150 ℃ 的油中油炸,炸至肉块呈微黄色后捞出。油炸时要控制好肉坯量与油温之间的关系。油温高,火力大,可多投肉坯;反之则少投。但油温过高容易炸焦煳,油温过低,脱水干燥不彻底,且色泽较差。因此在实际生产中常采用恒温油炸锅,成品质量也较好控制。肉干的干燥可采用此法。

### 4. 烘房干燥

该方法亦称为对流热风干燥。直接以热空气为热源,通过对流传热将热量传递给肉料,故称为直接加热干燥。热空气既是热载体又是湿载体,一般对流干燥多在常压下进行。因为在真空干燥条件下,由于气相处于低压,热容量小,不能直接以空气为热源,必须采用其他热源。对流干燥室中的气温调节比较方便,物料不至于过热,但热空气离开干燥室时,带有相当大一部分热量,因此对流干燥热能利用率较低。

### 5. 低温升华干燥

在低温下,一定真空密闭的容器中,物料中的水分直接从冰升华为水蒸气,使物料脱水干燥,称为低温升华干燥。它不仅比自然干燥、烘炒干燥和烘房干燥的干燥速度快,而且能保持产品原来的性质,加水后能迅速恢复原来的状态;并保持原有成分,很少发生蛋白变性。但是这种方法需要的设备复杂,投资较大,费用高。

### 6. 微波干燥

微波干燥时,肉坯的各个部位是被同时加热的,又因为肉坯内部的水分含量比表面高,所以内部吸收的热量较多,内部温度比表面高,这种温度梯度促使水分由内部向表面扩散,从而达到干燥肉坯的目的。此法干燥的速度较前面的快,但是耗能也较大。

## 三、干制对肉品质的影响

### 1. 干制对微生物和酶的影响

肉的干制可以提高水中含有的可溶性物质浓度,降低水分活度($A_w$),由此产生抑制微生物的作用。一般微生物生长发育的最低 $A_w$ 见表 11 - 1,但不论是细菌、霉菌或者酵母,其生长发育受阻的 $A_w$ 值并不一致。此外,环境条件、营养状态以及 pH 值等对微生物发育的最低 $A_w$ 值都有影响。图 11 - 1 显示了 $A_w$ 与食品稳定性的关系。

表 11 - 1　　微生物的发育与 $A_w$

| 微生物名称 | 发育的最低 $A_w$ 值 |
|---|---|
| 一般细菌 | 0.90 |
| 酵母 | 0.88 |
| 霉菌 | 0.82 |
| 好盐性细菌 | 0.75 |
| 耐干性霉菌 | 0.65 |
| 耐浸透性酵母 | 0.60 |

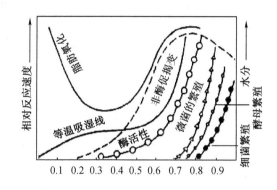

图 11 - 1　肉品的稳定性与水分活度

从图中可以看出,凡贮藏性差的食品,一般 $A_w$ 在 0.90 以上;而贮藏性好的食品,$A_w$ 在 0.70 以下,一般 $A_w$ 小则变质不容易产生。但脂肪氧化与其他因素不同,$A_w$ 在 0.2 ~ 0.4 时反应速度最低,接近无水状态时,反应速度又增大;酶的活性在 $A_w$ 大于 0.3 情况下逐渐增强。

为防止脂肪氧化和酶的作用或者长霉,肉干制品应尽量放在较低温度下贮藏,或采用包装袋内放干制剂或脱氧剂的措施;另一方面,$A_w$ 太小,制品出品率低,组织坚硬、粗糙、口感差。根据栅栏理论开发半干肉制品(0.70 < $A_w$ < 0.94)是今后发展趋势。

2. 干制对口感和色泽的影响

干制过程中脂肪的熔出对产品的口感和表观色泽具有重要影响。产品中脂肪含量很高时,会给人油腻感,但含量很低时,又会产生干涩难咽的感觉。作为一种休闲方便食品,干肉制品一般采用脱去脂肪层的肌肉加工。干制时,尤其在高温干制时,易造成脂肪熔出,从而影响到产品的口感。另外,熔出的脂肪一部分流失掉,一部分仍黏附在产品表面,当产品冷却后脂肪凝固形成白色的脂肪层,影响产品的表观色泽,也易导致脂肪的氧化。熔化的脂肪还会阻碍水分散失、降低脱水速率。因此选择合适脂肪含量的原料肉及科学制订干制参数十分重要。

干制时,肌肉中各种化学成分的浓缩也是很重要的物理变化,尤其是肌红蛋白的浓缩使产品的色泽变深。肌肉中的蛋白质肌原纤维蛋白和肌浆蛋白,受热时会发生凝固、变性,使产品口感变硬,同时影响到蛋白质的生物学价值。干制过程中脂肪会发生水解和氧化,使游离脂肪酸增加、酸价升高,严重时色泽变黄并发哈。温度高对脂肪氧化具有促进作用。

干制过程中的焦糖化反应和美拉德反应是重要的化学变化,对产品色泽和风味具有重要影响。温度越高,焦糖化反应越强烈。美拉德反应除了随温度升高而加剧外,还与产品的水分含量相关。当水分含量下降到15%～20%时,美拉德反应最迅速,随水分的进一步下降,其反应速度也下降;当干制品水分低到1%左右时,反应会减慢到难以察觉的程度;水分在30%以上时,反应也以低速缓慢进行。干制品的风味主要来自美拉德反应。

**3. 干制对组织结构的影响**

干制过程中组织结构的变化主要表现为干缩、多孔质构的形成和质地变硬。干缩是由于物料失水,细胞内压(膨胀压)降低导致的结果。干缩时物料容积的减小一般小于蒸发水分的容积,这是因为在干制过程中还会形成多孔质构。多孔质构是由于水分蒸发和肉组织内部少量的气体受热膨胀形成的。多孔质构的形成有利于改善产品的口感、咀嚼性和复水性。真空干制有利于形成多孔质构。质地变硬有两种形式:一种是表层硬化;一种是肉组织硬化。表层硬化是由于干制初期,物料与介质间的温度和湿度相差过大,导致物料表面的温度快速升高,表面水分强烈蒸发,而内部水分的扩散速度小于表层水分的蒸发速度,从而使物料表面达到绝干状态,形成了一层干制的薄膜,造成物料表面的硬化。表层硬化不仅影响产品的质构,还会使肉组织内部水分难以散失,降低干制速度。轻度的表层硬化可在加工后期的均湿处理过程得以缓解,严重的表层硬化即使经过了长时间的均湿处理也难以缓解,对产品的口感会造成严重影响。肉组织硬化是一种强烈的质地变硬现象,这样的产品质地坚韧、难于咀嚼,复水性很差。该现象的发生与蛋白变性和脱水程度密切相关,也与原料肉的质量相关。由于蛋白变性和脱水程度太高,产品的微观结构及肌纤维空间排列变得很紧密,纤维不易被分开和切断。

# 第二节 肉干加工

肉干类制品是指瘦肉经预煮、切丁(条、片)、调味、浸煮、收汤、干燥等工艺制成的干熟肉制品。由于原辅料、加工工艺、形状、产地等不同,肉干的种类很多,按原料可分为猪肉干、牛肉干等,按形状可分为片状、条状、粒状等,按配料可分为五香肉干、辣味肉干和咖喱肉干等。

## 一、肉干的传统加工工艺

**1. 工艺流程**

原料选择→预处理→预煮与成型→复煮→烘烤→冷却与包装→检验→成品。

**2. 工艺要点**

(1)原料选择 肉干多选用健康、育肥的牛肉为原料,选择新鲜的后腿及前腿瘦肉最佳,因为腿部肉蛋白质含量高、脂肪含量少、肉质好。

(2)原料预处理 将选好的原料肉剔骨,去脂肪、筋腱、淋巴、血管等不宜加工的部分,然后切成500 g左右大小的肉块,并用清水漂洗后沥干备用。

（3）预煮与成型　将切好的肉块投入到沸水中预煮 60 min，同时不断去除液面的浮沫，待肉块切开呈粉红色后即可捞出冷凉，然后按产品的规格要求切成一定的形状。

（4）复煮　取一部分预煮汤汁（约为半成品的 1/2），加入配料，熬煮，将半成品倒入锅内，用小火煮制，并不时轻轻翻动，待汤汁快收干时，把肉片（条、丁）取出沥干。配料因风味的不同而异，见表 11 - 2。

表 11 - 2　肉干加工配方

| 名称 | 用　　量/kg | |
| --- | --- | --- |
| | 五香风味 | 麻辣风味 |
| 瘦肉 | 100 | 100 |
| 酱油 | 6 | 14 |
| 黄酒 | 1 | 0.5 |
| 香葱 | 0.25 | 0.2 |
| 食盐 | 2 | 1.2 |
| 白糖 | 8 | 0.4 |
| 生姜 | 0.25 | 0.2 |
| 味精 | 0.2 | 0.1 |
| 甘草粉 | 0.25 | 0.36 |
| 辣椒粉 | — | 0.4 |
| 花椒粉 | — | 0.2 |

（5）烘烤　将沥干后的肉片或肉丁平铺在不锈钢网盘上，放入烘房或烘箱，温度控制在 50 ~ 60 ℃，烘烤 4 ~ 8 h 即可。为了均匀干燥，防止烤焦，在烘烤过程中，应及时进行翻动。一般情况下，牛肉干的成品率约为 50%，猪肉干的成品率约为 45%。

（6）冷却与包装　肉干烘好后，应冷却至室温进行包装，若未经冷却直接进行包装，将不利于保存。目前产品先进行单体包装（糖果式包装），再进行大包装是发展趋势，但也有些产品直接进行大包装。

3. 肉干成品标准（GB 23969—2009）

感官指标：黄色或黄褐色，色泽基本均匀。具有该品种特有的香味和滋味，咸甜适中。

理化指标：理化指标见表 11 - 3。

表 11 - 3　肉干的理化指标（GB 23969—2009）

| 项目 | 指标 |
| --- | --- |
| 水分/% | ≤20.0 |
| 铅（Pb）/（mg/kg） | ≤0.5 |
| 无机砷/（mg/kg） | ≤0.05 |
| 镉（Cd）/（mg/kg） | ≤0.1 |

表 11 –3(续)

| 项目 | 指标 |
|------|------|
| 总汞(以 Hg 计,mg/kg) | ≤0.05 |
| 亚硝酸盐 | 按 GB2760 执行 |

微生物指标:微生物指标见表 11 – 4。

表 11 – 4　肉干微生物指标(GB 2726—2005)

| 项目 | 指标 |
|------|------|
| 菌落总数/(cfu/g) | ≤10000 |
| 大肠杆菌/(MPN/100g) | ≤30 |
| 致病菌(沙门菌、金黄色葡萄球菌、志贺菌) | 不得检出 |

## 二、肉干生产新工艺

1. 工艺流程

原料选择、修整→腌制(或不腌制)→煮制→切丁→复煮入味→晾晒、烘烤→冷却、包装成品。

2. 新配方

猪肉 100 kg,食盐 3 kg,白糖 4 kg,葡萄糖 4 kg,味精 0.3 kg,白酒 3 kg,麦芽糊精 3 kg,红曲红色素 0.015 kg,磷酸盐 0.25 kg,亚硝酸钠 0.01 kg,大茴香 0.3 kg,胡椒 0.15 kg,辣椒 1 kg,花椒 0.4 kg,姜粉 0.2 kg,肉桂 0.15 kg,猪肉香精 2 kg,食用丙二醇 3 kg,冰水适量。

3. 工艺要点

(1)挑选猪的前、后腿肉,剔除碎骨、软骨、肥膘、瘀血等,清洗干净。将猪肉切块,块重 300 ~ 500 g。

(2)在切好的猪肉块中加入食盐、磷酸盐、亚硝酸钠和冰水按一定的比例拌和均匀,一起置于低温下(0 ~ 4 ℃)腌制 24 h。

(3)煮制中心温度 60 ~ 65 ℃ 后冷却。

(4)切丁(1 cm³ 左右)。

(5)将切好的肉丁加入老汤、盐、糖、麦芽糊精、色素进行翻动煮制,待卤汁至一半时加入香辛料、白酒,控制煮制温度 85 ~ 90 ℃,最后加味精等,搅拌均匀,至汤汁被肉块吸收完全为止,约 1.5 ~ 2 h。

(6)将煮制好的肉丁出锅,均匀摊筛,置于烘房烘烤(70 ℃,3 ~ 4 h),其间翻动几次,使烘烤均匀;摊晾回潮 24 h,使肉丁里的水分向外渗透;再继续烘烤(100 ℃,2 ~ 3 h),烤到产品内外干燥,水分含量小于 20% 即可。

(7)烤制好的肉干放置到常温,即可包装,成品。

由于新工艺配方中添加了葡萄糖、麦芽糊精、磷酸盐、食用丙二醇等保水成分,因此新型肉干较传统肉干不仅质地软,口感大大改善,而且出品率提高。

# 第三节 肉脯加工

肉脯种类很多,根据原料可分为猪肉脯、牛肉脯、鸡肉脯、兔肉脯等;根据原料的预处理方式,可分为肉片脯和肉糜脯。肉片脯为传统制品,是用纯瘦肉为原料,经冷冻(−3～−5 ℃)、切片(厚1～3 mm)、腌制(2～4 ℃,2～3 h)、烘烤、压片、切片、检验、包装等工艺加工制成的产品。一般用腿肉生产,虽产品口感好,有嚼劲,但原料要求较高,局限于猪、牛、羊肉,且利用率较低。肉糜脯为现代制品,是用碎肉为原料,经过绞碎、斩拌加工制成的产品,是一种重组肉制品。与肉片脯相比,可充分利用肉类资源,成本低,调味更加方便。通过添加剂的使用及蛋白凝胶形成的控制,其质构可达到或接近肉片脯的水平。开发肉糜脯新产品成为重要的课题之一。

## 一、肉脯的传统加工工艺

1. 工艺流程

原料选择→修整→冷冻→切片→解冻→腌制→摊筛→烘烤→烧烤→压平→切片成型→冷却→包装。

2. 加工工艺

(1)原料与预处理　传统肉脯一般是由猪、牛肉加工而成(但现在也选用其他肉)。选用新鲜的牛、猪后腿肉,去掉脂肪、结缔组织、顺肌纤维切成1 kg大小肉块。要求肉块外形规则,边缘整齐,无碎肉、瘀血。

(2)冷冻　将修割整齐的肉块移入−10～−20 ℃的冷库中速冻,以便于切片。冷冻时间以肉块深层温度达−3～−5 ℃为宜。

(3)切片　将冻结后的肉块放入切片机中切片或手工切片。切片时须顺肌肉纤维切片,以保证成品不易破碎。切片厚度一般控制在1～3 mm。但国外肉脯有向超薄型发展的趋势,最薄的肉脯只有0.05～0.08 mm,一般在0.2 mm左右。超薄肉脯透明度、柔软性、贮藏性都很好,但加工技术难度较大,对原料肉及加工设备要求较高。

(4)拌肉、腌制　将粉状辅料混匀后,与切好的肉片拌匀。在不超过10 ℃的冷库中腌制2 h左右。腌制的目的一是入味,二是使肉中盐溶性蛋白尽量溶出,便于在摊筛时使肉片之间粘连。肉脯配料各地不尽相同,以下是两种常见肉脯辅料配方。

①上海猪肉脯配方:猪肉100 kg,食盐2.5 kg,硝酸钠0.05 kg,白糖1.0 kg,高粱酒2.5 kg,白酱油1.0 kg,味精0.3 kg,小苏打0.01 kg。

②牛肉脯配方:牛肉100 kg,食盐2.3 kg,抗坏血酸钠0.02 kg,白砂糖12 kg,酱油4.0 kg,味精2.0 kg,五香粉0.3 kg,山梨酸钾0.02 kg。

(5)摊筛　在竹筛上涂刷食用植物油,将腌制好的肉片平铺在竹筛上,肉片之间彼此靠溶出的蛋白粘连成片。

(6)烘干　烘干的主要目的是促进发色和脱水熟化。将摊放肉片的竹筛上架晾干水分后,放入烘箱中脱水。其烘干温度控制在55～75 ℃,前期烘干温度可稍高。肉片厚度为2～3 mm时,烘干时间为2～3 h。

(7)烘烤熟制　高温烘烤是将半成品放在高温下进一步熟化并使质地柔软,产生良好的烧烤味和油润的外观。烘烤时可把半成品放在远红外空心烘炉的转动铁网上,用200 ℃左右温度烘烤1~2 min,至表面油润、色泽深红为止。成品中含水量小于20%,一般以13%~16%为宜。

(8)压平、成型　烧烤结束后用压平机压平,按规格要求切成一定的长方形。

(9)冷却　冷却一般在清洁、干燥、通风的室内,以摊晾、自然冷却为常用,必要时可采用机械排风。

(10)包装　冷却后应及时包装。塑料袋或复合袋采用真空包装,马口铁听装加盖后锡焊封口。冷却包装间要进行净化和消毒处理。

## 二、肉脯加工新工艺

### 1. 工艺流程

原料肉处理→斩拌配料→腌制→抹片→变温烘烤→烧烤→压平→烧烤→包装→金属探测。

### 2. 肉脯配方

以鸡肉脯为例:鸡肉100 kg,硝酸钠0.05 kg,浅色酱油5.0 kg,味精0.2 kg,糖10 kg,姜粉0.3 kg,白胡椒粉0.3 kg,食盐2.0 kg,白酒1 kg,维生素C0.05 kg,混合磷酸盐0.3 kg。

### 3. 操作方法

将原料肉经预处理后,与辅料入斩拌机斩成肉糜,并置于10 ℃以下腌制1.5~2.0 h。竹筛表面涂油后,将腌制好的肉糜涂摊于竹筛上,厚度以1.5~2.0 mm为宜,在65~85 ℃下变温烘烤2 h,120~150 ℃下烧烤2~5 min,压平后按要求切片、包装。

### 4. 质量控制

(1)肉糜斩拌程度　肉糜斩得越细,腌制剂的渗透就越迅速、充分,盐溶性蛋白质的溶出量就越多。同时肌纤维蛋白质也越容易充分延伸为纤维状,形成蛋白的高黏度网状结构,其他成分充填于其中而使成品具有韧性和弹性。

(2)腌制时间　腌制时间对肉脯色泽无明显影响,而对质地和口感影响很大。腌制时间以1.5~2.0 h为宜。

(3)肉脯的涂抹厚度　以1.5~2.0 mm为宜。因为涂抹厚度增大,肉脯柔性及弹性降低,且质脆易碎。

(4)烘烤温度和烧烤温度　若烘烤温度过低,不仅费时耗能,且香味不足、色浅、质地松软。温度超过75 ℃时,在烘烤过程中肉脯很快卷曲,边缘易焦,质脆易碎,且颜色开始变褐。蒋爱民等研究表明采用55~90 ℃的“分段-平衡脱水方法”比传统脱水方法缩短了18%烘烤时间,且产品质地均匀。烘烤温度为70~75 ℃,则时间以2 h左右为宜。烧烤时若温度超过150 ℃,肉脯表面起泡现象加剧,边缘焦煳、干脆。当烧烤温度高于120 ℃,则能使肉脯具有特殊的烤肉风味,并能改善肉脯的质地和口感。因此,烧烤以120~150 ℃,2~5 min为宜。

(5)表面处理　通过在肉脯表面涂抹蛋白液和压平,可以使肉脯表面平整,增加光泽,防止风味损失和延长货架期。

烘烤、烧烤、压平、成型、包装这几个步骤与传统工艺一样。

### 5. 肉脯的卫生标准(GB/T 31406—2015)

肉脯的感官指标:片型规则,薄厚均匀,允许有少量脂肪析出和少量空洞,无焦片、生片。

色泽均匀透明有油润光泽,可呈现棕红、深红、暗红色。咸甜适中,香味纯正。无杂质。

理化和微生物指标见表 11 – 5、表 11 – 6。

表 11 – 5　肉脯的理化指标(GB/T 31406—2015)

| 项目 | 指标 |
| --- | --- |
| 水分/% | ≤16.0 |
| 铅(Pb)/(mg/kg) | ≤0.5 |
| 无机砷/(mg/kg) | ≤0.05 |
| 镉(Cd)/(mg/kg) | ≤0.1 |
| 总汞(以 Hg 计,mg/kg) | ≤0.05 |
| 亚硝酸盐 | 按 GB 2760 执行 |

表 11 – 6　肉脯微生物指标(GB/T 31406—2015)

| 项目 | 指标 |
| --- | --- |
| 菌落总数/(cfu/g) | ≤30000 |
| 大肠杆菌/(MPN/100g) | ≤40 |
| 致病菌(沙门菌、金黄色葡萄球菌、志贺菌) | 不得检出 |

# 第四节　肉松加工

肉松是指瘦肉经煮制、撇油、调味、收汤、炒松干燥或加入食用植物油或谷物粉,炒制而成的肌肉纤维蓬松成絮状或团粒状的干熟肉制品。按原料除猪肉松外还可用牛肉、兔肉、鱼肉生产各种肉松。肉松按形状分为绒状肉松和粉状(球状)肉松。我国有名的传统产品是太仓肉松和福建肉松。太仓肉松属于绒状肉松,福建肉松属于粉状肉松。

## 一、肉松传统加工工艺

1. 工艺流程

原料肉的选择与整理→配料→煮制→炒压→搓松→跳松→拣松→包装。

2. 加工工艺

(1)原料肉的选择及整理　传统肉松是由猪瘦肉加工而成。现在除猪肉外,牛肉、鸡肉、兔肉等均可用来加工肉松。将原料肉剔除皮、骨、脂肪、筋腱等结缔组织。结缔组织的剔除一定要彻底,否则加热过程中胶原蛋白水解后,导致成品黏结成团块而不能呈良好的蓬松状。将修整好的原料肉切成1.0～1.5 kg的肉块。切块时尽可能避免切断肌纤维,以免成品中短绒过多。

(2)配方　肉松生产中,配料的种类及比例因原料肉的种类及产地等而异。

①猪肉松配方:瘦肉 100 kg,糖 3.0 kg,黄酒 4.0 kg,酱油 22 kg,大茴香 0.12 kg,

姜1.0 kg。

②牛肉松配方:牛肉100 kg,食盐2.5 kg,白糖2.5 kg,绍兴酒1.0 kg,味精0.2 kg,葱末2.0 kg,姜末0.12 kg,大茴香1.0 kg,丁香0.1 kg。

(3)煮制 将香辛料用纱布包好后和肉一起入夹层锅,加与肉等量水,用蒸汽加热,常压煮制。煮沸后撇去油沫,煮制结束后起锅前须将油筋和浮油撇净,这对保证产品质量至关重要。若不除去浮油,则易炒干,炒松时易焦锅,成品颜色发黑。煮制的时间和加水量应根据肉质老嫩决定。肉不能煮得过烂,否则成品绒丝短碎,若筷子稍用力夹肉块时肌肉纤维能分散则肉已煮好。煮肉时间为2~3 h。

(4)炒压(打坯) 肉块煮烂后,改用中火,加入酱油、酒,一边炒一边压碎肉块。然后加入白糖、味精,减小火力,收干肉汤,并用小火炒压肉丝至肌纤维松散时即可进行炒松。

(5)炒松 肉松由于糖较多,容易塌底起焦,要注意掌握炒松时的火力。炒松有人工炒和机炒两种。在实际生产中可结合使用。当汤汁全部收干后,用小火炒至肉略干,转入炒松机内继续炒至水分含量小于20%,颜色由灰棕色变为金黄色,具有特殊香味时即可结束炒松。在炒松过程中如有塌底起焦现象,应及时起锅,清洗锅巴后方可继续炒松。

(6)擦松 为了使炒好的松更加蓬松,可利用滚筒式擦松机擦松,使肌纤维成绒丝松软状态即可。

(7)跳松 利用机械跳动,使肉松从肉松机上面跳出,而肉粒则从下面落出,使肉松与肉粒分开。

(8)拣松 将肉松中焦块、肉块、粉粒等拣出,提高成品质量。跳松后的肉松送入包装车间的木架上晾松。肉松凉透后便可拣松,拣松时要注意操作人员及环境的卫生。

(9)包装贮藏 在传统肉松生产工艺中,肉松包装前需晾松约2 d。晾松过程不仅增加了二次污染的概率,而且肉松含水量会提高3%左右。因此,最好进行"热包装"。肉松吸水性很强,不宜散装。短期贮藏可选用复合膜包装,贮藏3个月左右;长期贮藏多选用玻璃瓶或马口铁罐,可贮藏6个月左右。

3.肉松卫生标准(GB/T 23968—2009)

感官指标:呈絮状,纤维柔软蓬松,无焦头,色泽均匀呈浅黄色和金黄色,咸甜适中,无不良气味,无肉眼可见杂质。

理化和微生物指标:理化和微生物指标见表11-7和表11-8。

表11-7 肉松的理化指标(GB/T 23968—2009)

| 项目 | 指标 |
|---|---|
| 水分/%(普通肉松) | ≤20.0 |
| 水分/%(油酥肉松和肉粉松) | ≤4.0 |
| 铅(Pb)/(mg/kg) | ≤0.5 |
| 无机砷/(mg/kg) | ≤0.05 |
| 镉(Cd)/(mg/kg) | ≤0.1 |
| 总汞(以Hg计,mg/kg) | ≤0.05 |
| 亚硝酸盐 | 按GB 2760执行 |

表 11 – 8　肉松微生物指标(GB/T 23968—2009)

| 项目 | 指标 |
| --- | --- |
| 菌落总数/(cfu/g) | ≤30 000 |
| 大肠杆菌/(MPN/100g) | ≤40 |
| 致病菌(沙门菌、金黄色葡萄球菌、志贺菌) | 不得检出 |

## 二、肉松加工新工艺

传统工艺加工肉松时存在着以下两方面的缺陷:

①复煮后的收汁工艺费时,且工艺条件不易控制。若复煮汤不足则导致烧煮不透,给搓松带来困难;若复煮汤过多,收汁后烧煮过度,使成品纤维短碎。

②炒松时肉直接与炒松锅接触,容易塌底起焦,影响风味和质量。因此,提出了改进工艺、参数及加工中的质量控制方法,以鸡肉松为例。

1. 工艺流程

原料鸡肉处理→初煮→精煮(不收汁)→烘烤→炒松→成品。

传统工艺中精煮结束后要收汁,给生产带来极大不便。改进工艺研究表明只要添加的调味料和煮烧时间适宜,精煮后无须收汁即可将肉捞出,所剩肉汤可作为老汤供下次精煮时使用。这样既能达到简化工艺的目的,又能达到煮烧适宜和入味充分的目的。由于精煮时加入部分老汤,能丰富产品的风味;另外,在传统生产工艺中,精煮收汁结束后脱水完全靠炒松完成。若利用远红外线烤箱或其他加热脱水设备,则既有利于工艺条件控制,稳定产品质量,又有利于机械化生产。因此,改进工艺在炒松前增加了烘烤脱水工艺。

2. 工艺操作及质量控制

(1)煮烧时间　初煮的目的是初步熟化以便剔骨,而精煮的目的是进一步熟制以利于搓松,并赋予产品风味。初煮和精煮的时间在很大程度上决定了成品的色泽、入味程度、搓松难易程度和形态。研究表明初煮 2 h,精煮 1.5 h,则成品色泽金黄,味浓松长,且碎松少。

(2)烘烤温度和时间　新工艺中精煮后肉松坯的脱水是在红外线烘箱中进行。烘烤的温度和时间对肉松坯的勃性、搓松难易程度、颜色及风味都有不同程度的影响,对其黏性影响最大。精煮后的肉松坯 70 ℃烘烤 90 min 或 80 ℃烘烤 60 min,肉松坯的烘烤脱水率为 50% 左右时搓松效果最好。

(3)炒松　鸡肉经初煮和复煮后脱水率为 25% ~ 30%,烘烤脱水率 50% 左右,搓松后含水量为 20% ~ 25%,而肉松含水量要求在 20% 以下。炒松可以进一步脱水,同时还具有改善风味、色泽及杀菌作用。因搓松后肌肉纤维松散,炒松仅 3 ~ 5 min 即能达到要求。

# 第十二章　火腿肉制品加工技术

火腿肉制品是指用大块肉为原料加工而成的肉制品。其分类主要有中式火腿和西式火腿。中式火腿以我国的干腌火腿为代表,滋味鲜美,可长期保存,驰名世界,是中国的传统肉制品。西式火腿具有嫩、保水性好、出品率高、生产周期短的优点。

## 第一节　中式火腿

中式火腿主要代表是干腌火腿,干腌火腿是以带骨猪后腿或前腿为主要原料,经修整、干腌、风干、成熟等主要工艺加工而成的风味生肉制品,生食、熟食均可,是一类著名的传统肉制品。我国干腌火腿品种很多,著名的产品有浙江的金华火腿、云南的宣威火腿和江苏的如皋火腿等,其中以金华火腿最为著名。

干腌火腿的加工工艺大同小异,不同品种的主要区别在于所用的原料、腌制剂成分及加工技术参数各有特色。著名的干腌火腿传统上大都有其独特的猪种要求,如金华火腿以金华"两头乌"猪后腿为原料,宣威火腿以乌金猪后腿为原料。但近年来随着干腌火腿生产量扩大,除原产地保护的传统产品外,许多干腌火腿开始使用其他猪后腿进行加工;在腌制剂方面,我国传统干腌火腿一般都仅用食盐腌制,目前多数在食盐中混合少量硝酸盐。各种干腌火腿的共同特点是在气候较为温和的山区或丘陵地区经过长时间的成熟过程,形成独特的风味。火腿的风味除受原料和腌制剂影响外,主要取决于成熟温度和成熟时间,成熟温度越高、时间越长,则火腿的风味越强烈。

下面仅以金华火腿为例介绍干腌火腿的特点和加工工艺。

### 一、金华火腿的特点

金华火腿与如皋火腿、宣威火腿并称中国三大火腿,是中国最著名的传统肉制品之一。它起源于中国浙江省金华地区,加工技术的形成历史已无从考证,最早的传说可追溯至唐朝,据称其"火腿"之名是南宋皇帝赵构所赐,距今已近900年。金华火腿以"色、香、味、形"四绝著称于世。

品质良好的金华火腿瘦肉呈玫瑰红色,皮面呈金黄色,脂肪洁白,熟制后呈半透明,晶莹剔透,诱人食欲,是烹饪装饰点缀的精品。金华火腿的优良品质是与金华地区的自然条件、经济特点、猪的品种、腌制技术等分不开的。首先,金华火腿所用的猪种为金华猪,又叫"两头乌",这种猪生长快,脂肪沉积少,皮薄肉嫩,瘦肉多,适于腌制。第二,加工工艺精细,技术精湛。在整个加工过程中,从选料、腌制、洗晒、发酵、整形、分级保管等方面,均有系统的程序和精细的操作方法,特别是盐工、做工、刀工要求十分严格,如用盐量做到按气温的高低、腿只大小、腿质新鲜程度,恰如其分地掌握。第三,金华火腿产区气候和地理条件得天独厚,也是某些地区难以具备的。

## 二、金华火腿加工工艺

传统金华火腿是以我国著名地方猪种——金华猪(俗称"两头乌")的后腿为原料,经手工修整、冷却、腌制、浸洗、晒腿和整形、发酵成熟、堆叠后熟等工艺过程加工而成,具体加工工序极为繁杂,全部过程包括90多道工序,其中腌制、洗晒和成熟是其关键工艺过程。其加工过程如图12-1所示。

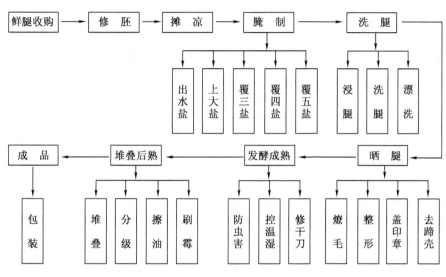

**图12-1 金华火腿加工工艺**

1.环境要求

金华火腿的传统加工是在自然条件下进行的,对气候条件有独特的要求,只能在浙江省金华地区进行加工。该地区约70%为山区,四季分明,气温升降有序,波动不大;冬季较冷,气温0~10℃,有利于火腿的腌制;春季多雨,湿度较大,气温逐渐升高至20℃以上,夏季湿度下降,气温在30℃以上,最高可达37℃,这种温度和湿度变化过程有利于火腿的发酵成熟;秋季气温下降,金华火腿也进入后熟期。金华火腿从冬季腌制开始至秋季加工成成品,整个过程需要8~10个月。

2.原料要求

原料腿对火腿的加工质量影响很大,严格选择原料腿是保证火腿质量的重要环节。加工金华火腿的原料腿要求是金华"两头乌"猪或其杂交后代的后腿,公猪、母猪、病猪、死猪和黄膘猪的后腿不能加工金华火腿,并且要求屠宰时不能伤及后腿,不能打气。原料腿要新鲜,皮薄、骨细,无伤无破、无断骨无脱臼;腿心饱满,肌肉完整而鲜红,肥膘较薄而洁白;大小适当,经修胚后质量以5.5~7.5 kg为宜。原料腿在腌制前应充分冷却,在修胚前或修胚后应摊开或悬挂自然冷却至少18 h。

3.加工技术

(1)修胚 刚验收的鲜腿粗糙,不成"竹叶形",因此必须初步整形(俗称修割腿坯),再进入腌制工序。整形可使火腿有完美的外观,而且对腌后火腿的质量及加速食盐的渗透都有一定的作用。修整时特别注意不要损伤肌肉面,以露出肌肉表面为限。

先用刀刮去皮面的残毛和污物,使皮面光洁,然后用削骨刀削平耻骨,修整坐骨,斩去脊骨,使肌肉外露,再将周围过多的脂肪和附着肌肉表面的碎肉割去,将鲜猪腿修整成"琵琶形",腿面平整(图12-2)。

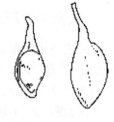

图12-2 鲜腿修整

(2)腌制 腌制是金华火腿加工中最关键的环节,控制不好可导致腿胚变质。腌制库的温度和湿度对腌制效果影响很大。温度低于0 ℃则食盐不能渗入肌肉内部;而高于15 ℃则难以控制微生物繁殖,腿胚容易变质。相对湿度低于70%则肌肉失水较快,食盐渗入不足,影响后期加工;而高于90%则食盐流失严重,微生物繁殖加快,导致腿胚发黏,影响产品质量。腌制库气温在5~10 ℃,相对湿度在75%~85%时火腿的腌制效果最好。因此,通常金华火腿的腌制在冬季进行,此时金华地区温湿度适宜,而且较为稳定,是自然腌制的最佳季节。

腌制过程中的用盐技术是金华火腿师傅必须掌握的关键技术之一,有多种不同的流派,其用盐的方法、时间间隔和上盐次数不完全相同,但用盐的基本原则相同。即腿大肉厚则多用盐,腌制时间长,腿小肉薄则少用盐,腌制时间短;气温高、湿度大则食盐溶化快,流失多,需加大用盐量,气温低、湿度小则食盐渗透慢,需减少用盐量。总用盐量以腿胚重的6.5%~8.0%为宜。由于食盐可抑制大部分内源酶的活性,用盐过多则火腿过咸而香气不足,用盐过少则难以抑制微生物繁殖,因此,在保证腿胚不变质的情况下,用盐量越少越好。通常用盐量在6.5%~7.5%时火腿咸度适中,香气最佳。

腿胚的腌制时间为30 d左右,5 kg以下的腿可腌制25 d,8 kg以上的腿需腌制35 d。腌制期间上盐5~7次,所用食盐一般不添加硝酸盐或亚硝酸盐,如果添加,通常于第一或第二次上盐时均匀混合于食盐中一次用完。七次上盐的数量和部位各不相同,其要求为:头盐上滚盐,大盐雪花飞,三盐四盐扣骨头,五盐六盐保签头。

头盐即第一次用盐,又称"出水盐",其目的是腌出肌肉内部的残余血水,抑制微生物侵入。所以第一次用盐要求在腿胚的整个肉面上全部撒一层盐,胫骨上方皮面距肉面6~8cm的区域也要撒到食盐,撒不到食盐的肉面要单独涂擦。肉面中央为骨骼和大血管所在部位,食盐渗透慢,微生物容易繁殖,用盐时要适当加厚。第一次用盐量为总用盐量的25%左右。

第二次用盐又称"上大盐",于头盐后24 h内进行。此时头盐已大部分被吸收,残余血水和盐溶性蛋白渗出表面,容易造成微生物繁殖,所以第二次上盐最多,用盐量为总用盐量的40%左右。上大盐要使整个肉面被一较厚盐层覆盖,边缘不易撒上盐的部位要涂擦食盐,三签部位(即膝关节、髋关节和荐关节的内侧,见图12-3)结缔组织多,食盐渗透慢,并且是大血管切口所在部分,最容易侵入微生物,用盐量要比其他部位高1倍。胫骨上方皮面用盐范围缩小为4~5 cm,其他部位不上盐。

第三次用盐又称"覆三盐",于上大盐后第5 d进行。此时大盐已大部分被吸收或溶化流失,此次用盐主要是补充肉面食盐不足,用盐量为总用盐量的20%左右,重点是保证三签部位有充足的食盐,骨头所在部位用盐量适当增多,其他部位视食盐吸收情况适当补充,使整个肉面

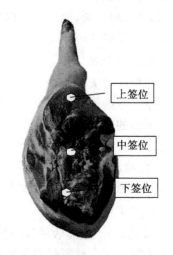

上签位

中签位

下签位

图12-3 修整后腿形及三签头部位

均匀分布一薄层食盐即可,胫骨上方皮面用盐范围缩小为 2 ~ 4 cm,其他部位不上盐。

第四次上盐又称"覆四盐",于覆三盐后第 5 d 进行,用盐量为总用盐量的 12% 左右,重点是三签部位和骨头所在部位,其他部位适当补充,皮面不能用盐,胫骨上方皮面余盐也要除去。覆四盐后第 5 d"覆五盐",一般只在三签部位补盐,其他部位不再用盐,用盐量为总用盐的 3% 左右。通常覆五盐后不再用盐,但还要继续堆放,使食盐有充分时间渗透均匀。覆五盐后第 5 d 和第 10 d 分别为"覆六盐"和"覆七盐"时间,此时如发现三签部位缺盐要适当补充,以确保整个腌制期间三签部位不缺盐。

火腿腌制期间,第一次用盐后要将用过盐的腿皮面向下、腿杆交叉整齐堆叠在腿床上,以增大肌肉的受力,促进残血和水分排出。堆高 10 ~ 12 层为宜,各层中间用 3 ~ 4 根竹条隔开。以后每次用盐都要翻堆,即前一次堆在上层的腿上盐后堆在下层,堆叠方法相同,上四次盐后腿面变薄变宽,可堆叠 14 ~ 16 层高。每次叠堆时要轻拿轻放,堆叠整齐,防止食盐脱落和倒堆。此外,在腌制期间如遇到暴雨,特别是雷雨等异常天气,要缩短用盐和翻堆时间间隔,增加用盐和翻堆次数。一般情况下,经过 5 ~ 7 次用盐和六次翻堆,30 d 后肌肉变得坚实,肉面暗红,腿皮干燥、淡黄,表明腿已腌透。经过腌制的腿一般比鲜腿失重 10% 左右。

(3)浸泡洗刷 腌好的腿表层食盐过多,一些盐溶性蛋白和食盐残渣存留在肉面上,需要在清洁的水中浸泡,除去多余食盐并洗去污物。浸腿前先将浸腿池洗净,放入水至一半左右,然后将腌好的腿除去余盐,肉面向下浸入水中。水温一般为 5 ~ 10 ℃,经过 4 ~ 6 h 浸泡后,即可用竹刷逐只洗刷。如果水温高于 10 ℃,要适当缩短浸腿时间。洗刷时要各个部位都洗到,注重洗刷肉面,并要顺着肌纤维方向进行。洗刷后重新放入清洁水中浸泡,再过 16 ~ 18 h 经第二次洗刷后即可捞出晾晒。

(4)晒腿、整形 经过腌制和浸洗的腿含有大量的水分,容易腐败变质,在发酵前要日晒脱水。晒腿对火腿的质量至关重要,日晒脱水不足可导致腿在发酵期间变质。晒腿时将大小相似的两条左右腿配对套在绳子两端,一上一下均匀悬挂在晒架上进行日晒,挂腿间隔 30 ~ 40 cm,以利于通风。悬挂 1 ~ 2 h 即可除去悬蹄壳,刮去皮面水迹和油污,并加盖厂名和商标等印章。待印章稍干后需要对腿进行整形,即将腿从晒架上取下,借助整形工具将小腿关节扳直,脚爪向内压弯,肉面向中间挤压,使肌肉隆起。然后再将腿成对挂起,并将脚爪套住固定在小腿下方,使脚爪向内压弯45°。晒腿期间要经常查看,阴雨天气加盖防淋,遇连续阴雨天,腿表面可能会出现黄色黏稠物,天晴后要沾水洗去。晒腿时间因天气状况、日照强弱、气温高低、湿度大小及风速等情况而定,一般经 7 d 左右晴天日晒,肌肉表面出油,失重占腌后腿重的 10% 左右即可进入发酵室发酵。将晒好的腿移入发酵室一定要在晴天进行,从晒架上取下之前进行一次火焰燎毛。

(5)发酵成熟 发酵室一般设在楼的上层,内部安装有火腿发酵架(俗称"蜈蚣架")。火腿上楼后成对固定在发酵架上进行自然发酵,肉面对窗,间距 5 cm 左右,确保任何两腿都不相接触。在正常情况下,上楼 20 ~ 30 天后肉面开始生长各种霉菌,并且逐步被优势菌布满。研究表明,虽然霉菌的生长可能对火腿风味的形成有一定作用,但并不起主要作用,火腿的风味形成也并非必须有霉菌生长,但一些优势霉菌生长过程中消耗大量氧气,并产生抑菌物质,有助于防止腐败菌的繁殖。霉菌的生长情况还可以反映火腿的发酵状况。一般情况下,如果肉面霉菌以绿霉为主,黄绿相间,俗称"油花",表明火腿发酵正常,肌肉中食盐含量和水分活度及发酵室温湿度适宜;如果以白色霉菌为主,俗称"水花",表明腿中水分含量过高或食盐含量不足;如果肉面没有霉菌生长,俗称"盐花",表明腿中食盐含量过高。

发酵成熟是火腿风味形成的关键时期。在此期间发酵室内气温逐渐上升,而相对湿度逐渐下降,肌肉蛋白和脂肪在内源酶的作用下,发生降解和氧化反应产生低级产物,如多肽、游离氨基酸、游离脂肪酸等,这些物质继续降解或相互作用,形成火腿特有的香气物质。由于肌肉内源酶的活性受气温、肌肉水分活度和食盐含量等多种因素的影响,所以控制发酵室小气候是火腿正常发酵的关键。发酵室要求通风良好,气温在15~37℃,前低后高,前期温度在15~25℃,后期温度在30~37℃,相对湿度在55%~75%,以60%~70%最佳。发酵室小气候受外界天气影响很大,温度过高时,湿度偏低则失重过大,脂肪氧化严重,湿度过高则容易变质;温度过低时,尤其是发酵后期,火腿难以产生香气。因此,通常通过开关门窗以调节室内小气候,即晴天开窗通风,雨天关窗防潮,高温天气则昼关夜开,以确保室内温湿度稳定。

在火腿发酵期间,由于水分散失,腿皮和肌肉干缩,骨头外露,影响火腿外观,因此,通常要于4月10日左右将腿从发酵架上取下进行修割整形,即"修燥刀"。此次修割一般为火腿的最后整形,所以要将突出肉面的骨头斩平,割除多余脂肪和肉皮,并修割肉面,使其平整,肉面两侧呈弧形,达到金华火腿成品外形标准。修割完毕仍将腿固定在发酵架上继续发酵,其间注意加强管理,防止虫害、鼠害,至8月中旬以后气温开始下降时发酵结束。

(6)落架堆叠 火腿发酵结束后即可落架并移入成品库堆叠后熟。火腿经过数月发酵成熟后,肌肉干硬,表面附着一层霉菌孢子和灰尘,落架后要先刷拭干净,涂上一层植物油以促使肌肉回软,并阻止火腿脂肪继续氧化,然后再运往成品库进行堆叠后熟。堆叠时底层皮面向下,其余皮面向上,堆高以8~10层为宜,堆叠过高则失重过大,堆叠过低则难以将腿面压平。堆叠期间,火腿中的水分还要向外散失,堆叠时间过长可能影响产品质量,因此,开始时每隔5 d要翻一次堆,15 d后每周翻一次堆,一个月后半月翻一次堆,两个月以后每月翻一次堆。一般堆叠后熟1~2个月即为成品,此时要用竹签检查三签部位香气,按标准将火腿分成不同的等级,分别堆叠存放。成品在出厂前一般要经过简单的包装。不能及时出售的成品火腿仍要堆叠存放,每月翻一次堆。成品火腿的出品率为60%左右,但在存放期间水分会继续散失,香味物质继续产生,一般存放一年以上的金华火腿香气更浓。

3.金华火腿的品质规格

火腿的品质主要从颜色、气味、咸度、肌肉丰满程度、质量、外形等方面来衡量。从火腿的颜色可以鉴别出加工季节。不同季节加工的火腿品质有很大差异,贮藏时间也不同。冬季加工的品质最佳,早冬和春季的次之。气味是鉴别火腿品质的主要指标,通常以竹签插入火腿的三个肉厚部位的关节处嗅其香气程度来确定火腿的品级。金华火腿三签部位如图12-3所示。打签后随手封闭签孔,以免深部污染,打签时如发现某处腐败,应立即换签,用过的签用碱水煮沸消毒。金华火腿分级标准见表12-1。

表12-1 金华火腿分级标准

| 等级 | 香味 | 肉质 | 质量(kg/只) | 外观 |
|------|------|------|------------|------|
| 特级 | 三签香 | 精多肥少<br>腿心饱满 | 2.5~5 | "竹叶形"薄皮细脚,皮色黄亮,无毛,无红斑,无破损,无虫蛀鼠咬,油头无裂缝,小腿至龙眼骨40 cm以上,刀工光洁,印证明 |

表 12 - 1(续)

| 等级 | 香味 | 肉质 | 质量(kg/只) | 外观 |
|------|------|------|------|------|
| 一级 | 两签香<br>一签好 | 精多肥少<br>腿心饱满 | >2 | 出口腿无红斑,内销腿无大红斑,<br>其他要求与特级同 |
| 二级 | 一签香<br>两签好 | 腿心稍偏薄<br>油头部分稍咸 | >2 | "竹叶形",爪弯脚直,稍粗,无虫<br>蛀鼠咬,刀口光洁无毛,印证明 |
| 三级 | 三签中有一签<br>有异味(无臭味) | 腿质较咸 | >2 | 无虫蛀鼠咬,刀工略粗,印证明 |

### 三、金华火腿加工新工艺

近年来,研究者通过不同温度、湿度和食盐用量等对火腿质量影响的探索,开发出独特的"低温腌制、中温风干、高温催熟"的新工艺,并获得成功。此加工技术突破了季节性加工的限制,实现了一年四季连续加工腌制火腿,并使生产周期缩短到 3 个月左右。采用新工艺加工的火腿,其色、香、味、形以及营养成分都符合传统方法加工的火腿的质量要求,并在卫生指标方面有所提高。

1. 工艺流程

选料→挂腿预冷→低温腌制→中温风干→高温催熟→堆叠后熟→包装→成品。

2. 工艺要点

(1)挂腿预冷　选用新鲜合格的金华猪后腿(俗称鲜腿),送进空调间,挂架预冷,控制温度 0～5 ℃,预冷时间 12 h。要求鲜腿深层肌肉的温度下降到 7～8 ℃,腿表不得结冰。同时将腿初步修成"竹叶形"腿坯。

(2)低温腌制　经过预冷后的腿坯移入低温腌制间进行堆叠腌制。控制温度 6～10 ℃,先低后高,平均温度要求达到 8 ℃。控制相对湿度 75%～85%,先高后低,平均相对湿度要求达到 80%。加盐要少量多次,上下翻堆一次,肉面敷盐一次,骨骼部位多敷。使用盐量为每 100 kg 净腿,冬季 3.25～3.5 kg,春秋季 3.5～4.0 kg,炎热季节 4.00～4.25 kg。腌制过程中,每 4 h 进行空气交换一次。腌制时间 20 d。

(3)中温风干　将腌制透的腿坯移到控温室内,在室温和水温 20～25 ℃的条件下洗刷干净,待腿表略干后盖上商标印,并校正成"竹叶形"状。然后移到中温恒温柜内悬挂风干,控制温度 15～25 ℃,先低后高,平均温度要求达到 22 ℃以上,控制相对湿度 70% 以下。为使腿只风干失水均匀,宜将挂腿定期交换位置,从每天一次延长到四五天一次。最后进行一次干腿修整定型。风干时间 20 d。

(4)高温催熟　经过腌制风干失水的干腿,放入高温恒温柜内悬挂,催熟致香。宜分两个阶段进行:前阶段控制温度在 25～30 ℃,逐步升高,平均温度要求达到 28 ℃以上;后阶段控制温度在 30～35 ℃,逐步升高,平均温度要求达到 33 ℃以上。相对湿度都控制在 60%以下。要防止温湿度过高,加剧脂肪氧化与流失;又要防止温湿度过低,影响腿内固有酶的活动,达不到预期成熟出香的目的。为使腿只受热均匀,每隔三五天将挂腿位置交换一次。催熟时间 35～40 d。

(5)堆叠后熟　把已经成熟出香的火腿移入恒温库内,堆叠 8～10 层,控制温度 25～

30 ℃,控制相对湿度60%以下。每隔三五天翻堆抹油(菜油、茶油或火腿油)一次,使其渗油匀,肉质软,香更浓。后熟时间10 d,即为成品。经检验分级,包装出厂。

### 四、金华火腿的贮存

**1. 库房条件**

由于火腿贮存堆放的数量大,时间长,受热要走油,受潮要发霉变质,又要防苍蝇产卵和鼠咬。因此,火腿仓库要求宽敞、牢固、阴凉、通风、干燥、门窗齐全,并装置三窗(木窗、纱窗、玻璃窗),室顶装有天花板或篾席遮阳,有防热、防潮、防雨、防霉、防虫、防鼠、防火等设备。室温一般在25 ℃以下为好。火腿离地面要有70 cm左右,并要有接油设备。

**2. 堆码方法**

火腿的贮存方法一般采用堆叠法。堆叠的数量和层次,南北方因气候不同而各异。金华火腿一般4只1层,堆高6~8层为宜。在堆叠期间注意经常翻堆,一般隔5d应翻动一次。秋凉后可入篓存放,10 d翻一次。冬天一般20 d翻一次。在冬季,火腿如装木箱(或纸箱)贮存时,应皮面向上,肉面向下(底层要肉面向上),这样水分不易蒸发,可保持火腿的滋润和香味。勤翻堆、勤检查是保证火腿品质完好的关键。

**3. 仓库温湿度的调节**

目前,各地的火腿仓库设备都较简陋。只有采取勤开关门窗和依靠简易的降温设施来调节温度,门窗必须随着天气好坏而及时关闭。晴天做到白天关闭,防止阳光晒入,夜间打开通风,防止火腿走油。雨天注意关闭门窗。特别在天热时,日光强烈,库外温度高,门窗不能开启,最好早晨开一下,上午7~8时即关闭。火腿在梅雨季节保管时,更要注意门、窗的开启和关闭。

**4. 预防变质**

火腿的哈喇味是由于脂肪在空气中氧化的结果,一般在火腿表层容易发生,如保管不当,会迅速加重。预防火腿产生哈喇味的关键是不使火腿直接受日光照射,注意气候变化。特别是天气由冷转热或由热转凉时更要注意库房温度的调节。火腿宜贮存温度低而阴凉、干燥的库房内,并做到及时翻堆。

火腿一般可贮存一年以上,品质优良、保存好的可贮存三年以上。

### 五、金华的卫生要求

金华火腿的卫生标准参考《地理标志产品金华火腿》(GB/T 19088—2008),感官指标要求和理化指标要求见表12 - 2和表12 - 3。

表12 - 2  金华火腿感官指标

| 项目 | 要求 | | |
| --- | --- | --- | --- |
| | 特级 | 一级 | 二级 |
| 原料 | 金华猪后腿 | 金华猪及杂交商品猪后腿 | |
| 香气 | 三签香 | 三签香 | 二签香,一签无异味 |

表 12-2(续)

| 项目 | 要求 | | |
|------|------|------|------|
| | 特级 | 一级 | 二级 |
| 外观 | 腿心饱满,皮薄脚小,白蹄无毛,无红斑,无虫蛀、鼠伤,无裂缝,小蹄至髋关节长度40 cm以上,刀工光洁,皮面平整,印鉴标记明晰 | 腿心饱满,皮薄脚小,无毛,无虫蛀、鼠伤,轻微红斑,轻微损伤,轻微裂缝,刀工光洁,皮面平整,印鉴标记明晰 | 腿心稍薄,但不露股骨头,腿脚稍粗,无毛,无虫蛀、鼠伤,刀工光洁,稍有红斑,稍有损伤,稍有裂缝,印鉴标记明晰 |
| 色泽 | 皮色黄亮,肉面光滑油润,肌肉切面呈玫瑰色,脂肪切面白色或微红色,有光泽,蹄壳灰白色 | | |
| 组织状态 | 皮与肉不脱离,肌肉干燥致密,肉质细嫩,切面平整,有光泽 | | |
| 滋味 | 咸淡适中,口感鲜美,回味悠长 | | |
| 爪弯 | 蹄壳表面与脚骨直线的延长线呈小于或等于90° | | 呈直角或略大于直角 |

表 12-3 金华火腿理化指标

| 项目 | 要求 | | |
|------|------|------|------|
| | 特级 | 一级 | 二级 |
| 瘦肉比率/(%) ≥ | 65 | | 60 |
| 水分(以瘦肉计)/(%) ≤ | 42 | | |
| 盐分(以瘦肉中的氯化钠计)/(%) ≤ | 11 | | |
| 过氧化值(以脂肪计)/(g/100g) ≤ | 0.25 | | |
| 亚硝酸盐残留量 | 按 GB 2760 的规定执行 | | |
| 三甲胺氮/(mg/100g) ≤ | 2.5 | | |
| 铅(Pb)/(mg/kg) ≤ | 0.2 | | |
| 无机砷/(mg/kg) ≤ | 0.05 | | |
| 镉(Cd)/(mg/kg) ≤ | 0.1 | | |
| 总汞(以 Hg 计)/(mg/kg) ≤ | 0.05 | | |
| 质量/(kg/只) | 3~5 | 3~5.5 | 2.5~6.0 |

# 第二节 西式火腿

## 一、西式火腿的特点及种类

西式火腿类产品是以大块肉为原料,经盐水注射、滚揉腌制等工艺达到快速腌制目的,烟熏(或不烟熏),再采用低温杀菌、低温贮运等工艺制成的熟肉制品。由于其选料精良,加工工艺科学合理,采用低温巴氏杀菌,故可以保持原料肉的鲜香味,产品组织细嫩,色泽均匀鲜艳,口感鲜嫩味美,具有丰富营养,因此倍受广大消费者的喜爱。

西式火腿工艺标准化,产品标准化,出品率高,适合机械化大规模生产,随着我国不断引进先进的加工设备和生产技术,西式火腿在国内的生产量逐年大幅提高。西式火腿种类较多,与我国传统火腿(如金华火腿)的形状、加工工艺、风味等有很大不同。按照加工工艺和配料的不同,西式火腿主要可分为:带骨火腿、去骨火腿、里脊火腿、成型火腿、发酵火腿等。其中除带骨火腿为半成品,在食用前需熟制外,其他种类的火腿均可直接食用。西式火腿起源于欧洲,传入中国已有160多年历史。目前国内市场习惯上将经过烟熏工艺制成的火腿称为"烟熏火腿",主要工艺为盐水腌制的火腿称为"盐水火腿",经发酵工艺制成的火腿为"发酵火腿"。

## 二、带骨火腿

带骨火腿是将猪后大腿作为原料,经盐腌、烟熏等工艺制成的半成品。根据取材的不同,带骨火腿可分为长形火腿和短形火腿两种。带骨火腿生产周期较长,成品较大,且为半成品,生产不易机械化,因此生产量及需求量较少。

1. 工艺流程

选料→整形→去血→腌制→浸水→干燥→烟熏→冷却→包装→成品。

2. 操作要点

(1)原料选择 长形火腿是自腰椎留1~2节将后大腿切下,并自小腿处切断。短形火腿则自耳、心、骨中间并包括荐骨的一部分切开,并自小腿上端切断。

(2)整形 通过整形除去多余脂肪,修平切口使其整齐丰满。

(3)去血 取肉量的3%~5%的食盐与0.2%~0.3%的硝酸盐,混合均匀后涂布在肉的表面,堆叠在略倾斜的操作台上,上部加压,在2~4℃下放置1~3 d,使其排除血水。去血的目的是利用盐水渗透作用进行部分脱水,可以除去肌肉中的残留的血液或瘀血,具有防止肉腐败,改善色泽、风味,增加肌肉结着力的作用。

(4)腌制 腌制有干腌、湿腌和盐水注射法。

①干腌法

腌制剂:按原料肉质量计,食盐3%~6%,硝酸钾0.2%~0.25%,亚硝酸钠0.03%,砂糖为1%~3%,调味料为0.3%~1.0%。调味料常用的有月桂叶、胡椒等。

腌制时将腌制混合料分1~3次涂擦于肉上,每5~7 d涂一次盐。堆于5℃左右的腌制室内尽量压紧,高度不超过1 m。每3~5 d倒垛一次。小型火腿5~7 d倒垛一次;5 kg以上较大火腿需腌制20 d左右;10 kg以上需40 d左右。

②湿腌法

先将混合料配制成腌制液,然后进行腌制。腌制液:食盐15%~25%,硝酸钠0.1%~0.5%,亚硝酸钠0.05%~0.08%,白糖0.5%~7%,香料0.3%~1%,调味品0.2%~0.5%,加清水至100%溶解备用。

③盐水注射法

腌制盐水:食盐、亚硝酸钠、糖、磷酸盐、抗坏血酸钠及防腐剂、香辛料、调味料等。按照配方要求将上述添加剂用0~4℃的软化水充分溶解,并过滤,配制成注射盐水。利用盐水注射机将上述盐水均匀地注射到经修整的肌肉组织中。火腿中盐水的注射量在10%~40%。

（5）浸水　用干腌法或湿腌法腌制的肉块，其表面与内部食盐浓度不一致，需浸入 10 倍的 5 ~ 10 ℃的清水中浸泡以调整盐度。一般每千克肉浸泡 1 ~ 2 h。

（6）干燥　将火腿置于 30 ℃温度下保持 2 ~ 4 h 至表面呈红褐色。干燥的目的是使肉块表面形成多孔以利于烟熏。

（7）烟熏　带骨火腿一般用冷熏法。烟熏时温度保持在 30 ~ 33 ℃，熏制 1 ~ 2 昼夜。

### 三、去骨火腿

去骨火腿是利用猪后腿为原料，经整形、腌制、去骨、包扎成型后，再经烟熏、水煮而成。因此去骨火腿是熟制品，具有肉质鲜嫩的特点，但保存期较短。在加工时，去骨一般是在浸水后进行，现代加工多一同除去皮及较厚的脂肪，卷成圆柱状，故又称去骨卷火腿。因需经水煮，故又称其为去骨熟火腿。

1. 工艺流程

选料→整形→去血→腌制→浸水→去骨、整形→卷紧→干燥、烟熏→水煮→冷却→包装→成品。

2. 操作要点

（1）选料、整形　与带骨火腿相同。

（2）去血、腌制　与带骨火腿比较，食盐用量稍减，砂糖用量稍增加。

（3）去骨、整形　去除两个腰椎，拔出骨盘骨，将刀插入大腿骨上下两侧，割成隧道状去除大腿骨及膝盖骨后，卷成圆筒形，修去多余瘦肉、皮及脂肪。去骨时应尽量减少对肉组织的损伤。

（4）卷紧　用棉布将整形后的肉块卷紧包裹成圆筒状后用绳扎紧，有时也用模具进行整形压紧。

（5）干燥、烟熏　干燥温度为 30 ~ 35 ℃，时间为 12 ~ 24 h。因水分蒸发，肉块收缩变硬，须再度卷紧后烟熏。烟熏温度在 30 ~ 35 ℃之间，时间为 10 ~ 24 h。

（6）水煮　水煮的目的是杀菌和熟化，赋予产品适宜的硬度和弹性，同时减弱浓烈的烟熏味。测定火腿中心温度达到 62 ~ 65 ℃后，保持 30 min。

（7）冷却、包装、贮藏　水煮后略加整形，快速冷却后除去包裹棉布，用塑料膜包装后在 0 ~ 1 ℃的低温下贮藏。

### 四、成型火腿

成型火腿是以精瘦肉为主要原料，经腌制提取盐溶性蛋白，经机械嫩化和滚揉破坏肌肉组织结构，装入包装袋或模具中成型，经煮制而成（又称压缩火腿）。成型火腿的最大特点是良好的成型性、切片性，适宜的弹性，鲜嫩的口感和很高的出品率。成型火腿标准化程度高，易于大规模生产，是目前国内外肉制品中发展最为迅速的肉制品，其种类及名目繁多。

1. 成型火腿的种类

根据原料肉的种类分类：猪肉火腿、牛肉火腿、兔肉火腿、鸡肉火腿、混合肉火腿等。根据对肉切碎程度的不同分类：肉块火腿、肉粒火腿、肉糜火腿等。根据杀菌熟化的方式分类：低温长时杀菌和高温短时杀菌火腿。根据成型性状分类：火腿、圆火腿、长火腿、短火腿等。根据包装材料的不同分类：马口铁罐装的听装火腿、耐高温的复合膜包装的常温下可做长期保存的火腿肠及普通塑料膜包装的在低温下作短期保存的各类成型火腿。

2. 成型火腿的加工原理

成型火腿的加工是使肉块、肉粒或肉糜加工后黏结为一体，其黏结力来源于两个方面：一方面是经过腌制尽可能促使肌肉组织中的盐溶性蛋白溶出；另一方面在加工过程中加入适量的添加剂，如卡拉胶、植物蛋白、淀粉以及改性淀粉等。肉中的盐溶性蛋白被溶出后与其他辅料一起均匀地包裹在肉块、肉粒表面并填充于肉粒之间，经加热变性后则将肉块、肉粒紧密的黏结在一起，使产品富有弹性和良好的切片性。

成型火腿具有鲜嫩的特点：一是因为肉块经机械切割嫩化处理及滚揉过程中的摔打撕拉，使肌纤维彼此之间变得疏松，保水性增加；二是因为成型火腿的盐水注射量可达 20% ~ 60%；肌肉中盐溶性蛋白的提取，复合磷酸盐的加入，pH 值的改变以及肌纤维间的疏松状更加利于提高成型火腿的保水性，同时提高了产品的含水量和出品率。

因此，经过腌制、嫩化、滚揉等工艺处理，再加上适宜的添加剂，保证了成型火腿的独特风格和高质量。

3. 成型火腿的加工工艺

国内外肉制品中，成型火腿是发展最为迅速的肉制品，其种类繁多。成型火腿加工原理基本相同，其加工工艺也基本一致。

(1)工艺流程

原料肉预处理→盐水注射(切块→湿腌)→腌制、滚揉→切块→添加辅料→(绞碎或斩拌)→滚揉→装模→蒸煮(高压灭菌)→冷却→检验→成品。

(2)操作要点

①原料肉的选择

最好选用背肌、腿肉。在实际生产中也常用生产带骨和去骨火腿时剔下的碎肉以及其他畜禽鱼肉(如牛、马、兔、鸡、鲔鱼等肉)。必须注意，所有的原料肉必须新鲜，否则黏着力下降，影响成品质量。

②原料肉处理

原料处理过程中环境温度不应超过 10 ℃。原料肉经剔骨、剥皮、去脂肪后，还要去除结缔组织。可根据原料肉黏着力的强弱，酌加 10% ~ 30% 的猪脂肪。

③腌制液配置

A. 腌液组成

腌液主要组成成分：食盐、亚硝酸钠、糖、磷酸盐、抗坏血酸钠、防腐剂、香辛料、调味料、大豆分离蛋白、淀粉、卡拉胶等。

B. 配置腌液应注意的问题

腌液中各种辅料的含量一定要达到要求的指标，否则将影响蛋白质的提取、肉的保水性和肉的风味。如最终成品中食盐 2% ~ 2.5%、糖 2 ~ 2.5% 等。

配制腌液用水一定要使用 0 ~ 4 ℃ 的冰水，而且应使用软水。使用冰水的目的是降温。使用软水是因为硬水中含有金属杂质，被磷酸盐螯合，降低磷酸盐的功用，同时饮水中的金属离子会促进脂肪氧化，加速酸败。

C. 腌液配置方法

a. 磷酸盐加少量热水，搅拌溶解；

b. 加到熬制的香料水(冷却至 2~4℃)中;

c. 加入糖,搅拌溶解;

d. 加入盐,搅拌溶解;

e. 加入卡拉胶,搅拌溶解;

f. 加入大豆分离蛋白、淀粉,搅拌溶解;

g. 临用前,加入发色剂和发色补助剂。

④腌制

腌制较小肉块时,可采用湿腌法,腌制大块肉时可采用注射腌制法。盐水注射腌制,可将腌液注射入肉中,使其在肉中均匀分布,加快腌制速度。为防止注射机针管堵塞,配置腌液时加入一半的大豆分离蛋白和淀粉,另一半在滚揉时添加。卡拉胶颗粒越细越好,以免堵塞注射机针管。

注射量应根据产品特点、肉的种类及辅料的种类确定,一般为 20%~60%,国内大多为 20%~30%。注射时,应不定期检查注射量是否达到要求。若注射量达不到要求,会造成盐、磷酸盐、发色剂等量的不足,导致蛋白质提取不完全,发色不良,保水性降低。

注射工作应在 8~10℃的冷库内进行;若在常温下进行,则应把注射好盐水的肉迅速转入 2~4℃的冷库内。若冷库温度低于 0℃,虽对保证质量有利,但却使肉块冻结,盐水的渗透和扩散速度会大大降低;而且由于肉块内部冻结,按摩时不能最大限度地使蛋白质外渗,肉块间黏结能力会大大减弱,制成的产品容易松碎。腌渍时间常控制在 16~20 h。腌制所需时间与温度、盐水是否注射均匀等因素有关。盐水渗透、扩散和生化作用是个缓慢过程,尤其是冬天或低温条件下,若时间过短,肉块中心往往不能腌透,影响产品质量。

盐水注射的关键是确保盐分准确注入,且盐分能在肉块中均匀分布。盐水注射机的注射原理通常是将盐水储装在带有多针头能自动升降的机头中,使针头顺次地插入由传送带输送过来的肉块里,针头通过泵口压力将盐水均匀地注入到肉块中。为防止盐水在肉外部泄漏,注射机的针头都是特制的,只有针头碰触到肉块产生压力时,盐水才开始注射,而且每个针头都具备独立的伸缩功能,确保注射顺利。

⑤嫩化

肉块注射盐水之后,还要用特殊刀刃对其进行切压穿刺,以扩大其表面积,破坏筋、结缔组织及肌纤维素等,以改善盐水的均匀分布,增加盐溶性蛋白质的析出,提高肉的黏着性,这一工艺过程叫肉的嫩化。其原理是利用嫩化机在肉的表面切开许多 15 mm 左右深的刀痕,使盐溶性蛋白质不仅从肉表面析出,亦能从肉的内层析出来,以增加产品的黏着性和持水性,增加出品率。采用肉类嫩化器时在可调节距离的对滚的圆滚筒上装有数把齿状旋转刀,对肉块进行切割动作,刀刃切断了肉块内部的肌肉结缔组织和肌纤维细胞,增大了肉块表面积,使肉的黏着性更佳,较多的盐溶性蛋白质释放,大大提高了肉类的保水性,并使注射盐水分布得更均匀。

由于肉块大小不同,利用嫩化器提取蛋白时要将肉块按大小分类,将肉块在运输板上摆放平整、均匀,不能将肉块同时放入机器,否则肉块不能达到全部切割。用肉类嫩化器嫩化的肉块仍然能保持原来肉块的外形,成品在品质上,无论切片性还是出品率,都有较大提高。

⑥滚揉按摩

注射盐水、嫩化后的原料肉,放在容器里通过转动的圆筒或搅拌轴的运动进行滚揉按摩。滚揉按摩是成型火腿生产中最关键的工序之一,是机械作用与化学作用有机结合的典范,它直接影响着产品的切片性、出品率、口感、颜色。肉在滚筒内翻滚,部分肉由叶片带至高处,然后自由下落,与底部的肉相互撞击。由于旋转是连续的,所以每块肉都有自身翻滚、互相摩擦和撞击的机会,结果使原来僵直的肉块软化,肌肉组织松软,利于溶质的渗透和扩散,并起到拌合作用。同时,在此过程中,肌肉中的盐溶性蛋白质被充分萃取,这些蛋白质作为黏结剂将肉块黏合在一起。通过滚揉使注射的盐水沿着肌纤维迅速向细胞内渗透和扩散,同时,使肌纤维内盐溶性蛋白质析出,从而进一步增加肉块的黏着性和持水性,加速肉的pH 值回升,使肌肉松软膨胀、结缔组织韧性降低,提高制品的嫩度。通过滚揉还可以使产品在蒸煮工序中减少损失,产品切片性好。

滚揉按摩是非常重要的一关,主要作用有五点:一是使肉质松软,利于加速盐水的渗透扩散,使肉发色均匀;二是使蛋白质外渗,形成黏糊状物质,增强肉块间的黏着能力,使制品不松碎,切片性好;三是肌肉里的可溶性蛋白(主要是肌浆蛋白)由于不断滚揉按摩和肉块间互相挤压而渗出肉外,与未被吸收尽的盐水组成胶状物质,烧煮时一经受热,这部分蛋白质首先凝固,阻止里面的汁液外渗流失,提高了制品持水性,使成品的肉质鲜嫩可口;四是加速肉的成熟,改善制品的风味;五是通过小块肉或低品质的修整肉生产高附加值产品,并提高产品的品质。

滚揉按摩时的温度应控制在 4 ~ 7 ℃(盐溶性蛋白质提取的最佳温度)。滚筒内添加肉量不要过量,要适宜。一般应为容积的一半,最多不要超过 2/3。在滚揉过程中可以添加适量淀粉。一般加 3% ~ 5% 玉米淀粉。

根据滚揉机的性能,滚揉可分为真空滚揉和非真空滚揉;真空可确保盐水快速向肉块渗透,有助于清除肉块中的气泡和针孔。真空使肉块膨胀从而达到一定的嫩度。罐内真空通常为 71 ~ 81 kPa。

根据滚揉的方式,滚揉可分为连续式滚揉和间歇式滚揉。连续式滚揉是指将注射盐水后的肉块送入滚揉机中连续滚揉 40 ~ 100 min,然后在冷库中腌制的方法。间歇式滚揉效果更好,较连续式滚揉具以下特点:一是由于摩擦作用会导致肉温升高,间歇式滚揉每次有效滚揉时间较短而间歇时间较长,肉温变化较小;二是成品质量好,在间歇期可使提取的蛋白均匀附着而避免在肉块表面局部形成泡沫,使成品结构松散,质地不良。滚揉程序取决于盐水注射量、原辅料的质量以及温度等因素。一般腌制滚揉时间为 24 ~ 48 h,每 1 小时中 7 min 左转,7 min 右转,46 min 停机。也可采用一个 16 h 的滚揉程序,即在每 1 小时中,滚揉 20 min,间歇 40 min。也就是说在 16 h 内,滚揉时间为 5 h 左右。

足够的滚揉时间和转速能提高产品质量。应确保在规定的时间内,腌液要均匀分布;最大量地提取盐溶性蛋白质;使肉达到最大的柔软状态。滚揉好的肉块特征如下:肉柔软。无硬性感觉,手指可戳破;具有任意选型的可塑性;肉块表面被凝胶物质均匀包裹,呈黏糊状,但糊而不烂,整个肉块仍基本完整;肉块表面很黏,两块黏到一起,捡起其中一块,则另一块在瞬间或短时间内不会掉下;发色均匀,表里发色一致,呈淡红色。

⑦装模

经过两次按摩的肉,应迅速装入模型,不宜在常温下长久放置,否则蛋白质的黏度会降低,影响肉块间的黏着力。装模前先定量过磅,把称好的肉装入尼龙薄膜袋内,然后再一起装入预先填好衬布的模子里,再把衬布多余部分覆盖上去,加上盖子压紧。盖子上面应装有弹簧,因为肉在烧煮受热时会发生收缩,同时有少量水分流失。弹簧的作用是使肉在烧煮过程中始终处于受压状态,防止火腿内部因肌肉收缩而产生空洞。

⑧蒸煮或烟熏

蒸煮有汽蒸和水煮两种蒸煮方式。汽蒸是使用高压蒸汽釜蒸煮火腿,温度为 121 ~ 127 ℃,时间为 30 ~ 60 min。常压蒸煮时一般用水浴槽低温杀菌。将水温控制在 75 ~ 80 ℃,使火腿中心温度达到 65 ℃,并保持 30 min 即可。一般 1 kg 火腿水煮 1.5 ~ 2.0 h,大火腿煮 5 ~ 6 h。

只有用动物肠衣灌装的火腿才经烟熏。三用炉内以 50 ℃ 熏 30 ~ 60 min。其他包装形式的成型火腿若需烟熏味时,可在混入香辛料时加烟熏液。

⑨冷却

火腿蒸煮后先在 22 ℃ 以下的流水中冷却,再转移置 2 ℃ 的冷风间,能使火腿冷却过程在 35 ~ 42 ℃(细菌的最适生长温度)内停留时间较短。温度过高(大于 22 ℃),成品冷却速度过慢,产品会有渗水现象;温度过低,产品内外温差过大引起冷却收缩作用不均,使成品结构及切片性受到不良影响。加工间室温应控制在 2 ~ 4 ℃,低于这个温度火腿成品表面会出现冻结现象,不利于内部温度下降,同时冻结也影响产品的品质。

⑩切片包装

切片包装工艺流程:火腿成品→脱模→成品检验→紫外线照射→切片→称重→包装→封口→检查包装质量→贮藏(5 ~ 10 ℃ 条件下)。

火腿切片小包装一般要采用复合薄膜,在无菌室内进行真空包装,在 1 ~ 8 ℃ 条件下是可以较理想地延长货架期的。

4. 典型成型火腿的加工

(1)盐水火腿

盐水火腿是对原来西式火腿的加工工艺和配方进行改进而加工制作的肉制品。盐水火腿的腌制以食盐为主要原料,加工中其他调味料用量甚少,故称盐水火腿。盐水火腿具有生产周期短、成品率高、黏合性强、营养丰富、色味俱佳、食用方便等优点,已成为世界各国主要肉制品品种之一。

①工艺流程

选料整理→盐水腌渍→滚揉→装模成型→煮制、整形→冷却→包装。

②操作要点

a. 原料选择与整理　符合鲜售的猪后腿或背肌,两种原料以任何比例混合或单独使用均可。

原料肉略剥去硬膘、筋络、瘀血、淋巴等,尽量少破坏肌纤维组织,保持肌肉组织的自然生长块形。然后把经过整理的肉分装在能容 20 ~ 25 kg 的浅盘内,肉面应稍低于盘口为宜。

b. 注射盐水腌渍　盐水的主要成分是盐、亚硝酸钠和水。还可加入柠檬酸、抗坏血酸、烟酰胺、血红蛋白、大豆分离蛋白、磷酸盐、糖、淀粉等添加剂以得到更好的色泽和风味。混合盐水应成水溶液无渣滓,无悬浮物。盐水温度控制在 8 ~ 10 ℃,注射量为肉重的 20% ~ 25%。均匀注射盐水后将肉转入 2 ~ 4 ℃ 冷库肉,腌渍 16 ~ 20 h。

c. 滚揉按摩　滚揉在真空滚揉机中进行,温度为 2 ~ 4 ℃,时间 16 h。滚揉的作用有三点:一是加速盐水渗透扩散,使肉质松软,肉发色均匀;二是使肉中可溶性蛋白质外渗,与盐水组成胶状物质,增强肉块间的黏着力,提高肉的持水性;另外,煮制时这部分蛋白会首先凝固,锁住水分,使成品肉质鲜嫩可口;三是加速肉的成熟,改善肉制品的风味。

d. 装模成型　经过滚揉按摩的肉块定量称重,每只坯肉约 3 kg 迅速装入尼龙薄膜袋内,再在尼龙袋下部用细铜针扎眼,经排除袋中空气,然后将尼龙袋装入预先填好衬布的模型中,再把衬布多余部分覆盖上,加上盖子压紧扣牢。

e. 煮制　把模型一层一层排列在不锈钢网框内,放入有清洁水的大池中,水面应高出模型,开大蒸汽使水温迅速上升,对肉进行加热。等肉中心温度达到 72 ℃时,即将框取出转移至水温 30 ~ 40 ℃的水中进行降温。

由于在排列和煮制过程中,模子间相互挤压,火腿可能部分出现水分外渗、变形,所以经过降温后的制品须进行整理和整形。

f. 冷却,包装　将经过整形后的原腿迅速放入 2 ~ 5 ℃的冷库内,继续冷却 12 ~ 15 h,待火腿已经凉透,即可出模,分装销售可冷藏保存。

(2)方火腿

方火腿指成品呈长方形的火腿制品,有筒装和听装两种。

①工艺流程

原料选择→去骨修整→盐水注射→滚揉腌制→充填成型→蒸煮→冷却→包装储藏

②操作要点

a. 原料肉的选择及修整　加工方火腿时,选用猪后腿,每只约 6 kg,经 2 ~ 5 ℃排酸 24 h。

选好的原料肉经修整,去除皮、骨、结缔组织膜、脂肪和筋腱,为了增加风味,可保留 10% ~ 15%的肥膘。然后按肌纤维方向将原料肉切成不小于 300 g 的大块。整个操作过程温度不宜超过 10 ℃。

b. 盐水配制及注射　注射腌制所用的盐水,主要组成成分包括食盐、糖、亚硝酸钠、磷酸盐、抗坏血酸钠及调味料等。按照配方要求将上述添加剂用 0 ~ 5 ℃的软化水充分溶解,过滤,配制成注射盐水。

利用盐水注射机将上述盐水均匀地注射到经修整的肌肉组织中。火腿中盐水的注射量在 10% ~ 40%。所需的盐水采取一次或两次注射,以多大的压力、多快的速度和怎样的顺序进行注射,取决于使用的盐水注射机的类型。

c. 滚揉腌制　滚揉的方式一般分为间歇滚揉和连续滚揉两种。连续滚揉多为集中滚揉两次,首先滚揉 1.5 h 左右,停机腌制 16 ~ 24 h,然后再滚揉 30 min 左右。间歇滚揉采用每小时滚揉 10 min,正转 10 min,反转 10 min,停机 40 ~ 50 min,连续进行 16 ~ 24 h,腌制结束前加入适量淀粉和味精,再滚揉 30 min。滚揉腌制温度控制在 2 ~ 3 ℃。

d. 充填成型　滚揉以后的肉料,通过真空火腿压模机将肉料压入模具中成型。一般充填压模成型要抽真空,其目的在于避免肉料内有气泡,造成蒸煮时损失或产品切片时出现气孔现象。充填间温度控制在 10 ~ 12 ℃。

e. 蒸煮与冷却　火腿的加热方式一般有水煮和蒸汽加热两种方式。为了保持火腿的颜色、风味、组织形态和切片性能,火腿的熟制和热杀菌过程,一般采用低温巴氏杀菌法,即火腿中心温度达到 68 ~ 72 ℃即可。

将产品连同蒸煮框一起放入冷却池,由循环水冷却至室温,然后在 2 ℃冷却间冷却至中心温度 4 ~ 6 ℃,即可脱模、包装,在 0 ~ 4 ℃冷藏库中贮藏。

(3)里脊火腿与 Lachs 火腿

里脊火腿是以猪背腰肉为原料制成的火腿。

①工艺流程

原料选择→整理→去血→腌制→浸水→卷紧→干燥→烟熏→水煮冷却→包装。

②操作要点

①原料肉的选择及修整　系将猪背部肌肉分割为二或三块,削去周围不良部分后切成整齐的长方形。Lachs 火腿则将原料肉切成 1.0~1.2 kg 的肉块后整形。这两种火腿都仅留皮下脂肪 5~8 mm。

b.去血　去血工艺与带骨火腿相同。

c.腌制　腌制可采用干腌、湿腌或盐水注射法进行,大量生产时一般多采用注射法。食盐用量以无骨火腿为准或稍少。

d.浸水、卷紧　浸水处理的方法及要求也与带骨火腿相同。

用棉布卷时,布端与脂肪面相接,包好后用细绳扎紧两端,自右向左缠绕成粗细均匀的圆柱状。

e.干燥、烟熏　在约 50 ℃ 的环境中干燥 2 h,再用 55~60 ℃ 烟熏 2 h 左右。

f.水煮、冷却、包装　在 70~75 ℃ 水中煮 3~4 h,使肉中心温度达 62~75 ℃,保持 30 min。水煮后置于通风处,略干燥后换用塑料膜包装,送入冷库储藏。优质成品应粗细长短相直,粗细均匀无变形,色泽鲜明光亮,质地适度紧密而柔软,风味优良。

# 第十三章　肠类肉制品加工技术

香肠制品是指以畜禽肉为主要原料,通过绞切、斩拌、乳化等单元操作制成肉馅(肉丁、肉糜或其混合物),填充入天然或人造肠衣中,根据产品的品质特点进行烘烤、蒸煮、烟熏、发酵、干燥等加工处理制成的一类肉制品。香肠制品是指以畜禽肉为主要原料,通过绞切、斩拌、乳化等单元操作制成肉馅(肉丁、肉糜或其混合物),填充入天然或人造肠衣中,根据产品的品质特点进行烘烤、蒸煮、烟熏、发酵、干燥等加工处理制成的一类肉制品。

## 第一节　中式香肠

中式香肠是我国传统腌腊肉制品中的一大类。传统生产过程是在寒冬腊月于较低的温度下将原料肉进行腌制,然后经过自然风干和成熟过程加工成的一类产品。现在,部分生产厂家仍沿用传统的生产过程,但大部分产品的生产已实现了工业化和规模化。工业化生产利用现代食品工程高新技术对传统生产过程进行了改造,如风干过程由自然型转变为控温控湿型,成熟过程在实现控温控湿的基础上,利用发酵剂代替自然发酵过程,使产品的品质及其稳定性有了很大提高,同时也使产品的安全品质得到了保障,并实现了全天候常年化生产。

中式香肠均以其独特的风味品质受到消费者欢迎。我国地域广阔,气候差异很大,由此在传统生产条件下形成了风味不同的众多肠制品,但并没有准确的分类标准。

我国习惯以生产地域对香肠分类,如广东香肠(广东腊肠)、四川香肠、北京香肠、如皋香肠、哈尔滨香肠等。同一地区生产的香肠又依其风味特点和所用原料分成众多类,如广东香肠又细分为生抽猪肉肠、老抽猪肉肠、猪肝肠、鸭肝肠、玫瑰猪肉肠、猪心肠、牛肉肠、鸡肉肠、科菇肉肠、毫豉肉肠等。按照产品外形,中式香肠又分为香肠、香肚(或小肚)、肉枣(或肉橄榄、肉葡萄)等。

### 一、中式香肠的加工工艺

1. 工艺流程

中式香肠种类繁多,风味差异很大,但生产方法大致相同。风味的差异主要来自配料和生产过程参数的不同。其工艺过程如下:

原料肉选择与修整→切丁→配料→腌制→灌制→漂洗→晾晒或烘烤→包装→成品。

(1)原料选择与处理　传统的中式香肠主要以新鲜猪肉为原料加工。瘦肉以腿臀肉最好,肥肉以背部硬膘为好,腿膘次之。原料肉经过修整,去掉筋腱、骨头和皮,先切成50～100 g大小的肉块,然后瘦肉用绞肉机以0.4～1.0 cm的筛孔板绞碎,肥肉切成0.6～1.0 cm³大小的肉丁。肥肉丁切好后用温水清洗1次,以除去浮油及杂质,沥干水分待用,肥、瘦肉要分别存放处理。与乳化肠相比,中式香肠原料肉粒度较大,自然风干后,肉与油粒分明可见,肉味香浓,干爽而油不沾唇。

随着消费习惯的不断变化,应用于香肠加工的原料越来越多,产品也不断丰富,如牛肉肠、鸡肉肠、兔肉肠等。

（2）配料 中式香肠种类很多，配方各不相同，但主要配料大同小异。常用的配料有：食盐、糖、酱油、料酒、硝酸盐、亚硝酸盐；使用的调味料主要有：大茴香、豆蔻、小茴香、桂皮、白芷、丁香、山萘、甘草等。中式香肠的配料中一般不用淀粉和玉果粉。

（3）腌制 按配料要求将原料肉和辅料混合均匀。拌料时可逐渐加入 20% 左右的温水，以调节黏度和硬度，使肉馅滑润致密。混合料于腌制室内腌制 1~2 h，当瘦肉变为内外一致的鲜红色，内馅中有汁液渗出，手摸触感坚实、不绵软、表面有滑腻感时，即完成腌制。此时加入料酒拌匀，即可灌制。

与西式香肠相比，中式香肠生产过程的晾挂或烘烤成熟过程较长，原料肉一般不经长时间腌制。

（4）灌制 将肠衣套在灌装机灌嘴上，使肉馅均匀地灌入肠衣中。要掌握松紧程度，不能过紧或过松。用天然肠衣灌装时，干或盐渍肠衣要在清水中浸泡柔软，洗去盐分后使用。

（5）排气 用排气针扎刺湿肠，排出内部空气，以避免在晾晒或烘烤时产生暴肠现象。

（6）捆线结扎 捆线结扎的长度依具体产品的规格而定。一般每隔 10~20 cm 用细线结扎一道。生产枣肠时，每隔 2~2.5 cm 用细棉线捆扎分节，挤出多余肉馅，使成枣形。

（7）漂洗 将湿肠用 35℃ 左右的清水漂洗，除去表层油污，然后均匀地挂在晾晒或烘烤架上。

（8）晾晒或烘烤 将悬挂好的香肠放在日光下晾晒 2~3 d。在日晒过程中，有胀气的部位应针刺排气。晚间送入房内烘烤，温度保持在 40~60 ℃，烘烤温度是很重要的加工参数，需要合理控制烘烤过程中的质、热传递速度，达到快速脱水目的。一般采用梯度升温程序，开始过程温度控制在较低状态，随生产过程的延续，逐渐升高温度。烘烤过程温度太高，易造成脂肪融化，同时瘦肉也会烤熟，影响到产品的风味和质感，使色泽变暗，成品率降低；温度太低则难以达到脱水干燥的目的，易造成产品变质。一般经 3 昼夜的烘晒，然后将半成品挂到通风良好的场所风干 10~15 d，成熟后即为产品。

（9）包装 中式产品有散装和小袋包装销售两种方式，可根据消费者的需求进行选择。利用小袋进行简易包装或进行真空、气调包装，可有效抑制产品销售过程中的脂肪氧化现象，提高产品的卫生品质。

2. 中式香肠质量标准

产品生产销售过程中的品质指标需要跟踪检查，从感官指标（表 13 -1）、理化指标、卫生指标三个方面确保产品质量（SB/T 10278—1997）。感官检查是对产品的色泽、香气、滋味、形态进行评定，以五级评分制对各单项进行评分，再将各单项分值相加，计算总分。

表 13 -1 中式香肠感官指标

| 项目 | 指标 |
| --- | --- |
| 色泽 | 瘦肉呈红色、枣红色，脂肪呈乳白色，色泽分明，外表有光泽 |
| 香味 | 腊香味纯正浓郁，具有中式香肠（腊肠）固有的风味 |
| 滋味 | 滋味鲜美，咸甜适中 |
| 形态 | 外形完整，长短、粗细均匀，表面干爽呈收缩后的自然皱纹 |

中式香肠的等级指标见表 13 -2。

表13-2 中式香肠等级指标

| 项目 | 指标 | | |
| --- | --- | --- | --- |
| | 优级品 | 一级品 | 二级品 |
| 感官评分 | 18 | 15 | 12 |
| 蛋白质/%,≥ | 22 | 18 | 16 |
| 脂肪/%, ≤ | 35 | 40 | 45 |

中式香肠的理化指标和卫生指标分别如表13-3和表13-4所示。

表13-3 中式香肠理化指标

| 项目 | 指标 |
| --- | --- |
| 水分/% | ≤ 25 |
| 氯化物〔以 NaCl 计)/% | ≤ 8 |
| 蛋白质/% | ≥ 16 |
| 脂肪/% | ≤ 45 |
| 总糖(以葡萄糖计) | ≤ 22 |
| 酸价(mg/g脂肪,以 KOH 计) | ≤ 4 |
| 亚硝酸钠/(mg·kg$^{-1}$) | ≤ 20 |

表13-4 中式香肠卫生指标

| 项目 | 指标 | |
| --- | --- | --- |
| | 出厂 | 销售 |
| 细菌总数/(个·g$^{-1}$) | ≤30 000 | ≤50 000 |
| 大肠菌群/(个·kg$^{-1}$) | ≤400 | ≤15 000 |
| 致病菌(系指肠道致病菌及致病性球菌) | 不得检出 | 不得检出 |

## 二、典型产品工艺和配方

1. 广式香肠

(1)配料

主料:猪瘦肉 35 kg,肥膘肉 15 kg。

辅料:食盐 1.25 kg,白糖 2 kg,白酒(50°)1.5 kg,酱油 750 g,鲜姜 500 g(剁碎挤汁),胡椒粉 50 g,味精 100 g,亚硝酸钠 3 g。

(2)加工过程

①选料整理 选用卫检合格的生猪肉,瘦肉顺着肌肉纹络切成厚约 1.2 cm 的薄片,用冷水漂洗,消除腥味,并使肉色变淡。沥水后,用绞肉机绞碎,孔径要求 1~1.2 cm。肥膘肉切成 0.8~1 cm 的肥丁,并用温水漂洗,除掉表面污渍。

②拌料  先在容器内加入少量温水,放入盐、糖、酱油、姜汁、胡椒面、味精、亚硝酸钠,拌和溶解后加入瘦肉和肥丁,搅拌均匀,最后加入白酒,制成肉馅。拌馅时,要严格掌握用水量,一般为 4~5 kg。

③灌肠  先用温水将肠衣泡软,洗干净。用灌肠机或手工将肉馅灌入肠衣内。灌装时,要求均匀、结实,发现气泡用针刺排气。每隔 12 cm 为 1 节,进行结扎。然后用温水将灌好的香肠漂洗一遍,串挂在晾晒烘烤架上。

④晾晒烘烤  串挂好的香肠,放在阳光下晾晒(如遇天阴、云雾很大或雨天,直接送入烘房内烘烤),阳光强烈时 3 h 左右翻转一次,阳光不强时 4~5 h 翻转一次。晾晒 0.5~1 d 后,转入烘房烘烤。温度控制在 50~52 ℃,烘烤 24 h 左右,即为成品。出品率一般在 62% 左右。若直接送入烘烤房烘烤,开始时温度可控制在 42~49 ℃,经一天左右再将温度逐渐提高。

⑤保存  贮存方式以悬挂式最好,在 10 ℃以下条件,可保存 3 个月以上。食用前进行煮制,放在沸水锅里,煮制 15 min 左右。

（3）产品特点

外观小巧玲珑,色泽红白相间,鲜明光亮。食之口感爽滑,香甜可口,余味绵绵。

2. 香肚

（1）配料

猪肉 100 kg,肥瘦比控制在 3:7~4:6,食盐 5 kg,一级白砂糖 5 kg,调味料(八角:花椒:桂皮 =4:2:1)92 g,硝酸钠 30 g。

（2）加工过程

①制馅  将瘦肉切成细的长条,肥肉切成肉丁,然后将调味料混入搅拌均匀,放置 30 min 左右即可灌装。

②灌装与扎口  根据肚的大小,将一定量肉馅装入其中,一般控制每个香肚 250 g 左右,装好后进行扎口。不论干膀胱还是盐渍膀胱,使用前均需浸、清洗,挤、沥干水分备用。

③晾晒  扎口的肚于通风处晾晒,冬季晾晒 3 d 左右,1~2 月份晾晒 2 d 左右。晾晒的主要作用在于蒸发水分,使香肚外表干燥。晾晒后失重 15% 左右。

④成熟  晾晒后的香肚,放在通风的库房内晾挂成熟,该过程约需 40 d。

⑤叠缸贮藏  晾挂成熟后的产品除去表面霉菌,每 4 只扣在一起,分层摆放在缸中。传统工艺过程还在叠缸时每 100 只香肚浇麻油 1 kg,使每只香肚表面都涂满麻油,这样既可以防霉还可以防止变味。香肚叠缸过程中可随时取用,保存时间可达半年以上。

⑥煮制  香肚食用前要进行煮制。先将肚皮表面用水洗净,于冷水锅中加热至沸,然后于 85~90 ℃保温 1 h,煮熟的香肚冷却后即可切片食用。

（3）产品特点

香肚小巧玲珑,外衣虽薄,但弹力很强,不易破裂,内部肉质经常保持新鲜而不易霉变,便于保存,存放过程不易变味。其口味酥嫩,香气独特受人欢迎,是别具风味的传统食品。

# 第二节　西式灌肠

灌肠是以鲜猪肉、牛肉、鸡肉、鸭肉、兔肉及其他材料,经腌制、绞碎、斩拌后,灌装到肠衣中,再经烘烤、水煮、烟熏等工艺加工而成。灌肠又分为很多种,按加工方法可分为生香肠、生熏肠、熟熏肠、干制或半干制香肠等,引入我国的主要是熟熏灌肠。

### 一、灌肠制品加工的乳化过程

在灌肠加工中,借助于斩拌机对肉进行斩拌的过程,也是乳化肉糜形成的过程。灌肠加工中的乳化过程很重要,若灌肠加工中乳化效果好,不但可以防止脂肪在制品中的分离,还可以提高和改善产品的组织状态和品质。

1. 肉的乳化机理

肉在斩拌过程中,肉糜混合体系中的脂肪粒子和瘦肉组成分散体系,其中脂肪是分散相,可溶性蛋白、水、细胞分子和各种调味料组成连续相。

乳化肉糜是由肌肉和结缔组织纤维(或纤维片段)的基质悬浮于包含有可溶性蛋白和其他可溶性肌肉组分的水介质内构成的,分散相是固体或液体的脂肪球,连续相是内部溶解(或悬浮)有盐和蛋白质的水溶液。在这一系统中,充当乳化剂的就是连续相中的盐溶性蛋白。整个乳化物属于水包油型(图 13 – 1)。由于分散相脂肪球直径一般大于 50 $\mu$m,故乳化肉糜并不是真正意义上的乳化物。

肉糜的乳化可以用图 13 – 2 来说明。细线条表示含肌球蛋白较多的肌原纤维,肌球蛋白在加热到 58 ~ 68 ℃时就发生凝结。粗线条表示富含胶原蛋白的结缔组织,胶原蛋白在加热到 65 ℃时会收缩到原来的 1/3,若继续加热,则形成明胶。胶原在斩拌时,会吸收大量的水分,但在后续的加热过程中遇热收缩,把水分挤出。图中的圆代表脂肪滴,围在脂肪滴表面的是瘦肉中的盐溶性蛋白质,它可以是肌原纤维蛋白或肌浆蛋白,但肌原纤维蛋白的乳化性更好。肌原纤维蛋白(即肌动蛋白和肌球蛋白)是不溶于水和稀盐溶液的,但可溶于较浓的盐溶液中。故在乳化灌肠加工中,斩拌时必须加盐来帮助这些蛋白质溶出,使其作为乳化剂把分散的脂肪颗粒完全包裹住,从而保持肉糜乳化物的稳定。

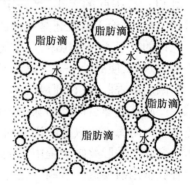

图 13 – 1　水包油型乳化液　　　　图 13 – 2　乳化物结构简图

2. 影响肉乳化的因素

影响肉乳化能力的因素很多,除和蛋白质种类、胶原蛋白含量有关外,还与斩拌的温度和时间、脂肪颗粒的大小、pH 值、可溶性蛋白质的数量和类型、乳化物的熟度和熏蒸烧煮等过程有关。

(1)乳化时的温度

原料肉在斩拌或乳化过程中,由于斩拌机和乳化机内的摩擦产生了大量的热量。适当地升温可以帮助盐溶性蛋白的溶出,加速腌制色的形成,增加肉糜的流动性。但是如果乳化时的温度过高:一会导致盐溶性蛋白变性而失去乳化作用;二会降低乳化物的黏度,使分散相中相对密度较小的脂肪颗粒向肉糜乳化物表面移动,降低乳化物稳定性;三会使脂肪颗粒融化而在斩拌和乳化时更容易变成体积更小的微粒,表面积急剧增加,以致可溶性蛋白不能把其完全包裹,即脂肪不能被完全乳化。这样灌肠在随后的热加工过程中,乳化结构崩溃,造成产品出油。

斩拌温度对提取肌肉中盐溶性蛋白有很重要的作用,肌球蛋白在 4~8 ℃之间的提取率最好,当肉馅温度升高时,盐溶性蛋白的萃取量显著减少,同时温度过高易使蛋白质受热凝固。在斩拌机中斩拌时,会产生大量的热量,所以必须加入冰或冰水来吸热,防止蛋白质过热,有助于蛋白质对脂肪的乳化。

(2)斩拌时间

斩拌时间要适当,不能过长。适宜的斩拌时间对于增加原料的细度、改善制品的品质是必需的,但斩拌过度,易使脂肪粒变得过小,这样会大大增加脂肪球的表面积,以致蛋白质溶液不能在脂肪颗粒表面形成完整的包裹状,未包裹的脂肪颗粒凝聚形成脂肪囊,使乳胶出现脂肪分离现象,从而降低了灌肠的质量。

3.原料肉的质量

为了稳定乳化,对原料肉的选择相当重要,对黏着性低的蛋白质应限量使用。在低黏着性蛋白质中,胶原蛋白的含量高,而肌纤维蛋白质含量低。胶原纤维蛋白在斩拌中能吸收大量水分,但在加热时会发生收缩。当加热到 65 ℃时,会收缩到原长的 1/3,继续加热变成明胶。当使用瘦肉蛋白和胶原蛋白比例失调时,肌球蛋白含量少,这样在乳化过程中,脂肪颗粒一部分被肌球蛋白所包裹形成乳化,另一部分被胶原蛋白包裹。在加热过程中,胶原蛋白发生收缩,失去吸水膨胀能力,并使其包裹的脂肪颗粒游离出来,形成脂肪团粒或一层脂肪覆盖物,从而影响了灌肠的外观与品质。改进方法是调整配方,增加瘦肉的用量。

尸僵前的热鲜肉中能提出的盐溶性蛋白质(主要是肌原纤维蛋白)数量比尸僵后提取多 50%,而盐溶性肌原纤维蛋白的乳化效果要远远好于肌浆蛋白,在原料肉质量相同的情况下,热鲜肉可乳化更多的脂肪,但工厂完全使用热鲜肉进行生产有一定的难度。如果工厂只能使用尸僵后的肉进行生产,则应在乳化之前将原料肉加冰、盐、腌制剂进行斩拌,然后在 0~4 ℃放置 12 h,这样可使更多的蛋白被提出。

(4)脂肪颗粒的大小

在乳化过程中,要想形成好的乳化肉糜,原料肉中的脂肪必须被斩成适当大小的颗粒。当脂肪颗粒体积变小时,其表面积就会增加。例如一直径为 50 μm 的脂肪球,当把它斩到直径为 10 μm 时,就变成 125 个小脂肪球,表面积也从 7 850 μm² 增加到 39 250 μm²,共增加了 4 倍。这些小脂肪球就要求有更多的盐溶性蛋白质来乳化。

在乳化脂肪时,被乳化的那部分脂肪是由于机械作用从脂肪细胞中游离出的脂肪;一般来说,内脏脂肪(如肾周围脂肪和板油)由于具有较大的脂肪细胞和较薄的细胞壁,因而易破裂放出脂肪,这样乳化时需要的乳化剂的量就较多,因而在生产乳化肠时,最好使用背膘脂肪。如果脂肪处于冻结状态,在斩拌或切碎过程中,会有更多的脂肪游离出来,而未冻结的肉游离出的脂肪较少。

(5)盐溶性蛋白质的数量和类型及 pH 值

在制作肉糜乳化物时,由于盐有助于瘦肉中盐溶性蛋白的提取,因此应在有盐的条件下先把瘦肉进行斩拌,然后再把脂肪含量高的原料肉加入斩拌。提取出的盐溶性蛋白越多,肉糜乳化物的稳定性越好,而且肌球蛋白越多,乳化能力越大。提取蛋白质的多少与原料肉的pH值有关,pH值高时,提取的蛋白多,乳化物稳定性好。

(6)加热条件

即使灌肠配方和工艺条件都适合,在熏蒸烧煮时加热过快或温度过高,也会引起乳化液脂肪的游离。在快速加热过程中,脂肪周围的可溶性蛋白质凝固变成固体,而在连续加热中,脂肪颗粒膨胀,蛋白质受热凝固趋于收缩,这样脂肪颗粒外层收缩而内部膨胀,导致凝固蛋白囊崩解,脂肪滴游离,使产品肠衣油腻,灌肠表面也会有一些分离的脂肪。故加热中应采用"缓慢加热、逐渐升温"的办法。

3. 乳化中常见的问题及解决办法

(1)斩拌时温度过高

要防止在乳化过程中温度过高而造成蛋白质变性,就必须吸收掉产生的热量。方法之一是在斩拌过程中加冰。加冰的效果远远优于加冰水,因冰在融化成冰水时要吸收大量的热。1 kg冰变成水时大约要吸收334.4 kJ热量,而1 kg水温度升高1 ℃只吸收4.18 kJ热量,因此1 kg冰转化成1 kg水所吸收的热量足可使1 kg的水温度升高80 ℃。加冰除可以吸热外,还可使乳化物的流动性变好,从而利于随后进行的灌装。降低温度的另一种方法是在原料肉斩拌时加固体的二氧化碳(干冰)或在斩拌时加一部分冻肉。总之,要保证在斩拌结束时肉糜的温度不高于12 ℃。

(2)斩拌过度

乳化结构的崩溃主要是分散的脂肪颗粒又聚合成大的脂肪球而致。如果所有的脂肪球都完全被盐溶性蛋白包裹,则聚合现象就很难发生。但斩拌过度时,溶出的蛋白质不能把所有脂肪球完全包裹住,这些没被包裹或包裹不严的脂肪球在加热过程中就会熔化,而熔化后的脂肪更容易聚合,造成成品灌肠肠体油腻,甚至在肠体顶端形成脂肪包。如果发生这种情况,就要对斩拌工艺和参数进行调整。

(3)瘦肉量少、盐溶性蛋白提取不足

瘦肉量少主要指原料肉中肌球蛋白和胶原蛋白的组成不平衡,或是原料中瘦肉的含量太低。图13-3中,被肌球蛋白和胶原蛋白包裹住的脂肪球大小一样。然而在加热过程中,胶原遇热收缩,进一步加热则生成明胶液滴,从脂肪球表面流走,使脂肪球裸露(图13-4)。这样最终的成品灌肠顶端会形成一个脂肪包,而底部则形成一个胶冻块。生产中如果出现这种情况,就需要对原料肉的组成进行必要的调整,增加瘦肉含量,并应在斩拌时适当添加一些复合磷酸盐以提高肉的pH值,促进盐溶性蛋白的提取,同时还可适当添加一些食品级非肉蛋白,如组织蛋白、血清蛋白、大豆分离蛋白等以帮助提高肉的乳化效果。

(4)加热过快或蒸煮温度过高

即使原料肉的组成合理,前段加工过程处理得当,如果加热过快或温度过高,也会产生脂肪分离现象。在快速加热过程中,脂肪球表面的蛋白质凝固并包裹住脂肪球。继续加热,脂肪球受热膨胀,而包裹在其表面的蛋白膜则有收缩的趋势,这一过程继续下去,则凝固的蛋白质膜被撑破,内部的脂肪流出(图13-5)。法兰克福肠生产中遇到这种情况时,会使肠体表面稍显油腻,并在烟熏棒上产生油斑。这种情况虽不如斩拌过度或瘦肉不足造成的问题严重,但也应对烟熏和蒸煮的参数进行适当调整。

**图 13 – 3 被肌球蛋白和胶原蛋白包裹住的脂肪球**

**图 13 – 4 胶原转化成明胶流走图**

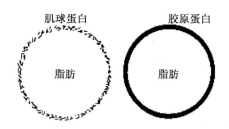

**图 13 – 5 蛋白膜破裂脂肪外流**

（5）乳化物放置时间过长

乳化好的肉糜应尽快灌装，因为乳化物的稳定时间大约是几小时，时间过长则乳化好的肉糜结构崩溃，在随后的加热过程中会出现出油等现象。

总之，只要掌握了灌肠乳化的原理，当生产中出现问题时，就很容易找出原因，加以解决，避免给企业造成更大的损失。

## 二、西式灌肠的一般加工工艺

1. 工艺流程与操作要点

（1）工艺流程

原料肉选择和修整→低温腌制→绞肉或斩拌→配料、制馅→灌制或填充→烘烤→蒸煮→烟熏→质量检查→贮藏。

（2）主要工序与操作要点

①原料肉的选择与修整　选择符合兽医卫生检验的可食动物肉为原料，原料肉的整理包括解冻、劈半、剔骨、分割等过程。为了提高腌制的均匀性和可控性，原料整理过程中应将肥、瘦肉分开，瘦肉中所带肥膘不超过 5%，肥肉中所带瘦肉不超过 3%，瘦肉切成 2 cm 厚的薄片，肥肉切丁，分别放置。

②低温腌制　混合盐中通常食盐占原料肉重的 2% ～3%，亚硝酸钠占 0.025% ～0.05%，抗坏血酸占 0.03% ～0.05%。腌制温度一般在 10 ℃ 以下，最好是 4 ℃ 左右，腌制 1～3 天。

③绞肉或斩拌　该工艺步骤的目的是使肉的组织结构达到一定程度的破坏，同时肌球蛋白在一定的盐含量情况下溶出，与脂肪乳化，形成均一的香肠制品质构。斩拌时间不宜过长，一般以 10～20 min 为宜。斩拌温度最高不宜超过 10 ℃。

④配料与制馅　在斩拌后，通常把所有调料加入搅拌机内搅拌均匀。

⑤灌制、充填与打卡　充填时要求松紧适度、均匀,充填后及时打卡或结扎。

⑥烘烤　目的是使肠衣表面干燥,增加肠衣机械强度和稳定性,使肉馅色泽变红,驱除肠衣的异味。烘烤温度65~80 ℃,1 h左右,使肠的中心温度达55~65 ℃。

⑦蒸煮　蒸煮可使蛋白质变性凝固、破坏酶的活力、杀死微生物、促进风味形成。该工艺步骤也称为杀菌。根据产品的类型和保存要求,可进行高温蒸煮(高温杀菌)和低温蒸煮(巴氏杀菌)。进行高温蒸煮的产品,如高温火腿肠可在常温下销售,而法兰克福香肠、哈尔滨红肠等低温蒸煮的产品则需要在冷藏条件下销售。高温蒸煮的产品其受热强度应达到肠制品中心温度的F值在4~6 min,在这样的条件下,制品中的微生物几乎全被杀死,产品达到商业无菌要求。低温蒸煮的产品其肠中心温度应达到68~70 ℃,这样的加热强度只能破坏酶和微生物的营养体,而不能破坏芽孢菌。

⑧烟熏　根据产品的特点,有的产品需要烟熏,有的不需要烟熏。烟熏可以除去产品中的部分水分,肠衣也随之变干,肠衣表面产生光泽并使肉馅呈红褐色。通过烟熏也使产品具有特殊的香熏气味,增加产品的防腐能力。多数产品生产时,将烘烤、蒸煮和烟熏于熏蒸炉内按次序进行。

⑨贮藏　湿肠含水量高,如在8 ℃条件下,相对湿度75%~78%时可悬挂三昼夜。在20 ℃条件下只能悬挂一昼夜。水分含量不超过30%的灌肠,当温度在12 ℃,相对湿度为72%时,可悬挂存放25~30天。

2. 灌肠相关标准

《熏煮香肠》(SB/T 10279—2008)对灌肠的感官指标、理化指标、卫生指标三个方面做了要求。感官要求对产品的外观、色泽、香气、组织状态、风味设定了指标,具体要求如表13-5所示,理化指标见表13-6,卫生指标见表13-7,微生物指标见表13-8。

表13-5　灌肠感官要求

| 项目 | 指标 |
| --- | --- |
| 外观 | 肠体干爽,有光泽,粗细均匀,无黏液,不破损 |
| 色泽 | 具有产品固有颜色,且均匀一致 |
| 组织状态 | 组织细密,切片性能好,有弹性,无密集气孔,在切面中不能有直径大于2 mm以上的气孔,无汁液 |
| 风味 | 咸淡适中,滋味鲜美,有各类产品的特有风味,无异味 |

表13-6　灌肠理化指标

| 项目 | 指标 | | |
| --- | --- | --- | --- |
| | 特级 | 优级 | 普通级 |
| 水分/(g/100g) | ≤70 | | |
| 氯化物(以 NaCl 计)/(g/100g) | ≤4 | | |
| 蛋白质/(g/100g) | ≥16 | ≥14 | ≥10 |
| 脂肪/(g/100g) | ≤25 | | |
| 淀粉/(g/100g) | ≤3 | ≤4 | ≤10 |

表 13 - 7　灌肠卫生指标

| 项目 | 指标 |
|------|------|
| 铅/(mg/kg) | ≤0.5 |
| 无机砷/(mg/kg) | ≤0.05 |
| 镉/(mg/kg) | ≤0.1 |
| 总汞(以 Hg 计)/(mg/kg) | ≤0.05 |
| 苯并芘/(μg/kg) | ≤5.0 |
| 亚硝酸盐(以 NaNO2)/(mg/kg) | 按 GB 2760 执行 |

表 13 - 8　微生物指标

| 项目 | 指标 |
|------|------|
| 菌落总数/(CFU/g) | ≤30 000 |
| 大肠菌群/(MPU/100g) | ≤30 |
| 致病菌(沙门氏菌、金黄色葡萄球菌、志贺氏菌) | 不得检出 |

## 三、典型产品工艺配方

1. 大红肠

大红肠又名茶肠,是欧洲人喝茶时用的肉食品。

(1)配方

牛肉 45 kg,玉果粉 125 g,猪肥膘 5 kg,猪精肉 40 kg,白胡椒粉 200 g,亚硝酸盐 50 g,鸡蛋 10 kg,大蒜头 200 g,淀粉 5 kg,精盐 3.5 kg。牛肠衣口径 60 ~ 70 mm,每根长 45 cm。

(2)工艺

原料修整→腌制→绞碎→斩拌→搅拌→灌制→烘烤(70 ~ 80 ℃,45 min)→蒸煮(90 ℃,1.5 h)→熏制(60 ~ 70 ℃,3 ~ 5 h)。

2. 小红肠

又名维也纳香肠,味道鲜美,风行全球。形状像夏天时狗吐出来的舌头,故又得名热狗。一般需经过斩拌乳化的过程,肉馅成泥状,较细腻。根据使用瘦肉量的不同,分为高档类、中档类和低档类。

(1)配方

①瘦肉 75 kg,肥肉 15 kg,淀粉 10 kg,乳化剂 500 g,大蒜 1 kg,胡椒面 150 g,味素 150 g,红曲米 100 g,属高档肠。

②瘦肉 40 kg,肥肉 40 kg,淀粉 20 kg,混合乳化剂 1 kg,大豆蛋白 2 kg,大蒜 1 kg,胡椒面 150 g,味素 150 g,红曲米 100 g,属中档肠。

③瘦肉 20 kg,肥肉 55 kg,淀粉 25 kg,混合乳化剂 1.5 kg,大豆蛋白 3 kg,大蒜 1 kg,胡椒面 150 g,味素 150 g,红曲米 100 g,属低档肠。

（2）工艺

原料肉修整→绞碎→配料→搅拌→灌制→烘烤→蒸煮(90 ℃,10 min)→熏烟或不熏烟→冷却→成品。

# 第三节　发酵肠类制品

发酵香肠亦称生香肠,是指将绞碎的肉和动物脂肪同糖、盐、发酵剂和香辛料等混合后灌入肠衣,经微生物发酵而制成的具有稳定的微生物特性和典型发酵香味的肉制品,具有安全性高、货架期长、易于储藏、食用方便等优点。

发酵香肠生产过程中的产酸量和产酸率在细菌学和加工工艺上具有决定性作用。原辅料是影响产酸量和产酸率的第一要素,涉及原料肉的质量、盐的含量、糖类的含量、硝盐的含量、初始 pH 值、发酵剂的活性等。发酵香肠按发酵程度可分为低酸性发酵香肠(pH≥5.5)和高酸性发酵香肠(pH < 5.4);按脱水程度可分为干香肠（25% ~ 40%）和半干香肠（40% ~45%）;按地名可分为黎巴嫩大香肠、塞尔维拉特香肠和萨拉米香肠。

## 一、发酵肉制品的特点

发酵肉制品在其生产过程中采用了微生物发酵技术,风味独特、营养丰富、保质期长是其主要特点,具体特点表现为如下几点。

1. 风味独特,具有营养性和保健功能

在发酵过程中,由于微生物产生的酶能分解肉中的蛋白质,从而提高了游离氨基酸的含量和蛋白质的消化率,并且形成了醇类、酸类、氨基酸、杂环化合物和核苷酸等风味物质,使产品的营养价值和风味得到提升。经研究发现,食用有益微生物发酵成的肉制品,会使其有益菌在肠道中定殖,减少致癌前体物质的含量,降低致癌物污染的危害。Fernandes 和 shahani 发现摄食乳酸杆菌和含活乳酸菌的食品会使乳酸菌定殖到人的大肠内,继续发挥作用,从而形成不利于有害菌增殖的环境,有利于协调人体肠道内微生物菌群的平衡。

2. 延长货架期

接种微生物发酵剂可使产品发生酸化作用,使肉制品的货架期延长。酸抑制了其他微生物的生长并促进脱水。特制的微生物发酵剂通过过氧化氢酶系统减少形成过氧化物而促进腌制肉颜色的稳定并防止发生酸败。美式发酵香肠的水分和蛋白质比率在 3.1 以下,pH 值在 5.0 以下,故不需要冷藏。

3. 微生物安全性

发酵肉制品的 $A_w$ 值较低,同时乳酸的生成也降低 pH 值,从而抑制了肉中病原微生物的增殖。经过研究香肠的 pH 值小于 5.3,就能有效地控制金黄色葡萄球菌的繁殖。但在 pH 值降至 5.3 的过程中,必须控制香肠肉馅放置在 15.6 ℃以上温度的时间。

4. 降低生物胺的形成

生物胺是由于酪氨酸与组氨酸被有害微生物中的氨基酸脱羧酶经催化作用而成的,危害人体健康。应用有益发酵剂后,脱羧酶的活性降低,降低生物胺的形成。另外,还可以改善肉制品的组织结构,促进其发色,降低亚硝酸盐在肉中的残留量,减少有害物质形成。

## 二、发酵肉制品常用的微生物及其特性

1. 微生物在发酵肉制品中的作用

(1)降低 pH 值,减少腐败菌的生长

原料肉在接种乳酸菌后,乳酸菌利用糖类如葡萄糖发酵产生乳酸,从而可使肉品 pH 值降至 $4.8 \sim 5.2$。由于 pH 值接近于肌肉蛋白等电点(pH = 5.2),肌肉蛋白保水力减弱,可加快香肠干燥速度,降低水分活度,而且在酸性条件下病原菌及腐败菌的生长得以抑制。

(2)促进发色

肉制品的色泽是决定其品质的重要指标之一。肉品在发酵成熟过程中,微球菌可以将 $NO_3^-$ 还原为 $NO_2^-$,而乳酸菌在发酵成熟时利用糖类产生乳酸,降低了 pH 值,有利于 $NO_2^-$ 分解为 NO。NO 与肌红蛋白结合生成亚硝基肌红蛋白,从而最终使肉品呈腌制后特有颜色。

(3)防止氧化变色

肉在腌制或发酵成熟期间,由于污染的异型发酵的乳酸菌会产生 $H_2O_2$,与肌红蛋白形成胆绿肌红蛋白,而发生变绿现象。因此在肉制品中接种发酵剂,可利用优势菌抑制杂菌的生长或将其产生的 $H_2O_2$ 还原为 $H_2O$ 和 $O_2$,防止氧化变色。

(4)减少亚硝胺的生成

腌制肉中的亚硝胺由残留的 $NO_2^-$ 与二级胺反应生成。如果在肉中加入乳酸菌,其产生乳酸降低 pH 值,促使亚硝酸盐分解,则可减少残留的 $NO_2^-$ 与二级胺作用生成亚硝胺。因此在肉中添加发酵剂可以提高肉制品的安全性。

(5)抑制病原微生物的生长及其产生的毒素

发酵香肠在制作中不经过加热,因此在自然发酵过程中如条件控制不当,则极易造成香肠发生腐败或因病原微生物的生长而导致食物中毒。

(6)对风味产生影响

研究表明接种木糖葡萄球菌和肉葡萄球菌的香肠有较香气味,香气的主要成分是 3 - 甲基丁醛(L - 亮氨酸代谢)、3 - 甲基丁酮、3 - 羟基丁醛。然而将接种木糖葡萄球菌的香肠和不接菌的香肠风味对照,发现前者可以产生一种水果味。葡萄球菌和微球菌还具有硝酸盐还原酶和触酶活性,可以抑制不良风味的形成。

2. 发酵肉制品中常用的微生物

在发酵香肠生产中,常用的微生物种类有酵母菌、霉菌和细菌(见表 13 - 9),且在生产加工中的作用也各不相同。作为发酵剂的微生物应具有以下特征:食盐耐受性,能耐受 6% 的食盐溶液;能耐受亚硝酸盐,在 $80 \sim 100 \ mg/kg$ 浓度条件下仍能生长;能在 $27 \sim 43 \ ℃$ 范围内生长,最适温度为 32 ℃;同型发酵;发酵副产物不产生异味;无致病性;在 $57 \sim 60 \ ℃$ 范围内灭活。

表13-9 发酵香肠发酵剂中常用的微生物种类

| 微 生 物 种 类 | | 菌 种 |
|---|---|---|
| 酵母菌(Yeast) | | 汉逊氏德巴利酵母菌(Dabaryomyces hansenii) |
| | | 法马塔假丝酵母菌(Candida famata) |
| 霉菌(Fungi) | | 产黄青霉(Penicillium chrysogenum) |
| | | 纳地青霉(Penicillium nalgiovense) |
| 细 菌<br>(Bacteria) | 乳酸菌<br>(Lactic acid bacteria) | 植物乳杆菌(Lactobacillus plantarum) |
| | | 清酒乳杆菌(L. sake) |
| | | 乳酸乳杆菌(L. lactis) |
| | | 干酪乳杆菌(L. casei) |
| | | 弯曲乳杆菌(L. curvatus) |
| | | 乳酸片球菌(Pediococcus acidilactici) |
| | | 发酵乳杆菌(L. fermenti) |
| | | 戊糖片球菌(P. Pentosaceus) |
| | | 乳酸片球菌(Pediococcuslactis) |
| | 微球菌(Micrococci) | 变异微球菌(Micrococcus varians) |
| | | 橙色微球菌(Micrococcus auterisiae) |
| | | 亮白微球菌(Micrococcus camdidus) |
| | | 表皮微球菌(Micrococcus epidermidis) |
| 细 菌<br>(Bacteria) | 葡萄球菌(Staphylococci) | 肉食葡萄球菌(Staphylococcus carnosus) |
| | | 木糖葡萄球菌 (S. xylosus) |
| | 放线菌(Actinomycetes) | 灰色链球菌 (Streptomyces griseus) |
| | 肠细菌(Enterobacteria) | 气单胞菌 (Aeromonas sp. ) |

(1)酵母菌

酵母菌是加工干发酵香肠时发酵剂中常用的微生物,汉逊氏德巴利酵母应用最多。这种酵母菌耐高盐,好气并具有较弱的发酵产酸能力,一般生长在肉品表面,也可生长在浅表层。汉逊氏德巴利酵母本身没有还原硝酸盐的能力,但是会使肉中固有微生物菌群的硝酸盐还原能力减弱。这就要求酵母菌与其他菌种混合发酵,以提高产品质量。此外,法马塔假丝酵母菌酵母和克洛氏德巴利酵母也能用于肉品发酵。酵母菌用作发酵剂时在香肠中的接种量是106 cfu/g,可使制品具有酵母味,并有利于发色的稳定性,且对微球菌的硝酸盐还原性也有轻微抑制作用。根据近年研究,金华火腿中也存在酵母(103~105 cfu/g),但尚未进行具体的分类研究。酵母菌除能改善肉品的风味和颜色外,还能对金黄色葡萄球菌有一定抑制作用。

(2)霉菌

霉菌在发酵肉制品中起着重要作用,主要是由于霉菌的酶系发达,代谢能力强,属好气型,在肉制品表面生长,形成一层"保护膜"。这层膜不但可以减少肉品感染杂菌的概率,还能很好地控制肉品水分蒸发,防止出现"硬壳"现象,同时也起到隔氧的作用,防止酸败。霉菌在肉品发酵过程中的作用有:

①形成特有的表面外观,并通过霉菌产生的蛋白酶、脂肪酶作用于肉品形成特殊风味;

②通过霉菌生长耗掉 $O_2$,防止氧化褪色;

③竞争性抑制有害微生物的生长。

传统的发酵香肠的霉菌主要来自环境,其组成较复杂,主要是青霉。霉菌典型的变化是在发酵的第 2~3 d,鲜香肠的表面长出霉菌。这些产品接触空气和加工设备,发生自然污染。有些加工厂家采用风扇、风机吹干或干脆用菌丝体涂抹鱼香肠来加速交叉污染。

(3)细菌

①乳杆菌属(Lactobacillus) 乳杆菌为革兰氏阳性菌,是最早从发酵肉制品中分离出来的微生物,在肉制品自然发酵过程中仍占主导地位。乳酸菌耐酸能力较强,产酸率高,对有害微生物有抑制作用,且有独特的生理功效,常在肉制品中使用。乳杆菌最适生长温度在 30~40 ℃,对食盐耐受能力较强,能发酵果糖、葡萄糖、麦芽糖、蔗糖、乳糖等产生乳酸,但不能分解蛋白质、脂肪,且不具有还原硝酸盐能力。实际生产中常用的菌有乳酸杆菌属、链球菌属和片球菌属。干香肠在生产中常用由乳杆菌组成的肉发酵剂,其发酵温度在 15.6~35 ℃,常用的有植物乳杆菌、干酪乳杆菌和发酵乳杆菌。随着基因工程技术的发展,人们开始在发酵剂菌株上应用基因工程技术,把其他微生物一些有特性的基因直接导入发酵剂菌株中。

②片球菌属 片球菌在肉类工业中被广泛用作发酵剂,其中啤酒片球菌使用较早,为革兰氏阳性菌,分解可发酵的糖类产生乳酸,不产生气体,不能分解蛋白,不能还原硝酸盐。由于该菌生长快、抗冷冻能力强,适宜生长温度为 43~50 ℃,比发酵肉制品中污染杂菌的生长温度高,利用这一特性,可在夏季生产香肠,其发酵培养物具有乳酸片球菌和戊糖片球菌的共同特征,是最早用于肉类工业的发酵培养物。片球菌株主要是乳酸片球菌,在 26.7~48.9 ℃发酵最有效。在发酵过程中代谢产物能使肉蛋白质发生特异性变化,使肉制品具有独特风味,这种风味是不能用化学试剂调配出来的。目前,片球菌已成为欧美国家发酵肉制品的主要发酵剂。

③微球菌属和葡萄球菌 微球菌属和葡萄球菌属在发酵中的主要作用是还原亚硝酸盐和形成过氧化氢酶,从而利于肉馅发色及分解过氧化物,改善产品色泽及延缓酸败,此外也可通过分解蛋白质和脂肪而改善产品风味。微球菌属由三个种组成:藤黄微球菌、玫瑰色微球菌和变异微球菌。变异微球菌有良好的嗜冷性,藤黄微球菌和变异微球菌能产生黄色色素,玫瑰色微球菌能产生红色色素,这给产品的外观形态提供了多样选择。商业发酵剂中常用的葡萄球菌有肉葡萄球菌、木糖葡萄球菌和拟葡萄球菌。其中肉葡萄球菌是非乳酸菌发酵剂的主要微生物,至今为止尚无任何肉葡萄球菌存在安全性方面问题的报道。实际上除乳酸菌外,在肉制品发酵剂中,肉葡萄球菌是最重要的。国外研究发现三种葡萄球菌,即肉葡萄球菌、腐生葡萄球菌、维勒葡萄球菌是较佳的发酵菌。

④其他细菌 在自然发酵肉品中发现了唯一的放线菌——灰色链霉菌(Streptomyces griseus)。此菌可以提高发酵肉制品的风味,但产品的特有风味是否得益于这一微生物的特异代谢活性,以及产生的香味成分是否源于此菌还不清楚。肠细菌中的气单胞菌也可作为肉品发酵菌种。此菌在发酵过程中没有任何致病菌和产毒能力,对香肠的风味还有益处。

(4)多菌种混合发酵特性

发酵肉制品中所添加的发酵剂可以是单一菌株,也可以是混合菌株。细菌、酵母菌、霉菌在发酵肉制品中都有应用。乳酸菌不仅能缩短发酵时间,改善产品的色泽和风味,还能抑制有害成分的生长,微球菌和葡萄球菌能加快发色、产酸速度,使产品更快地达到所需的质地,也能很好地抑制病原菌和腐败菌的生长。酵母菌可使产品具有酵母味,并有利于发色的稳定性。

综上所述,肉制品发酵剂的研究主要集中于乳酸菌发酵香肠方面,且发酵肉制品特殊风味的形成不是单一菌种所能达到的,只能是合理的复合菌系共同作用的结果。总之,我们应综合应用基因工程、细菌工程、发酵工程、酶工程等生物工程技术,开发出既营养又保健,且口味适合的发酵肉制品。

**3. 肉制品发酵剂的制备与保存**

每一生产厂都有增强发酵剂活性的专用培养基配方和加工条件,但其中必须有氯化钠(最小0.5%)以保持其耐盐性。对啤酒片球菌,商业培养基配方为:玉米浸渍水11.3 kg,脱脂奶粉22.7 kg,葡萄糖45 kg,酵母自溶物6 kg,磷酸二氢钾6.4 kg,磷酸氢二钠4.3 kg。在混合物中加水到227 L,用传统方法接种啤酒片球菌,在32~37 ℃培养8~10 h,然后离心分离培养基中的细菌,与其他稳定剂、混合营养物质混合,尽快冻结。各种稳定剂如甘油、脱脂奶粉、谷氨酸钠、麦精、甘油、碱性磷酸盐、谷氨酸、胱氨酸和葡萄糖常在冻结介质中与培养浓缩物配合,以提供保护作用。培养浓缩物通常每1mL(g)中有109~1 011个细胞。混合后应尽快用液氮或二氧化碳冻结培养物。最早选用啤酒片球菌(乳酸片球菌)属的一个菌株作为肉发酵剂,是因为该菌株能耐冻干。目前美国主要用冻结形式的发酵剂,但冻干发酵剂在世界其他国家仍在广泛使用。保存和运送发酵剂的另一种商业方法是使用液体防冻剂。将常规的细胞液用一倍或更多倍的防冻剂稀释。防冻剂为水溶性的,对细菌无损害,冷冻到-40 ℃时不形成冰晶。防冻剂中有多元醇、糖和其他水溶性无机及有机化合物。此过程最少用40%~50%的防冻剂使培养基水分活度降低,并提供非冻结的浓缩物。这种液体形式的浓缩物可以保持原有发酵剂的特性,抑制冰结晶的形成。此外,在正常的销售期间,发酵剂浓缩物可被加温,不像冻结的发酵剂那样,在解冻时活性受到很大损失。

## 三、发酵香肠的一般加工工艺

**1. 工艺流程与操作要点**

**(1)工艺流程**

发酵香肠的加工方法随原料肉的形态、发酵方法和条件、发酵剂的活力及辅料的不同而异,但其基本过程相似。一般的加工过程如下:

原料肉预处理→绞肉→配料→腌制→充填→发酵→干燥→烟熏→包装。

**(2)主要工序与操作要点**

①原料预处理　原料肉经过修整,去掉筋腱。各种肉均可用作发酵香肠,常用猪肉、牛肉和羊肉。若使用猪肉,其pH值应在5.6~5.8范围内,这将有利于发酵的进行,并保证在发酵过程中有适宜的pH值降低速率。使用PSE肉生产发酵香肠,其用量应少于20%。根据经验,老龄动物的肉较适合加工干发酵香肠。发酵香肠肉糜中的瘦肉含量为50%~70%,产品干燥后,脂肪的含量有时会达到50%。发酵香肠具有较长的保质期,要求使用不饱和脂肪酸含量低、熔点高的脂肪。牛脂和羊脂不适合作为发酵香肠的原料,色白而结实的猪背脂是生产发酵香肠的优良原料。

②绞肉　绞肉前原料肉的温度一般控制在0~4 ℃,脂肪的温度控制在-8 ℃。可以单

独使用绞肉机绞肉,也可经过粗绞之后再用斩拌机细斩。肉糜粒度的大小取决于产品的类型,一般肉馅中脂肪粒度控制在 2 mm 左右。

③配料 将各种物料按比例混入肉糜中。可以在斩拌过程中将物料混入,先将精肉斩拌至合适粒度,然后再加入脂肪斩拌至合适粒度,最后将其余辅料包括食盐、腌制剂、发酵剂等加入,混合均匀。若没用斩拌机,则需要在混料机中配料,为了防止混料搅拌过程中大量空气混入,最好使用真空搅拌机。生产中采用的发酵剂多为冻干菌,使用时通常将发酵剂放在室温下复活 18 ~ 24 h,接种量一般为 $10^6$ ~ $10^7$ cfu/g。有些工厂采用"引子发酵法"(back - slopping),即用上一个生产批次发酵好的肉糜做发酵剂(俗称引子),加到下一个批次的肉糜中。但不管采用什么方法,发酵剂的活性、纯度及与其他物料混合的均匀性十分重要。尤其在使用"引子发酵法"时,随着生产批次的增加,发酵剂的活力和纯度会下降,从而影响到产品的质量。

④腌制 传统生产过程是将肉馅放在 4 ~ 10 ℃ 的条件下腌制 2 ~ 3 d。腌制过程中食盐、糖等辅料在浓度差的作用下均匀渗入肉中,同时在亚硝酸盐的作用下形成稳定的腌制肉色。现代生产工艺过程一般没有独立的腌制工艺,肉糜一般在混合均匀后,直接填充然后进入发酵室发酵。在相对较长时间的发酵过程中,同时产生腌制作用。

⑤充填 将斩拌混合均匀的肉糜灌入肠衣。灌制时要求充填均匀,肠坯松紧适度。灌制过程肉糜的温度控制在 4 ℃ 以下。利用真空灌肠机可避免气体混入肉糜中,有利于产品的保质期、质构均匀性及降低破肠率。

⑥发酵 充填好的半成品进入发酵室发酵,也可以直接进入烟熏室,在烟熏室中完成发酵和烟熏过程。

发酵过程可以采用自然发酵或接种发酵。自然发酵法有其固有的缺点,其发酵时间较长,一般需 1 周以上,发酵时每一批次肉糜中存在的天然菌种不同,鲜肉中的微生物种属不能得到有效控制,如果初始菌属中的乳酸菌含量较少,肉糜的 pH 值下降很慢,会给腐败菌和致病菌的生长创造机会,影响产品的正常生产、产品的安全性及产品的品质均一性。自然发酵时许多天然存在于肉糜中的乳酸菌属异型发酵菌,它们在产生乳酸的同时还会产生醋酸、乙醇、气体等成分,从而影响到产品的风味和质构。

工业化生产过程一般采用接种恒温发酵。对于干发酵香肠,控制温度为 21 ~ 24 ℃,相对湿度为 75% ~ 90%,发酵 1 ~ 3 d。对于半干发酵香肠,发酵温度控制在 30 ~ 37 ℃,相对湿度控制在 75% ~ 90%,发酵 8 ~ 20 h。发酵过程中,及时降低肉糜的 pH 值十分重要。鲜肉的 pH 值一般为 5.6 ~ 5.8,发酵香肠的终 pH 值一般为 4.8 ~ 5.2。发酵初始阶段若不能及时降低 pH 值,易导致腐败菌的生长繁殖。温度对产酸速度有重要影响,一般认为温度每升高 5 ℃,乳酸生成速率将提高 1 倍。但提高发酵温度也带来致病菌特别是金黄色葡萄球菌生长的危险。为了使发酵初期 pH 值快速降低,需要提高发酵剂菌种活力或提高接种量,也可以使用葡萄糖酸 - δ - 内酯及其他酸味剂协助产酸降低 pH 值。

⑦干燥与熏制 干燥的程度影响到产品的物理化学性质、食用品质和保质期。干燥过程会发生许多生化变化,使产品成熟,最主要的生化变化是形成风味物质。对于干发酵香肠,发酵结束后进入干燥间进一步脱水。干燥室的温度一般控制在 7 ~ 13 ℃,相对湿度控制在 70% ~ 72%,干燥时间依据产品的形状(直径)大小而定,干发酵香肠的成熟时间一般为 10 天到 3 个月。

干燥间的气流控制很重要,空气需要周期性地更新以保证空气的质量,防止香肠表面水气凝集。因产品所含水分不同和气流模式不能很好地确定,气流控制比较困难,为了增大干燥程度的均匀性,干燥间中产品的移位也很重要。亮光易诱发产品表面变色,干燥室中应避光或使用低亮度的红灯。

干发酵香肠不需要蒸煮,大部分产品也不需要烟熏,因干发酵香肠的水分活度和 pH 值较低,贮运和销售过程不需冷藏。对于半干发酵香肠,发酵工艺结束后通常需要蒸煮,使产品中心温度至少达到 68 ℃,然后再进行合适的干燥,半干发酵香肠一般需要烟熏。因半干发酵香肠具有较高的水分活度,需冷藏防止微生物繁殖。

⑧包装 成熟以后的香肠通常要进行包装。便于运输和贮藏,保持产品的颜色和避免脂肪氧化。真空包装是最常用的包装方法,但是会造成水分向表面扩散,打开包装后,导致表面霉菌和酵母菌快速生长。

## 二、典型产品工艺配方

1. 图林根肠

(1)配方

修整猪肉(75% 瘦肉)55 kg,牛肉 45 kg,食盐 2.5 kg,葡萄糖 1 kg,磨碎的黑胡椒 250 g,发酵剂培养物 125 g,芥末籽 125 g,芫荽 63 g,亚硝酸钠 16 g。

(2)加工过程

检验合格的原料肉,经清洗,通过绞肉机 6.4 mm 孔板绞碎。在搅拌机内将配料搅拌均匀,再用 3.2 mm 孔板绞细。将肉馅充填入肠衣。用热水淋浴香肠表面 0.5 ~ 2.0 min,洗去表面黏附肉粒。室温下吊挂 2 h,然后移入烟熏室内,于 43 ℃ 熏制 12 h,再于 49 ℃ 熏制 4 h。将香肠置于室温下晾挂 2 h,最终产品的盐含量为 3%,pH 值为 4.8 ~ 5.0。

2. 黎巴嫩大香肠

(1)配方

母牛肉 100 kg,食盐 0.5 kg,糖 1 kg,芥末 500 g,白胡椒 125 g,姜 63 g,肉豆蔻种衣 63 g,亚硝酸钠 16 g,硝酸钠 172 g。

(2)加工过程

原料肉混入 2% 的食盐,在 1 ~ 4 ℃ 下自然发酵 4 ~ 10 天,如添加发酵剂,可大大缩短发酵时间。当 pH 值达到 5 或以下时,可确定为发酵过程完成。将牛肉通过 1.3 cm 孔板绞碎,然后在配料机内与剩余的盐、糖、香辛料、硝酸盐和亚硝酸盐等辅料混合均匀,再使肉馅通过 3 mm 孔板绞制,然后充填入纤维素肠衣中。充填后将半成品结扎并用网套支撑,产品移入烟熏室内冷熏 4 ~ 7 天。一般夏季熏制 4 天,秋季和冬季熏制 7 天。成品的盐含量一般为 4.5% ~ 5.0%,pH 值为 4.7 ~ 5.0。

# 第十四章　酱卤肉制品加工技术

## 第一节　酱卤肉制品概述

酱卤肉制品是我国传统的大众风味熟制品,其制作方法以传统的烹调技术为基础,即先把原料用盐或酱油腌制,经过白烧或油炸,然后投入由酱油、糖、酒及各种调味品制好的酱卤中,先用旺火烧开,再用文火煮熟,使锅内的汁液完全被吸收到原料中去。酱卤制品的外部都粘有香味浓郁的酱汁或糖汁,色泽光亮、鲜艳、肉烂皮酥,入口即化。酱卤制品品种繁多,大体上可分以下5种。

(1)酱制　亦称红烧,是酱卤肉制品中的主要制品。在制作中使用较多的酱油以及八角、桂皮、丁香、花椒、小茴香等5种香料。

(2)酱汁制　以酱制为基础,加入红曲米为着色剂,使肉制品具有鲜艳的樱桃红色。酱汁制品使用的糖量较酱制品要多。在锅内汤汁将干,肉食品已酥烂准备出锅时,将糖熬成汁用排笔直接刷在肉上,或将糖撒在肉上。酱汁制品色泽鲜艳,味咸带甜。

(3)蜜汁制　蜜汁肉制品的烧煮时间短,往往还多一道油炸工序。特点是块小,以带骨制品为多,加大排、小排等。蜜汁制品的制作方法有两种:一种是待煮锅内的肉块基本煮烂,汤汁已浓时,将白糖和红曲米水加入锅内,熬至起泡发稠,起锅即成;另一种是先将白糖与红曲米水熬成浓汁,浇在经过油炸的制品上即成。

(4)糖醋制　加工方法基本同酱制,辅料少许,加糖和醋。

(5)卤制　先调制好卤汁,然后将原料放入卤汁中。开始用大火,待卤汁煮沸后改用小火慢慢卤制,使卤汁逐渐浸入原料,直至酥烂即成。卤制品一般多使用陈卤。每次卤制后,都需要对卤汁进行清卤(撇油、过滤、加热、晾凉),然后保存起来。陈卤使用时间越长,香味和鲜味越浓。盛放陈卤的容器不能摇动,更不能溅入生水。卤汁的用料各地的配方不一。

## 第二节　酱卤肉制品加工技术

酱卤肉制品是畜禽肉及可食副产品,加调味料及香辛料,以水为加热介质,煮制而成的一大类熟肉制品,是典型的中式传统风味肉制品。此类产品食用方便,但不易包装贮藏,适合于就地生产,就地销售,目前也有一些厂家生产出真空包装的产品,在一定程度上延长了产品的保存期。酱卤类制品的加工方法主要是调味和煮制,另外,酱汤的使用对肉制品的质量有着重要的影响。

### 一、选料

选取的原料卫生检验必须合格。酱卤制品所用的料很多,诸如猪、牛、羊、鸡、鸭,以及头、蹄、内脏(猪、牛、羊的心、肝、肺、肠等)。

## 二、整理

原料的整理一般分为洗涤、分块、紧缩三道工序。无论何种原料，都要清除血水，彻底洗干净原料上的毛和污物，然后按照不同产品的需要，将原料进行分割，最后进行紧缩。所谓紧缩，即把酱制原料在酱制之前先放入开水锅中，焯烫一遍（10~20 min）。其目的是进一步清除血污，因此紧缩是必不可少的一道工序。

## 三、调味

调味就是根据地区消费习惯、品种的不同，加入不同种类和数量的调味料，加工成具有特定风味的产品。如北方人喜欢咸味稍浓些，则加盐量多，而南方人喜爱甜味，则加糖多些，不能强求一样。

调味的方法根据加入调味料的时间大致可分为基本调味、定性调味、辅助调味。在加工原料整理之后，经过加盐、酱油或其他配料腌制，奠定产品的咸味，叫基本调味；原料下锅后，随同加入主要配料如酱油、盐、酒、香料等，加热煮制或红烧，决定产品的口味叫定性调味；加热煮制之后或即将出锅时加入糖、味精等以增进产品的色泽、鲜味，叫辅助调味。酱卤制品中又因加入调味料的种类、数量不同又有很多品种，通常有五香或红烧制品、酱汁制品、蜜汁制品、糖醋制品、卤制品等。

五香或红烧制品是酱卤制品中最广泛的一大类。这类产品的特点是在加工中用较多量的酱油，所以叫红烧；另外在产品中加入八角茴香、桂皮、丁香、花椒、小茴香等 5 种香料，又名五香制品。

在红烧的基础上使用红曲米作着色剂，产品为樱桃红色，鲜艳夺目，稍带甜味，产品酥润，叫酱汁制品。

在辅料中加入多量的糖分，产品色浓味甜，叫蜜汁制品。而辅料中加糖醋，使产品具有甜酸的滋味，又叫糖醋制品。

## 四、煮制

煮制是酱卤制品加工中主要工艺环节，有清煮和红烧之分。清煮在肉汤中不加任何调味料，只是清水煮制。红烧是在加入各种调味料后进行煮制。无论是清煮还是红烧，对形成产品的色、香、味、形及产品的营养成分的变化等都有决定的作用。

煮制也就是对产品实行热加工的过程，加热的方式有用水、蒸汽、油炸等，其目的是改善感官性质，降低肉的硬度，使产品达到熟制，容易消化吸收。肉在煮制过程中，发生蛋白质凝固，肌肉收缩变形，同时脂肪、水浸出，色泽风味均发生变化。

酱卤肉制品在加工过程中大部分使用料袋，即将各种香辛料装入由两层纱布缝制而成的布袋，扎紧袋口，放入锅内与肉一起煮制，原料肉入锅之前，最好将锅中的酱汤打捞干净，将料袋投入锅中煮沸后，再投入原料酱煮。

## 五、冷却

加热结束后，应马上使制品冷却。冷却的目的是提高杀菌效果。若缓慢冷却，则会使肉品温度停滞在适宜微生物生长的温度，导致残存微生物的繁殖，加快腐败的进程。冷却时要进行充分的冷却，在尽可能短时间内使制品中心温度降至 10 ℃以下才能结束冷却。冷却设备也需保持卫生和清洁,避免不洁物质的污染。

## 六、包装后的处理

传统加工是现做即食,产品煮制冷却后即可食用。这样的制品没有合适的商品保质期,产品销售半径小。为了达到较长的保质期,一般在包装之后采用热处理或冷处理。

根据产品的市场销售条件,热处理分为高温处理和巴氏杀菌处理。高温处理一般在115～121℃的条件加热一定时间。时间和温度的组合决定了杀菌强度,决定了产品的保存期和产品品质。巴氏杀菌处理一般采用95～100℃的沸水进行杀菌,因温度低,不能杀灭芽孢菌,产品贮运销售需在0～2℃的冷链中进行,保质期较短。

不管是采用高温处理还是巴氏杀菌处理,杀菌后产品的风味和质构都会受到不同程度的影响,还易产生加热蒸煮味等异味。

冷处理是产品包装后进行速冻,然后于-18℃以下的条件保存,食用前进行回热处理。该类产品最大程度保持了产品的色、香、味、形和质构,也具有较长的保质期,但产品贮运、销售过程必须控制-18℃以下。贮运销售过程中的温度波动会影响产品质量,解冻后会有少许的汁液流失。

## 七、酱汤的熬制与使用

酱汤又叫卤汤,使用时间长了叫老汤,是酱卤肉制品必备的汤料。酱汤质量的高低,直接影响肉制品的味道和质量。因此,熟肉制品加工行业,对酱汤都十分重视。用酱汤煮熟的肉,就叫酱肉。酱汤越老(使用时间长),煮出来的肉品味道越香,因此,有老汤酱肉之说。

1. 酱汤的熬制

新营业的熟肉制品加工企业,没有酱汤,需要熬制。熬制酱汤的方法如下:

(1)配料标准　水50 kg,新鲜棒子骨(排骨也可)5 kg,去净毛和内脏的白条鸡1～2只,干净鲜猪皮、酱油各3 kg,细盐5 kg,冰糖(或白糖)500 g,食油150 g,鲜姜、大葱各100 g,桂皮50 g,丁香、山奈、大料、白芷、小茴香各25 g,花椒、荜茇各20 g。

(2)方法　先将锅里水烧沸,然后放入棒子骨、鸡、猪皮,锅沸后,再加入酱油、精盐、鲜姜、大葱、桂皮、丁香、山奈、大料、白芷、小茴香、花椒、荜茇等调料。煮熬5～6 h,至骨头上的肉自行脱落为止。然后,将骨头和鸡等固体物都捞出,撇净汤面上的浮沫。将食用油放进铁锅或铁勺里,加入冰糖。用火熬至棕黑色时(油已冒烟)移开火,待油凉,倒入熬好的汤锅里,搅拌均匀,即为酱汤。

2. 酱汤的使用方法

将浸(亦称"焯")好的肉,从浸锅里捞出,放进酱汤锅里煮熟,就是酱制品。煮完肉的酱汤,要加盐烧沸,然后停火,撇净汤面的浮油和杂质,留待下次再用。如果用完酱汤不加盐,或加了盐没有把锅烧沸,再用时味道就变劣,甚至会酸臭变质。汤加盐烧沸后,要把汤面漂浮的油沫子撇干净,避免油封锅,造成锅里热气不能出来,将酱汤闷坏变质。变质的酱汤不能再使用,应废弃。浸锅里的汤,浸完肉不能再用。

## 八、煮制过程中原辅料的变化

煮制就是对产品进行热加工的过程,加热的方式有用水、蒸汽等,其目的是改善感官的性质,使肉黏着、凝固,产生与生肉不同的硬度、齿感、弹力等物理变化,固定制品的形态,使制品可以切成片状;使制品产生特有的风味,达到熟制;杀死微生物和寄生虫,提高制品的耐保存性;稳定肉的色泽。

1. 质量减轻、肉质收缩变硬或软化

肉类在煮制过程中最明显的变化是失去水分,质量减轻,如以中等肥度的猪、牛、羊肉为原料,在 100 ℃ 的水中煮沸 30 min 质量减少的情况见表 14 – 1。

表 14 – 1  肉类水煮时质量的减少

单位:%

| 名　称 | 水　分 | 蛋白质 | 脂　肪 | 其　他 | 总　量 |
|---|---|---|---|---|---|
| 猪　肉 | 21.3 | 0.9 | 2.1 | 0.3 | 24.6 |
| 牛　肉 | 32.2 | 1.8 | 0.6 | 0.5 | 35.1 |
| 羊　肉 | 26.9 | 1.5 | 6.3 | 0.4 | 35.1 |

为了减少肉类在煮制时营养物质的损失,提高出品率,在原料加热前经预煮的过程。将小批原料放入沸水中经短时间预煮,使产品表面的蛋白质立即凝固,形成保护层,减少营养成分的损失,提高出品率。用 150 ℃ 以上的高温油炸,亦可减少有效成分的流失。此外,肌浆中肌浆蛋白质受热之后由于蛋白质的凝固作用使肌肉组织收缩硬化,并失去黏性。但若继续加热,随着蛋白质的水解以及结缔组织中胶原蛋白质水解成明胶等变化,肉质又变软。

2. 肌肉蛋白质的变化

(1)肌肉蛋白质受热凝固

肉经加热煮制时,有大量的汁液分离,体积缩小,这是由于构成肌肉纤维的蛋白质团因加热变性发生凝固而引起。肌球蛋白的凝固温度是 45～50 ℃,当有盐类存在时,30 ℃ 即开始变性。肌肉中可溶性蛋白质的热凝固温度是 55～65 ℃,肌球蛋白由于变性凝固,再继续加热则发生收缩,肌肉中水分被挤出。当加热到 60～75 ℃ 时失水量多,随温度的升高反而相对减少。这是因为动物肉煮制时,随着温度的升高和煮制时间的延长,胶原转变成明胶,要吸收一部分水分,而弥补了肌肉中所流失的水分。

(2)肉保水性的变化

由于加热,肉的保水性降低,其降低幅度因加热的温度而不同。在 20～30 ℃ 时,保水性没有发生变化;30～40 ℃ 时则保水性开始降低;40 ℃ 开始急剧地下降;到 50～55 ℃ 大体停止了;到 55 ℃ 以上又继续下降,但不像 40～50 ℃ 范围内那样急剧;到 60～70 ℃ 肉的热变性基本结束。肉的 pH 值也随着加热温度升高而增大。其 pH 值的变化也可以分为 40～50 ℃ 和 55 ℃ 以上两个阶段。在加热过程中 pH 值随着加热温度的升高、酸性基团的减少而上升。肉的保水性最低点是在等电点 pH 值时,等电点随着加热温度的升高而向碱性方向移动,这种现象表明肌肉蛋白质因加热而减少了酸性基。

(3)蛋白质酸性和碱性基团的变化

研究发现,在 20～70 ℃ 的加热过程中,碱性基团的数量几乎没有什么变化,但酸性基团大约减少 2/3。酸性基团的减少在不同的阶段变化量不同,从 40 ℃ 开始急剧减少,50～55 ℃ 停止,55～60 ℃ 又继续减少,一直减少到 70 ℃。80 ℃ 以上时开始形成 $H_2S$。所以,加热时由于酸性基团的减少,肉的 pH 值上升。

显然,蛋白质受热变性时发生分子结构的变化,因此使蛋白质某些性质发生根本改变,丧失了原来的可溶性,更易于受胰蛋白酶的分解作用,容易被消化吸收。

(4)结缔组织中蛋白质的变化

结缔组织在加热中的变化,对决定加工制品形状、韧性等有重要的意义。肌肉中结缔组织含量多,肉质坚韧,但在70 ℃以上水中长时间煮制,结缔组织多的反而比结缔组织少的肉质柔嫩,这是由于此时结缔组织受热软化的程度对肉的柔软起着主导作用。结缔组织中的蛋白质主要是胶原蛋白和弹性蛋白,一般加热条件下弹性蛋白几乎不发生变化,主要是胶原蛋白的变化。

肉在水中煮制时,由于肌肉组织中胶原纤维在动物体不同部位的分布不同,肉发生收缩变形情况也不一样。当加热到64.5 ℃时,其胶原纤维在长度方向可迅速收缩到原长度的60%。因此肉在煮制时收缩变形的大小是由肌肉结缔组织的分布所决定的。表14-2显示了沿着肌肉纤维纵向切下的肌肉的不同部位在70 ℃水煮时的收缩程度。

经过60 min煮制以后,腰部肌肉收缩可达50%,而腿部肌肉只收缩38%,所以腰部肌肉会有明显的变形。

煮制过程中随着温度的升高,胶原吸水膨润而成为柔软状态,机械强度减低,逐渐分解为可溶性的明胶。表14-3所列举的是同样大小的牛肉块随着煮制时间的不同,不同部位胶原蛋白转变成明胶的数量差异。因此,在加工酱卤制品时应根据肉体的不同部位和加工产品的要求合理使用。胶原转变成明胶的速度,虽然随着温度升高而增加,但只有在接近100 ℃时才能迅速转变,同时亦与沸腾的状态有关,沸腾得越激烈转变得越快。

表14-2 70 ℃煮制对肌肉长度的影响

| 煮制时间/min | 肉块长度/cm | |
| --- | --- | --- |
| | 腰 部 | 大腿部 |
| 0 | 12 | 12 |
| 15 | 7.0 | 8.3 |
| 30 | 6.4 | 8.0 |
| 45 | 6.2 | 7.8 |
| 60 | 5.8 | 7.4 |

表14-3 100 ℃条件下煮制不同时间转变成明胶的量　　　　　　　　单位:%

| 部 位 | 煮制时间/min | | |
| --- | --- | --- | --- |
| | 20 | 40 | 60 |
| 腰部肌肉 | 12.9 | 26.3 | 48.3 |
| 背部肌肉 | 10.4 | 23.9 | 43.5 |
| 后腿肌肉 | 9.0 | 15.6 | 29.5 |
| 前臂肌肉 | 5.3 | 16.7 | 22.7 |
| 半腱肌 | 4.3 | 9.9 | 13.8 |
| 胸 肌 | 3.3 | 8.3 | 17.1 |

3. 脂肪的变化

加热时脂肪熔化,包围脂肪滴的结缔组织由于受热收缩使脂肪细胞受到较大的压力,细胞膜破裂,脂肪熔化流出。随着脂肪的熔化,释放出某些与脂肪相关联的挥发性化合物,这些物质给肉和汤增补了香气。脂肪在加热过程中有一部分发生水解,生成甘油和脂肪酸,因而使酸价有所增高,同时也发生氧化作用,生成氧化物和过氧化物。加热水煮时,如肉量过多或剧烈沸腾,易形成脂肪的乳化,使肉汤呈浑浊状态,脂肪易于被氧化,生成二羧基酸类,而使肉汤带有不良气味。

4. 风味的变化

生肉的香味是很弱的,但是加热之后,不同种类的动物肉会产生很强烈的特有风味。通常认为这是由于加热导致肉中的水溶性成分和脂肪的变化造成的。肉的风味与氨、硫化氢、胺类、羰基化合物、低级脂肪酸等有关。国内外学者对风味的本质,已经进行了相当广泛的研究。就现阶段的认识,在肉的风味里有共同的部分,也有因肉的种类不同而产生的特殊部分。共同成分主要是水溶性物质,如加热含脂肪很少的肌肉,牛肉和猪肉所得到的风味大致相同,这可能是因为氨基酸、肽和低分子的糖类之间进行反应所得的一些生成物(氨基 - 羰基反应)。特殊成分则是因为不同种类的脂肪和脂溶性物质的不同所造成,如羊肉不好的气味是由辛酸和壬酸等饱和脂肪酸所致。表 14 - 4 列出了加热前后猪肉和牛肉的游离脂肪酸的存在情况,可以看出加热前后有明显的不同。

表 14 - 4　猪、牛肉加热前后游离脂肪酸的变化　　　　　　　　单位:mg/g

| 酸的种类 | 牛肉 | | 猪肉 | |
| --- | --- | --- | --- | --- |
| | 加热前 | 加热后 | 加热前 | 加热后 |
| 月桂酸 | 0.04 | 0.16 | 0.08 | 0.56 |
| 豆蔻酸 | 0.049 | 2.04 | 0.54 | 1.39 |
| 十四碳烯酸 | 0.36 | 2.24 | — | — |
| 十五烷酸 | 0.06 | 0.15 | — | — |
| 软脂酸 | 2.24 | 4.91 | 2.89 | 3.62 |
| 十六碳烯酸 | 1.31 | 4.98 | 1.64 | 3.45 |
| 十七碳酸 | 0.19 | 0.44 | — | — |
| 硬脂酸 | 0.96 | 1.37 | 0.77 | 3.21 |
| 油酸 | 0.24 | 19.74 | 17.01 | 28.52 |
| 亚油酸 | 0.58 | 1.34 | 5.45 | 13.27 |
| 亚麻酸 | — | — | 1.04 | 1.45 |
| 总计 | 15.47 | 37.37 | 29.42 | 55.47 |

肉的风味在一定程度上因加热的方式、温度和时间不同而不同。没有经过成熟的牛肉,风味淡。在空气中加热,游离脂肪酸的含量显著增加。当加热到 80 ℃ 以上时有硫化氢产生,并随着温度升高,量逐渐增多。羊的腿部肉在烹调加工时,内部温度达到 65 ℃ 的肉不如达到 75 ℃ 时肉的风味强。因此认为加热的温度对风味的影响较大。关于加热的时间,有的

报道说在 3 h 内随时间的增加风味也增加,再延长时间则风味减弱。

肉的风味也与煮制时加入的香辛料、糖、味精等有关。尽管肉的风味受许多因素的影响,但主要还是由肉的种类差别所决定。通常认为老的动物肉比幼小的有更强的风味,例如成年牛肉具有特有的滋味而小牛肉则不具备。另外,同一种动物不同部位的肌肉也有差异。如腰部肌肉不如膈肌风味好,牛的背最长肌不如半腱肌的风味好。

5. 浸出物的变化

在加热过程中,由于蛋白质变性和脱水,汁液从肉中分离出来。汁液中含有浸出物质,这些浸出物溶于水,易分解,并赋予煮熟肉特殊的风味。肌肉组织中含有的浸出物是很复杂的,有含氮浸出物和非含氮浸出物两类。

含氮浸出物有游离的氨基酸、二肽、尿素、胍的衍生物、嘌呤碱等,其中游离的氨基酸含量最多,最有价值的乃是谷氨酸。谷氨酸具有特殊的香味,当浓度达 0.03% 时,即表现出特殊的肉香味,浓度增大则香味更加显著。此外如丝氨酸、丙氨酸等都具有香味。但有些氨基酸,如色氨酸,不但没有香味,还有苦味。

牛的肌肉中含有 0.05% ~ 0.15% 的嘌呤碱,它在肌肉中有两种状态:一种以游离状态的亚黄嘌呤存在;另一种以结合状态的次亚黄嘌呤核苷酸状态存在。肉在成熟的过程中游离状态的亚黄嘌呤增加,而结合状态的次亚黄嘌呤核苷酸减少。前者是形成肉的特殊芳香气味的主要成分。肌肉中还含有无氟水溶性物质,主要是糖原和乳酸。

浸出物中的胱氨酸、半胱氨酸、蛋氨酸以及谷胱甘肽等都含有巯基。在罐头加热杀菌时,硫或巯基脱掉,被还原产生硫化氢。硫化氢与容器、内容物中的铁以及其他金属元素化合形成黑色或暗色的硫化物,是铁罐变黑的一个重要原因。

6. 颜色的变化

当肉温在 60 ℃ 以下时,肉色几乎不发生明显变化,65 ~ 70 ℃ 时,肉变成桃红色,再提高温度则变为淡红色,在 75 ℃ 以上时,则完全变为褐色。这种变化是由于肌肉中的肌红蛋白受热作用逐渐发生变性所致。

7. 维生素的变化

肌肉与脏器组织中含 B 族维生素较多。肌肉组织中主要含硫胺素、核黄素、烟酸、维生素 $B_6$、泛酸、生物素、叶酸及维生素 $B_{12}$ 等。脏器组织中含有一些维生素 A 和维生素 C。在热加工过程中通常维生素的含量降低。丧失的量取决于处理的程度和维生素的敏感性。硫胺素对热不稳定,加热时在碱性环境中易被破坏,但在酸性环境中比较稳定。如炖肉可损失 60% ~ 79% 的硫胺素、26% ~ 42% 的核黄素。猪肉及牛肉在 100 ℃ 水中煮沸 1 ~ 2 h 后,吡哆醇损失量最多。猪肉在 120 ℃ 灭菌 1 h 吡哆醇损失 61.5%,牛肉损失 63%。

## 第三节　典型酱卤肉制品的加工

### 一、肴肉

肴肉皮色洁白,晶莹透明、肉质细嫩,也称水晶肴肉。江苏省镇江肴肉是历史悠久的传统肉制品,闻名全国。肴肉生产的简要工艺流程如下:

选料→整理→煮制→压蹄→包装→保存。

1. 选料

选择优质薄皮的猪前后蹄髈为原料,以前蹄髈为最好。

2. 原料整理

取猪的前后腿,除去户胛骨、臀骨和大小腿骨,去爪、筋,刮净残毛,洗净,将其皮朝下置于操作台上,在蹄髈的瘦肉上切出深度适中的刀口,以增大腌制面积。将腌制盐涂抹在蹄髈上,用盐时一般控制在 6%,然后将其放置于老卤液中腌制 5 ~ 7 天,中间翻动 3 ~ 4 次,腌好后取出用清水浸泡 8 h 左右,除去部分盐分,脱除涩味,去除血污。老卤是前期腌制生产时从蹄髈中渗出的汁液,含有多种蛋白质、肉中浸出物、脂肪滴等,在使用前需要进行加热杀菌、过滤,冷却后再进行使用。使用老卤有利于增加产品的滋味和气味。腌制时最好控制在 8 ℃ 以下,虽然温度高可以缩短腌时间,但原料易遭受微生物污染,产生异味。

3. 煮制

按表 14 - 5 配方并以肉:水为 1:1 配煮制调味盐水。取清水加入调料煮沸 1 h,过滤。蹄髈放入锅中,将调味料滤液加入蒸煮锅内,翻动蹄髈使调味液将其完全浸没。加热到沸腾,保持 1.5 ~ 2 h。将蹄髈上下翻动,然后再于沸腾状态下煮制 2 ~ 3 h。

表 14 - 5  煮制调味配方

| 品名 | 鲜腿 | 食盐 | 白糖 | 曲酒 | 明矾 | 生姜 | 香辛调料 |
|---|---|---|---|---|---|---|---|
| 用量/kg | 100 | 8.5 | 0.5 | 0.5 | 0.02 | 0.5 | 0.2 |

4. 整形

将蹄髈皮向上置于平盘内,盘高度约 4.3 cm,长宽一般为 40 cm,每只盘基本可放 2 只蹄髈。一般将 5 只盘叠压在一起,并稍许加压,经 20 ~ 30 min,盘内有汁液流出。将汁液倒入蒸煮锅中,加热至沸。然后加入明矾 30 g,水 5 kg,再煮到沸腾。取冷却到 40 ℃ 左右的蒸煮液于盛放蹄髈的平盘中,使汁液淹没肉面。

5. 凝冻

将平盘移送到 2 ~ 4 ℃ 的冷库中,至蹄髈和蒸煮液凝冻彻底,即成晶莹透明的水晶肴肉。

6. 包装

将水晶肴肉用包装袋包装,并真空封口,于 4 ℃ 的环境下保存及销售。

## 二、传统糟肉

糟肉具有独特的糟香味,皮黄肉红,鲜嫩可口,肥而不腻,肉质酥软而不烂,凉爽可口。糟肉加工时往往同时加工糟鸡、糟蹄髈、糟鸡爪等,统称糟货。其加工方法相同。简要工艺过程如下:

选料与整理→清煮→制糟露→制糟卤→糟制→包装→杀菌→成品。

1. 选料与整理

选用新鲜皮薄的猪肋排和前、后腿肉。将先好的肉斩成 11 cm × 15 cm 的长方块,即为坯料。将坯料脱除杂毛,清洗。

2. 清煮

将肉坯放入锅内,加水淹没,加热至沸腾,撇去血污,于 90～95 ℃保温 1 小时左右,至骨头容易抽出。取出肉坯,拆除骨头。

3. 制糟露

以 50 kg 原料为基准,称取陈年香糟(香糟 50 kg,用炒过的花椒 1.5～2.0 kg,加盐 0.5～1.0 kg 拌和后置于容器内,密封,待第二年使用)1.5 kg,五香粉 15 g,盐 250 g,放入容器内,边搅拌边洒入黄酒 2.5 kg 的高粱酒 100 g,直到酒糟和酒完全拌和,没有结块为止。将糟酒混合物用压滤,所得汁液为糟露。

4. 制糟卤

取清煮坯料的汤汁 15 kg,撇去浮油,过滤。滤液中加盐 1.2 kg,味精 100 g,酱油 500 g,高粱酒 300 g,混均并冷却,即为成糟卤。

5. 糟制

将冷却后的清煮肉坯平铺于容器中,倒入糟卤使其高过肉面,然后于冰箱中至糟卤凝冻时即为成品。

## 三、烧鸡

烧鸡是一大类禽类酱卤制品,产品多以造型美观、色泽鲜艳、黄里带红、味香肉嫩为主要特点,深受广大消费者喜爱。在我国,烧鸡品种众多,风味各有特色,加工过程也各有特点,但加工原理及主要加工过程相似。以道口烧鸡为例,其简要生产过程如下:

原料选择→宰杀→造型→油炸→煮制→装袋封口→杀菌→冷却→产品。

1. 配方

道口烧鸡的配方八料香料加老汤,每 100 只鸡的配料量为:肉桂 90 g,草果 30 g,砂仁 15 g,良姜 90 g,陈皮 30 g,丁香 3 g,豆蔻 15 g,白芷 90 g,食盐 2～3 kg。若无老汤香辛料加倍使用。

2. 加工方法

(1)原料选择  选择健康无病 6～24 月龄、体重为 1～1.25 kg 的鸡,最好是雏鸡和肥母鸡。

(2)宰杀  宰杀前禁食 12～24 h,采用颈部宰杀法,刀口要小,充分放血后在 64 ℃热水中浸烫褪毛,在清水中洗净细毛,搓掉表皮,使鸡胴体洁白;在颈根部开一小口,取出嗉囊,排除口腔内污物;腹下开膛,将全部内脏掏出,用清水冲洗干净,斩去鸡爪、割去肛门。

(3)造型  道口烧鸡有自己独特的造型,将鸡体腹部向上,用刀将肋骨切开,取一束适当长度的高粱秆撑开鸡腹,两侧大腿插入腹下刀口内,两翅交叉插入鸡口腔内,使鸡体成为两头尖的半圆造型,用清水洗净吊挂沥水。

(4)油炸  以饴糖或蜂蜜:水为 3:7 的比例配制成糖蜜水,均匀地涂抹鸡体全身,晾干后放入 150～180 ℃的植物油中,翻炸约 1 min,待鸡体呈柿黄色时捞出。油炸温度很重要,温度达不到,鸡体上色就不好,温度太高,易焦化,影响产品色泽与口感和风味。油炸时需注意不能破皮。

(5)煮制  以 100 只鸡为基准,加入肉桂 90 g、草果 30 g、砂仁 15 g、良姜 90 g、陈皮 30 g、丁香 3 g、豆蔻 15 g、白芷 90 g、食盐 2～3 kg。将各种香辛料打料包后置于锅底,然后将鸡体整齐码好,加入老卤,老卤不足时补充清水,使液面高出鸡体表层2cm左右。若无老卤,香辛料需加倍。卤煮时,需保持鸡浸没于卤液之下。沸腾后加入亚硝酸盐,加入量需按亚硝酸盐用量的相关规定,不可多加。之后于90～95℃保温,一般母鸡需4～5 h,公鸡需2～4 h,雏鸡需1.5～2 h,具体时间视季节、鸡龄、体重等因素而定。熟制后立即出锅。该过程应小心操作,确保鸡的造型不散不破。若产品即时食用,则不必进行后期的杀菌工艺,若需要有一定保质期市场销售,则需进行后期操作。

(6)装袋封口 根据产品要求进行整只装袋或半只装袋,然后真空封口。

(7)杀菌 产品可进行巴氏杀菌,于2～4℃贮藏销售;也可采用高压杀菌,达到在常温下有一定保质期的要求。杀菌参数需根据产品的大小、保质期要求、生产卫生条件、贮藏销售环境而定。过高的杀菌强度会影响产品的品质。在杀菌参数优化时,结合煮制时间同时优化,有利于保持产品的色、香、味。若后期采用高压杀菌,产品在煮制时可至七八成熟,否则杀菌之后产品质构过于软烂,失去烧鸡应有的口感。最终产品应色泽鲜艳,呈柿黄色,鸡体完整,鸡皮不破不裂,肉质软嫩,有浓郁的香味。

### 四、软包装糟卤牛肉

近年来,随着对酱卤制品传统加工技术的研究,以及先进工艺设备的应用,使许多酱卤制品的传统工艺得以改进,成功转化为工厂化生产模式,向市场提供了许多新型酱卤产品,如软包装酱牛肉、烧鸡、五香猪蹄等,这类产品以卫生、安全、携带方便、耐贮藏等优点,深受消费者欢迎,具有巨大的市场潜力。其简要工艺流程如下:

原料选择与整理→腌制滚揉→预煮→白卤→糟制→装袋→真空封口→杀菌→冷却→产品。

1. 选料选择整理

选择牛前腿、后腿、西冷肉为好,修去脂肪、软骨、淋巴、瘀血、污物等,分切成250 g左右的小块,用清水冲漂去肉表面血污,沥干水分。

2. 腌制滚揉

100 kg原料加食盐2.2%,复合磷酸盐0.3%,小苏打0.2%,白糖1.5%,玉米淀粉1%,葱姜汁0.3%,亚硝酸盐0.01%,异抗坏血酸0.05%,冰水15%。将腌制料与肉混合均匀进行腌制,腌制肉的初始温度控制在8℃以下,根据企业生产设备条件,也可用注射腌制法。

将滚揉工艺与腌制过程结合,真空滚揉效果最好,采用间歇时滚揉方式,滚揉时间应酌情掌握,腌制总时间应不少于36 h。

3. 预煮

水沸腾后将肉加入,并保持沸腾,以便肉表面浸提蛋白或附加蛋白能快速凝固,减少肉内水分流失,一般预煮时间15～20 min,预煮时不断撇去表面浮油及杂物。

4. 白卤

按水100 kg,加豆蔻0.6 kg、葱1 kg、砂仁0.3 kg、姜0.5 kg、八角0.1 kg、桂皮0.1 kg、月桂叶0.1 kg、丁香0.04 kg、鸡骨架10 kg。将香辛料包好,与鸡骨架入锅加水熬制2 h左右,捞出鸡骨架,滤去沉渣及浮沫,再加入精盐2 kg,白糖1.2 kg,放人预煮后的牛肉,于90～95℃焖煮40 min,出锅后自然冷却至15℃以下。

5. 糟制

取白卤澄清汤 6 kg,加香糟卤 6.6 kg、黄酒 3 kg、曲酒 0.2 kg。将糟卤混合均匀,加入白卤好的牛肉,浸没糟制 30 min,温度控制在 20 ℃以下,最好在预冷间操作。

6. 装袋封口

取糟卤 10 kg,加鸡精 100 g,卡拉胶 200 g,乙基麦芽酚 2 g,食用色素 30 g。在夹层锅中烧开,冷却至凝胶。按产品规格要求将牛肉、糟卤冻胶装袋,要求每袋装牛肉 1~2 块,允许有调整重量的小块 l 块,每袋重量误差不超过 ±3 g。抽真空封口。

7. 杀菌

根据产品的保存销售条件选择杀菌工艺。于冷藏条件下销售的低温肉制品采用巴氏杀菌,否则用高压杀菌。具体杀菌参数需按产品的大小进行优化。

## 五、低温酱卤牛肉

传统五香牛肉加工过程中,由于煮制时间长,耗能多,产品出品率低。低温酱卤牛肉以成熟牛肉为原料,利用低温熟制、真空包装、二次杀菌综合栅栏技术和真空滚揉技术,在卤汤中加入 1% 的中草药,使制品柔嫩多汁、风味独特、软硬适中、营养保健、品质优良、出品率高。驴肉、羊肉、兔肉亦可参照此工艺生产。简要加工过程如下:

原料选择整理→注射腌制→卤煮→冷却→装袋→真空封口→蒸煮杀菌→冷却→成品。

1. 原料选择整理

选择健康无病新鲜的成熟牛分割肉,剔除表面脂肪、杂物,洗净分切成 0.5 kg 的肉块。

2. 腌制

先将腌制剂、大豆分离蛋白等腌料配制成盐水溶液,其中复合腌制剂 0.04%、大豆分离蛋白 2%,用盐水注射机注入肉块中。腌制时可静止腌,在 2~5 ℃下腌制 24~48 h。也可采用滚揉腌制。滚揉是一个非常重要的工序,它能够破坏肌肉组织原有的结构,使其变得松弛,便于腌料的渗透和扩散;能促进可溶性蛋白质的浸提,增强肉的保水性,提高制品的嫩度。滚揉条件一般控制为滚筒转速 8 rpm/min、温度 3~5 ℃,工作时间 40 min/h、间歇时间 20 min/h、总处理时间 14~18 h。

3. 卤煮

在夹层锅中进行。先配制调味料:山楂 0.4%,枸杞 0.3%,山药 0.3%,肉蔻 0.05%,八角 0.2%,花椒 0.15%,桂皮 0.1%,丁香 0.04%,姜 2%,草果 0.2%,葱 1%,食盐 3%,糖 1%,酒 1%。将香辛料装入双层纱布袋作为料包,于水中至沸后保温 1 h 左右,至风味浓郁,即成卤汤。卤汤是决定酱卤制品风味的主要因素,卤汤越老,风味越好。每次卤煮时都要将老卤加入,料包用 3~5 次更换。卤汤熬好后,将肉、食盐、糖等加入,保持沸腾 30 min,撇除浮沫,再加入酱油在 85~90 ℃下,保温 120 min,使肉熟制并入味,出锅前 20 min 可根据口味需求加入适量酒和味精,以增加制品的鲜香味。

4. 冷却、装袋

卤煮完成后将肉块捞起沥干水分,冷却、分切。将肉顺着肌纤维方向切成 34 cm 厚的块状,根据装袋规范装入蒸煮袋中,一般每袋净重以 250 g 或 400 g 为宜。

5. 真空封口

将肉块装入包装袋,约占 2/3 的体积,用真空包装机封口。

### 6. 蒸煮杀菌

于 100 ℃蒸煮 15~20 min,以杀灭包装过程中污染的微生物,提高制品的贮藏性。杀菌参数应以产品的保质期、装袋量、生产卫生情况等进行优化。结合卤煮时间进行杀菌参数优化对于保持产品的质构和风味具有重要的作用。

### 7. 冷却、检验

杀菌后,将制品在 0~4 ℃下冷却 24 h,使其温度降至 4 ℃左右,检验剔除"砂眼"袋。

# 第十五章　熏烧烤肉制品加工技术

## 第一节　熏烧烤肉制品特点及熏烧烤方式

熏烧烤肉制品是指经腌制或熟制后的肉,以熏烟、高温气体或固体、明火等为介质热加工制成的一类熟肉制品,包括熏烤类和烧烤类产品。熏烧烤制品的特点是色泽诱人、香味浓郁、咸味适中、皮脆肉嫩,是深受欢迎的特色肉制品。我国著名的传统熏烧烤制品如北京烤鸭、叉烧肉、广东脆皮乳猪等早已享誉海内外;地方特色的熏烧烤制品如东江盐焗鸡、常熟叫花鸡、新疆烤全羊和烤羊肉串等久负盛名;国外的烧烤制品也种类繁多,如欧美烧烤、巴西烤肉、日式烧肉、韩国烧烤。

### 一、肉制品烤制的原理

烤制是利用热空气对原料肉进行热加工。原料肉经过高温烤制,表面变得酥脆,产生美观的色泽和诱人的香味。肉类经烧烤产生的香味,是由于肉类中的蛋白质、糖、脂肪和盐等物质在加热过程中,经过降解、氧化、脱水、脱胺等一系列变化,生成醛类、酮类、醚类、内酯、硫化物、低级脂肪酸等化合物,尤其是糖与氨基酸之间的美拉德反应,不仅生成棕色物质,同时伴随着生成多种香味物质;脂肪在高温下分解生成的二烯类化合物,赋予肉制品特殊香味;蛋白质分解产生谷氨酸,使肉制品带有鲜味。

此外,在加工过程中,腌制时加入的辅料也有增香作用。如五香粉含有醛、酮、醚、酚等成分,葱、蒜含有硫化物。在烤猪、烤鸭、烤鹅时,浇淋糖水用麦芽糖,烧烤时这些糖与蛋白质分解生成的氨基酸发生美拉德反应,不仅起美化外观的作用,而且产生香味物质。烧烤前浇淋热水,使皮层蛋白凝固,皮层变厚、干燥、烤制时,在热空气作用下,蛋白质变性而酥脆。

### 二、肉制品烤制的方法

#### 1. 明炉烧烤

明炉烧烤是用不关闭炉门的烤炉,在炉内烧红木炭或木柴,然后把腌制好的原料肉用一支长铁叉叉住或挂在炉内,放在烤炉上进行烤制。在烧烤过程中,原料肉不断转动或移动,因而受热均匀。这种烧烤方法的优点是设备简单,比较灵活,火候均匀,成品质量较好,但花费人工多。北京全聚德烤鸭和广东的烤乳猪就是采用这种烧烤制成的。此外,野外多用此种烧烤方法。

#### 2. 焖炉烧烤

焖炉烧烤是用一种特制的可以关闭的烧烤炉,在炉内通电或烧红木炭直接烤制,也可通过热源加热壁层间接烤制,然后将腌制好的原料肉(鸭坯、鹅坯、鸡坯、猪坯、肉条)穿好挂在炉内,关上炉门进行烤制。烧烤温度和烧烤时间视原料肉而定,一般为200~220 ℃,叉烧肉烤制25~30 min,鸭(鹅)烤制30~40 min,猪烤制50~60 min。焖炉烧烤应用比较多,它的优点是花费人工少,一次烧烤的量比较多。

**3. 远红外烧烤**

它是近年来新兴的烧烤方式,根据热源不同分为无烟远红外气热烧烤和无烟远红外电热烧烤两种。

(1)无烟远红外气热烧烤　采用高品质远红外线催化燃烧陶瓷板作为核心发热体,实现天然气、液化石油气等气体燃料的无火焰催化燃烧。燃气燃烧能量的绝大部分(95%以上)将直接转化成有效热能辐射到物体上,其加热成本是电烤、炭烤的一半或更低,使用非常经济。远红外线可不受中间空气干扰,能非常均匀地直接加热物体,且能穿透到物体深度部位。在远红外线催化燃烧陶瓷板上,高性能储氧材料保证气体燃料充分燃烧和燃烧火孔永不结炭;高选择性的催化剂有效地抑制有毒有害物质(如 $NO_X$、CO 和 CH 等污染物)的生成。

(2)无烟远红外电热烧烤　采用远红外电热元件作热源,将烧烤的食品放置在做往复运动的烧烤玻璃板上,通过远红外线的辐射和热传导,对烧烤原料进行穿透加热,达到烧烤的目的。

无烟远红外烧烤具有如下优点:①洁净。无烟远红外电热烧烤食物不含致畸、致癌的有害物质,不损害烧烤制品美食者的健康。②美味。所烤制品不但无烟熏火燎、烧焦、烧糊之味,而且烧烤过程中采用的远红外加热元件和烧烤玻璃,专为烧烤精心设计和制造,所烤制品还保持炭火烧烤的风味。③环保。所烤制品不但在烧烤过程中没有油烟异味,而且其热源也不产生烟雾及一氧化碳,彻底解决了在烧烤过程中对环境及食品的污染。

**4. 微波烧烤**

微波烧烤是一种利用高频电波——微波进行加热的先进的烧烤方法。微波烧烤较传统的烧烤方式有以下的优点:加热均匀,耗电量低。早期的微波炉不能使烧烤的食物表面有焦黄色,但现在的微波炉已经解决了此问题。由于微波烧烤不仅操作简单、方便,使用安全、卫生,而且速度快,节能省电,能最大限度地保持食物中原有的维生素与其他营养成分,同时还具有杀菌、消毒、解冻等功能,因此受到了越来越多的消费者的青睐。

**5. 其他烧烤方式**

在日常生活中,除了上述烧烤方式外,还有诸多如新疆的馕炕烧烤、部分少数民族的石烤、铁板烧烤、盐焗等。其中,在美国出现了一种结合欧美传统美食和拉美特色烹饪于一体的美国得克萨斯州窑烤方式。火山石烧烤以煤气或天然气作为燃料,利用火山石的优异的导热性、稳定性和极强的吸附能力,使食物在烧烤过程中受热均匀,效率大大提高;同时由于加热燃料是罐装煤气或天然气,完全不用担心食物被炭黑或炭燃烧后产生的灰烬所污染。

# 第二节　典型熏烧烤制品的加工

## 一、北京烤鸭

北京烤鸭历史悠久,在国内外久负盛名,是我国著名的特产。北京城最早的烤鸭店创立于明代嘉靖年间,叫"便宜坊"饭店,距今已有 400 多年的历史,全聚德便宜坊始建于咸丰年间,如今的全聚德已家喻户晓,目前在国外开有多家分店,已成为世界品牌。北京烤鸭在传统制作的基础上,现已开发出烤鸭软罐头等产品。北京烤鸭生产已经开始步入一个新的发展时期。

1. 工艺流程

选料→宰杀造型→冲洗烫皮→浇挂糖色→灌汤打色→烤制→包装→保存。

2. 加工工艺

①选料 北京烤鸭要求必须是经过填肥的北京鸭,饲养期在 55~65 日龄,活重在 2.5 kg 以上的为佳。

②宰杀造型 填鸭经过宰杀、放血、褪毛后,先剥离颈部食道周围的结缔组织,打开气门,向鸭体皮下脂肪与结缔组织之间充气,使鸭体保持膨大壮实的外形。然后从腋下开膛,取出全部内脏,用 8~10 cm 长的秫秸(去穗高粱秆)由切口塞入腔内充实体腔,使鸭体造型美观。

③冲洗烫皮 通过腋下切口用清水(水温 4~8 ℃)反复冲洗胸腹腔,直到洗净为止。拿钩钩住鸭胸部上端 4~5 cm 外的颈椎骨(右侧下钩,左侧穿出),提起鸭坯用 100 ℃的沸水淋烫表皮,使表皮的蛋白质凝固,减少烤制时脂肪的流出,并达到烤制后表皮酥脆的目的。淋烫时,第一勺水要先烫刀口处,使鸭皮紧缩,防止跑气,然后再烫其他部位。一般情况下,用 100~200 g 沸水即能把鸭坯烫好。

④浇挂糖色 浇挂糖色的目的是改善烤制后鸭体表面的色泽,同时增加表皮的酥脆性和适口性。浇挂糖色的方法与烫皮相似,先淋两肩,后淋两侧。一般只需 100~150 g 糖水即可淋遍鸭体。糖色的配制用一份麦芽糖和六份水,在锅内熬成棕红色即可。

⑤灌汤打色 鸭坯经过上色后,先挂在阴凉通风处,进行表面干燥,然后向体腔灌入 100 ℃汤水 70~100 mL,鸭坯进炉烤制时能激烈汽化,通过外烤内蒸,使产品具有外脆内嫩的特色。为了弥补挂糖色时的不均匀,鸭坯灌汤后,要淋 100~150 g 糖水,称为打色。

⑥烤制

①焖炉法 烤炉有门,用秫秸或木柴先将炉壁及炉内铁算子烧热,待无明火时,将处理好的鸭子放在铁算子上,关闭炉门,故称焖炉。

②明炉法(也称挂炉法) 炉口拱形,无门,将处理好的鸭挂在炉内铁构上,下面用果木(梨、枣木最佳)火烤,不关门。用果木燃烧时游离出的芳香物质可使鸭子有一种特殊的香味。

鸭坯进炉后,先挂在炉膛前梁上,使鸭体右侧刀口向火,让炉温首先进入体腔,促进体腔内的汤水汽化,使鸭肉快熟。等右侧鸭坯烤至橘黄色时,再使左侧向火,烤至与右侧同色为止。然后旋转鸭体,烘烤胸部、下肢等部位。反复烘烤,直到鸭体全身呈枣红色并熟透为止。

整个烘烤的时间一般为 30~40 min,体形大的需 40~50 min。炉内温度掌握在 230~250 ℃。炉温过高,时间过长会造成表皮焦煳,皮下脂肪大量流失,皮下形成空洞,失去烤鸭的特色;时间过短,炉温过低会造成鸭皮收缩,胸部下陷,鸭肉不熟等缺陷,影响烤鸭的食用价值和外观品质。

北京烤鸭的特点:皮质松脆,肉嫩鲜酥,体表焦黄,香气四溢,肥而不腻,是传统肉制品产品中的精品。

## 二、叉烧肉

叉烧肉是南方风味的肉制品,起源于广东,一般称为广东叉烧肉。

1. 工艺流程

选料及整理→配料→腌制→烤制→包装→保存。

2. 加工工艺

(1) 选料及整理 叉烧肉一般选用猪腿部肉或肋部肉。猪腿除皮、拆骨、去脂肪后,用 M 形刀法将肉切成宽 3 cm,厚 1.5 cm,长 35～40 cm 的长条,用温水清洗,沥干备用。

(2) 配料 猪肉 100 kg,精盐 2 kg,酱油 5 kg,白糖 6.5 kg,五香粉 250 g,桂皮粉 500 g,砂仁粉 200 g,绍兴酒 2 kg,姜 1 kg,饴糖或液体葡萄糖 5 kg,硝酸钠 50 g。

(3) 腌制 除了饴糖和绍兴酒外,把其他所有的调味料倒入容器中,搅拌均匀,然后把肉坯倒入容器中拌匀。之后,每隔 2 h 搅拌一次,使肉条充分吸收配料。低温腌制 6 h 后,再加入绍兴酒,充分搅拌,均匀混合后,将肉条穿在铁排环上,每排穿 10 条左右,适度晾干。

(4) 烤制 先将烤炉烧热,把穿好的肉条排环挂入炉内,进行烤制。烤制时炉温保持在 270 ℃左右,烘烤 15 min 后,打开炉盖,转动排环,调换肉面方向,继续烤制 30 min。之后的前 15 min 炉温大约保持在 270 ℃左右,后 15 min 的炉温大约在 220 ℃左右。

烘烤完毕,从炉中取出肉条,稍冷后,在饴糖或麦芽糖溶液内浸没片刻,取出再放进炉内烤制约 3 min 即为成品。

叉烧肉的特点:产品呈深红略带黑色,块形整齐,软硬适中,香甜可口,多食不腻。

## 三、烤羊肉串(新疆)

新疆的烤羊肉串是风靡全国的一种风味小吃,受到广大群众的青睐。

1. 工艺流程

选料及整理→配料→腌制→穿串→烤制→包装→保存。

2. 加工工艺

(1) 选料及整理 将瘦羊肉去掉筋膜,洗净血水,切成 3 cm 见方、0.6 cm 厚的小块。

(2) 配料 瘦羊肉 500 g、精盐 15 g、胡椒粉 5 g、芝麻 50 g、小茴香 3 g、孜然 5 g、花椒粉 5 g、面粉 15 g、味精、辣椒粉、酱油、椒盐适量。

(3) 腌制 羊肉小块放入容器中,加精盐、胡椒粉、芝麻、小茴香、孜然、花椒粉、面粉和味精,揉搓拌匀,腌制 2 h。

(4) 穿串 将裹匀稠糊状调味料的小块羊肉,用手捏扁穿在铁钎上(每串可穿 8～10 个)。

(5) 烤制 将羊肉串横架在点燃、煽旺的炭烤炉上,边煽边烤,待羊肉串两面烤至出油时即熟(可稍洒辣椒粉)。或把肉串平架在微炭火上烤,一边烤一边把调好的酱油均匀地分 2～3 次刷在肉上并均匀地撒上椒盐,烤 2～3 min。当肉色呈酱黄色时,翻过来用同样的方法烤另一面。双面烤好后,都刷上香油,连同扦子放在盘中即可。

烤羊肉串的特点:颜色棕黄,肉味浓郁,油腻滑爽,营养丰富,色泽酱黄油亮,肉质鲜嫩软脆,味道麻辣醇香,独具风味。

## 四、湖南烤乳猪

湖南烤乳猪特色是鲜嫩、香甜、皮焦脆爽口。

1. 配方

原料乳猪50 kg,硝酸钠15 g,胡椒75 g,五香粉50 g,白糖1.5 kg,味精50 g,芝麻酱350 g。

2. 加工工艺

(1)原料整理 选用5 kg左右、有一定奶膘、无刀伤和斑点的乳猪。宰后将猪的板油、喉管、动脉管去掉,将头和背脊骨从中劈开(不能伤皮),取出脑髓和脊髓,去掉2~3条胸部肋骨,取出肩胛骨,肋骨间用刀划开,后腿肌肉较厚,要触着骨头把肉划开、剔薄,便于辅料渗透入味。

(2)腌制、烧烤 按比例将配料混合均匀(抹匀),擦在肌肉上,腌制2h左右。腌好后上叉子,烫皮(将开水浇在皮上,使皮肤收缩),将水分晾干,刷上白酒,待酒干后,刷上糖色(用少量饴糖加水熬成),晾干后,烘烤20 min左右,待肉面出油,下火定型。定型后,皮面向火,反复转动,待水分晾干时刷上生茶油,火力稍强,待皮面起小焦泡、皮肤变红时即为成品。一般烤1 h左右。

烧烤后的成品,皮肤呈红色,油润,小焦泡布满全身,皮面一触即碎,香气扑鼻。

### 五、广东脆皮乳猪

广东脆皮乳猪是广东特产,也是广东最著名的烧烤制品,又名烤乳猪、烧乳猪。该品色泽鲜艳,皮脆肉香。

1. 配方

原料为一只重5~6 kg乳猪。辅料为香料粉7.5 g,食盐7.5 g,白糖150 g,干酱50 g,芝麻酱25 g,南味豆腐乳50 g,蒜和酒少许,麦芽糖溶液少许。

2. 加工工艺

(1)原料整理 选用皮薄、身躯丰满的小猪。宰后的猪要经兽医卫生检验合格,并冲洗干净。

(2)上料装腌 将猪体洗净,将香料粉炒过,加入食盐抹匀,涂于猪的胸腹腔内,腌10 min后,再在内腔中按配料比例加入白糖、干酱、芝麻酱、南味豆腐乳、蒜、酒等,用长铁叉把猪从后腿穿至嘴角,再用70 ℃的热水烫皮,浇上麦芽糖溶液,挂在通风处吹干表皮。

(3)烧烤 烧烤有两种方法:一种是明炉烤法;另一种是挂炉烤法。明炉烤法:用铁制的长方形烤炉,将炉内的炭烧红,把腌好的猪用长铁叉叉住,放在炉上烧烤。先反烤猪的内胸腹部,约烤20 min后,再在腹腔安装木条支撑,使猪体成型,顺次烤头、尾、胸部的边缘部分和猪皮。猪的全身,特别是鬃头和腰部,须进行针刺和扫油,使其迅速排出水分,保证全猪受热均匀。使用明火烧烤,需有专人将猪频频滚转,并不时针刺和扫油,费工较大,但质量好。挂炉烧法:用一般烧烤鸭鹅的炉,将炭烧至高温,再将乳猪挂入炉内,烧30 min左右,在猪皮开始转色时取出针刺,并在猪身泄油时将油扫匀。

### 六、常熟叫花鸡

常熟叫花鸡是江苏名特产品。该产品的特点是色泽金黄,油润细致,鲜香酥烂,形态完整。

1. 原、辅料

新鲜鸡 1 只,虾仁 25 g,鲜猪肉(肥瘦各半)150 g,火腿 25 g,猪网油适量,鲜猪皮适量(以能包裹住鸡身为宜),酒坛的封口泥 5 块,大荷叶(干的)4 张,细绳 6 米,透明纸 1 张,熟猪油 50 g,酱油 150 g,玉果 1～3 粒,黄酒、精盐、味精、香油、姜、丁香、八角、葱段、甜面酱各少许,也可配入干贝、蘑菇等。

2. 加工工艺

(1)选料  选用鹿苑鸡、三黄鸡(常熟一带品种鸡),以体重 1.75 kg 左右的新母鸡最为适宜,其他鸡也可选择。

(2)原料处理  制作叫花鸡的鸡坯,应从翼下(即翅下)切开净膛(即开月牙子,掏出腔内内脏),然后剔除气管和食道,并洗净沥干,用刀背拍断鸡骨,切勿破皮,再浸入特制卤汁(卤汁可只用酱油,亦可由八角、玉果酒、白糖、味精、葱段等调味料加水烧制而成)中,30 min 后取出沥干。

(3)辅料加工  将熟猪油用旺火烧热,再投入香葱、姜、香料,随即放入肉丁、熟火腿丁、肉片、虾仁等,边炒边加酒、酱油及其他作料,炒至半熟起锅。

(4)填料  将炒过的辅料沥去汤汁,从翼下开口处填入胸腹腔内并把鸡头曲至翼下由刀口处塞入,在两腋下各放丁香一颗(粒),用盐 10～15 g 撒于鸡身上,用猪网油或鲜猪皮包裹鸡身,然后将浸泡柔软的荷叶两张裹于其外,外覆透明纸一张,再覆荷叶两张,用细绳将鸡捆成蛋形,不使松散。最后把经过特殊处理的坛泥平摊于湿布上,将鸡坯置于其中,折起四角,紧箍鸡坯。(酒坛泥的制备方法:将泥碾碎,筛去杂质,用绍兴黄酒的下脚料酒、盐和水搅成湿泥巴。)

(5)烤制  将鸡体放入烤鸡箱内,或直接用炭火烤,先用旺火烤 40 min 左右,把泥基本烤干后改用微火。每隔 10～20 min 翻一次,共翻 4 次。有经验的师傅能凭溢出的气味判断成熟程度,一般烤 4～5 h。

产品成熟后,去掉泥、绳子、荷叶、肉皮等,装盘,浇上香油、甜面酱即可食用。

# 第十六章　油炸肉制品加工技术

## 第一节　油炸肉制品的特点及油炸方式

油炸作为肉制品熟制和干制的一种加工技术由来已久,是最古老的烹调方法之一。油炸肉制品是指经过加工调味或挂糊后的肉(包括生原料、成品、熟制品)或只经干制的生原料,以食用油为加热介质,经过高温炸制或浇淋而制成的熟肉类制品。油炸肉制品具有香、嫩、酥、松、脆、色泽金黄等特点。

### 一、油炸的作用

油炸是将油脂加热到较高的温度对肉食品进行热加工的过程。油炸制品在高温作用下可以快速熟制,营养成分最大限度地保持在食品内不流失,赋予食品特有的油香味和金黄色泽。油炸工艺早期多应用在菜肴烹调方面,近年来则应用于食品工业生产方面,成为肉制品加工方法之一。

油炸制品加工时,将食物置于一定温度的热油中,油可以提供快速而均匀的传导热,食物表面温度迅速升高,水分汽化,食物表面出现一层干燥层,形成硬壳,然后,水分汽化层便向食物内部迁移。当食物表面温度升至热油的温度时,食物内部的温度慢慢升高至100 ℃,同时表面发生焦糖化反应及蛋白质变性,其他物质分解产生独特的油炸香味。油炸传热的速率取决于油温与食物内部的温度差和食物的热导率。在油炸热制过程中,食物表面干燥层具有多孔结构特点,其孔隙的大小不等。油炸过程中水和水蒸气首先从这些大孔隙中析出。油炸时食物表层硬化成壳,使食物内部水蒸气蒸发受阻,形成一定蒸汽压,水蒸气穿透作用增强,致使食物快速熟化,因此油炸肉制品具有外脆里嫩的特点。

### 二、油炸的方法

#### 1. 挂糊上浆

即将原料在油锅中略炸,时间较短。油炸前,用粉或鸡蛋等调制成具有黏性的糊浆,把整形好的小块原料在其中蘸涂后进行炸制,称为挂糊。若用生粉和其他辅料加在原料上一起调制则称为上浆。由于原料表面附着一层淀粉糊浆,淀粉受热糊化产生黏性,附着在原料表面,使加工制成的肉制品表面光润柔滑;同时由于淀粉糊衣脱水结壳变脆,阻挡了原料水分的外溢,使蛋白质等营养成分受到的破坏程度很小,产品具有外脆里嫩的特点。

#### 2. 净炸

即将原料投入含较多油的热油锅中,使其滚翻受热,加热作用的时间较长,使其发胀、松软,增加美感,改善风味。适用于大块原料的炸制。

### 三、油炸用油及质量控制

炸制用油一般使用熔点低、过氧化值低和不饱和脂肪酸含量低的植物油。我国目前炸制用油主要是豆油、菜籽油和葵花子油。油炸技术的关键是控制油温和油炸时间。油炸的有效温度可在 100~230 ℃。为延长炸制油的寿命,除掌握适当油炸条件和添加抗氧化物外,最重要的是清除积聚的油炸物碎渣。碎渣的存在加速油的变质并使制品附上黑色斑点,因此炸制油应每天过滤一次。

### 四、油炸对食品的影响

油炸对食品的影响主要包括三个方面。

1. 油炸对食品感官品质的影响

油炸的主要目的是改善食品的色泽和风味。在油炸过程中,食品发生美拉德反应,部分成分降解,使食品呈现金黄或棕黄色,并产生明显的炸制芳香风味。在油炸过程中,食物表面水分迅速受热蒸发,表面干燥形成一层硬壳。当持续高温油炸时,常产生挥发性的羰基化合物和羟基酸等,这些物质会产生不良风味,甚至出现焦煳味,导致油炸食品品质低劣,商品价值下降。

2. 油炸对食品营养价值的影响

这与油炸工艺条件有关,油炸温度高,油炸时间短,食品表面形成干燥层,这层硬壳阻止了热量向食品内部传递和水蒸气外逸,因此,食品内部营养成分保存较好,含水量较高。油炸食品时,食物中的脂溶性维生素在油中的氧化会导致营养价值的降低甚至丧失,维生素、类胡萝卜素、生育酚的变化会导致风味和颜色的变化。维生素 C 的氧化保护了油脂的氧化,即它起了油脂抗氧化剂的作用。油炸对食品的成分变化影响最大的是水分,水分的损失最多。油炸对肉品蛋白质利用率的影响较小,其生理效价和净蛋白质利用率(NPN)几乎没有变化。油炸温度虽然很高,但是食品内部的温度一般不会超过 100 ℃。因此,油炸加工对食品的营养成分的破坏较少,即油炸食品的营养价值没有显著的变化。

3. 油炸对食品安全性的影响

在油炸过程中,油的某些分解和聚合产物对人体是有毒害作用的,如油炸中产生的环状单聚体、二聚体及多聚体,会导致人体麻痹,产生肿瘤,引发癌症,因此油炸用油不宜长时间反复使用,否则将影响食品安全性,危害人体健康。在一般烹调加工中,加热温度不高而且时间较短,对安全性影响不大。

## 第二节　典型油炸制品的加工

### 一、油炸猪排

1. 中式油炸猪排(无锡炸蒸大排)

(1)配方　猪大排肉(带骨)400 g、盐 5 g、酒 10 g、面粉 25 g,胡椒粉、味精各适量,香葱 1 根,姜 2 片,食用油 75 g。

(2)主要工艺　将猪大排肉洗净,剁成 0.5 cm 厚的片状大块,放入盆中,加上盐、酒、胡椒粉、味精、葱段、姜片,拌和均匀,静置 10 min。炒锅上火烧热,倒食用油,把肉块的两面拍上面粉,入油锅内,两面略炸,捞出,装在小盆内,摆齐,上屉蒸至熟透。

2.西式油炸猪排

(1)配方 猪大排肉(带骨)750 g,鸡蛋、面包屑、盐、花生油、胡椒粉各适量。

(2)主要工艺 将猪大排肉洗净,剁成0.5 cm厚的片状大块,用刀拍松,撒盐、胡椒粉,裹匀鸡蛋液、面包屑,待用。炒锅注油,烧至140~160 ℃,下入大排肉块,炸至熟透捞出冷却,包装。

## 二、油炸鸡肉制品

1.油炸鸡丸

(1)配方 鸡肉120 g,油800 g、鸡蛋浆80 g、面包屑80 g、盐1 g。

(2)主要工艺 将鸡肉切碎为茸,捏成丸,用盐、鸡蛋浆滚匀,再滚1层面包屑,放入100~110 ℃油锅中炸至浅黄色,捞出。待油升温至150~160 ℃后,再放入鸡丸复炸至外表黄色时,捞出,控净油分,冷却包装。

2.肯德基炸鸡

肯德基炸鸡是选用质量相等的优级以上肉鸡,平均分割成9块,用若干香辛料和调料配制的秘方加工,再用特制的高压油炸锅烹制而成。鸡肉内层鲜美嫩滑,外层鸡肉表皮形成一层薄薄的壳,香脆可口。举例如下:

(1)配方 面粉500 g、食盐10 g、百里香叶2 g、罗勒2 g、黑胡椒8 g、干燥的芥末7 g、甜椒粉30 g、生姜5 g、味精5 g、鸡蛋、面包屑适量。

(2)主要工艺 在容器内混合所有的调味料,把鸡块蘸入打碎的鸡蛋,在面包屑里翻转,使之两面都蘸上面包屑,最后把鸡块放进上面的混合调味料中,再用特制的高压油炸锅烹制而成。或把烤箱升温到350 ℃,把鸡块放在一个铁质托盘里,上面盖上锡纸,加热40 min,拿掉锡纸,再做40 min;出锅前5 min往鸡块上淋一点油。

## 三、真空低温油炸牛肉干

1.配方(麻辣味)

牛腿肉100 kg、食盐1.5 kg、酱油4.0 kg、白糖1.5 kg、黄酒0.5 kg、葱1.0 kg、姜0.5 kg、味精0.1 kg、辣椒粉2.0 kg、花椒粉0.3 kg、白芝麻粉0.3 kg、五香粉0.1 kg。

2.工艺流程

原料验收→分割→清洗→预煮→切条→调味→冻结→解冻→真空低温油炸→脱油→质检→包装→成品入库。

3.加工工艺

(1)原料验收 原料肉必须有合格的宰前及宰后兽医检验证。肉质需新鲜,切面致密有弹性,无黏手感和腐败气味;原料肉需放血完全,无污物,无过多油脂。

(2)分割、清洗 原料肉经验收合格后,分切成500 g左右的肉块(切块需保持均匀,以利于预煮),用清水冲洗干净。分切过程中,注意剔除对产品质量有不良影响的伤肉、黑色肉、碎骨等杂质。

(3)预煮、切条 将切好的肉块放入锅中,加水淹没,水肉之比约为1.5:1,以淹没肉块为度。煮制过程中注意撇去浮沫,预煮要求达到肉品中心无血水为止。预煮完后捞出冷却,切成条状,要求切割整齐。

（4）调味　肉切成条后，放入配好的汤料中进行调味。可根据产品的不同要求确定配方。

（5）冻结、解冻　调味后的肉条取出装盘，沥干汤液，放入接触式冷冻机内冷冻，2h 后取出，再置于 5～10 ℃的环境条件下解冻，然后送入带有筐式离心脱油装置的真空油炸罐内。

（6）真空低温油炸　物料送入罐内后，关闭罐门，检查密闭性。打开真空泵将油炸罐内抽真空，然后向油炸罐内泵入 200 kg、120 ℃的植物油，进行油炸处理。泵入油时间不超过 2 min，然后使其在油炸罐和加热罐中循环，保持油温在 125 ℃左右。经过 25 min 即可完成油炸全过程。需要注意的是：油炸温度是影响肉干脱水率、风味色泽及营养成分的重要因素，所以油炸温度一定要控制好。温度过高，导致制品色泽发暗，甚至焦黑；温度过低，使物料吃油多，且油炸时间长，干制品不酥脆，有韧硬感。真空度与油炸温度及油炸时间相互依赖，对油炸质量也有影响。

（7）脱油　将油从油炸罐中排出，将物料在 100 r/min 的转速条件下离心脱油 2 min，控制肉干含油率小于 13%，除去油炸罐真空，取出肉干。

（8）质检、包装　油炸完成后即进行感官检测，然后进行包装。由于制品呈酥松多孔状结构，所以极易吸潮，因而包装环境的湿度应≤40%。包装过程要求保证清洁卫生，操作要快捷。包装采用复合塑料袋包装。

# 第十七章　调理肉制品加工技术

## 第一节　　调理肉制品分类及特点

调理制品是指肉类或肉类与面食、蔬菜等经调味加工,打开包装后直接食用或加热即食的一类肉制品。调理制品实质是一种方便食品,有一定的保质期,其包装内容物预先经过了程度和方式不同的调理,食用非常方便。由于调理程度不同,或者为了适应消费者的某种喜好,各种不同的调理制品有不同的"方便"内涵。可以购后即食的调理制品又称快餐,如三明治、汉堡包等;食用前仅需短时、简单处理的速冻调理制品,如速冻肉制品、速冻点心、速冻配菜等;经过了原料处理和部分调理,直接加热烹制后就可食用的,如各种调味料腌渍、浸渍或卤制的免洗、免切调理肉等。

速冻调理制品是指在工厂中将主辅原料进行筛选、洗净、除去不可食部分、整形等前处理,再进行调味、成型(包括裹涂)、加热(包括蒸煮、烘烤、油炸)等调理(工业烹调),然后经冷却、速冻处理、包装、金属或异物探测,在低温冷冻链下,可以长期保存和流通、销售的一大类制品,是目前调理制品的主要组成部分。该类产品由消费者购买后可在家用冰箱的冷冻箱( -18 ℃)中长期保存;食用前,再经微波炉加热或其他简便烹调即可食用。

速冻调理制品种类很多,通常分为以下三种类型:

(1)未经加热熟制调理的制品　如人工或机器预处理好的肉块(或肉片、肉条、肉馅等),经过浸渍或滚揉入味,有的包皮如水饺、小笼包等。但未经过熟制即行冷冻的食品,食用前必须进行加热熟制。

(2)部分加热熟制调理的制品　该制品的一部分,在冷冻前,经过加热熟制,但熟制品外部又沾涂生的扑粉或淀粉浆料后又沾上面包屑,食用前还需熟制调理。

(3)完全经过加热熟制的速冻调理制品　如油炸鸡柳(肉串、肉丸)、烧卖、春卷、藕夹、肉粽等。

## 第二节　典型调理肉制品的加工

### 一、冷冻调理肉制品

1. 工艺流程

原料肉及配料处理→调理(成型、加热、冻结)→包装→金属或异物探测→冻藏。

2. 工艺要点

(1)原料肉及配料处理

①原料肉及配料的品质　对原料肉的新鲜度、有无异常肉、寄生虫害等进行感官检查、细菌检查和必要的调理试验。各种肉类等冷冻原料保存在 -18 ℃以下的冷冻库,蔬菜类在

0~5 ℃的冷藏库,面包粉、淀粉、小麦粉、调味料等应在常温 10~18 ℃。

②原料肉的解冻　肉类等冷冻原料要采取防止其污染,并且达到规定的工艺标准的合适方式进行解冻,解冻时间要短,解冻状态均一,并要求解冻后品质良好、卫生。

③配料前处理　配料的选择、解冻、切断或切细、滚揉、称量、混合均称为前处理,并根据工艺和配方组成批量的生产。

④原料肉及配料　混合将原料肉及配料等根据配方正确称量,然后按顺序一一放到混合机内,混合均匀;混合时间应在 2~5 min,同时肉温控制在 5 ℃以下。

(2)调理(成型、加热、冻结)

(1)产品的成型　对于不同的产品,成型的要求不同。土豆饼、汉堡包等是一次成型,而烧卖、水饺、春卷等是采用皮和馅分别成型后再由皮来包裹成型。夹心制品一般由共挤成型装置来完成。有些制品还需要裹涂处理,如撒粉、上浆、挂糊或面包屑等。成型机的结构应由不破坏原材料、合乎卫生标准的材质制作,使用后容易洗涤和杀菌等。挂糊操作中要求面糊黏度一定并低温管理(≤5℃),要使用黏度计、温度计进行黏度的调节。

②产品的加热　加热包括蒸煮、烘烤、油炸等操作,不但会影响产品的味道、口感、外观等重要品质,同时对冷冻调理制品的卫生保证与品质保鲜管理也是至关重要的。按照某类产品的"良好操作规范"(GMP)、"危害因素分析与关键点控制"(HACCP)和该类产品标准所设定的加热条件,必须能够有效地实现杀菌。从卫生管理角度看,加热的品温越高越好,但加热过度会使脂肪和肉汁流出,出品率下降,风味变劣等。一般要求产品中心温度 70~80 ℃。

③冻结　在对速冻调理制品的品质设计时一定要充分考虑到满足消费者对食品的质地、风味等感官品质的要求。制品要经过速冻机快速冻结。食品的冻结时间必须根据其种类、形状而定;要采取合适的冻结条件。

(3)包装

①真空袋包装　真空袋包装在速冻调理制品中被广泛使用。包装材料主体大多用成型性好且无伸展性的尼龙/聚乙烯(PA/PE)复合材料,外部薄膜采用对光电标志灵敏、适合印刷的聚酯/聚乙烯(PET/PE)复合材料。

②纸盒包装　冷冻制品的纸盒包装分为上部装载和内部装载两种方式。前者采用由 PE 或 PP 塑料薄膜与纸板压合在一起的材料,经小型包装机冲压裁剪、制盒机制盒、内容物从上部充填后,机械自动封盖。后者采用盒盖与盒身连成一体的片形体,机械将其上、下分开时,内容物从侧面进入,再自动封口,这种方式采用得较多。

③铝箔包装　铝箔作为包装材料具有耐热、耐寒、良好的阻隔性等优点,能够防止食品吸收外部的不良滋、气味,防止食品干燥和质量减少等。这种材料热传导性好,适合作为解冻后再加热的容器。

④微波炉用包装　包装容器主要采用可加热的塑料盒,这种塑料盒的材料在微波炉和烤箱中都可使用。由美国开发的压合容器,用长纤维的原纸和聚酯挤压成型,纸厚 0.43~0.69 mm,涂层厚 25~38 μm,一般能够耐受 200~300 ℃的高温。日本微波炉加热专用的包装材料采用的是聚酯/纸、聚丙烯(PP)和耐热的聚酯等。

(4)金属或异物探测

速冻调理制品包装后一般进行金属或异物探测,确保食品质量与安全。

（5）冻藏

速冻调理制品放入 -18 ℃或以下冷冻库进行冻藏。

3.速冻调理制品食用前的烹制

合理的解冻、适宜的烹调是保证速冻调理制品质量的关键因素。速冻调理制品一经解冻,应立即加工烹制。中国式的速冻调理制品,以传统饮食为基础,菜肴类以煎、炒、烹、炸为主,面点类以蒸煮加工为主。微波炉是目前较好的速冻制品解冻烹制设备,它使制品的内外受热一致,解冻迅速,烹制方便,并保持制品原形。实验证明,微波炉与常规炉烹调方法比较,其营养素的损失并无显著差别。

## 二、常见冷冻调理肉制品加工工艺

1.速冻分割肉和肉制品类

（1）速冻无骨鸡柳

无骨鸡柳是一种采用鲜鸡胸肉为原料,经过滚揉、腌渍、上浆、裹屑、油炸（或不油炸）、速冻、包装的鸡肉快餐食品。根据消费者的需求,口味分为香辣、原味、孜然和咖喱等,食用时采用170 ℃的油温油炸2~3 min即可。由于其食用方便,外表金黄色,香酥可口,所以一直受到消费者的喜爱。

①工艺流程

鸡大胸肉（冻品）→解冻→切条→加香辛料、冰水→真空滚揉→腌渍→上浆→裹屑→油炸或不油炸→速冻→包装→金属或异物探测→入库。

②加工工艺

ⓐ原辅料配方　鸡胸肉100 kg,冰水20 kg,食盐1.6 kg,白砂糖0.6 kg,复合磷酸盐0.2 kg,味精0.3 kg,I+G 0.03 kg,白胡椒粉0.16 kg,蒜粉0.05 kg,其他香辛料0.8 kg,鸡肉香精0.3 kg。其他风味可在这个风味的基础上做一下调整:香辣味加辣椒粉1 kg,孜然味加孜然粉1.5 kg,咖喱味加入咖喱粉0.5 kg。小麦粉、浆粉、裹屑适量。

ⓑ选料、解冻、切条　经兽医卫检合格的新鲜鸡大胸肉,脂肪含量10%以下;其他辅料均为市售。将冻鸡大胸肉拆去外包装纸箱及内包装塑料袋,放在解冻室不锈钢案板上自然解冻至肉中心温度 -2 ℃即可。将胸肉沿肌纤维方向切割成条状,每条质量为7~9 g。

ⓒ真空滚揉、腌渍　将鸡大胸肉、香辛料和冰水放入滚揉机,抽真空,真空度0.9×$10^5$ Pa,正转20 min,反转20 min,共40 min。在0~4 ℃的冷藏间静止放置12 h腌渍,以利于肌肉对盐水的充分吸收入味。

ⓓ上浆　将切好的鸡肉块放在上浆机的传送带上,给鸡肉块均匀地上浆。浆液采用专用的浆液,配比为粉:水=1:1.6。在打浆机中,打浆时间3 min,浆液黏度均匀。

ⓔ裹屑　采用市售专用的裹屑。在不锈钢盘中,先放入适量的裹屑,而后胸肉条沥去部分腌渍液放入裹粉中,用手工对上浆后的鸡肉条均匀地上屑后轻轻按压,裹屑均匀,最后放入塑料网筐中,轻轻抖动,抖去表面的附屑;或采用专用上屑机进行裹屑操作。

ⓕ油炸　首先对油炸机进行预热到185 ℃,使裹好的鸡肉块依次通过油层,采用起酥油或棕榈油,油炸时间25~30 s。也可不采用油炸步骤,根据加工的条件来调整工艺的要求。

ⓖ速冻　将无骨鸡柳平铺在不锈钢盘上,注意不要积压和重叠,放进速冻机中速冻。速冻机温度 -35 ℃,时间30 min。要求速冻后的中心温度 -8 ℃以下。

ⓗ包装　将速冻后的无骨鸡柳放入塑料包装袋中,利用封口机密封,打印生产的日期。

ⓘ金属或异物探测　包装后一般进行金属或异物探测,确保食品质量与安全。

ⓙ入库　即时送入 −18 ℃冷库保存,产品从包装至入库时间不得超过 30 min。

（2）速冻涮羊肉片

涮羊肉是涮制菜肴的典型代表。涮就是用火锅把切成薄片的羊肉在滚烫的汤中涮熟,然后再调味进食。

①工艺流程

选料→原辅料配方及处理→速冻和切片→配调料→包装冻藏

②加工工艺

ⓐ选料　以阉割过的绵公羊的后腿肉做原料为佳。

ⓑ原辅料配方及处理:绵公羊肉 5 000 g,芝麻酱、酱油、料酒、米醋、虾油、辣油、麻油、香菜、大葱、雪里蕻、糖蒜适量。将羊肉切成 3 cm 厚、13 cm 宽的长方片。

ⓒ速冻和切片　在 −30 ℃下速冻 20～35 min 后取出,在水中冲洗一下,即可用切片机切成薄片。

ⓓ配调料　涮羊肉的调料可根据上述配方配制好装袋封口。

ⓔ包装冻藏　将涮羊肉片和调料袋一起装袋封口后在 −18 ℃下冻藏。

（3）速冻鸡肉圆

鸡肉圆,又称鸡肉丸。鸡肉圆口感滑嫩,爽口,富有弹性。

①工艺流程

原辅料配方→选料及处理→水烫成型→速冻。

②加工工艺

ⓐ原辅料配方　净鸡肉 500 g,淀粉 15 g、糖 23 g、猪油 7.5 g、蛋清 1 个、水 200 g,料酒、味精、盐、姜、葱、复合磷酸盐适量。

ⓑ选料及处理　一般采用相对廉价的原料,在处理时要解决其冻结变性问题。将鸡肉剁碎,并加水打糜即可。为了防止冻结变性,除了加蔗糖外,还应添加一些食用复合磷酸盐。

ⓒ水烫成型　待水温至 60 ℃左右时,用成丸机把鸡肉糜挤入锅内,再加热至水温 90 ℃,捞出后冷却。

ⓓ速冻　将鸡肉圆在 −30 ℃下速冻 20～35 min 后取出装袋封口,在 −18 ℃下冻藏。

2.速冻点心类

目前大规模生产的速冻点心类主要有速冻水饺、速冻小笼包、速冻春卷、速冻粽子等。

（1）速冻水饺

水饺是我国北方传统的风味小吃。下面以鲜肉白菜水饺为例,介绍其制作及速冻方法。

①工艺流程

原辅料配方及处理→制馅→和面制皮和包馅→速冻。

②加工工艺

ⓐ原辅料配方及处理　富强粉 500 g、夹心猪肉 300 g、白菜 500 g、酱油 10 g、猪油 10 g、芝麻油 50 g、味精 10 gm 料酒、葱、姜、盐适量。将夹心猪肉洗净后用绞肉机绞碎,再用多功能食品加工机将白菜和葱、姜分别切成碎末。

ⓑ制馅　用搅拌机先将各种调味料加入绞碎的肉内拌匀,分 3 次按馅水比例为 6∶1 加

入水,再将菜末均匀拌入,然后置于 5 ~ 7 ℃下冷却数小时。

ⓒ和面制皮和包馅　和面按面水比例 2.5∶1,用和面机制成软硬适度的面团,用饺子成型机直接包馅。

ⓓ速冻　包好的水饺应尽快在 - 30 ℃下速冻 10 ~ 20 min,然后装袋封口。

(2)速冻小笼包

具有代表性的是江南的南翔小笼包。选料讲究,操作精细,具有皮薄、馅重、汁多、鲜美可口的特点。速冻小笼包食用时上笼屉蒸制即可。

①工艺流程

原辅料配方及处理→制馅→制皮和包馅→速冻。

②加工工艺

ⓐ原辅料配方及处理　富强粉 500 g、夹心猪肉 500 g、酱油 25 g、植物色拉油 10 g、皮冻 100 g、糖、料酒、葱、姜、盐适量。将夹心猪肉洗净后用绞肉机绞碎。将猪皮煮烂熔化,待冷却后即为皮冻,将其切成小丁。

ⓑ制馅　取适量清水,分几次加入绞碎的肉中,随后加入皮冻及各种辅料,搅拌至发黏为止。

ⓒ制皮和包馅:将面粉调制搓揉成具有韧性的面团,擀压成中间厚边缘薄的皮子。包馅时,将包入肉馅的皮子四周团团捏拢,收口后形似宝塔。

ⓓ速冻　包好的小笼包应尽快在 - 30 ℃下速冻 10 ~ 25 min,然后装袋封口冻藏。

# 第十八章　畜禽副产品综合利用

## 第一节　畜禽血液的综合利用

### 一、畜禽血液的组成与理化特性

血液由血浆、红细胞、白细胞、血小板等组成,其中血浆约占60%,血细胞约占40%。全血中水分约占80%,干物质约占20%。血浆含水分90%~92%,干物质8%~10%。血浆中的干物质主要由蛋白质和盐类组成,血浆蛋白包括清蛋白、球蛋白、纤维蛋白原三种,占血浆总量的6%~8%。血浆中还含有一些无机盐,其含量在正常条件下比较恒定,约占0.9%。此外,血浆中还含有少量激素、酶、维生素和抗体等物质。新鲜的血液为红色不透明微碱性的液体,稍带黏性,有咸味和特殊臭味。畜禽的血量是比较恒定的,一般约占体重的8%。按血液的实际可被利用量来说,采出率仅占体重的5%左右。

血液呈弱碱性,pH7.3~7.5。全血的比重为1.043~1.06,比重和血中蛋白质的含量大致成比例。血液的黏滞度是根据与纯水的黏滞度做比较而确定的。水的黏滞度为1,则全血的黏滞度的大致范围为3.6~5.4。血液的黏滞度主要由血浆蛋白和红细胞的量决定。血液凝固是由于血浆中溶解状态的纤维蛋白原转变成不溶解的纤维蛋白。纤维蛋白形成后,在血液中构成稠密的细纤维网,把所有的血细胞都缠绕在一起,因而使原来呈液体状的血液逐渐变成胶冻状的血块。血液凝固后,由于血小板成堆地黏聚在纤维蛋白丝上,使纤维蛋白丝渐渐缩短,因而使血块变硬,并挤出血清。

畜禽血液中不仅含有丰富的营养成分、矿物质、维生素和微量元素,还有各种酶和多种维生素。它在饲料工业、食品工业、制药工业和化学工业等方面有着广阔的开发和应用前景。在我国,虽然畜禽血液资源丰富,但尚未得到充分合理利用,还有很大的潜力可挖。

### 二、畜禽血液的采集和保存

#### 1.血液的采集

血液采集时应当场检查,避免污染。在卫生条件较好的屠宰场,所采集的血液适宜食用或制造血粉。采集血液的容器因加工目的不同而不同,如加工血粉可用塑料容器;如需使血液凝固,贮放容器可以是圆筒型或箱型;脱纤维蛋白血或加抗凝剂的血,应存放在奶罐型的容器中,用不锈钢容器最为理想。为了防止腐败,采集的血液要尽快运往加工厂,为避免血液在途中温度升高,运输最好安排在夜间或早晨,或用隔热材料遮盖容器。同时,血液必须在密闭容器中运输,一为防止溢出,二为防止污染。在大型屠宰场,血液用装在卡车上的血箱运输。

#### 2.血液的防凝

新鲜的血液为红色不透明液体,如果不采取任何措施,很快就会变暗,并随之形成凝块。某些产品的制取原料必须是液态血,必须加入抗凝剂。常用的抗凝剂有以下几种:

（1）草酸盐　常用的有草酸钠和草酸钾。每升血液（1 L 血液约 1 kg 重）加入草酸钠或草酸钾 1 g，将其 30% 的水溶液加入血中；或用 0.6 g 草酸铵与 0.4 g 草酸钾，用少量生理盐水稀释后加入 1 L 血内。草酸盐的抗凝作用，是由于草酸盐能使血液中的钙离子沉淀，从而防止血液的凝固。加工食用血产品或制取医用血产品，禁止使用草酸盐，因为草酸盐有毒。

（2）柠檬酸钠　每升血液加入柠檬酸钠 3 g，以少量水稀释或较大量生理盐水稀释后加入血中。柠檬酸钠能将血液中的钙转化为非离子态，从而起到抗凝作用。在食品工业和医药工业方面，柠檬酸钠的使用法规各不相同，因此，应用时应先查清有关法规。

（3）乙二胺四乙酸（EDTA）　乙二胺四乙酸的二钠盐作为抗凝剂，是以每升血液加入 2 g 的比例，先稀释于少量水中或大量生理盐水中，然后再加入血内。乙二胺四乙酸的抗凝作用，是通过络合血液凝固所需的钙离子而起作用。绝大多数国家允许在食品工业和医药工业中使用乙二胺四乙酸。

（4）肝素　肝素是最理想的抗凝剂之一，商业上最常见到的是肝素的钠盐、钙盐和钾盐。应用时，每升血液加入 200 mL 肝素。肝素有抑制凝血酶的作用。因此，能阻止血液的凝结。肝素抗凝液态血是食品加工和医药制造的原料。

抗凝剂的使用方法，是在采集血液后的 2～5 min 内血液尚未凝固前，根据血液的容积计算出应加的抗凝剂数量，或计算出应加的预配抗凝液容量，然后缓缓加入血液中，并搅拌均匀。如果血液已凝固，再加抗凝剂就不起作用了。

制取液态血除添加抗凝剂外，也可以用人工方法脱出血液中的纤维蛋白的方法，适合于中小型加工厂或屠宰场应用。方法是：将刚放出的血盛入容器内，用表面粗糙的木棒或长柄的毛刷不停地用力在血液中搅拌，纤维蛋白就被破坏，部分附着在木棒或毛刷上，另一部分漂浮在血液表面上，这样就可以将纤维蛋白与液态血分离。当把脱纤维蛋白的血液灌入另一容器时，经过过滤，纤维蛋白即可沥出。被脱去纤维蛋白的血液，保持其液态特性，在进入下一步加工时颇为方便。在人工搅拌脱血纤维蛋白时，可从血液中得到 12% 左右的血液纤维蛋白，收集到容器中，用作加工饲料。

3. 血液的保存

血液富含营养，是细菌繁殖最好的培养基。血液在空气中暴露较长时间后，细菌的数量便很快增殖。当血液腐败以后，就会产生一种难闻的恶臭味，这是由于血蛋白被细菌分解的缘故。所谓血液的保存，也就是要设法防止细菌的繁殖和血蛋白本身的分解。

血液保存可以采用化学保存、冷藏或干燥保存等方法。采用化学药剂保存血液，可以抑制细菌的繁殖，但许多化学药品对人体有害，所以用药品来保存食用血受到了很大限制。

（1）食用血的保存　在脱纤维蛋白的血液中加入 10% 的细粒食盐，放置于 5～6 ℃ 的冷藏室内，可以保存 15 d 左右。

（2）工业用血的保存　工业用血的保存，一般采用干燥保存法和化学保存法，前者是将血干燥成血粉保存。在没有干燥设备的加工厂，还可采用冷藏法来保存血液。

我国北方冬季气温很低，可以采用冷冻法保存血液。血液的冰点为 −0.56 ℃，当血液冻结时，细菌也停止活动。冷冻过的血液再融化后制成血粉，其化学成分和蛋白质都保持不变。冷冻血液时，将血液注入容器内密封，但不宜盛血过满，应留有一定余地。因为血液冻结后体积膨胀，如果盛装太满，容器易胀裂。

化学药剂保存血液的方法：在 1 000 kg 脱纤维蛋白的血液中，加入结晶石灰酸或结晶酚 2.5 kg，用 20 kg 水溶解后慢慢注入血液中，同时搅拌 5～15 min，然后放入铁桶或木桶内，加盖密封,在 1～2℃ 的冷库内可保存 6 个月左右。

## 三、畜禽血液产品在食品工业中的应用

国外畜禽血液在食品加工上的应用历史比较长,日本将血色素作香肠的着色剂,将血浆粉代替肉作为香肠原料,德国和比利时曾大量进口血浆粉作为食品抗结剂和乳化剂,瑞典、丹麦把血浆用于肉制品中,保加利亚用血生产乳酸酪,俄罗斯除用猪血制作血肠外,还利用血浆做饺子馅。

目前畜禽血液在我国食品工业上应用还不多,主要是将血液经降解、脱色、干燥、粉碎,制成高蛋白富铁食品。另外,从畜禽血液中提取水解蛋白、血色素、超氧化物歧化酶、胸腺因子多肽激素、免疫球蛋白、干扰素等也是我国近年来在血液资源开发和利用上所取得的重要科技成果。研究报道,1 L 血液可提取血红素 10～15 g,同时可产生 400 g 左右的蛋白,加工工艺简单、成本低,其中血红素可作为营养缺乏或不良以及贫血的人群的营养补充剂,而且血红素补血无毒无害,吸收率高,可望取代目前常用的补铁剂,将成为受欢迎的新一代产品。猪血中除含有凝血酶和血红素外,还含有人体必需的 8 种氨基酸,且含量丰富。用猪血制备食用蛋白,广泛应用于食品加工中,可以极大地提高食品的营养价值,改善人们的膳食结构。

1. 在肉制品中的应用

在香肠、灌肠、西式火腿和肉脯中添加适量的猪血浆蛋白,脂肪含量略有降低,蛋白质含量提高,特别是血浆蛋白乳化性能好,产品的保水性、切片性、弹性和黏度,产品的出品率等均有提高,成本降低。例如,在红肠中加入 10%～20% 的血浆,蛋白质含量可提高 7%,产品的出品率可提高 20.4%,每千克香肠成本降低 5%～8%;用血浆代替鸡蛋添加到肉脯中效果也很好,降低了成本。天津肉联厂在香肠中添加 10% 的血浆蛋白,增加效益明显;金锣火腿肠也添加有血浆蛋白,经济效益明显。

2. 在糕点中的应用

血浆或全血经水解、酶解、脱色、脱臭后,可制得一种食用蛋白质,其蛋白质含量比奶粉的含量高 80% 以上,脂肪含量小于 1%,糖类含量小于 2%,氯化物含量小于 6%,溶解度达到了 95%,水分在 6% 以下。应用于糕点,如京果粉、蛋糕、乳儿糕、饼干、桃酥、蛋卷、面包、馒头等均取得较好效果。上海市食品研究所经研究发现,血浆蛋白粉是一种良好的发泡剂,有牛奶味,可替代牛奶蛋白,添加到面包中,使色泽、保形性更佳,不易老化,添加到面粉中,可提高蛋白质效价 25% 左右。

3. 在营养补剂中的应用

由于血中含有丰富的蛋白质、微量元素和铁质等,特别适宜于作营养添加剂,如蛋白质补剂,补充儿童发育所需组氨酸、赖氨酸。作为铁质补剂,血色素可预防和治疗缺铁性贫血。

4. 在烹调菜肴中的应用

血浆蛋白粉烹饪菜肴,如蛋白虾片、辣油蛋白等具有高蛋白、低脂肪的特点,味道鲜美,滑嫩可口,营养丰富,色、香、味、形俱佳。

5. 血制食品举例

(1)三色猪血

①配料

鲜猪血 300 g,鲜鸡蛋 3 个,豆腐 150 g,精盐 5 g,胡椒粉 2 g,葱汁 10 g,姜汁 10 g,浓鸡汤

1 碗,化鸡油 50 g,芝麻油 10 g。

2.加工工艺

ⓐ鲜猪血入沸水氽熟凝后,用清水反复浸漂提纯,然后将提纯的猪血划成 2 cm 见方的方块入盘。

ⓑ鸡蛋打破入碗搅散,加盐 1 g 搅转,入笼用中火蒸成芙蓉蛋,划成 2 cm 见方的方块,镶入猪血盘中。豆腐划成 2 cm 见方的方块,将沸水加盐 1 g 稍氽,镶入猪血盘中。

ⓒ炒锅置旺火上,掺鸡汤烧油,放入鸡油、精盐、胡椒粉、葱、姜汁,待汤汁收浓,淋入芝麻油搅转,舀入猪血盘中上笼蒸烫,用小火保温,上菜时取出入席。

特点:三色相间,色泽亮丽,味成鲜咸,质地软嫩,鲜香可口。

操作关键:猪血要反复漂洗,芙蓉蛋蒸时火不宜过大。

(2)猪血烧豆腐

①配方

猪血 500 g,豆腐 300 g,瘦猪肉 100 g,胡萝卜 100 g,豌豆尖 30 g,精盐 10 g,蒜苗 30 g,味精 1 g,姜米 10 g,蒜片 15 g,色拉油 50 g,胡椒粉少许。

②加工工艺

ⓐ猪血加工成块;豆腐漂净碱味后切成块;瘦猪肉、胡萝卜、豌豆尖、蒜苗洗净;猪肉切成小薄片,胡萝卜切成块。

ⓑ锅置旺火上,下色拉油,烧至五成熟,放入姜米、蒜片炸一下,倒入鲜汤、胡萝卜、胡椒粉烧开,再加入猪肉、豆腐、猪血烧至熟透,汁少时,放入精盐、味精、豌豆尖、蒜苗推转入盘。

特点:咸香爽口。

(3)猪血肠

①配料

猪血 45 kg,猪板油 5 kg,丁香粉 75 g,胡核粉 75 g,洋葱头 2.5 kg,精盐 1.25 kg,猪肠衣适量。

②加工工艺

ⓐ将猪板油和葱头用 14 mm 漏盘绞成大块,猪血过滤。将辅料、板油与猪血拌匀。

ⓑ溶入猪肠衣,扭成环形,每节长 80 ~ 100 cm。

ⓒ将肠下入沸水锅中,水温保持在 80 ~ 85 ℃,煮 35 min,煮熟后出锅放入凉水中浸泡,凉透即成。

(4)血清肠

①配料

猪血的血清 35 kg,鸡蛋 15 kg,精盐 1.5 kg,味精 150 g,猪大肠衣适量。(若将血清改用猪脑,其他辅料不变,即成为天花肠)

②加工工艺

将自然沉淀后的猪血上面的乳白色清液加入鸡蛋调成糊,再加入各种辅料拌匀后,灌入洗净的猪大肠衣内扎紧,然后用清水或酱汤煮熟即为成品。

## 四、饲料用血粉的加工

饲料用血粉是用凝固血经干燥、粉碎而制成的产品,是血液最简单利用的产品,也可以视为血液的一种保存方法。血粉含粗蛋白质 80% 以上,含干物质 82% ~85% ,含水分 5% ~

8%,并含有多种维生素和微量元素,是配合饲料中良好的动物性蛋白质和必需氨基酸的来源。

**1. 工艺流程**

血液采集、处理→蒸煮→干燥→粉碎→贮藏。

**2. 操作要点**

(1)血液的采集与处理 血液在采集过程中必须保证不被污染。最好当天加工,以防腐败。如不能,可添加0.5% ~1.5%的生石灰,能保存较长时间。但要防止苍蝇。

(2)凝血的蒸煮 将凝血块划成10 cm大小的立方块,在未沸的水中约煮20 min,待内部颜色变深,内部和外部均凝结后,取出沥干。也可放在压榨机上压出水分。

(3)凝血的干燥 凝血干燥简便易行的方法是日光照射。将蒸煮过的凝血块弄碎,均匀撒在苇席、竹匾,或暗色塑料薄膜上,晒至暗褐色充分干燥为止。在高于28 ℃的温度下,约经2~3 d可完成干燥过程。如果有条件,可在高压热气循环炉中干燥(60 ℃即可)。

(4)干血的粉碎 干燥后的凝血呈易碎的小块,可用石磨磨碎,或用粉碎机粉碎成细粒,即成饲用血粉。

(5)血粉的贮藏 血粉可用塑料袋、厚纸袋、麻袋或其他适合的容器包装。未添加石灰的血粉仅能保存4周,而添加石灰后的血粉保存期可延长到1年以上。

此外,还有发酵法制备血粉(发酵血粉),是用畜禽血经微生物菌种发酵而制得。发酵过程用的菌多为霉菌。滚筒干燥血粉将畜禽血液放进热交换器中,用60~65.5 ℃的水蒸气将流体凝固,再用高速打碎机打碎,然后压辊、粉碎或压碎过筛而成。发酵血粉的优点:血液经微生物发酵,适口性增强,氨基酸更平衡,消化率提高。

## 五、工业用血粉的加工

工业用血粉又称喷雾干燥血或黑血蛋白,呈深红褐色,粉状。含蛋白质90%以上,含水分5% ~8%,灰分10% ~15%,能溶于水。工业用血粉的用途很广,如胶合板工业中用作黏合剂;皮革工业中用作蛋白质抛光剂;沥青乳胶中作为稳定剂;陶瓷制品中作为泡沫稳定剂和分解过氧化氢的催化剂等。

**1. 工艺流程**

原料血处理→过滤→喷雾干燥→包装→贮藏。

**2. 操作要点**

(1)原料血的处理

工业用血粉的原料血为脱纤维蛋白血。制备好的脱纤维蛋白血应在几小时内进行加工,如暂不能加工,须置于4 ℃条件下贮存。

(2)过滤

脱纤维蛋白血在喷雾干燥前必须过滤,除去血纤维蛋白和杂质。

(3)喷雾干燥

血浆的喷雾干燥是通过一套工业用喷雾设备来完成的,热空气的入口温度为200 ~250 ℃,出口温度近70 ℃。

(4)包装和贮藏

喷雾干燥结束后,先通空气冷却到室温,然后再进行包装。工业用血粉一般用聚乙烯袋等小包装,便于销售和运输。如果包装合理,可贮藏5年之久。

## 六、血红素的制备

血红素是由原卟啉与一个二价铁原子构成的称为铁卟啉的化合物,存在于红细胞中,与蛋白质结合组成复合蛋白质,称为血红蛋白(Hb)或肌红蛋白(Mb)。它们对机体内氧气运输、贮存利用或气体交换起着重要作用。在食品行业中,血红素可代替肉制品中的发色剂亚硝酸盐及人工合成色素。在制药行业中,血红素可作为半合成胆红素原料,在临床应用中可作为补铁剂,治疗因缺铁引起的贫血症,可直接被人体吸收,吸收率高达10%~20%。国内外对血红素及血红素补铁剂都高度重视。

提取血红素的方法很多,过去常用冰醋酸提取血红素,每提取1L血液只可得3~4g血红素,而且冰醋酸难以回收,成本高,收率低。采用醋酸钠法、鞣酸提取法、羧甲基纤维素(CMC)提取法、蒸馏提取法,每提取1L血液就可得10g左右血红素,同时可产400g左右的蛋白,而且丙酮容易回收,成本低,收率高。

下面以醋酸钠法为例,介绍血红素的提取工艺:

1. 工艺流程

分离血细胞、溶血→抽提→沉淀→干燥→精制。

2. 操作要点

(1)分离血细胞、溶血

将新鲜血移入搪瓷桶中,加入0.8%柠檬酸三钠(按100 kg血添加)。搅拌均匀,以3 000 r/min的速度离心15 min,弃去清液(可供提取凝血酶用),收集血细胞,加入等量蒸馏水,搅拌30min,使血细胞溶血。然后加5倍量的氯仿,滤出纤维。

(2)抽提

在滤液中加4~5倍体积的丙酮溶液(含3%丙酮体积的盐酸),校正pH值为2~3,搅拌抽提10 min左右,然后过滤,收集滤液备用,滤渣干燥得蛋白粉。

(3)沉淀

将滤液移入另一搪瓷桶中,调节pH值为4~6,然后加滤液量1%的醋酸钠,搅拌均匀,静置一定时间,血红素即以无定形墨绿色沉淀析出,抽滤(或过滤)得血红素沉淀物。

若采用鞣酸提取法,则在提取液中加5%鞣酸,搅匀静置过夜,血红素呈针状结晶析出,离心分离出血红素沉淀物,用蒸馏水冲洗3~4次,至洗出液变清,然后用布袋吊干。

(4)干燥

把血红素沉淀用布袋吊干,置于石灰缸中干燥1~2 d,即得产品(也可用干燥器干燥)。

(5)精制

先将血红素4倍量的吡啶、7倍量的氯仿加入瓶中,然后加入粗品血红素,振荡30 min,过滤后收集滤液。滤渣用氯仿洗涤,合并两次滤液。把适量冰醋酸加热至沸腾后,加入各占1/7体积(相对于冰醋酸而言)的饱和氯化钠溶液和盐酸,搅匀后过滤,滤渣用氯仿洗涤,合并两次滤液,静置过夜,过滤收集滤饼,用冰醋酸洗涤后,干燥即得产品。

## 七、无菌血清的制取

无菌血清则是在无菌操作条件下,利用乳用公犊牛的血液加工而获得。可作为生物实验室的标准蛋白质溶液、病毒繁殖培养基的组分、生产病毒疫苗时细胞生长培养基的组分，也用作某些微生物的培养基。

1. 工艺流程

原料血采集→血清制取→贮藏→无菌检验。

2. 操作要点

(1)原料血采集

原料血应是初生24 h以内未吸吮乳汁的健康乳用公犊的全血。在整个采集过程中要严格注意卫生，无菌操作。采集后，及时遮盖，最好放入冰箱内，让其自然凝固。还应避免过度振荡，产生红色血清。

(2)血清制取

将冷冻凝血块用锋利刀片切成边长1~2 cm的小方块，然后在5~10 ℃的冷室中，将凝血块放在布氏漏斗中，血清在布氏漏斗中逐渐析出，并流入锥形瓶内。最初2~3 h收集的血清颜色较深，应废弃。在12 h内收集的血清用吊桶式离心机离心，取200~250 g(用带有250 mL离心瓶的离心机，转速为1 000~1 500 r/min)离心30~40 min，然后收集透明的淡黄色上清液(血清)供失活。血清的失活是在54~56 ℃的温度下，在双煮器中保持30 min，再在高压灭菌锅中，以0.13 MPa压力消毒20 min，最后进行过滤，将滤液装入50 mL或100 mL的无菌安瓿瓶中，贴上标签并注明生产日期。

(3)血清的贮藏

在4~5 ℃下安瓿瓶装血清最多贮藏1个月，在−20 ℃下可贮藏6个月，在−40 ℃下则能贮藏1年。如果准备深冷冻贮藏，在装安瓿瓶时要留有一定空间，避免冷冻时血清膨胀，而使安瓿瓶破裂。

(4)无菌检验

将5 mL血清接种到肉汤培养基和厌氧培养基中，培养3 d后，应无细菌生长。若血清已经被细菌污染，则必须废弃。

# 第二节　畜禽骨的综合利用

畜禽骨骼包括骨组织、骨髓和骨膜。骨组织由红细胞、纤维成分和基质组成，起着支撑机体和保护器官的作用，同时又是钙、镁、钠等元素离子的贮存组织。成年牲畜骨的含量比较恒定，占总体重的15%~20%。骨由骨膜、骨质和骨髓构成。骨的化学成分中水分占40%~50%，胶原蛋白占20%~30%，无机质占20%，无机质的成分主要是钙和磷。骨中的营养成分很全，运用生化技术，可从哺乳动物鲜骨中提取多种可食用的生物制品。骨可分为生肉剔骨和熟肉剔骨两类，生肉新鲜剔骨含有大量水分，并带有残肉、脂肪和结缔组织等，易引起腐败。所以新鲜的骨要尽快处置，不可久放。干燥的骨可置于温度较高场所保存，但也要避免日光照射，并要通风良好。寒冷地区，冬春季节可放露天地保存，但要覆盖好，严防泥沙沾污。

目前，畜禽骨的加工利用率不高，主要是通过粗加工生产动物饲料。已开展的畜禽骨加工利用的研究包括明胶、骨粉、骨泥，以及畜禽骨提取液的制备。这些产品可作为调味品、食品和饲料添加辅料应用于食品和饲料加工中。开展畜禽骨加工利用的研究，能够合理利用畜禽产业发展过程中的副产物,变废为宝,具有很好的发展前景。

### 一、骨髓骨粉的加工

骨髓骨粉(骨粉)是以鲜牛骨为原料,经洗净、蒸煮、粉碎、精制等工艺制造而成的,含有钙、磷、蛋白质、黏多糖、脂肪、磷脂质、磷蛋白、氨基酸以及各种维生素、铁、锌等矿物质微量元素,是良好的补钙食品。

1. 工艺流程

2. 操作要点

(1)原料预处理

选择新鲜、无异味原料骨。冷冻的牛骨应先用流动水解冻,附在骨上的牛肉应尽量剔净,带肉率不超过5%,拣出异物杂质,用高压水冲洗,使骨上无血污、毛和泥沙,将骨压成30~40 mm碎块。

(2)蒸煮

将牛骨碎块、软化水(比例为1:1.5)加入蒸煮罐中,沸腾后撇去浮沫、血块。在表面压力为0.12~0.15 MPa、温度125~130 ℃条件下,蒸煮3~4 h,直到牛骨软化并且肉、脂分离,即可出锅。

(3)分离

对蒸煮好的牛骨进行液固分离,以进一步加工不同类型产品,使其便于应用贮存。滤去骨液后所得熟骨,进一步加工可得牛骨粉。骨液中有骨脂和骨汁,利用比重差分离,分离后的骨脂用于加工牛油,骨汁用于加工骨汁粉。

(4)牛骨粉的加工

蒸熟的骨料用清水冲洗2~3遍,去除骨料附带的油脂和其他杂物。将骨料送入干燥机中,在100~110 ℃下烘10~13 h。先用粉碎机将烘干的骨料粉碎成5 mm以下的颗粒,再用研磨机将颗粒磨细、过筛即得牛骨粉。为消除骨粉中的腥臊味,研磨前也可加入适量环状糊精。

(5)牛油的加工

分离出的骨脂加入蒸发浓缩锅中,蒸发去除油脂中的水分,精滤后得食用牛油。

(6)骨汁粉的加工

分离出的骨汁加入真空浓缩器中,同时加入适量环状糊精,以消除制品的腥臊气味。当骨汁固形物含量浓缩至16%~20%时,进行喷雾干燥,可制得产品粒度小于0.177 mm的骨汁粉。干燥塔进口温度280~290 ℃,出口温度70~80 ℃。

### 二、超细鲜骨粉(食用骨粉)的加工

超细鲜骨粉是利用近年来新兴的超微粉碎设备,通过一定的加工工艺,生产的一种粒度小于10 μm的产品,该产品粒度细,高钙低脂,营养全,易于人体吸收。已经成功应用于粮食制品、肉制品、奶制品、调味品等的生产。

1. 工艺流程

鲜骨→清洗→去除游离水→破碎→粗粉碎→脱脂→超细粉碎→成品。

2. 操作要点

(1)原料鲜骨的选择

各种畜、禽、兽、鱼的各部分骨骼均可,无须剔除骨膜、韧带、碎肉,以及畜、兽坚硬的腿骨,原料选择面广,不受任何限制。

(2)清洗

去除毛皮和血污等杂物。

(3)去除游离水

去除由于清洗使骨料表面附着的游离水,以减少后续工序能耗,粉碎过程中无须助磨。

(4)破碎

通过强冲击力,使骨料破碎成 10~20 mm 的骨粒团,并在骨粒内部产生应力,有利于进一步粉碎。

(5)粗粉碎

主要通过剪切力、研磨力使韧性组织被反复切断、破坏,通过挤压力、研磨力使刚性的骨粒得到进一步粉碎,并在小粒内部产生更多的裂缝及内应力,有利于进一步细化,得到粒径为 1~2 mm 的骨糊。

(6)细粉碎及超细粉碎

主要通过剪切、挤压、研磨的复合力场作用,使骨料得到进一步的粉碎及细化,并同时进行脱水和杀菌处理。细粉碎可得到粒径为 0.11~0.15 mm,含水量小于 15% 的骨粉,超细粉碎则得到粒径为 5~10 μm,含水量为 3%~5% 的骨粉。

(7)脱脂

该工序可有效控制骨粉脂含量,可根据产品要求确定是否采用,如要求产品骨粉低脂、保质期长,须进行脱脂处理。

### 三、蛋白胨的制备

蛋白胨是蛋白质分子的碎片,呈褐色膏状产品,有肉腥味,能溶于水,系由骨中的蛋白质经强酸、强碱、高温或蛋白酶作用,将其中的肽链打开,生成不同长度的蛋白质分子的碎片,主要是用作细菌培养基。

1. 工艺流程

新鲜骨→熬胶→中和→冷却、消化→双缩脲反应→加食盐→浓缩→产品。

2. 工艺要点

(1)熬胶

取 100 kg 新鲜骨加等量水熬煮 3 h(100 ℃),然后取出,趁热过滤,滤渣可用于加工骨胶、骨粉等。

(2)中和

将滤液倒入陶瓷缸内,用 15% 氢氧化钠调整 pH 值至 8.6 左右。

(3)冷却、消化

在滤液中加入冰块使之冷却至 40 ℃,再加入胰蛋白酶进行消化。每次加入 40 mL,并不断搅拌,在 37 ~ 40 ℃维持 4 h。

（4）双缩脲反应

消化完毕,做双缩脲反应。取过滤后的消化液 5 mL 注入试管中,加入 5% 的硫酸铜 0.1 mL,再加入 4% 的氢氧化钠 5 mL 混合。若呈红色反应,说明消化已经完全,即可用盐酸调 pH 值至 5.6 左右。

（5）加食盐

液体在陶瓷缸内加热煮沸 30 min。然后按滤液质量,加入精制食盐 1%,充分搅拌 10 min,再加入 15% 的氢氧化钠,调 pH 值至 7.4 ~ 7.6。

（6）浓缩

将滤液加入蒸发罐（或锅）内,加热浓缩成膏状,瓶装,即为成品。

### 四、骨素、骨油的加工

以新鲜畜禽骨为原料,经破碎、高压蒸煮、酶解、过滤和真空浓缩等步骤制得营养丰富、味道鲜美的骨类抽提物,包括骨素和骨油。在浓缩后若分离出骨油,则为骨清汤,若再按一定比例将骨清汤和骨油混合均匀并乳化,则为骨白汤。

骨素是一种天然调味料,是用物理方法从天然调料中提取或用酶水解制成的调味料。其主要特点是最大限度地保持了原有动物新鲜骨肉天然的味道和香气,具有很好的风味增强效果,可在肉制品中广泛使用。骨素中含有 30% 的蛋白质,有的甚至达到 50%,比鲜肉（含蛋白质约 20%）中要高得多。在骨素的生产过程中,大分子蛋白质降解为多肽和氨基酸,易于被人体消化吸收。

骨油的用途一般可分食用和工业用两种,凡用新鲜、洁净没有腐败变质的骨制成的骨油,可以熬炼成食用油脂。否则充作工业用原料,工业骨油是制造肥皂的原料,也可做提取甘油和脂肪酸的原料,优质骨油还可以制造润滑油。骨油的加工方法目前主要有水煮法、蒸汽法、抽提法。

骨素和骨油加工的工艺流程如下:

骨 → 破碎 → 预煮 → 高压蒸煮 → 生物酶解 → 过滤去渣 → 真空浓缩 → 骨油
　　　　　　　　　　　　　　　　　　　　　　　　　　　↓　　　　↓
　　　　　　　　骨素 ← 喷雾干燥 ← 骨清汤 → 骨白汤

### 五、骨泥的加工

骨泥又称骨糜浆,是近年出现的新型营养食品,具有很高的营养价值。骨泥既可以直接加工成红肠、腊肠、火腿、肉饼、肉馅、肉丸子等,又可作为添加剂加在罐头、糕点、面包等食品中,特别适于老人、孕妇、儿童、病人食用。

1. 工艺流程

原料鲜骨→清洗→冷冻→切碎→粗碎→细碎→拌和→粗磨→精磨→调味→填充→成品。

2. 操作要点

（1）原料选择

带肉不带肉的鲜骨均可,以排骨、脊骨为好,齿骨、腭骨、坐骨、大腿骨、胫骨硬度过大不宜加工,骨中不允许混合杂物,尤其是金属类异物。

（2）清洗

最好用清洁高压水冲淋，冲洗掉毛、杂物、细菌等。

（3）冷冻

将洗涤干净的原料骨送入冻结库中冷冻到 -20 ~ -18 ℃。

（4）粉碎

视骨头大小，整块骨头需经 1 ~ 3 次粉碎，采用压碎或绞碎方式，第一次切碎成 2 ~ 3 cm 大小，第二次粗碎成 1 cm 左右，第三次细碎达到 5 mm 的小块。

（5）拌和

经粉碎后的骨头温度已升到 -3 ℃左右，掺入 50% ~ 80%（视骨上带肉多少而定）0 ~ 2 ℃的冷冻水在搅拌机内拌和。

（6）粗磨

用超微粉碎机调整膜片间隙至口尝略有粗糙感即可。

（7）细磨

经粗磨已成膏状的粗骨泥再细磨 1 ~ 2 次，达到味美细腻，口感满意的程度，粒度大约 150 目时即成成品。

（8）调味、定量填充、速冻

成品骨泥需经包装处理，可采用定量填充机注入塑料袋内，经速冻至 -40 ~ -30 ℃，最后送冷库中保存。在充填前还可根据需要适当调味，便可成为多种骨泥产品。

## 六、骨胶的制取

骨胶又叫明胶，是从动物的骨、皮等组织中提取的，它是骨中所含的主要蛋白历经水解制成，是具有广泛用途的高分子生物化工产品。该产品在照相、医药、食品及其他工业领域，都有着重要的应用。在食品行业中明胶可用于生产乳脂果子冻、果泥膏、冰激凌及其他食品时的乳化剂和稳定剂。医药上用来生产血浆代用品、可吸收明胶海绵、药物赋形剂（胶囊、胶丸及栓塞）。服务行业用来制作美容保湿因子等。

1. 工艺流程

原料骨破碎→骨块脱脂→浸酸→浸灰→洗涤中和→熬胶→过滤→浓缩→防腐漂白→干燥→包装。

2. 操作要点

（1）原料处理

如果原料骨是没有脱脂的新鲜骨，可选用头骨、肩胛骨、腿骨、盆骨和肋骨。新鲜骨必须首先剔除残肉和筋腱等异物，再按提取骨油的方法破碎、脱脂。

（2）盐酸浸泡

每吨骨的盐酸用量为 1.1 t，最佳浸泡温度为 15 ℃，冬季气温低时，浸泡时间适当延长。目前通常采用连续式浸泡池进行操作，这种浸泡池由 6 个池组成，彼此之间有管相连，每个池中原料骨与盐酸的质量比为 1:1。盐酸从第一个池逐渐流到最后一个池，骨原料先后在 6 个池中进行浸泡，时间逐次缩短，通常第一池为 6 d，总浸泡时间为 14 d。

（3）石灰水浸泡

主要作用有两方面，其一是缩短熬胶时间，降低生成骨胶的温度；其二是除去原料骨的脂肪、血等杂质,使骨组织疏松,从而有利于溶解有机物质和皂化脂肪。具体方法是将盐酸浸泡过的小骨块移入浸泡池内,注入与骨块等量的清水,再分 3 次加入熟石灰。第一次加骨块重的 3.7%,浸泡 5~6 d 后,当水颜色变黄时,将水弃去;第二次再注入等量清水及相当于骨块重 2% 的石灰,约经 5 d 后,水变黄时,再将水弃去;第三次加入适量水和骨块质量 1% 的熟石灰,当骨块已被石灰水浸泡成洁白时,即可进入下一道工序的加工。浸泡气温最好在 15~18 ℃。

（4）洗涤中和

骨经石灰水浸泡后,用清水冲洗,并随时用石蕊试纸测试,一定冲洗到 pH 值小于 9 为止,然后再加稀盐酸调节 pH 值到 7,再用清水冲洗,除掉盐酸与石灰相互作用生成的氯化钙及余酸。

（5）熬胶

熬胶一般在不锈钢或铝板制成的熬胶锅中进行。一般采用 3 次以上的分级熬胶,熬胶温度控制成 60~70 ℃ 为佳,不宜过高,特别是制造高级明胶,温度不宜超过 70 ℃。每次熬胶时间一般在 4~6 h,时间过长会出现二次分解,使胶质不纯。熬胶过程中 pH 值应在 5.5 左右为好,熬胶中止时 pH 值升到 6.5。

（6）过滤

利用板框压滤机除去稀胶液中尚未熬化的纤维、钙皂、脂肪等杂质。为进一步提高质量,可再加入吸附活性 85% 的粉状活性炭,吸附胶液中的混浊物和悬浮物以及某些气味。活性炭加量为胶液重的 0.3%~1%,过滤温度应控制在 60 ℃ 左右,过滤压力为 0.25~3.5 MPa。然后再用奶油分离机分离稀胶液中残余脂肪,分离温度不低于 50 ℃。

（7）浓缩

稀胶液浓缩采用双效列管式真空蒸发器,操作时真空度控制在 0.05~0.09 MPa。稀胶液首先在真空度较低,温度较高(65~70 ℃)的第一效内迅速浓缩,然后进入真空度较高而温度较低(60~65 ℃)的第二效内浓缩。

（8）防腐漂白

该工序可防止胶液由于微生物的作用而变质,以保证成品色泽浅淡。加工方法为浓缩后的胶液趁热加入过氧化氢、对羟基苯甲酸乙酯或亚硫酸。食用明胶一般是加入干胶质量 0.5% 的过氧化氢,或加入干胶质量 0.2% 的对羟基苯甲酸乙酯。如果添加亚硫酸,其用量应使胶液 pH 值为 6,或使干胶中含硫酸量为 0.6%~0.8%。

（9）冷凝切胶

将漂白后的胶液注入铝质盒内冷凝,胶液注入盒内后,将其置于冷却槽或冷却室内,水温或室温应在 10 ℃ 以下,经过 4~6 h,盒内胶液即成冻胶。然后将盛有冻胶的铝制盒置于 70 ℃ 热水中数秒,待盒壁冻胶熔化后,立即倒在工作台上,用绷紧的金属丝将冻胶切成 240 mm×90 mm×2 mm 薄片。

（10）干燥

将胶片放在平整的铝丝网上置于干燥室内烘干,干燥室温度须保持在 25~35 ℃ 之间,经 24 h 即能干透。

（11）包装

干燥胶片经粉碎后即为成品。粉碎胶片常采用锤式粉碎机。粉碎后的明胶为 2 mm 以下的细粉。包装常采用麻布袋内衬塑料袋,每袋净重 50 kg。麻布袋上注明产品名称、生产厂名、批号、规格、重量等项。

# 第三节 畜禽肠的综合利用

## 一、肠衣的加工

1.肠衣的概念及种类

猪、牛、羊小肠壁的构造共分四层,由内到外分别为黏膜层、黏膜下层、肌肉层和浆膜层。黏膜层为肠壁的最内一层,由上皮组织和疏松结缔组织构成,在加工肠衣时被除掉。黏膜下层由蜂窝结缔组织构成,内含神经、淋巴、血管等,在刮制原肠时保留下来,即为肠衣,因此在加工时要特别注意保护黏膜下层,使其不受损失。肌肉层由内环外纵的平滑肌组成,加工时被除掉。浆膜层是肠壁结构中的最外一层,在加工时被除掉。

(1)肠衣的概念

屠宰后的鲜肠管,经加工除去肠内外的各种不需要的组织后,剩余一层坚韧半透明的黏膜下层,称为肠衣。肠衣可用来灌制香肠、灌肠,制作体育用具、乐器和外科手术用的缝合线等。

肠衣也是我国重要的出口畜产品之一,在国际市场上占有重要地位。我国所产的肠衣薄而透明,质地坚韧而富有弹性,口径适于灌制香肠和灌肠,因此在国内外的销售数量很大,往往供不应求。但目前由于很多地方利用塑料制品代替肠衣,因此销路受到一定的影响,今后应该从其他方面广开门路。

我国肠衣的产区很大,由于产地不同,肠衣的种类也不同,如华南、华东、华中等地区,因养猪事业发达,多产猪肠衣;而内蒙古、东北、华北等地区,因养羊多,盛产羊肠衣。

(2)肠衣的种类

肠衣按畜种不同可分为猪肠衣、羊肠衣和牛肠衣三种,其中以猪肠衣为主。我国出口贸易中,大部分为猪肠衣,其次为羊肠衣。羊肠衣可分为绵羊肠衣和山羊肠衣。绵羊肠衣比山羊肠衣价格高,有白色横纹;山羊肠衣弯曲线多,颜色较深。牛肠衣分为黄牛肠衣和水牛肠衣,黄牛肠衣价格较高。此外,肠衣还可以分为大肠衣和小肠衣两类。

肠衣在未加工前,称为"原肠""毛肠"或"鲜肠"。原肠经加工处置后即为成品,按成品种类不同还可分为盐渍肠衣和干制肠衣两大类。盐渍肠衣用猪、绵羊、山羊和牛的小肠和直肠均可制作,干制肠衣以猪、牛的小肠为最多。盐渍肠衣富有韧性和弹性,品质最佳;而干制肠衣较薄,充塞承受力差,无弹性。

2.肠衣的加工工艺

(1)盐渍肠衣的工艺流程

浸漂→刮肠→串水、灌水→量码→腌制→缠把→漂净洗涤→串水分路→配码→腌肠及缠把。

(2)干肠衣的工艺流程

浸漂→剥油脂→碱处理→漂洗→腌制→水洗→充气→干燥→压平。

3.肠衣的加工技术要点

(1)猪盐渍肠衣的加工

①浸漂 将原肠翻转(不翻转也可),除去粪便洗净后,充入少量清水,浸入水中。水温

依当时气温和距刮肠时间的长短而定,一般春秋季节在28 ℃,冬季在33 ℃,夏季则用凉水浸泡,浸泡时间一般为18 ~ 24 h。如没有调温设备,亦可用常温水浸泡,不过要适时掌握时间(以黏膜下层以外各层能顺利刮下为宜)。浸泡用水应清洁,不含矾、硝、碱等物质。

②刮肠 将浸泡好的肠取出放在平台或木板上逐根刮制,或用刮肠机进行刮制。手工刮制时,用月牙形竹板或无刃的刮刀,刮去肠内外无用的部分(黏膜层、肌肉层和浆膜层),使成透明状的薄膜。刮时用力要适当、均匀,既要刮净,又不要损伤肠壁。

③串水 刮完后的肠衣要翻转串水,检查有无漏水、破孔或溃疡。如破洞过大,应在破洞处割断。最后割去十二指肠和回肠。

④量码 串水洗涤后的肠衣,每100码(91.5 m)合为一把,每把不得超过18节(猪肠),每节不得短于1.5码(1.35 m)。羊肠衣每把长限为93 m(92 ~ 95 m),其中,绵羊肠衣:一至三路每把不得长过16节,四至五路18节,六路每把20节,每节不得短于1 m。山羊肠衣:一至五路每把不得超过18节,六路每把不得超过20节,每节不得短于1 m。

⑤腌制 将已配扎成把的肠衣散开用精盐均匀腌渍。腌渍时必须一次上盐,一般每把需用盐0.5 ~ 0.6kg,腌好后重新扎成把放在竹筛内,每4 ~ 5个竹筛叠在一起,放在缸或木桶上使盐水沥出。

⑥缠把 腌肠后12 ~ 13 h,当肠衣处于半干半湿状态时便可缠把,即成光肠(半成品)。

⑦漂净洗涤 将光肠浸于清水中,反复换水洗涤,必须将肠内外不洁物洗净。浸漂时间:夏季不超过2 h,冬季可适当延长,但不得过夜。漂洗水温不得过高,若过高可加入冰块。

⑧串水分路 洗好的光肠串入水,一方面检验肠衣有无破损漏洞,另一方面按肠衣口径大小进行分路。分路标准见表18 - 1。

表18 - 1 部分盐渍肠衣分路标准

| 品 种 | 尺码/mm | | | | | | |
|---|---|---|---|---|---|---|---|
| | 一路 | 二路 | 三路 | 四路 | 五路 | 六路 | 七路 |
| 猪小肠 | 24 ~ 26 | 26 ~ 28 | 28 ~ 30 | 30 ~ 32 | 32 ~ 34 | 34 ~ 36 | 36 以上 |
| 猪大肠 | 60 以上 | 50 ~ 60 | 45 ~ 50 | — | — | — | — |
| 羊小肠 | 22 以上 | 20 ~ 22 | 18 ~ 20 | 16 ~ 18 | 14 ~ 16 | 12 ~ 14 | |
| 牛小肠 | 45 以上 | 40 ~ 45 | 35 ~ 40 | 30 ~ 35 | | | |
| 牛大肠 | 55 以上 | 45 ~ 55 | 35 ~ 45 | 30 ~ 35 | — | — | — |

⑨配码 把同一路的肠衣,按一定的规格尺寸扎成把。

⑩腌肠及缠把 配码成把以后,再用精盐腌上,待水分沥干后再缠成把,即为净肠成品。

上述①~⑥是由原肠加工成光肠的过程,⑦~⑨是由光肠制成成品的过程。

(2)猪干肠衣的加工

①浸漂 将洗涤干净的小肠浸于清水中,冬季1 ~ 2d,夏季数小时即可。

②剥油脂 将浸泡好的鲜肠衣放在台板上,剥去肠管外表的脂肪、浆膜及筋膜,并冲洗干净。

③氢氧化钠溶液处理 将翻转洗净的原肠,以10根为一套,放入缸或木桶里,然后按每

70～80根用5%氢氧化钠溶液约2 500 mL的比例,倒入缸或盆里,迅速用竹棍搅拌肠子,便可洗去肠上的油脂。如此漂洗15～20 min,就能使肠子洁净,颜色也变好。处理时间与气温有关,天热可稍短,天冷则稍长,但不得超过20 min,否则肠子就会被腐蚀而成为废品。

④漂洗 将去掉脂肪后的肠子,放入清水缸中,用手不停地洗几次,并反复换水,要求彻底洗去血水、油脂以及氢氧化钠的气味,然后浸漂于清水中。漂浸时间:夏季3 h,冬季24 h,并需经常换水。这样肠可漂成白色,制成品质和色泽优良的干肠衣。

⑤腌制 腌制可使肠子收缩、伸缩性降低,制成干肠衣后不会随意扩大。灌制香肠后式样均匀美观。腌制时通常每100码需用盐0.75～1 kg。腌制方法:将肠衣放入缸中,加盐腌渍12～24 h,夏季可缩短,冬季可延长。

⑥水洗 用清水把盐汁漂洗干净,以不带盐味为止。

⑦充气 洗净后的肠衣,用气泵(或气筒)充气,使肠膨胀,然后置于清水中,检查有无漏洞。

⑧干燥 充气后的肠衣,可挂在通风良好处晾干,或放入干燥室内(29～35 ℃)干燥。

⑨压平 将干燥后的肠衣一头用针刺孔,使空气排出,然后均匀地喷上水,用压肠机将肠衣压扁,包扎成把即可装箱。

4.肠衣的质量标准

肠衣的品质可根据色泽、气味、拉力、厚薄及有无砂眼等进行鉴别。

(1)色泽

盐渍猪肠衣以淡红色及乳白色为上等,其次为淡黄色及灰白色,再次为黄色和紫色,灰色及黑色者为二等品。山羊肠衣以白色及灰色为最佳,灰褐色、青褐色及棕黄色者为二等品。绵羊肠衣以白色及青白色为最佳,青灰色、青褐色次之。干肠衣以淡黄色为合格。

(2)气味

各种盐渍肠衣均不得有腐败味和腥味。干制肠衣以无异臭味为合格。

(3)质地

薄而坚韧、透明的肠衣为上等品,厚薄均匀而质松软者为次等品。但猪、羊肠衣在厚薄的要求方面有差异,猪肠衣要求薄而透明,厚的为次品;羊肠衣则以厚的为佳,凡带有显著筋络(麻皮)者为次等品。

(4)其他

肠衣不能有损伤、破裂、砂眼、硬孔、寄生虫啮痕与局部腐蚀等,细小砂眼和硬孔尚无大碍。若肠衣磨薄,称为软孔,就不适用。肠衣内不能含有铁质、亚硝酸盐、碳酸盐及氯化钙等化学物质,因为这类物质不仅损害肠质并有碍卫生。干肠衣需完全干燥,否则容易腐败。

## 二、肝素的提取

肝素在哺乳动物的很多组织中存在,如肠黏膜、十二指肠、肺、肝、心、胰脏、胎盘、血液。肝素和大多数黏多糖一样,在体内与蛋白质结合成复合体的形式存在,此复合体无抗凝血活性,只有将其中蛋白质除去,肝素才能发挥其抗凝活性。

肝素为抗凝血药,能抑制血液凝结,防止形成血栓,它也能降低血脂和提高免疫功能。肝素可以配合治疗爆发性流脑、败血症和肾炎。我国和德国等国家使用肝素软膏治疗皮肤病等。

组织内肝素与其他黏多糖在一起,并与蛋白质结合成复合物。肝素的提取方法一般采用盐解－离子交换工艺或酶解－离子交换工艺,包括肝素蛋白质复合物的提取、分解和分离等三步。现以盐解－离子交换工艺为例,介绍其提取方法。

1. 工艺流程

原料选择(新鲜肠黏膜)→提取→吸附→洗涤→洗脱→沉淀→精制→成品→包装。

2. 操作要点

(1)原料选择

选取健康畜禽的新鲜肠黏膜为提取原料。

(2)提取

取新鲜肠黏膜投入反应锅内,按原料重3%加入氯化钠,用氢氧化钠调节氢离子浓度至1 nmol/L(pH 值为9),逐步升温至50~55 ℃,保温2 h,继续升温至95 ℃,保持10 min,随即冷却。

(3)吸附

将上述提取液用30目双层纱布过滤,待冷却至50 ℃以下即加入714型强碱性CI型树脂,树脂用量为提取液的2%,搅拌8 h后静置过夜。

(4)洗涤

虹吸除去上层液,收集树脂,用水冲洗至澄清、滤干。用2倍量1.4 mol 的氯化钠搅拌2 h,滤干。树脂再用1倍量1.4 mol 的氯化钠搅拌2 h,滤干。

(5)洗脱

树脂再用2倍量3 mol 的氯化钠搅拌、洗脱8 h,滤干;再用1倍量3 mol 的氯化钠搅拌、洗脱2 h,滤干。

(6)沉淀

合并滤液,加入等量的95%的乙醇,沉淀过夜,虹吸除去上清液,收集沉淀物,用丙酮脱水干燥,即得粗品。

(7)精制

将粗品溶于15倍量的1%氯化钠中,加6 mol 盐酸调节氢离子浓度至31.63 nmol/L(pH 值为1.5),过滤至清。随即用5 mol 氢氧化钠调节氢离子浓度至0.01 nmol/L(pH 值为11),按粗品的3%加入30%的过氧化氢,25 ℃放置,24 h后再按1%加入过氧化氢,调节氢离子浓度至0.01 nmol/L(pH 值为11),静置48 h,过滤,用6 mol 盐酸调节氢离子浓度至316.3 nmol/L(pH 值为6.5),加入等量的95%的乙醇沉淀。24 h 后红虹吸除去上清液,用丙酮脱水干燥,即得肝素精品。

肝素为白色粉末,易溶于水,不溶于乙醇、丙酮等有机溶剂。常温制品为注射剂。为延缓作用,提高效果,目前生产长效肝素注射液,一般封存于粉末安瓿中,临用前以注射用水溶解后供肌肉注射。

## 第四节　畜禽肝的综合利用

从畜禽生前的生理功能来说,肝是体内最大的贮存"血库"及促进新陈代谢的消化器官,并且肝细胞分泌的肝汁有助于消化吸收和解毒的作用;从营养素来说,肝细胞含有丰富的蛋白质,结合在一起成为核蛋,经分离蛋白质提取核糖核酸(RNA),在人体内可以复制健康的细胞,具有延缓细胞的衰老和生产抗癌细胞的作用。根据医学临床病理的验证,吃肝养肝、养血、明目,可治血虚、萎黄、夜盲、浮肿、脚气等疾病。

畜禽的肝脏可直接食用,或者加工成不同的产品,如猪肝可以用来制作腊猪肝、金银肝(金银润)等传统风味腊制品。在医药工业上可以制作肝精和肝注射液等。畜禽肝具有一定的功效作用,如兔肝脏具有补肝明目之功效,可以防止肝虚炫目、目昏、目痛等症。此外,以兔肝为原料,采用特殊诱导技术,经分离、纯化、冻干可制得兔肝金属硫蛋白,该蛋白具有抗辐射、抗氧化和延缓衰老等多种功能。

## 一、肝精的制备

肝精系由除去脂肪和结缔组织的新鲜猪、牛或羊等畜禽的肝脏提取,为棕色或深棕红色膏状物;有特殊香味,不得有焦味。按总固体计算,含氮量应不低于 8.0%。含有丰富的铁及抗贫血因子、核黄素、叶酸、胆碱、多肽及多种氨基酸等,是治疗缺铁性贫血的营养药。

1. 工艺流程

原料→绞碎→浸渍→过滤→离心→浓缩→配料→检验→成品→包装。

2. 操作要点

(1)原料要求

取新鲜或冷冻的健康畜禽肝,清除肌肉、脂肪及结缔组织,放入绞肉机中绞碎成浆状。

(2)绞碎、浸渍

原料肝绞碎为肝浆,置于蒸发锅内,加水半量,混合均匀,然后按原料质量加 0.1% 硫酸(用水稀释后加入),搅拌均匀,氢离子浓度为 $1\,000 \sim 10\,000$ nmol/L(pH 值为 $5 \sim 6$),加热至 $60 \sim 70\ ℃$,恒温 30 min,再迅速加热至 95 ℃,保温 15 min。

(3)过滤

取加热提取得到的肝浆过滤,滤渣加水适量再做第二次提取,将两次肝渣离心分离,合并滤液备用。

(4)浓缩

取滤液进行 $60 \sim 70\ ℃$ 蒸发浓缩或真空浓缩至膏状,按肝膏重加入 0.5% 的苯甲酸作防腐剂,即得肝精,出膏率为 $5\% \sim 6\%$。

(5)配料

目前常用制品为肝膏片。配料方法为:每 1 万片含肝精 3 kg,淀粉适量,硬脂酸镁27 g。肝精加适量淀粉拌匀后,80 ℃ 干燥,粉碎成细粉,过 100 目筛,加适量 75% 的乙醇为润湿剂,用 18 目筛整粒后,加入硬脂酸镁,拌匀压片包糖衣即得。

每片含肝精 0.3 g,硬脂酸镁 2.7 mg,易溶于水,不溶于醇,置于空气中容易糊解。主要用于治疗慢性肝炎、肝硬化症等,也可做治疗贫血及营养不良的补剂。

## 二、RNA 的提取

正常动物肝脏 RNA 用于治疗肝炎效果良好,有助于病变肝细胞的修复和再生。它还能促进诸多生理功能,作为保健食品有一定发展前途。RNA 可用于食品工业的饮料和糖果作营养剂,以及医学上的试剂,可治血球病和调节代谢机能。提取核酸的一般原则是:首先用"机械法"将组织打碎,再加入蛋白质变性剂,使蛋白质变性,从而离心分离蛋白质与核酸。

1. 工艺流程

原料→绞碎→匀浆→搅拌→离心→沉淀→粗制→精制→脱水→干燥→成品→包装。

2. 操作要点

（1）原料要求

选取新鲜健康畜禽肝,清除残余的肌肉、脂肪及结缔组织备用。

（2）匀浆搅拌

取鲜肝,加5倍体积的0.1%EDTA和0.5%硫酸十二酯钠溶液,用组织绞碎机在低温下绞碎,搅拌1 min,匀浆液加5倍体积的0.1%8-羟基喹啉和90%苯酚溶液搅拌1 h。

（3）离心分离

上述匀浆液经3000 r/min,离心30 min,取上层液加1/2体积的0.1%8-羟基喹啉和90%苯酚溶液搅拌30 min;取中间层液加1/2体积的0.1%EDTA和0.5%硫酸十二酯钠溶液,再加1/2体积的0.1%8-羟基喹啉和90%苯酚溶液,搅拌30 min;低层液内有蛋白质和DNA综合利用回收苯酚。

（4）沉淀

取上、中层液,混悬液离心45 min,在10℃下取上层液加2倍体积的95%乙醇过夜,在10 ℃以下离心45 min,沉淀用95%乙醇洗两次和乙醚洗两次,真空干燥即为粗品。

（5）精制

粗品调pH值为5.1,用0.1 mol/L的醋酸钠缓冲液溶解成胶状,加等体积的pH值8.0的2.5 mol/L磷酸缓冲液和等体积的乙二醇甲醚,搅拌5 min,混浊液在10 ℃下离心（3 000 r/min,20 min）,取清液加原体积的1/4体积乙二醇甲醚,搅拌5 min,上清液加等体积0.2 mol/L的醋酸钠溶液,1/2体积的1%十六烷基三甲基溴季铵盐（CTA）,低温下放置30 min。

离心（3 000 r/min,20 min）,沉淀用含0.1 mol/L的醋酸钠-70%乙醇充分洗涤,3 000 r/min离心20 min,重复3次,再用95%冷乙醇洗涤1次,3 000 r/min离心20 min,分离沉淀。

（6）脱水干燥

将沉淀置于真空干燥器（$P_2O_5$）3~4 h,得精制RNA。

# 第五节　畜皮的综合利用

畜皮富含胶原蛋白质、脂肪和糖等成分。畜皮加工制作的明胶,含有15种以上人体所必需的氨基酸,而不含脂肪和胆固醇,对产妇缺乳、儿童发育及多病体弱者均有一定补益功效。畜皮可加工制作皮冻、膨化食品和畜皮蛋白粉,直接食用或作为调味用。畜皮约占畜禽胴体质量的10%,具有重要的生理保健功能,大有开发利用价值。

## 一、皮制食品举例

1. 炸猪皮

（1）配料

干猪皮10 kg,食油适量。

（2）加工工艺

将干猪皮与油一同入锅,使油温升至80 ℃左右翻动半小时,见到肉皮上有小泡时,捞出凉透,再放入200 ℃的油锅小炸,边炸边将卷曲的肉皮理平,待呈橘黄色时捞出吃,再用清水涨发。

2. 猪压蹄

（1）配料

猪肉150 kg,猪皮50 kg,猪耳朵50 kg,酱油12.5 kg,精盐10 kg,绍兴酒、大葱、生姜各5 kg,味精500 g,花椒750 g,大茴香1.25 kg。

2. 加工工艺

选料、修整→卤制（加辅料、水,50 min）→铺好白布→放上洗净的猪皮（皮面朝下）→一层猪耳朵→一层肉（至猪耳朵放完）→用肉皮盖好→放在木板下（上加重物,4 h）→凉透→成品。

3. 油氽肉皮

（1）配料

猪肉皮,纯碱适量,植物油适量。

（2）加工工艺

选料→清洗、沥水→刮毛清疮→去除脂肪→碱水浸泡（$Na_2CO_3$水溶液,pH = 12,65 ℃）→刮去污垢→清水漂洗→晾晒（挂晾,2 ~ 3 天）→切块（4 cm见方）→摊晾干燥→热油温皮（约90 ℃）→沸油涨发（180 ℃,2 ~ 3 min）→沥油冷却→称量包装→封口→巴氏灭菌→检验→装箱贮存。

4. 羊肉皮冻

（1）配料

羊腿1 000 g,猪肉皮500 g,萝卜250 g,姜、葱、肉皮、蒜、精盐、味精、酱油、料酒、白糖、茴香、桂皮、花椒各适量。

（2）加工工艺

①将鲜猪肉皮刮净残毛,剁成块,用沸水煮一下后,洗净。羊腿刮洗干净,剔去骨,入沸水锅,煮出血水,用冷水冲洗净,萝卜洗净后,切成块,茴香、桂皮、花椒用纱布包成香料包。

②取大砂锅1只,垫上竹箅子,依次放进羊腿、肉皮、香料包、萝卜、葱、姜、蒜、精盐、料酒、酱油、白糖、清水,盖上盖,旺火烧沸后,转小火炖至酥烂离火,去掉葱、姜、蒜和萝卜,捞出肉皮,晾凉后绞碎,取出羊腿,皮朝下铺于搪瓷盆中,把精肉扯散,铺平,将原汤置火上烧开,撇净油沫,加入肉皮末,用小火继续熬浓汤汁,撒入味精,然后将汤过滤,倒入羊肉盆中,冷却后即成,食用时可根据需要切成形,装盘。

特点:半透明状,无羊膻气,鲜香滑润。

5. 猪皮冻肉汤

（1）配料

带皮血脖肉22.5 kg,带皮奶脯肉22.5 kg,鲜肉皮5 kg,精盐3 kg,硝5 g,胡椒粉150 g,玉果粉200 g,白砂糖250 g,小茴香粉100 g,味精150 g,牛肠衣适量。

（2）加工工艺

①将猪肉及肉皮切成小块,用硝、精盐腌渍24 h,其间要翻动几次,使肉充分脆透。

②将切好的肉块绞成馅,加入其余配料拌匀。

③将牛肠衣洗净,把拌好的肉馅灌入,两端用绳扎紧,在生肠的周围用绳绕数道,将锅内水烧到86 ℃,生肠下锅,温度降到78 ℃,煮1 h后出锅,凉后即送入0 ℃的冰箱内,经24 h即成。

## 二、畜皮的其他用途

近年来,新鲜猪皮又经膨化制成了各种膨化食品,使猪皮的营养价值和经济效益提高了一步。

猪皮在工业上也很早就得到了利用。我国北方木工用来黏结木料的猪皮膘胶,就是用猪皮下脚料熬制的。

在医疗制药方面,猪皮经过水解等工艺的处理,可以熬制出多种胶,如明胶、阿胶等,分离提取了多种氨基酸。用来作药物辅料、基料及食品添加剂,有的甚至本身就可作为疗效显著的药物来治病、养身。

猪皮、羊皮、牛皮等又是皮革制造工业的主要原料。

# 参 考 文 献

[ 1 ]  WARRISS P D. Meat Science：An introductory text. CABI Publishing，2000.

[ 2 ]  LAWRIE R A. Lawrie's meat science. 7th ed. Woodhead Publishing Limited and CRC
Press LLC，2006.

[ 3 ]  周光宏. 肉品加工学. 北京：中国农业出版社，2009.

[ 4 ]  徐幸莲,彭增起,邓尚贵. 食品原料学. 北京：中国计量出版社,2006.

[ 5 ]  周光宏. 畜产品加工学. 2 版. 北京：中国农业出版社,2011.

[ 6 ]  潘道东,孟岳成. 畜产食品工艺学. 北京：科学出版社,2013.

[ 7 ]  王存堂. 肉与肉制品加工技术. 哈尔滨：哈尔滨工程大学出版社,2017.

[ 8 ]  韩玲,余群力,张福娟. 肉类贮藏加工技术. 兰州：甘肃文化出版社,2011.

[ 9 ]  孔保华. 肉制品深加工技术. 北京：科学出版社,2014.

[10]  周光宏,徐幸莲. 肉品学. 北京：中国农业科技出版社,1999.

[11]  南庆贤. 肉类工业手册. 北京：中国轻工业出版社,2003.

[12]  周光宏. 畜产品加工学. 北京：中国农业出版社,2002.

[13]  葛长荣,马美湖. 肉与肉制品工艺学. 北京：中国轻工业出版社,2002.

[14]  蒋爱民. 畜产食品工艺学. 北京：中国农业出版社,2000.

[15]  蒋爱民,南庆贤. 畜产食品工艺及进展. 西安：陕西科学技术出版社,1998.

[16]  王卫. 兔肉制品加工及保鲜贮运关键技术. 北京：科学出版社,2011.

[17]  蒋爱民,章超桦. 食品原料学. 北京：中国农业出版社,2000.

[18]  赵改名. 禽产品加工利用. 北京：化学工业出版社,2009.

[19]  杨廷位. 畜禽产品加工新技术与营销. 北京：金盾出版社,2011.

[20]  蒋爱民,南庆贤. 畜产食品工艺学. 北京：中国农业出版社,2008.

[21]  马美湖. 动物性食品加工. 北京：中国轻工业出版社,2003.

[22]  余群力. 家畜副产物综合利用. 北京：中国轻工业出版社,2014.

[23]  潭竹钧,韩雅莉. 动物药物提取制备实用技术. 北京：中国农业出版社,2000.